Organizadora:

Editora Saraiva

Obra coletiva organizada e produzida pela Editora Saraiva

CB137820

Editora responsável:

Isabel Rebelo Roque

Bacharel em Medicina Veterinária pela Faculdade de Medicina Veterinária e Zootecnia da Universidade de São Paulo. Editora.

Jornadas.cie

Ciências

9

Editora Saraiva

Jornadas.cie – Ciências – 9º ano (Ensino Fundamental)

Direitos desta edição:
Saraiva Educação Ltda., São Paulo, 2016

Dados Internacionais de Catalogação na Publicação (CIP)
(Câmara Brasileira do Livro, SP, Brasil)

Jornadas.cie : ciências, 9º ano : ensino fundamental / organizadora Editora Saraiva ; obra coletiva organizada e produzida pela Editora Saraiva ; editora responsável Isabel Rebelo Roque. – 3. ed. – São Paulo : Saraiva, 2016.

Suplementado pelo manual do professor.
Bibliografia.
ISBN 978-85-472-0089-3 (aluno)
ISBN 978-85-472-0090-9 (professor)

1. Ciências (Ensino fundamental) I. Roque, Isabel Rebelo.

15-08278 CDD-372.35

Índices para catálogo sistemático:

1. Ciências: Ensino fundamental 372.35

Desenvolvimento dos conteúdos

Rosicler Martins de Almeida Rodrigues
Bacharel e licenciada em Ciências Biológicas pelo Instituto de Biociências da Universidade de São Paulo.
Mestre em Zoologia pela Universidade de São Paulo.
Pesquisadora na área de Zoologia no Laboratório de Biologia Marinha da Universidade de São Paulo.
Pesquisadora e professora no Centro de Ciências de São Paulo, MEC-USP, e na Funbec.
Professora da rede pública.
Editora e autora de livros.

Fabíola Bovo Mendonça
Bacharel e licenciada em Ciências Biológicas pelo Instituto de Biociências da Universidade de São Paulo.
Mestre em Botânica pela Universidade de São Paulo.
Editora.

Gerente editorial	M. Esther Nejm
Editor responsável	Isabel Rebelo Roque
Editores	Fabíola Bovo Mendonça, Alexandre Braga, Graziella Bento
Assistentes editoriais	Anderson T. Tamakoshi, Mayra S. Hatakeyama Sato, Melina Frederico
Consultores técnicos	Edenia Maria Ribeiro do Amaral, Katemari Diogo da Rosa, Isabelle Priscila C. Lima
Coordenador de revisão	Camila Christi Gazzani
Revisores	Ana Paula Enes, Cristiane Bernardi Elias, Maria Luiza Simões
Produtor editorial	Roseli Said
Coordenador de iconografia	Cristina Akisino
Pesquisa iconográfica	Roberto Silva, Priscilla Liberato Narciso, Isabela Genaro e Enio Rodrigo Lopes
Licenciamento de textos	Erica Brambila e Carolina Carmini
Gerente de artes	Ricardo Borges
Coordenador de artes	Narjara Lara
Design	Casa Paulistana de Comunicação
Capa	Sérgio Cândido, com imagem de Thinkstock/Getty Images
Diagramação	AGA Estúdio
Edição de arte	Felipe Consales
Assistente	Camilla Felix Cianelli
Ilustrações	Everton Silva Prudêncio, Luis Moura, Mauro Takeshi, Max Francioli, Paulo Cesar Pereira, Paulo Manzi, R2 Editorial, Rodval Matias, Selavi Conteúdo Criativo, Vagner Coelho
Cartografia	Dacosta Mapas
Tratamento de imagens	Emerson de Lima
Produtor gráfico	Thais Mendes Petruci Galvão
603760.003.001 **Impressão e acabamento**	Bercrom Gráfica e Editora

Nos livros desta coleção são sugeridos vários experimentos. Foram selecionados experimentos seguros, que não oferecem riscos ao aluno. Ainda assim, recomendamos que professores, pais ou responsáveis acompanhem sua realização atentamente.

Editora Saraiva

SAC 0800-0117875
De 2ª a 6ª, das 8hs às 18hs
www.editorasaraiva.com.br/contato

Avenida das Nações Unidas, 7221 – 1º andar – Setor C – Pinheiros – CEP 05425-902

APRESENTAÇÃO

Cara aluna, caro aluno,

Você vive em uma sociedade que valoriza o conhecimento científico e depende, em menor ou maior grau, dos avanços tecnológicos. Em seu dia a dia, quando você vai ao médico, faz compras no supermercado, pesquisa na internet ou toma uma série de decisões, os conhecimentos científicos lhe dão suporte para analisar o que ouve, vê e lê.

Esta coleção vai compartilhar com você conhecimentos importantes na compreensão do mundo e das transformações pelas quais ele vem passando. Ao longo dos livros que a compõem, você entrará em contato com os principais conteúdos sobre Terra e Universo, ecologia, seres vivos, biodiversidade, ser humano e saúde, matéria e energia e desenvolvimento tecnológico. O trabalho com esses grandes temas, na escola e fora dela, ajudará você a se ver como parte de um contexto maior e como sujeito de suas ações, auxiliando-o no posicionamento diante de questões éticas, ambientais e que envolvem a cidadania.

É também uma preocupação nossa ajudar você no desenvolvimento e na consolidação de estratégias eficientes de aprendizagem. Para garantir isso, propomos seções variadas e dinâmicas. Por meio delas, você será frequentemente chamado a refletir e a se posicionar diante de muitas questões da atualidade, expressando sua criatividade, espírito crítico e autonomia.

Esta obra lhe trará muitas respostas, mas certamente lhe oferecerá também muitas ferramentas para fazer mais e mais perguntas.

Os editores

CONHEÇA SEU LIVRO

Este livro está organizado em oito unidades, as quais estão divididas em temas.

Os temas são desenvolvidos e aprofundados em diferentes seções, cada uma com uma finalidade específica.

Vamos conhecer esta estrutura?

ABERTURA DE UNIDADE

Imagens e textos que introduzem o que será estudado na unidade e buscam despertar a curiosidade do estudante.

As atividades do **Trocando ideias** exploram a leitura da imagem e propõem questões e reflexões, incentivando você e seus colegas a compartilhar ideias sobre o que será visto na unidade. Devem ser realizadas, preferencialmente, com toda a turma e oralmente.

Apresenta os principais conteúdos que serão abordados na unidade.

Os temas são iniciados com textos e imagens que visam introduzir o que será estudado. A seção **Bate-papo** traz questões que estimulam a troca de ideias e devem ser respondidas oralmente.

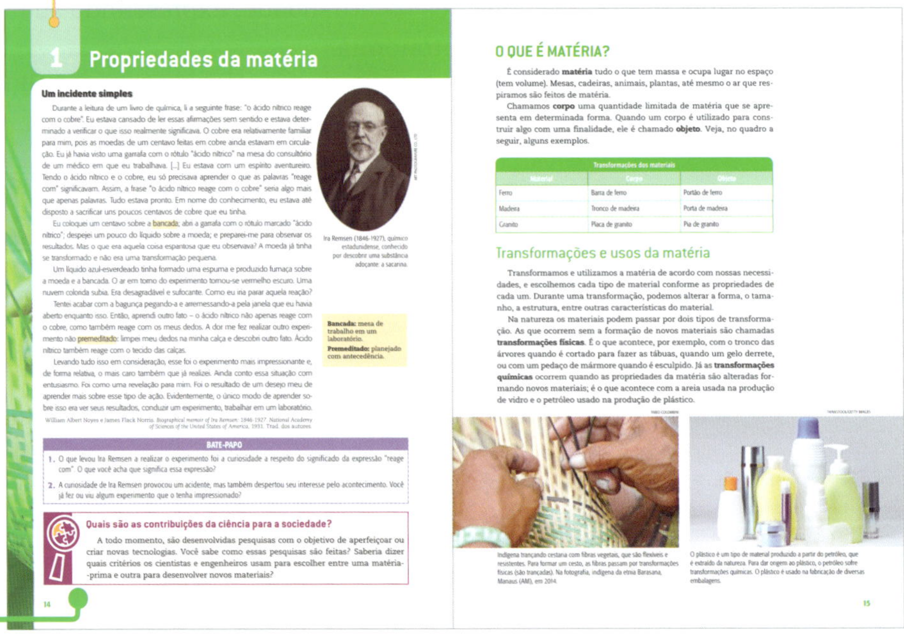

Desafio

Na seção **Desafio**, são propostas reflexões sobre temas que relacionam ciência, sociedade e cidadania. São quatro desafios nesse volume, um a cada duas unidades. Cada um deles é composto de: *uma introdução*, que apresenta o tema; *três pistas*, que propõem atividades e aprofundam a discussão; e *um desfecho*, que traz uma conclusão do que foi visto.

FIQUE DE OLHO

As atividades desta seção colocarão seu aprendizado em ação. Nela você é chamado a realizar pesquisa, entrevista, coleta de dados, análise de imagem e de texto, entre outras propostas de trabalho.

Não deixe de...

Aqui você encontra sugestões de livros, filmes e *sites* que ampliam e enriquecem os temas estudados. Para facilitar a sua escolha, as sugestões são acompanhadas de resenhas informativas.

EXPERIMENTE FAZER

A proposta das atividades práticas desta seção é fazer com que você, de maneira fácil e com materiais simples, questione, observe, analise e formule hipóteses e conclusões.

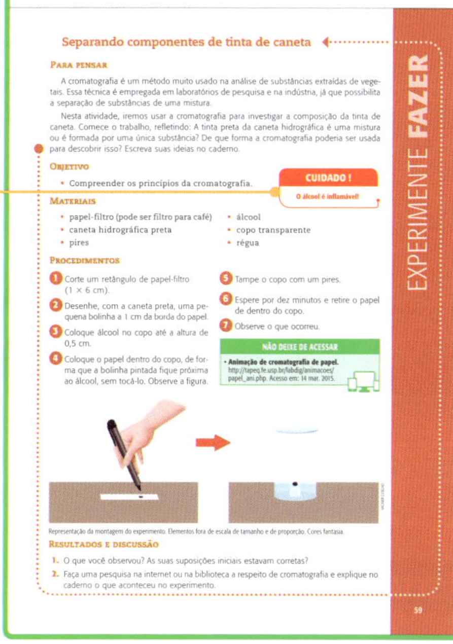

Alerta sobre os riscos envolvidos na atividade.

SAIBA MAIS

Textos atuais que aprofundam ou mostram um novo olhar sobre o assunto que está sendo tratado.

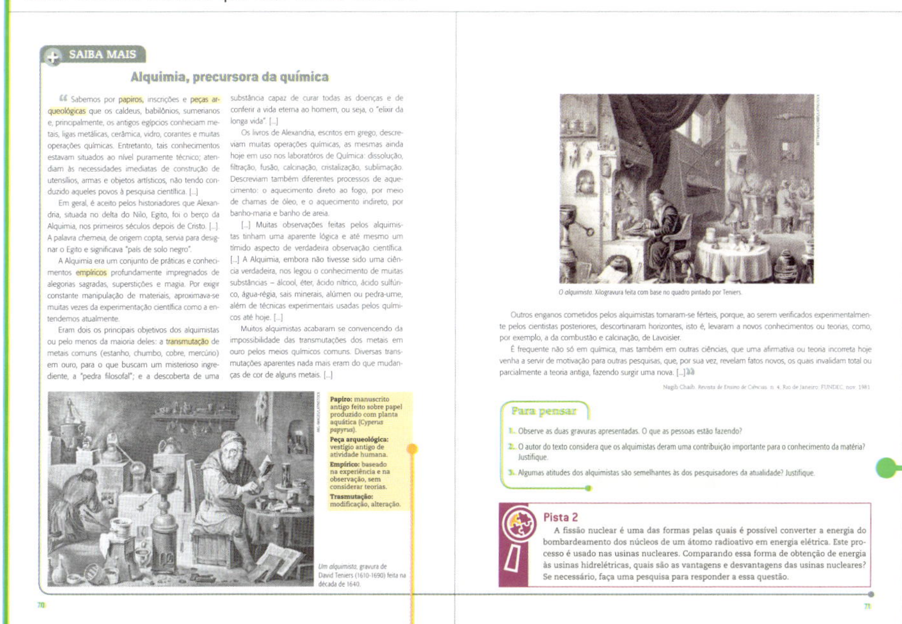

Para pensar

A seção **Para pensar** traz questões que exploram o assunto abordado no texto.

Algumas palavras são destacadas e explicadas em pequenos quadros de glossário.

INFOGRÁFICO

Este recurso, que reúne imagens e textos, é utilizado para comunicar de maneira dinâmica e visual o conteúdo trabalhado. Nele, há atividades que estimulam a reflexão sobre o tema.

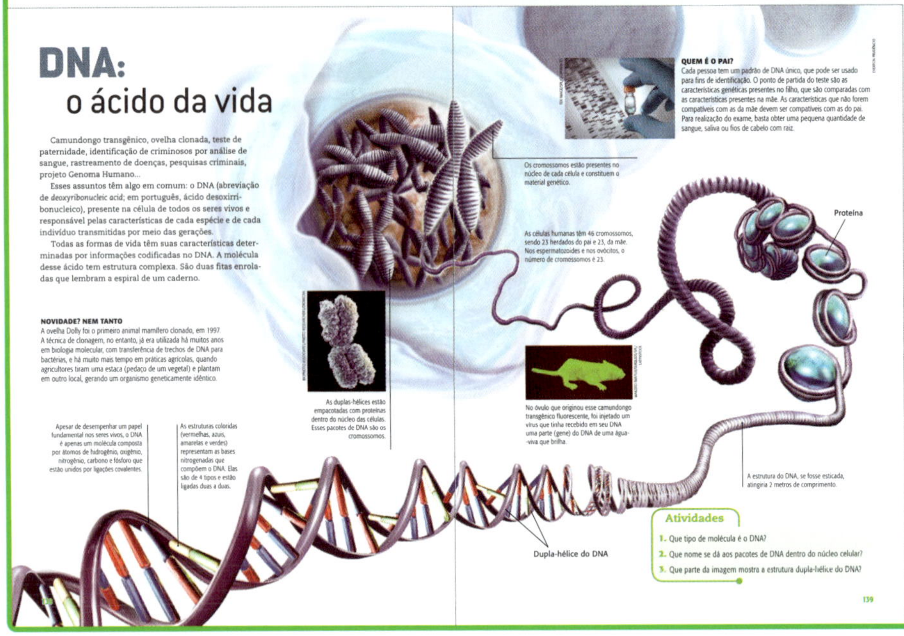

TEIA DO SABER

Este é um momento especial para você utilizar o que aprendeu. As atividades propostas resgatam, organizam e ampliam os conhecimentos trabalhados. Além disso, permitem o desenvolvimento de diferentes habilidades, entre elas as de observar, organizar dados e informações, estabelecer comparações e argumentar.

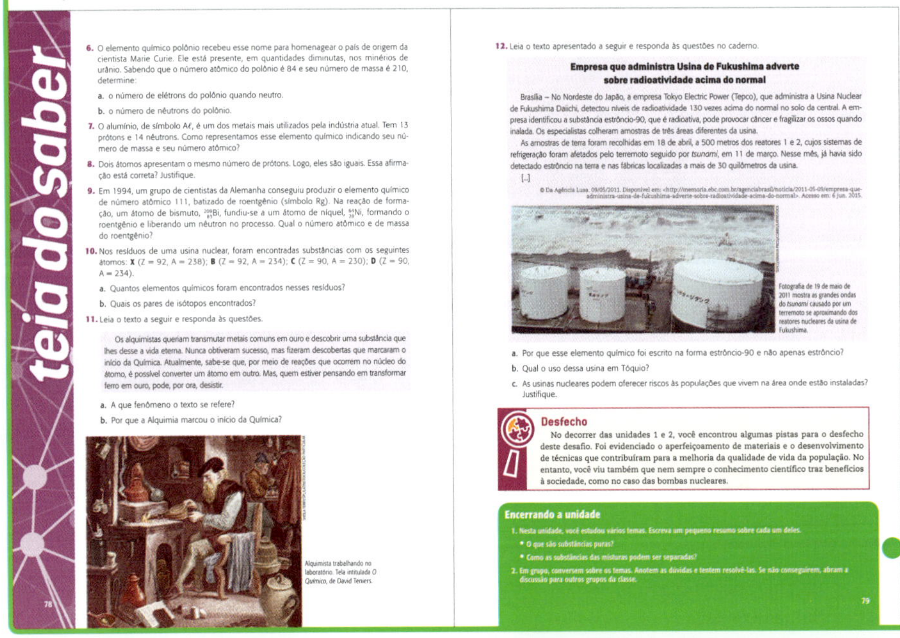

Encerrando a unidade

Esta seção traz a oportunidade de rever o conhecimento adquirido e refletir sobre ele. Aproveite esse momento de avaliação para retomar os assuntos estudados e tirar suas dúvidas.

CONHECIMENTO INTERLIGADO

Esta seção mostra que os conhecimentos da ciência se relacionam com diversas áreas, como matemática, história, engenharia e medicina.

Para explorar

A seção **Para explorar** traz atividades que estimulam a reflexão e propõem pesquisas e ações.

EM AÇÃO

Nesta seção, você será convidado a posicionar-se de maneira crítica e a refletir sobre suas próprias atitudes. Envolve debates, trabalhos em equipe e análise de situações, entre outras atividades.

SUMÁRIO

1 Estudando as propriedades da matéria

2 Substâncias e átomos

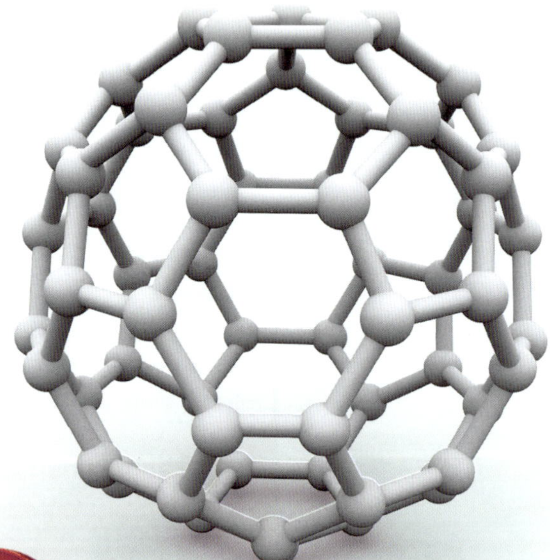

RZDEB/E+/GETTY IMAGES

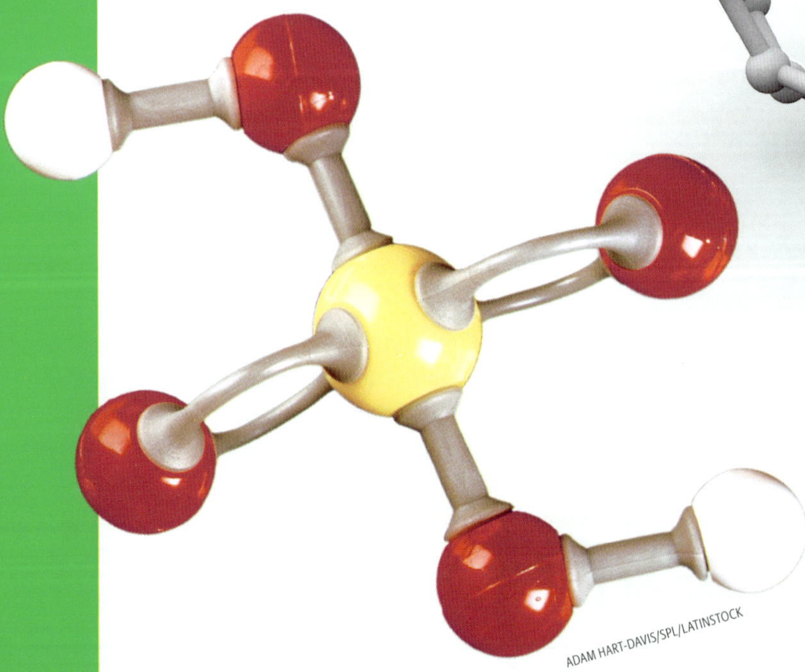

ADAM HART-DAVIS/SPL/LATINSTOCK

3 Átomos e ligações químicas

4 Reações e funções químicas

THINKSTOCK/GETTY IMAGES

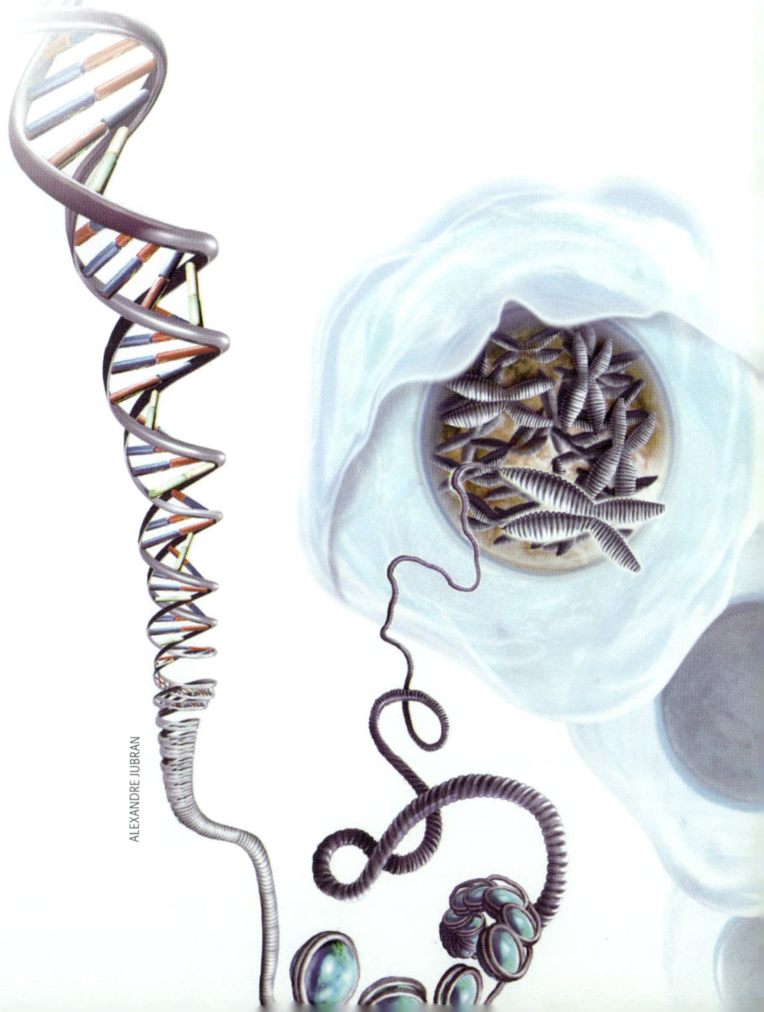

ALEXANDRE JUBRAN

5 Movimento e forças

6 Trabalho, energia e calor

FENG LI/GETTY IMAGES SPORT/GETTY IMAGES

THINKSTOCK/GETTY IMAGES

CRISTINA PEDRAZZINI/SPL/LATINSTOCK

UNIDADE 1

Estudando as propriedades da matéria

Podemos observar ao nosso redor diversos produtos fabricados pelo ser humano: cadeiras, mesas, lápis, roupas, calçados. Esses objetos são feitos de diferentes materiais, os quais são escolhidos e processados de acordo com suas propriedades.

O vidro, por exemplo, é utilizado em janelas por ser transparente. A estrutura de edifícios é feita de concreto e aço, pois eles resistem às grandes forças sem quebrar ou deformar.

Nesta unidade, você vai saber mais sobre:

- As propriedades gerais da matéria
- As propriedades específicas da matéria
- De que é feita a matéria
- Os estados físicos da matéria

IMAGEZOO/CORBIS/LATINSTOCK

Representação artística mostrando a fabricação de objetos. Podemos observar a matéria-prima, que entra na máquina e se transforma em uma peça com forma geométrica.

TROCANDO IDEIAS

1. Observe esta imagem. Ela representa a produção de diversos objetos feitos de um mesmo material. Os produtos finais mostrados na imagem são parecidos com o material utilizado na fabricação? Como os materiais da imagem diferem da matéria-prima utilizada?
2. Cite objetos diferentes que são fabricados com um mesmo tipo de material.

1 Propriedades da matéria

Um incidente simples

Durante a leitura de um livro de química, li a seguinte frase: "o ácido nítrico reage com o cobre". Eu estava cansado de ler essas afirmações sem sentido e estava determinado a verificar o que isso realmente significava. O cobre era relativamente familiar para mim, pois as moedas de um centavo feitas em cobre ainda estavam em circulação. Eu já havia visto uma garrafa com o rótulo "ácido nítrico" na mesa do consultório de um médico em que eu trabalhava. [...] Eu estava com um espírito aventureiro. Tendo o ácido nítrico e o cobre, eu só precisava aprender o que as palavras "reage com" significavam. Assim, a frase "o ácido nítrico reage com o cobre" seria algo mais que apenas palavras. Tudo estava pronto. Em nome do conhecimento, eu estava até disposto a sacrificar uns poucos centavos de cobre que eu tinha.

Eu coloquei um centavo sobre a bancada; abri a garrafa com o rótulo marcado "ácido nítrico"; despejei um pouco do líquido sobre a moeda; e preparei-me para observar os resultados. Mas o que era aquela coisa espantosa que eu observava? A moeda já tinha se transformado e não era uma transformação pequena.

Um líquido azul-esverdeado tinha formado uma espuma e produzido fumaça sobre a moeda e a bancada. O ar em torno do experimento tornou-se vermelho escuro. Uma nuvem colorida subia. Era desagradável e sufocante. Como eu iria parar aquela reação?

Tentei acabar com a bagunça pegando-a e arremessando-a pela janela que eu havia aberto enquanto isso. Então, aprendi outro fato – o ácido nítrico não apenas reage com o cobre, como também reage com os meus dedos. A dor me fez realizar outro experimento não premeditado: limpei meu dedos na minha calça e descobri outro fato. Ácido nítrico também reage com o tecido das calças.

Levando tudo isso em consideração, esse foi o experimento mais impressionante e, de forma relativa, o mais caro também que já realizei. Ainda conto essa situação com entusiasmo. Foi como uma revelação para mim. Foi o resultado de um desejo meu de aprender mais sobre esse tipo de ação. Evidentemente, o único modo de aprender sobre isso era ver seus resultados, conduzir um experimento, trabalhar em um laboratório.

William Albert Noyes e James Flack Norris. *Biographical memoir of Ira Remsen: 1846-1927. National Academy of Sciences of the United States of America*, 1931. Trad. dos autores.

ART PHOTOGRAVURE CO., LTD

Ira Remsen (1846-1927), químico estadunidense, conhecido por descobrir uma substância adoçante: a sacarina.

Bancada: mesa de trabalho em um laboratório.

Premeditado: planejado com antecedência.

BATE-PAPO

1. O que levou Ira Remsen a realizar o experimento foi a curiosidade a respeito do significado da expressão "reage com". O que você acha que significa essa expressão?
2. A curiosidade de Ira Remsen provocou um acidente, mas também despertou seu interesse pelo acontecimento. Você já fez ou viu algum experimento que o tenha impressionado?

Quais são as contribuições da ciência para a sociedade?

A todo momento, são desenvolvidas pesquisas com o objetivo de aperfeiçoar ou criar novas tecnologias. Você sabe como essas pesquisas são feitas? Saberia dizer quais critérios os cientistas e engenheiros usam para escolher entre uma matéria-prima e outra para desenvolver novos materiais?

O QUE É MATÉRIA?

É considerado **matéria** tudo o que tem massa e ocupa lugar no espaço (tem volume). Mesas, cadeiras, animais, plantas, até mesmo o ar que respiramos são feitos de matéria.

Chamamos **corpo** uma quantidade limitada de matéria que se apresenta em determinada forma. Quando um corpo é utilizado para construir algo com uma finalidade, ele é chamado **objeto**. Veja, no quadro a seguir, alguns exemplos.

Transformações dos materiais		
Material	**Corpo**	**Objeto**
Ferro	Barra de ferro	Portão de ferro
Madeira	Tronco de madeira	Porta de madeira
Granito	Placa de granito	Pia de granito

Transformações e usos da matéria

Transformamos e utilizamos a matéria de acordo com nossas necessidades, e escolhemos cada tipo de material conforme as propriedades de cada um. Durante uma transformação, podemos alterar a forma, o tamanho, a estrutura, entre outras características do material.

Na natureza os materiais podem passar por dois tipos de transformação. As que ocorrem sem a formação de novos materiais são chamadas **transformações físicas**. É o que acontece, por exemplo, com o tronco das árvores quando é cortado para fazer as tábuas, quando um gelo derrete, ou com um pedaço de mármore quando é esculpido. Já as **transformações químicas** ocorrem quando as propriedades da matéria são alteradas formando novos materiais; é o que acontece com a areia usada na produção de vidro e o petróleo usado na produção de plástico.

FABIO COLOMBINI

Indígena trançando cestaria com fibras vegetais, que são flexíveis e resistentes. Para formar um cesto, as fibras passam por transformações físicas (são trançadas). Na fotografia, indígena da etnia Barasana, Manaus (AM), em 2014.

THINKSTOCK/GETTY IMAGES

O plástico é um tipo de material produzido a partir do petróleo, que é extraído da natureza. Para dar origem ao plástico, o petróleo sofre transformações químicas. O plástico é usado na fabricação de diversas embalagens.

PROPRIEDADES GERAIS DA MATÉRIA

As propriedades gerais da matéria são aquelas comuns a todos os corpos, independentemente do tipo de matéria de que são feitos. Essas propriedades não podem ser usadas para identificar os diferentes materiais.

Massa

A **massa** de um corpo, ou de um objeto, é a propriedade relacionada à quantidade de matéria que apresenta. Usualmente, quantificamos a massa por meio de comparação com uma medida padrão. Assim, a massa de um corpo pode ser medida pelo uso de balanças, como uma balança de pratos.

Representação esquemática da balança de pratos, também conhecida como balança de braços iguais, que permite determinar a massa dos objetos. Cores fantasia. Elementos fora de escala de tamanho e de proporção.

Não é possível diferenciar dois materiais apenas por meio da medida de sua massa, por isso, essa propriedade é considerada uma propriedade geral da matéria.

Dependendo do país, as unidades de medida de massa também podem variar. Na maioria dos países, inclusive no Brasil, utiliza-se o quilograma (representado por kg). Nos Estados Unidos, Reino Unido e Canadá, utiliza-se a libra como unidade de massa. Uma libra (representada por 1 lb) vale 0,453 quilograma. Nas áreas rurais, é comum encontrarmos produtos vendidos por arroba, como o algodão e o gado.

A massa de um corpo pode ser expressa de formas diferentes. A dosagem de medicamentos pode ser medida em miligramas, por exemplo, enquanto a carga de um navio pode ser medida em toneladas.

Arroba: unidade de medida que equivale a 14,689 kg. Na Espanha, também é usada para medir volumes, como o do azeite (nesse caso, 1 arroba equivale a 12,563 L).

Volume

Todos os materiais têm a propriedade de ocupar lugar no espaço. O **volume** é a medida do espaço que determinada porção de matéria ocupa. Assim, volume também é uma propriedade geral dos materiais. O volume de um corpo pode ser medido, por exemplo, em metros cúbicos (m^3) ou em litros (L); 1 m^3 equivale a 1000 L.

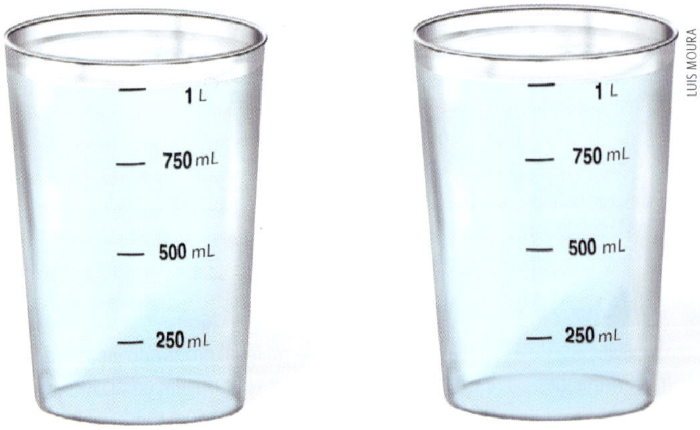

1 litro de álcool
1 litro de água

Representação esquemática de dois recipientes com 1 litro de álcool e 1 litro de água. Não podemos distinguir, apenas pelo volume, qual deles está com água e qual está com álcool. Cores fantasia. Elementos fora de escala de tamanho e de proporção.

Padronização de medidas

Ao longo da história, nas diferentes civilizações, foram criadas diversas unidades de medida. Para medir o comprimento, por exemplo, os ingleses e os estadunidenses utilizam medidas como jardas, pés e polegadas, que têm suas origens ligadas a medidas do corpo humano. Para medir massa, vimos que existem unidades como a libra, a arroba e o quilograma.

Com o intuito de facilitar as negociações internacionais, os trabalhos científicos e também a vida das pessoas, uma comissão internacional de cientistas e engenheiros estabeleceu o **Sistema Internacional de Unidades** (SI), que é adotado por toda a comunidade científica e pela maioria dos países, inclusive o Brasil. O SI tem como base sete unidades fundamentais, entre as quais o metro, o quilograma e o segundo. Veja, a seguir, a padronização dessas diferentes ordens de grandeza.

- O metro (símbolo **m**) é a unidade do SI para medida de comprimento. Com base nele, podemos escrever uma unidade para medida de área (o metro quadrado, $\mathbf{m^2}$) ou para medida de volume (o metro cúbico, $\mathbf{m^3}$).
- A massa é representada pelo quilograma (símbolo **kg**), mas outras unidades são comuns: **g** (grama) e **mg** (miligrama).
- O tempo, no SI, é medido em segundos (símbolo **s**), mas são usuais no dia a dia o minuto (símbolo **min**) e a hora (símbolo **h**).

Todas as unidades do SI são padronizadas, isto é, seu valor é o mesmo em qualquer país.

Padronização de medidas

Grandeza	Unidade	Símbolo
Comprimento	metro	m
Massa	quilograma	kg
Tempo	segundo	s

Algumas relações importantes

As diferentes unidades de medida de uma mesma grandeza sempre podem ser relacionadas, para transformar de uma unidade em outra; o que precisamos saber é o fator de conversão.

No caso do comprimento, 1 metro equivale a 100 centímetros. Logo, para obter em centímetros uma medida descrita em metros, devemos multiplicá-la por 100; já para transformar uma medida de centímetros para metros, dividimos por 100.

FERNANDO FAVORETTO/CRIAR IMAGEM

Um saco com 1 kg de açúcar possui 1 000 g dessa substância.

Comprimento

m	$\times 100$ → ← $\div 100$	cm	$\times 10$ → ← $\div 10$	mm

Massa

kg	$\times 1\,000$ → ← $\div 1\,000$	g	$\times 1\,000$ → ← $\div 1\,000$	mg

Tempo

h	$\times 60$ → ← $\div 60$	min	$\times 60$ → ← $\div 60$	s

NÃO DEIXE DE ACESSAR

- **Inmetro**

O *site* do Inmetro apresenta uma linha do tempo do desenvolvimento da metrologia no Brasil.
http://www2.inmetro.gov.br/museu/linha-tempo.php. Acesso em: 18 fev. 2015.

Impenetrabilidade

Dois corpos não ocupam o mesmo lugar no espaço ao mesmo tempo. Isso se deve a uma propriedade geral da matéria chamada **impenetrabilidade**. Ao mergulhar um objeto na água, ele desloca uma porção de água equivalente ao seu volume.

EDUARDO SANTALIESTRA

Deslocamento de uma porção de água devido à imersão de um objeto.

Divisibilidade

Toda matéria pode ser dividida em pedaços menores, até certo limite, sem perder suas características. Essa propriedade é a **divisibilidade**.

IMAGESHOP/CORBIS/LATINSTOCK

Cada pedaço de vidro tem as mesmas características que a placa inteira de vidro.

Compressibilidade

É possível, até certo limite, comprimir a matéria, ou seja, reduzir seu volume. Essa propriedade é chamada **compressibilidade**. Os gases são materiais mais compressíveis. Os líquidos e os sólidos são pouco compressíveis.

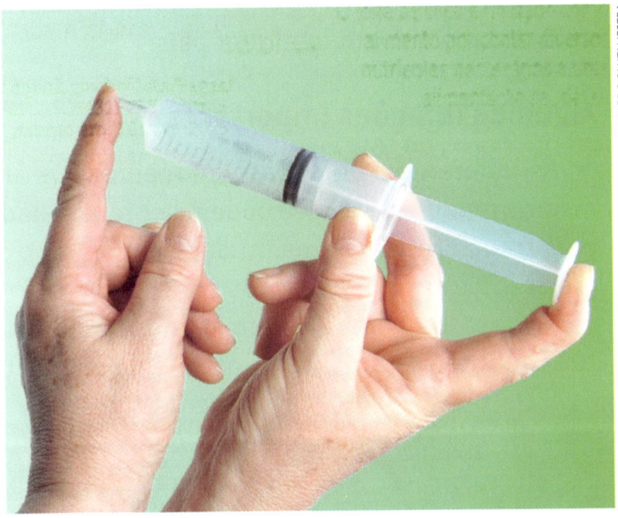

EDUARDO SANTALIESTRA

Materiais compressíveis podem ter seu volume reduzido por meio da aplicação de uma força. Se comprimirmos o êmbolo de uma seringa, os gases do ar de dentro dela serão comprimidos.

Inércia

Outra propriedade geral dos materiais é a **inércia**: todos os materiais têm a tendência de manter seu estado de repouso ou de movimento uniforme em linha reta até que lhes seja aplicada uma força. Quando um automóvel em movimento freia, por exemplo, os passageiros e tudo o que está nele tendem a manter seu movimento.

LUIS MOURA

Representação esquemática de um carrinho de brinquedo, que é parado bruscamente ao bater em um obstáculo. Os blocos que estavam sobre ele, no entanto, tendem a continuar o movimento e podem cair do carrinho. Cores fantasia. Elementos fora de escala de tamanho e de proporção.

PROPRIEDADES ESPECÍFICAS DA MATÉRIA

As **propriedades específicas** são aquelas que dependem do tipo de substância que compõe a matéria. Essas propriedades permitem, portanto, distinguir os tipos de materiais. Dentre as propriedades específicas, há as propriedades organolépticas e as físicas.

Propriedades organolépticas

São chamadas **propriedades organolépticas** da matéria aquelas que podem ser percebidas pelos órgãos dos sentidos (tato, audição, visão, gustação e olfato). Assim, a cor característica do ouro, o cheiro do vinagre, o gosto do açúcar, o brilho da prata, a textura da farinha e a transparência do vidro são exemplos de propriedades organolépticas.

Para diferenciar o sal de cozinha do açúcar branco refinado, bastaria provar cada um deles: aquele com gosto salgado seria o sal e o de gosto doce seria o açúcar.

Sempre que empregamos um órgão sensorial para detectar a característica de um material, estamos usando uma propriedade organoléptica.

CUIDADO !

Pode ser muito perigoso manipular ou provar substâncias desconhecidas ou não identificadas, pois elas podem ser tóxicas, corrosivas ou provocar doenças!

EDUARDO SANTALIESTRA

É difícil distinguir sal de açúcar branco refinado apenas observando as substâncias dispostas lado a lado. Nesta foto, o sal está na colher à esquerda e o açúcar, à direita.

FIQUE DE OLHO

As propriedades semelhantes de materiais distintos podem causar confusão na distinção desses materiais.

O ouro é um metal nobre encontrado na natureza geralmente em seu estado nativo, ou seja, sem estar combinado a outros elementos. Pode ser encontrado como metal, às vezes como pepitas grandes, mas geralmente se encontra em pequenas inclusões em alguns minerais, como o quartzo.

Existe um mineral muito parecido com o ouro, que pode confundir algumas pessoas e por isso ganhou o nome de "ouro dos tolos". Pesquise na internet que mineral é esse.

THINKSTOCK/GETTY IMAGES

O "ouro dos tolos" tem cor e brilho semelhantes aos do ouro.

Propriedades físicas

As **propriedades físicas** da matéria são determinadas por seu comportamento durante a ação de diversos fatores, como aplicação de força e variação de temperatura. Esses fatores não alteram a composição química da matéria.

Entre propriedades físicas, há dureza, resistência mecânica, densidade, impermeabilidade, condutividade e maleabilidade.

Dureza

A **dureza** é a capacidade que uma substância tem de riscar outra. Quando escrevemos na lousa, por exemplo, o giz desgasta e fica cada vez menor, enquanto a lousa não se altera.

A substância mais dura (lousa) risca a substância menos dura (giz). Portanto, o correto é dizer que a lousa risca o giz. A propriedade envolvida, nesse caso, é a dureza.

O diamante é a substância natural mais dura que se conhece, pois ele consegue riscar todas as demais substâncias.

THINKSTOCK/GETTY IMAGES

Em pinturas com giz pastel seco, o papel utilizado no desenho apresenta dureza maior que o giz, que se desgasta e colore o desenho.

Escala de Mohs

O mineralogista alemão Friedrich Mohs (1773-1839) criou, em 1812, uma escala relativa de dureza. Ela é baseada em dez minerais diferentes, iniciando pelo talco (o menos duro) e finalizando com o diamante (o mais duro).

Quanto maior a dureza do material apresentado, mais resistente ao risco ele será. Por exemplo: o gesso é facilmente riscado pelo quartzo que, por sua vez, é riscado pelo topázio.

Essa escala é utilizada até os dias de hoje.

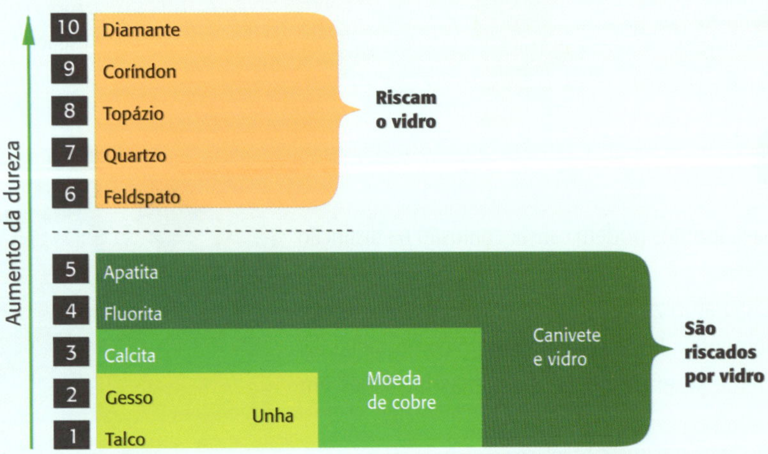

Nesta escala, o talco é o mineral menos duro e o diamante, o mais duro. Repare que, até a escala 5 de dureza, os materiais são riscados por vidro. Do 6 ao 10 os minerais riscam o vidro.

Fonte: *Encyclopaedia Britannica*. Rocks and Minerals: Britannica Illustrated Science Library. Barcelona: Editorial Sol 90, 2008.

Resistência mecânica

A propriedade de um material resistir à aplicação de uma força é a **resistência mecânica**. Alguns exemplos de materiais resistentes são aço, ferro e concreto usados na construção de pontes, viadutos e edifícios.

Não confunda resistência com dureza: o diamante, por exemplo, é muito duro (pode riscar o aço), mas é pouco resistente (pode ser quebrado com uma pancada forte).

MAURICIO SIMONETTI/PULSAR IMAGENS

A ponte Hercílio Luz foi construída em 1922 com ferro, aço e concreto. Florianópolis (SC), 2014.

Elasticidade

A propriedade da matéria de retornar a seu volume inicial depois que a ação da força causadora da compressão cessa é a **elasticidade**. Um corpo elástico pode ser esticado até certo ponto sem se romper.

Condutibilidade

A **condutibilidade** de um material é a propriedade de conduzir calor (condutibilidade térmica) ou eletricidade (condutibilidade elétrica). Os metais são exemplos de bons condutores de calor e de corrente elétrica.

THINKSTOCK/GETTY IMAGES

O cobre é um metal que pode ser transformado em fios e usado em instalações elétricas, pois é dúctil e apresenta boa condutibilidade elétrica.

Ductilidade

A propriedade que alguns materiais têm de ser transformados em fios é a **ductilidade**. Ao aplicar uma força na superfície de um metal com boa ductilidade, ele se deforma sem se romper, podendo ser transformado em fios e lâminas.

Maleabilidade

O material **maleável** apresenta a possibilidade de deformar-se, sem que se quebre ou trinque, até o ponto de uma lâmina bem fina.

Impermeabilidade

A **impermeabilidade** é a propriedade da matéria de não deixar a água penetrar.

ERNEST_WASHINGTON/DK STOCK/CORBIS/LATINSTOCK

As galochas, o guarda-chuva e a capa de chuva são feitos de materiais impermeáveis, impedindo que a água da chuva molhe as regiões do corpo protegidas por eles.

Densidade

A relação entre a massa de uma quantidade de matéria e o volume ocupado por ela é a **densidade** (*d*). Para saber a densidade de um corpo, dividimos sua massa (*m*) por seu volume (*V*).

$$d = \frac{m}{V}$$

No Sistema Internacional de Unidades, expressamos a densidade em kg/m^3, mas outras unidades podem ser empregadas, como g/cm^3, kg/L etc.

O mercúrio é um metal de cor prateada e é líquido em temperatura ambiente. Ele, no entanto, tem propriedades específicas bem diferentes daquelas da maioria dos líquidos que conhecemos. O mercúrio tem, por exemplo, densidade muito maior do que a água, pois com o mesmo volume tem massa muito maior. Para se ter uma ideia, uma garrafa de 2 L cheia de água tem massa de aproximadamente 2 kg. Se a enchermos de mercúrio, a massa será de mais de 27 kg!

A densidade é uma propriedade específica da matéria e varia com a temperatura e a pressão. Quando aquecemos uma substância suas partículas ficam mais agitadas, ocupando maior volume, e a densidade diminui. No caso da água, isso nem sempre ocorre. Quando aquecida de 0 °C até 4 °C, sua densidade aumenta em vez de diminuir. Após esse ponto (no qual a água tem maior densidade), qualquer aumento de temperatura causará diminuição na densidade da água. Por conta dessa característica, dizemos que a água tem dilatação anômala.

THINKSTOCK/GETTY IMAGES

Mercúrio, metal líquido (em temperatura ambiente) e muito denso, sendo derramado em uma placa.

CUIDADO !

O mercúrio é uma substância tóxica e não deve ser manipulado sem equipamentos de proteção.

Anômala: diferente do normal.

Você já deve ter escutado alguém perguntar o que "pesa" mais: 1 quilograma de chumbo ou 1 quilograma de algodão. Essa pergunta confunde muitas pessoas desavisadas, mas quem está realmente atento percebe que, nos dois casos, a massa é a mesma.

Agora, pense no volume ocupado por 1 quilograma de chumbo e por 1 quilograma de algodão. Qual é maior? O volume de algodão, sem dúvida. Dizemos, então, que o chumbo é mais denso que o algodão, o que significa dizer que, para uma mesma massa, o algodão ocupará maior volume.

EDUARDO SANTALIESTRA

Na fotografia, 500 gramas de chumbo e 500 gramas de algodão. O algodão, por ter menor densidade, ocupa um volume maior. Já o chumbo tem densidade maior, por isso ocupa menor volume.

Densidade e flutuação

O que determina se um corpo irá flutuar ou afundar em um líquido é a relação entre as suas densidades. Um corpo afunda se tiver densidade maior que a do líquido em que está inserido, e flutua se for menos denso que o líquido.

A cortiça possui densidade menor que a água. Assim, sempre que colocarmos uma peça de cortiça na água, ela flutuará, seja qual for sua massa. O contrário ocorre com o chumbo que, por ser mais denso que a água, afunda.

NÃO DEIXE DE LER

- **Breve história de quase tudo.** Bill Bryson. Editora Companhia das Letras, 2005.
- **Ciência Hoje na Escola: química no dia a dia.** SBPC. v. 6, Editora Global, 2003.

LUIS MOURA

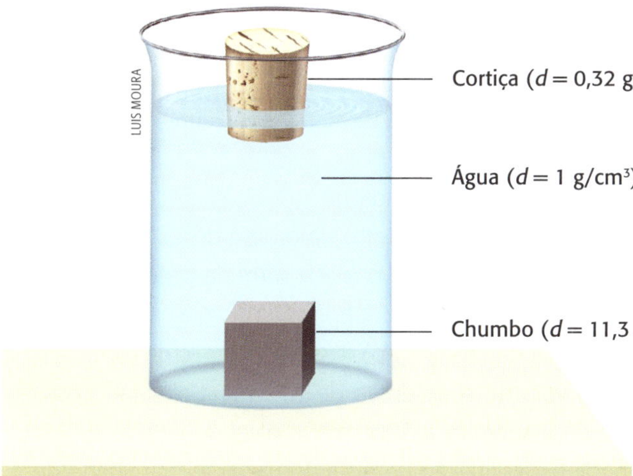

Representação esquemática de cortiça e chumbo na água. Compare as densidades da cortiça, do chumbo e da água. Cores fantasia. Elementos fora de escala de tamanho e de proporção.

Fonte dos dados: LIDE, David R. *Handbook of Chemistry*. 90. ed. 2010.

FIQUE DE OLHO

A Agência Nacional do Petróleo, Gás Natural e Biocombustíveis (ANP) estabelece que, a partir de 1º de maio de 2013, o teor de etanol anidro na gasolina é de 25%. Esse percentual pode variar, no máximo, em 1% para mais ou para menos. É considerada adulterada a gasolina que não obedece a esse padrão.

Para proteger o consumidor, a ANP obriga os postos revendedores de combustível a fazer para o consumidor o "teste da proveta", que verifica se há quantidade excedente de etanol na mistura. Também visando proteger o consumidor, nas bombas de etanol há um densímetro, que verifica a densidade do líquido vendido ao consumidor.

Tanto o teste da proveta como o densímetro da bomba de etanol funcionam com base no conceito de densidade.

- Em grupo, pesquisem como é feito o teste da proveta e como funciona o densímetro encontrado em bombas de etanol.

RITA BARRETO

Densímetro da bomba de etanol em posto de revenda de combustível.

SAIBA MAIS

Arquimedes e a coroa do rei: problemas históricos

“ Muitos livros e enciclopédias repetem histórias que não possuem nenhum fundamento, como a lenda sobre Arquimedes e a coroa do rei Hieron II de Siracusa. Costuma-se dizer que o famoso matemático estava tentando determinar se o ourives que a fabricou havia substituído uma parte do ouro por prata e que a solução surgiu durante um banho. A lenda afirma que Arquimedes teria notado que transbordava uma quantidade de água da banheira, correspondente ao seu próprio volume, quando entrava nela e que, utilizando um método semelhante [poderia descobrir se havia prata misturada ao ouro da coroa] [...].

Fundamento: base, alicerce.

Lenda: narrativa fantasiosa, exagerada.

Ourives: profissional que faz artigos trabalhados em ouro, prata etc.

Plausível: que se pode admitir, aceitar; razoável.

Basta um pouco de bom senso para perceber que esse método de medida de volume não pode funcionar. Suponhamos que a coroa do rei tivesse um diâmetro da ordem de 20 cm. Então, seria preciso utilizar um recipiente com raio superior a 10 cm, cheio de água, e medir a mudança de nível ou a quantidade de líquido derramado quando a coroa fosse colocada lá dentro. Suponhamos que a massa da coroa fosse da ordem de 1 kg e que a sua densidade (por causa da falsificação) fosse de 15 g/cm³ (um valor intermediário entre a densidade do ouro e a da prata). Seu volume seria então de 67 cm³. Colocando essa coroa no recipiente cheio de água, cuja abertura teria uma área superior a 300 cm², o nível do líquido subiria uns 2 milímetros. É pouco plausível que fosse possível medir essa variação de nível ou medir a quantidade de líquido derramado com uma precisão suficiente para chegar a qualquer conclusão [...].

Representação artística de Arquimedes na sua banheira, ao lado da coroa de rei Hieron II de Siracusa.

UNIVERSAL IMAGES GROUP/UNIVERSAL HISTORY ARCHIVE/DIOMEDIA

Se o recipiente estivesse totalmente cheio, ao mergulhar a coroa dentro dele, poderia cair uma quantidade de líquido muito maior ou muito menor do que o volume da coroa (ou mesmo não cair nada). Portanto, é fisicamente pouco plausível que Arquimedes pudesse utilizar esse tipo de método.

Além de ser historicamente sem fundamento, essa história passa uma visão falsa sobre Arquimedes e sobre a ciência em geral. Dá a impressão de que a ciência evolui por acidentes, e que Arquimedes nada mais foi do que uma pessoa esperta e excêntrica. [...] Além de proporcionar uma visão histórica falsa, essa versão popular faz um serviço negativo ao próprio ensino da física, pois descreve um método inviável de comparação de densidades, em vez de ensinar como se poderia realmente detectar a fraude. »

Excêntrica: diz-se da pessoa que age e pensa fora dos padrões considerados normais.

Inviável: que não pode ser realizado.

Roberto de Andrade Martins. Arquimedes e a coroa do rei: problemas históricos. *Caderno Catarinense de ensino de Física*. v. 17, n. 2, 2000. Disponível em: <http://www.periodicos.ufsc.br/index.php/fisica/article/viewFile/676916>. Acesso em: 17 mar. 2015.

UNIVERSAL IMAGES GROUP/UNIVERSAL HISTORY ARCHIVE/DIOMEDIA

Para pensar

1. Por que o autor do texto considera que a história de Arquimedes e a coroa do rei Hieron II é uma lenda?
2. Por que essa lenda pode passar uma ideia errada sobre a ciência em geral?
3. Quais propriedades da matéria estão relacionadas ao problema que teria sido resolvido por Arquimedes?
4. Suponha que Arquimedes realmente tivesse à disposição um método preciso para medir o volume dos objetos. Como ele deveria proceder para saber se havia prata misturada ao ouro da coroa?

Pista 1

Algumas propriedades da matéria que compõe os objetos fazem deles melhores ou piores de acordo com a aplicação desejada. Baseados nisso, os estudos tecnológicos apontam na direção da criação e desenvolvimento de materiais. Um exemplo disso é o politereftalato de etileno (PET), um tipo de plástico desenvolvido por químicos que tem larga utilização e pode ser reciclado; no entanto, sua má utilização é responsável por grande parte da poluição. Considerando as vantagens e desvantagens da utilização do PET, você acredita que os esforços dos cientistas para a criação desse novo material valeram a pena?

Materiais de construção

Ao olharmos uma casa, é difícil imaginar todos os componentes e materiais que estão envolvidos em sua construção e na manutenção do bem-estar dos seus habitantes. Como escolher os materiais para construir uma casa? Quais propriedades eles devem ter?

Construção

Paredes: podem ser feitas dos mais variados materiais, como tijolo, bloco, madeira. O material usado nas paredes deve ser opaco, para preservar a privacidade dos habitantes. Além disso, deve ter bastante resistência mecânica.

Azulejo e pisos cerâmicos: as chamadas "áreas molhadas" (banheiro, cozinha, área de serviço) podem ser revestidas de azulejos e pisos cerâmicos, que são feitos de materiais resistentes à água, pois estão expostos a esse tipo de desgaste constantemente.

Fiação elétrica: nas instalações elétricas das casas são utilizados fios para conduzir a energia. Esses fios devem ser feitos de materiais com boa condutibilidade elétrica e ductilidade.

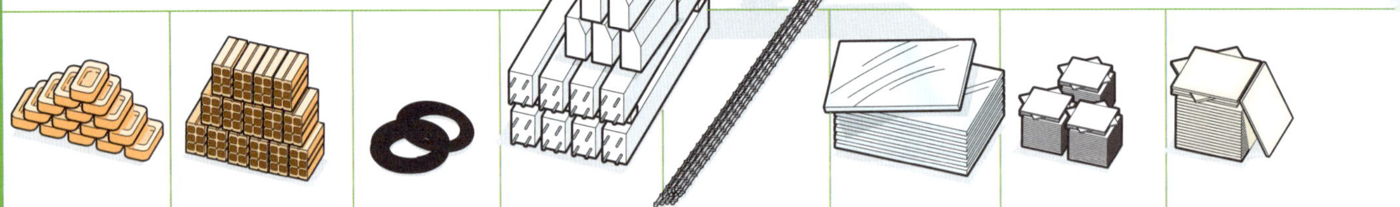

Elemento construtivo	Substâncias minerais
Tijolo	Argila
Bloco	Areia, Brita, Calcário
Fiação elétrica	Cobre, Petróleo
Fundações de concreto	Areia, Brita, Calcário, Ferro
Ferragens	Ferro, Alumínio, Cobre, Zinco, Níquel
Vidro	Areia, Calcário, Feldspato
Azulejo	Caulim, Calcário, Feldspato, Talco
Piso cerâmico	Argila, Caulim, Calcário, Feldspato, Talco

Atividades

1. Liste pelo menos quatro propriedades dos materiais utilizados para a construção de uma casa.

2. Em que partes da construção de uma casa a madeira pode ser utilizada? De onde vem essa madeira?

3. Quais materiais de construção foram usados na construção da sua escola? Converse com um adulto.

O entulho que sobra da construção pode ser reciclado e transformado em novos materiais de construção.

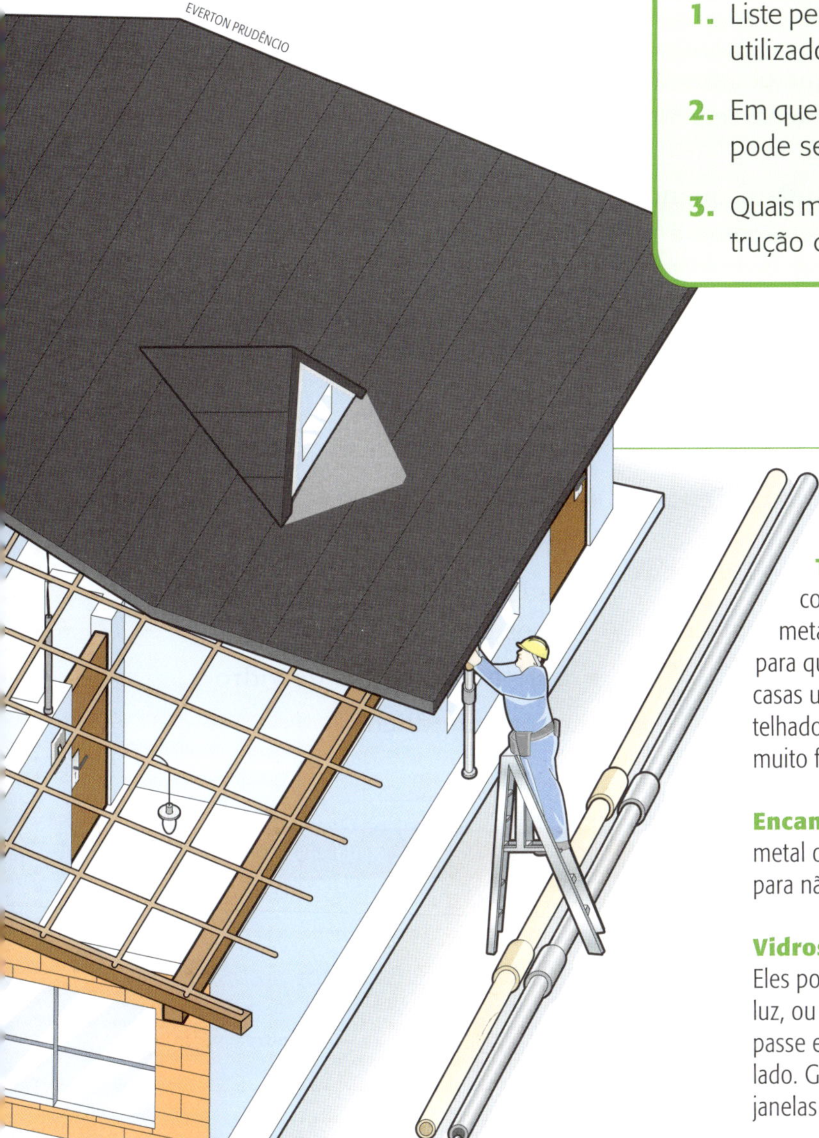

Telhado: os telhados podem ser confeccionados com diferentes materiais, como telhas de cerâmica ou metal. É importante que o material seja impermeável, para que a água da chuva não penetre na casa. Algumas casas utilizam ainda um isolante térmico na construção do telhado, para evitar que seu interior fique muito quente ou muito frio.

Encanamento: o encanamento da casa deve ser feito de metal ou plástico. Esses materiais devem ser impermeáveis, para não haver vazamentos.

Vidros: os vidros estão presentes nas janelas das casas. Eles podem ser transparentes, permitindo a passagem da luz, ou translúcidos, permitindo que apenas parte da luz passe e não seja possível ver com nitidez o que há do outro lado. Geralmente, vidros translúcidos são utilizados em janelas de banheiro ou para decoração.

Isolante térmico (lã de vidro)	Pias e louças	Encanamento metálico	Encanamento PVC	Telha cerâmica	Telha fibroamianto	Pregos e parafusos
Quartzo, Feldspato	Mármore, Granito, Ferro, Níquel, Cobalto	Ferro, Cobre	Petróleo	Argila	Calcário, Argila, Gipsita, Amianto	Ferro, Níquel

EXPERIMENTE FAZER

A densidade dos materiais

Para pensar

Você já observou que alguns objetos flutuam e outros afundam na água? Isso está relacionado com a densidade dos materiais. Materiais mais densos do que a água, como o chumbo, afundam quando colocados nela. Já materiais menos densos, como a madeira, flutuam na água.

CUIDADO!

O álcool é inflamável e não deverá ser colocado próximo ao fogo.

Objetivo

- Comparar a densidade de diferentes materiais.

Materiais

- dois recipientes compridos e de tamanho grande
- água
- álcool 70% (pode ser adquirido em farmácias)
- pedaços de cortiça
- pedaços de madeira
- pregos de ferro
- pedaços de plástico (use diferentes tipos de plástico)
- objetos pequenos de vidro
- clipes metálicos

Procedimentos

1. Coloque água em um dos recipientes, deixando-o com um volume um pouco abaixo da sua capacidade.
2. Faça o mesmo no outro recipiente, usando álcool no lugar da água.
3. Em seu caderno, copie a tabela ao lado e preencha com suas hipóteses: indique quais objetos você acha que vão flutuar e quais vão afundar.
4. Adicione nos recipientes com água e com álcool um objeto por vez, e anote na sua tabela o que observou.

Material	Água	Álcool
Cortiça		
Prego de ferro		
Madeira		
Plástico 1		
Plástico 2		
Vidro		
Clipe		

Modelo de tabela.

Resultados

Em grupos, discuta as hipóteses e os resultados. Responda, no caderno, às questões a seguir.

1. Quais materiais flutuaram e quais afundaram na água? O resultado está de acordo com suas hipóteses? Por que isso aconteceu?

2. Quais materiais tiveram comportamento diferente quando colocados no álcool? Esse resultado está de acordo com sua previsão?

Conclusão

- A densidade do álcool é menor, maior ou igual à densidade da água? Explique.

COMPOSIÇÃO DA MATÉRIA

Os blocos de montar são bastante populares entre as crianças pequenas. Com um conjunto de peças, é possível montar um castelo, um carrinho, um barco... e tudo o mais que a imaginação permitir.

A matéria se organiza de forma muito semelhante, sendo constituída por "blocos": os átomos. Há muitos tipos diferentes de átomo, ou elementos químicos, que podem ser encontrados na natureza, além de outros sintéticos, que foram produzidos em laboratório.

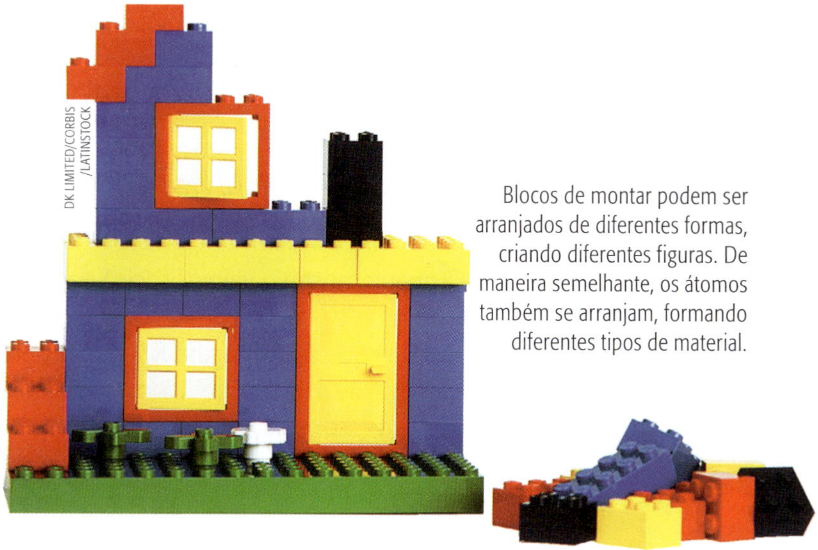

DK LIMITED/CORBIS /LATINSTOCK

Blocos de montar podem ser arranjados de diferentes formas, criando diferentes figuras. De maneira semelhante, os átomos também se arranjam, formando diferentes tipos de material.

Os átomos são muito pequenos, de modo que todos os corpos que podemos ver são formados por uma quantidade enorme de átomos. Eles podem se agrupar em estruturas que têm o nome de moléculas, que são formadas por dois ou mais átomos. A molécula de água, por exemplo, é composta de dois átomos de hidrogênio ligados a um átomo de oxigênio.

Os elementos químicos são representados por até três letras do alfabeto latino. Quando for representado por duas ou mais letras, a primeira deve ser maiúscula e as demais, minúsculas. Veja os exemplos a seguir.

Hidrogênio = H	Oxigênio = O	Carbono = C	Sódio = Na
Unúntrio = Uut	Cloro = Cℓ	Nitrogênio = N	Ferro = Fe

Para representar os átomos, usamos esferas de cores diferentes. Essas representações são **modelos**, ou seja, são construções mentais que não correspondem exatamente à realidade, usadas para facilitar o entendimento e o estudo dos átomos e das moléculas.

Alfabeto latino: sistema de escrita utilizado pela maioria dos países. É o alfabeto utilizado no Brasil.

MOLÉCULA DE OXIGÊNIO

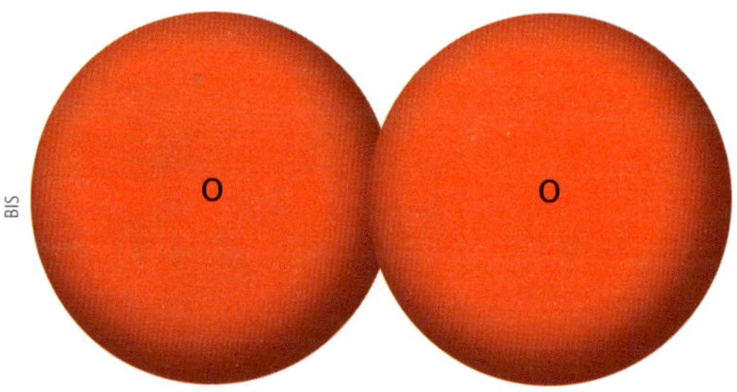

BIS

Representação esquemática de uma molécula de gás oxigênio (O_2), formada por dois átomos de oxigênio (O) ligados entre eles e representados por esferas vermelhas. Cores fantasia. Elementos fora de escala de tamanho e de proporção.

MOLÉCULA DE ÁGUA

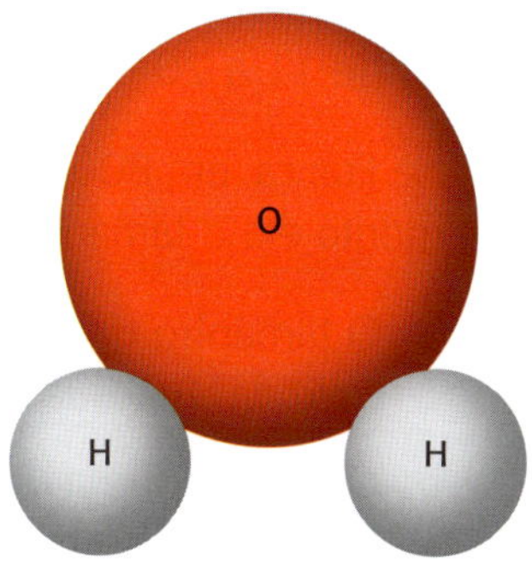

BIS

Representação esquemática de uma molécula de água (H_2O) formada por dois átomos de hidrogênio (H), representados pelas esferas cinza, ligados a um átomo de oxigênio (O), representado pela esfera vermelha. Cores fantasia. Elementos fora de escala de tamanho e de proporção.

teia do saber

1. Um comprimido de 500 mg é administrado de 12 em 12 horas. Qual a massa total, em gramas, ingerida por um paciente medicado por duas semanas?

2. A afirmação "Dois corpos não podem ocupar o mesmo lugar no espaço" está correta? Justifique.

3. Em uma festa de aniversário, uma garrafa de refrigerante com 2 L foi dividida em copos de 100 mL cada um. Quantos copos esse refrigerante renderá?

4. A tabela a seguir mostra o valor (fictício) da água cobrado por uma companhia de saneamento de acordo com o consumo. Assim, um domicílio que gastou entre 0 e 10 m³ de água pagará R$ 11,00 pela água e o mesmo valor pelo esgoto. Se o consumo for de 15 m³, o total gasto será R$ 40,00 (pois os primeiros 10 m³ consumidos são cobrados de acordo com a primeira faixa de consumo e os outros 5 m³ são cobrados de acordo com a segunda faixa de consumo).

Valor da água de acordo com o consumo

Faixas de consumo (em m³)	Valor cobrado (por m³)	m³ cobrados (por faixa)	Valor da água	Valor do esgoto	Total
0 a 10	R$ 1,10	10 (tarifa mínima)	R$ 11,00	R$ 11,00	R$ 22,00
11 a 20	R$ 1,80	5	R$ 9,00	R$ 9,00	R$ 18,00
21 a 50	R$ 5,00				
Acima de 50	R$ 5,80				
				Total geral da conta	R$ 40,00

THINKSTOCK/GETTY IMAGES

Torneira gotejando.

a. Calcule no caderno o valor total da conta de uma residência que consuma 25 m³ de água.

b. No caderno, determine o consumo diário, em litros por pessoa, considerando um mês de 30 dias e cinco pessoas morando nessa residência.

c. Uma torneira está pingando água e desperdiça 2 L a cada hora. Calcule no caderno o prejuízo que o morador terá ao longo de um mês, considerando para isso a faixa de consumo de 11 a 20 m³.

5. Na França, em 800 d.C., a unidade de medida de comprimento era o tamanho do pé do rei Carlos Magno.

a. O tamanho do pé de um rei é uma boa unidade de medida? Por quê?

b. Quais problemas pode causar a falta de padronização dos sistemas de medida?

STEFANO BIANCHETTI/CORBIS/LATINSTOCK/COLEÇÃO PARTICULAR

Representação artística do rei Carlos Magno feita por Theophile Lavallee para o livro *Histoire des Français*, século XIX.

6. Quais são as diferentes grandezas medidas por cada uma das pessoas mostradas na ilustração? Quais unidades de medida utilizamos atualmente para medi-las, de acordo com o Sistema Internacional de Unidades (SI)?

JEAN-LOUP CHARMET/SPL/LATINSTOCK/ MUSEE DE LA VILLE DE PARIS, MUSEE CARNAVALET, PARIS, FRANCE

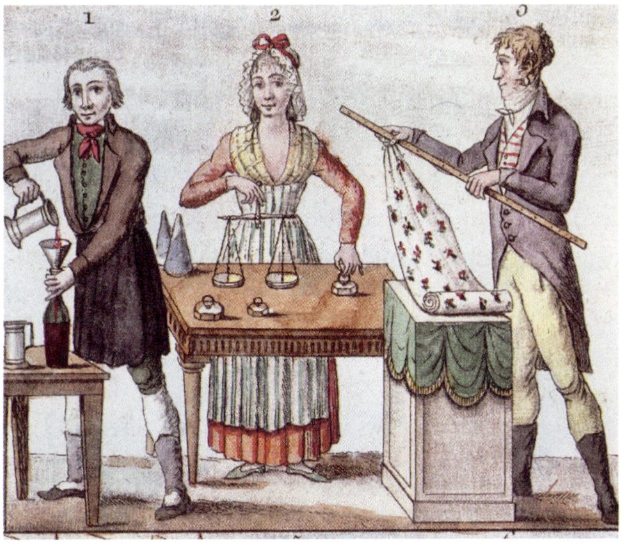

A representação artística mostra o sistema adotado na França, em 1800. Esse sistema foi introduzido pelo químico Jean Chaptal. Em 1960, uma conferência científica sobre pesos e medidas implementou as unidades do sistema métrico ao Sistema Internacional de Unidades (SI).

7. Um professor mostrou para a classe um teste de densidade com água e álcool. Para isso, colocou em cada frasco uma pequena bola, sendo que as duas apresentam propriedades específicas idênticas.

LUIS MOURA

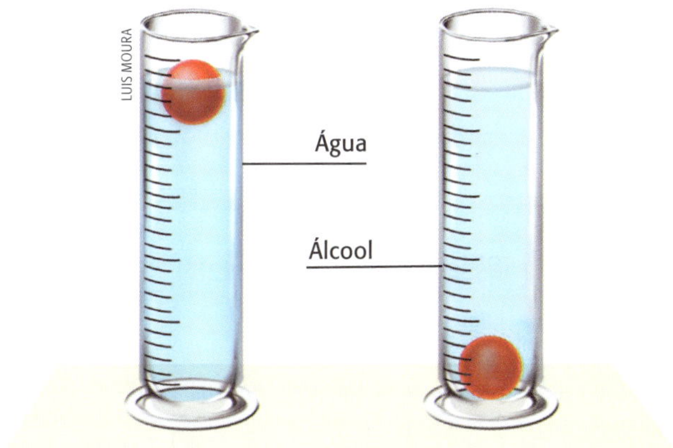

Representação esquemática do teste de densidade com água e álcool. Cores fantasia. Elementos fora de escala de tamanho e de proporção.

Qual dos líquidos é mais denso: a água ou o álcool? Justifique.

8. A figura a seguir mostra dois frascos, **A** e **B**, com líquidos diferentes, com mesma massa e volumes diferentes.

LUIS MOURA

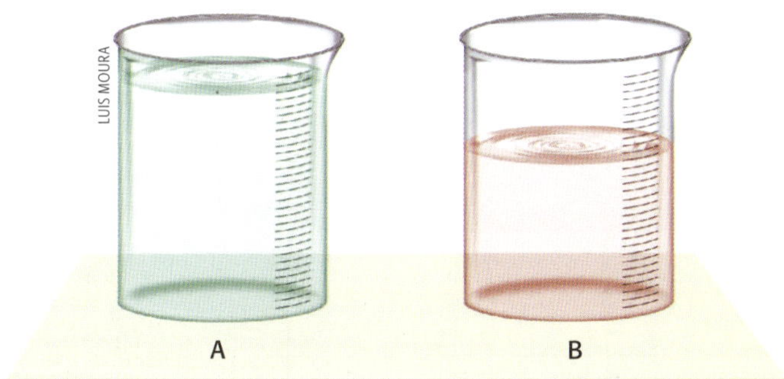

Representação esquemática de dois frascos com líquidos diferentes. Elementos fora de escala de tamanho e de proporção.

- Neste caso, qual dos dois líquidos é mais denso?

9. As máquinas para cortar pisos e vidros em geral costumam ter em sua ponta uma película de diamante. Qual a finalidade dessa película e qual propriedade ela deve ter?

10. O que tem maior dureza: a unha humana ou uma lixa utilizada em unhas? Justifique.

11. Leia o texto, observe a figura e depois responda às questões no caderno.

> Uma maneira simples de determinar a densidade de um pedaço de metal de formato irregular é medir sua massa e depois mergulhá-lo em um recipiente graduado contendo água. Ao executar esse experimento, um químico mediu a massa do metal (140 g) e verificou o nível da água contida no recipiente antes (1) e após (2) a imersão da barra metálica, conforme mostra a figura.

LUIS MOURA

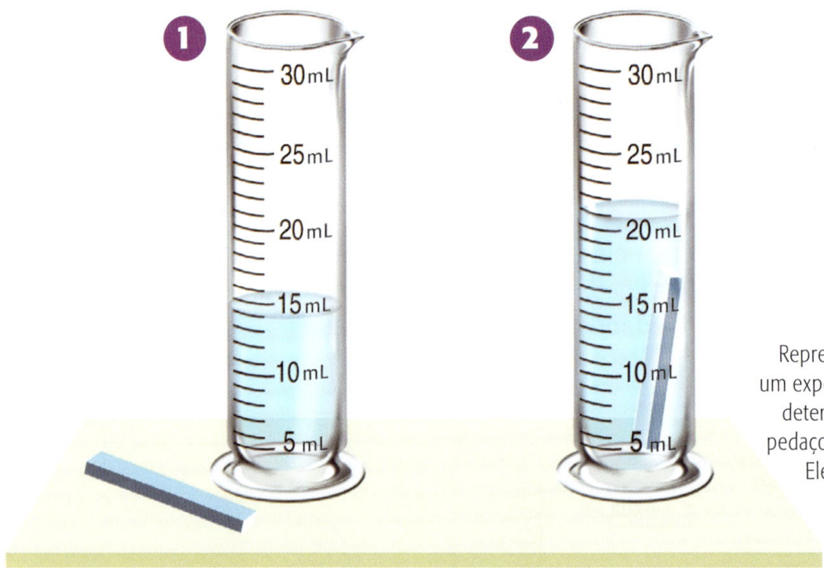

Representação esquemática de um experimento em que se pode determinar a densidade de um pedaço de metal. Cores fantasia. Elementos fora de escala de tamanho e de proporção.

a. De que maneiras podemos medir a massa da barra de metal?

b. Qual é a densidade do material em questão?

c. Qual é a densidade mínima que um líquido precisa ter para que esse metal flutue?

12. Sabendo que a densidade do óleo de cozinha é igual a 0,920 g/cm^3, responda às questões a seguir.

a. Um rapaz vai a um mercado que anunciou a seguinte promoção: "Hoje é o freguês quem escolhe: 1 litro de óleo ou 1 quilograma de óleo com o mesmo preço!". O que é mais vantajoso comprar: 1 quilograma, um litro ou tanto faz? Justifique sua resposta.

b. Com base nos dados da tabela, responda no seu caderno: em qual líquido o óleo afunda? E sobre qual ele flutua?

Densidade de alguns líquidos

Líquido	Densidade (em g/cm^3)
Água	1,0
Glicerina	1,2
Álcool	0,8

Fonte: LIDE, David R. *Handbook of Chemistry*. 90. ed. 2010.

13. Os metais listados na tabela ao lado têm grande valor comercial.

a. Se considerarmos uma mesma massa de cada um dos metais, qual amostra terá maior volume?

b. Qual a massa de ouro, em gramas, presente em 1 L desse metal? (Lembre-se que 1 L equivale a 1 dm^3.)

Densidade de alguns materiais	
Metal	Densidade (g/cm^3) a 25 °C
Chumbo	11,34
Mercúrio	13,55
Ouro	19,3
Platina	21,5
Prata	10,5

Fonte: LIDE, David R. *Handbook of Chemistry*. 90. ed. 2010.

14. Um garoto carregava três caixas de bolinhas do mesmo tamanho e da mesma cor, mas feitas de materiais diferentes. Ele tropeçou, caiu e as caixas se abriram. As bolinhas se misturaram. Proponha um método para o garoto separar as bolinhas com base na diferença de densidade entre elas. Descreva o método que você utilizou.
Para isso você tem uma tabela com a densidade de cada tipo de bolinha e três líquidos de densidades conhecidas.

Densidade das bolinhas	
Material	Densidade (g/cm^3)
A	0,692
B	0,835
C	1,118

Densidade dos líquidos	
Líquido	Densidade (g/cm^3)
I	0,418
II	0,744
III	1,000

15. O gráfico ao lado mostra como a massa de certo material varia com o volume. Observando os dados do gráfico, responda no caderno às questões:

a. Qual a densidade desse material?

b. Qual a massa de 10 L desse material?

c. O volume do material é maior ou menor conforme há aumento de massa?

d. A densidade de um material muda se alteramos a massa?

e. Dê um título a esse gráfico.

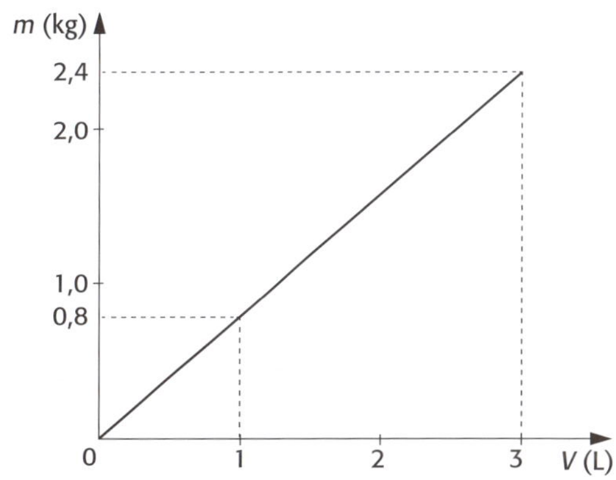

16. O diamante é a substância mais dura conhecida. Isso significa que ele é indestrutível? Explique.

17. Leia o texto e responda às questões.

> O ácido sulfúrico é importante na indústria farmacêutica, na fabricação de fertilizantes e nas indústrias de baterias de automóveis. Foi preparado pela primeira vez pelos alquimistas, há mais de mil anos.

a. No modelo da molécula, quantos átomos estão representados?

b. Quantos tipos de átomo estão representados?

c. Faça uma pesquisa e descubra quais átomos são esses.

Alquimistas: precursores dos cientistas na Idade Média, que procuravam descobrir como transformar os metais em ouro.

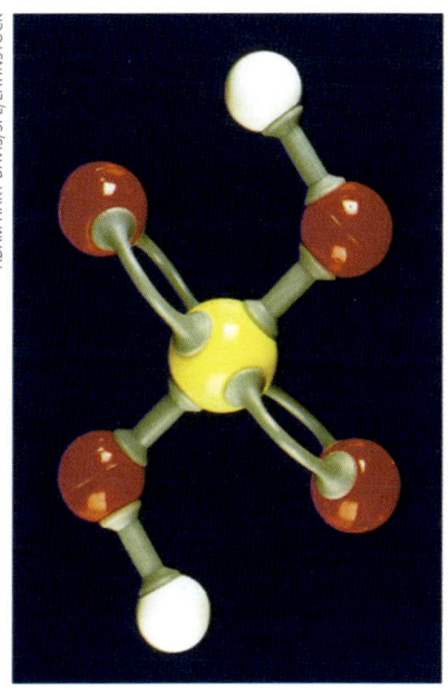

ADAM HART-DAVIS/SPL/LATINSTOCK

Representação esquemática de molécula de ácido sulfúrico. Cores fantasia. Elementos fora de escala de tamanho e de proporção.

2 Estados de agregação da matéria

De que modo se forma um *iceberg*?

[...] Marés e correntes marítimas agem sobre o gelo que fica submerso nas bordas dos continentes, movimentando-o para cima e para baixo. Com o tempo, aparecem microfraturas, que se expandem até parte do gelo se separar totalmente, criando o *iceberg*.

[...] Um *iceberg* possui, em média, 70 m de altura, dos quais 90% ficam debaixo d'água. Isso acontece porque a densidade do gelo é apenas um pouco menor que a da água salgada – se fosse mais denso, a parte emersa seria maior.

[...]

Em média, o *iceberg* leva dois anos para derreter totalmente. Mas o tempo pode variar bastante: se o *iceberg* viaja pelo oceano, o derretimento é rápido por causa das ondas e da temperatura. Se fica retido perto da costa, dura mais. E tamanho importa: quanto maior for, mais tempo ele resiste.

[...] Os *icebergs* são principalmente levados pelas correntes marítimas, mas seu movimento também é influenciado pelo vento, que atua na parte emersa. A velocidade depende justamente da corrente marítima [...] os que ficam no Hemisfério Norte [...] podem se deslocar a 20 cm por segundo.

Curiosidades:

- Após o acidente com o Titanic, foi criada a Patrulha Internacional do Gelo para monitorar *icebergs* no Atlântico.
- *Icebergs* se descolam da Antártida (Polo Sul), Groenlândia e outros lugares. Mas não do Polo Norte: lá o gelo é de plataforma (água do mar congelada).

[...]

Olívia Fraga. Mundo Estranho/Abril Comunicações S/A. *De que modo se forma um* iceberg? Disponível em: <http://mundoestranho.abril.com.br/materia/de-que-modo-se-forma-um-iceberg>. Acesso em: 16 mar. 2015.

ZHANG JIANSONG/XINHUA PRESS/CORBIS/LATINSTOCK

Foto aérea de *iceberg* na Antártica, em 2014.

BATE-PAPO

1. Por que os *icebergs* são perigosos para embarcações e plataformas de petróleo?
2. Como se forma um *iceberg*?
3. Qual o estado de agregação da água em um *iceberg*: sólido, líquido ou gasoso?

FENÔMENOS FÍSICOS E QUÍMICOS

Na linguagem do dia a dia, a palavra "fenômeno" significa algo ou algum acontecimento fora do comum. Para a ciência, todo evento que provoca qualquer alteração na matéria é classificado como fenômeno, tanto um vidro quebrando-se quanto uma madeira queimando em uma fogueira.

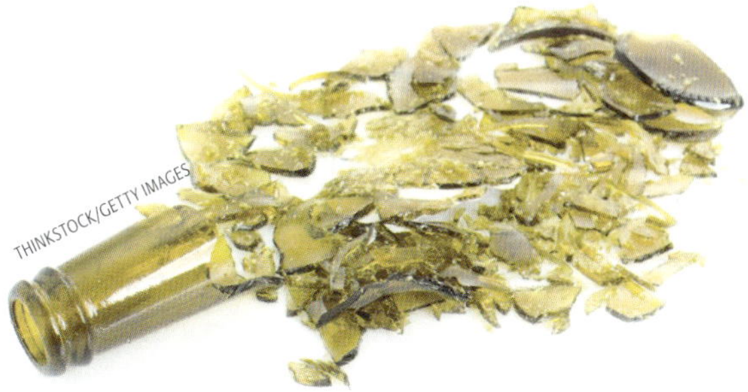

O vidro da garrafa quebrou. Esse é um fenômeno físico, pois os pedaços de vidro têm as mesmas propriedades do vidro da garrafa inteira.

Em algumas situações, o fenômeno não provoca alterações na natureza das substâncias envolvidas. A garrafa era feita de vidro antes de se quebrar. Depois de quebrada, os pedaços resultantes ainda são feitos de vidro. Uma gota de água é feita de moléculas de água antes e depois de se congelar ou evaporar. Dizemos, nesses casos, que ocorre um **fenômeno físico**.

Agora, vamos pensar no que ocorre com a fogueira. Antes de queimar, a madeira era feita principalmente de celulose. Podemos perceber que, depois da queima, novas substâncias surgiram. Houve produção de um gás e de materiais escuros (cinzas e carvão), muito diferentes da madeira original. Ocorreu, então, um **fenômeno químico**. Nesse fenômeno, substâncias já existentes (os reagentes) originam novas substâncias (os produtos) por meio de reações químicas.

Quando colocamos um cubo de gelo na água e ele derrete, ocorre um fenômeno físico.

A madeira é feita principalmente de celulose. A queima desse material é um fenômeno químico. Enquanto a madeira queima, transformando-se em carvão, há produção de gás carbônico.

Todos os dias, fenômenos físicos e químicos acontecem à nossa volta. O escurecimento de uma maçã depois de descascada, por causa do oxigênio do ar, é um fenômeno químico, mas descascar a maçã é um fenômeno físico. Quem faz um bolo observa um fenômeno químico, pois o fermento produz gás, e um fenômeno físico, pois o gás faz a massa do bolo crescer (aumentar o volume). A química estuda principalmente os fenômenos que alteram a natureza da matéria.

ESTADOS FÍSICOS DA MATÉRIA

A matéria pode se apresentar em três estados físicos (ou estados de agregação): **sólido**, **líquido** e **gasoso**. A água, por exemplo, pode ocorrer no estado sólido (gelo dos *icebergs*, do topo das montanhas, das regiões polares), líquido (nos mares, rios e lagos) e gasoso (na atmosfera).

As principais diferenças de estrutura da matéria nos estados físicos são a distância entre as partículas (moléculas) e a sua mobilidade.

ESTADOS DE AGREGAÇÃO DA ÁGUA

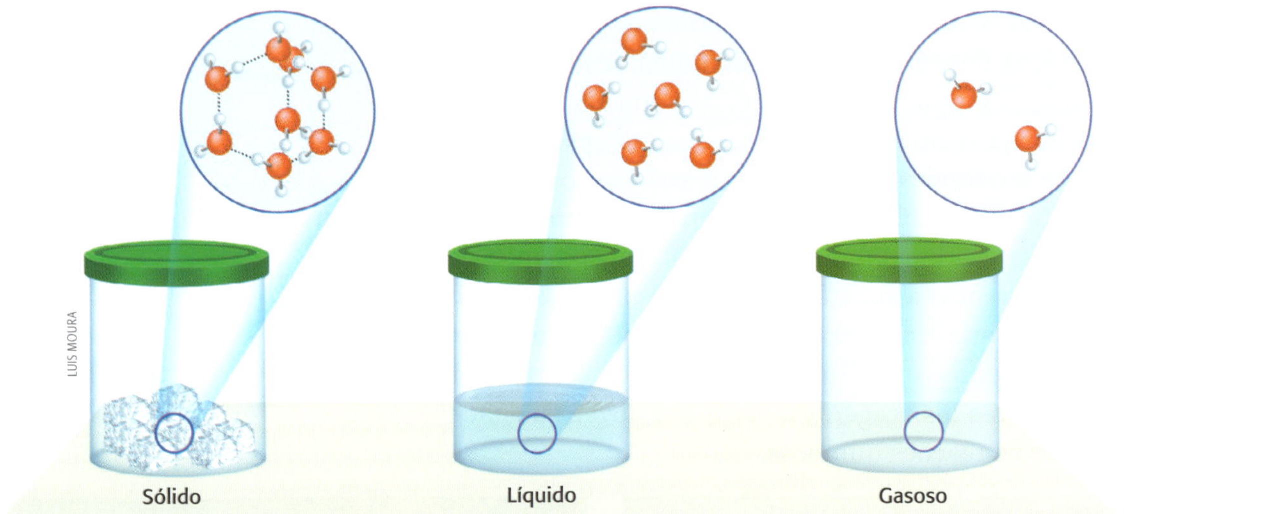

LUIS MOURA

Representação esquemática da disposição das moléculas de água nos três estados físicos (a esfera vermelha representa o oxigênio, e a cinza, o hidrogênio). Cores fantasia. Elementos fora de escala de tamanho e de proporção.

No **estado sólido**, as partículas estão próximas umas das outras e vibram vagarosamente, praticamente sem alterar a distância entre si. Os sólidos apresentam forma e volumes definidos, não importando o recipiente em que sejam colocados.

THINKSTOCK/GETTY IMAGES

Ouro sólido na forma de barra.

No **estado líquido**, as partículas vibram mais rapidamente do que no estado sólido e a distância entre elas aumenta, ocupando maior volume do que no estado sólido e não há forma fixa. Os líquidos adquirem a forma do recipiente que ocupam, mas não alteram seu volume de acordo com ele.

No **estado gasoso**, há uma grande desorganização das partículas, que se movem ainda mais rapidamente do que no estado líquido e podem ficar bem afastadas. Dessa maneira, os gases não têm forma nem volume definidos. Ocupam todo o volume do recipiente no qual estão inseridos e adquirem a forma dele.

RIA NOVOSTI/SPL/LATINSTOCK

Alumínio no estado líquido (temperatura acima de 660 °C) sendo despejado em um molde.

Mudanças de estado físico

A movimentação das partículas que formam a matéria e a distância entre elas determinam os estados físicos, também chamados estados de agregação. Para provocar uma mudança de estado físico da matéria, é preciso alterar a velocidade e a distância entre as partículas, o que é possível por meio da **transferência de calor**.

Quando recebem calor, a energia das partículas aumenta, elas ficam mais rápidas e distantes umas das outras. Dessa forma, ao aquecermos um cubo de gelo, por exemplo, estamos fornecendo energia para que suas moléculas se desorganizem, até que o gelo (água no estado sólido) se converta em água líquida. Se fornecemos mais energia, as moléculas se afastam ainda mais e passam para o estado gasoso. O contrário também pode acontecer, por exemplo, quando o vapor-d'água passa para o estado líquido ao perder energia, o que ocorre durante a formação das nuvens, e a água passa para o estado sólido sob baixas temperaturas, como observamos nas forminhas de gelo.

Veja quais são as mudanças de estado físico:

- **Fusão**: passagem do estado sólido para o estado líquido, como ocorre, por exemplo, com o gelo que derrete.
- **Solidificação**: passagem do estado líquido para o estado sólido, como na formação do granizo e da neve.
- **Vaporização**: passagem de líquido para gasoso, de forma lenta, como na poça de água que vai secando (evaporação), de maneira rápida, como na água fervendo na panela (ebulição), ou de forma instantânea, como na gota de água que cai na chapa quente (calefação).
- **Condensação** ou **liquefação**: passagem do estado gasoso para o estado líquido, como na formação das gotas de água das nuvens.
- **Sublimação**: passagem do estado sólido diretamente para o gasoso, como ocorre com o iodo e a naftalina.

Representação esquemática das mudanças do estado físico da água. Cores fantasia. Elementos fora de escala de tamanho e de proporção.

Ponto de fusão

A temperatura na qual um sólido puro passa para o estado líquido, sob pressão constante, é chamada de **ponto de fusão** (PF). Para a maioria das substâncias, o ponto de fusão é igual ao ponto de solidificação. Ao nível do mar, o ponto de fusão da água é 0 °C.

Será que todas as substâncias passam do estado sólido para o líquido na mesma temperatura? É fácil perceber que não. Se colocarmos, lado a lado, um cubo de gelo e outro de ferro, em um dia quente, perceberemos que o gelo sofrerá fusão, mas o ferro continuará no estado sólido. Isso ocorre porque o ponto de fusão do ferro é 1 537 °C, ou seja, em temperaturas abaixo desta ele é sólido.

THINKSTOCK/GETTY IMAGES

As roupas no varal secam por evaporação, à temperatura ambiente.

Ponto de ebulição

O **ponto de ebulição** (PE) é mais difícil de definir, pois os líquidos podem passar para o estado gasoso em qualquer temperatura, por evaporação. Assim, mesmo quando a temperatura ambiente está baixa, encontramos vapor-d'água na atmosfera.

A água sofre evaporação mesmo à sombra. A 20 °C, podemos ter água no estado líquido e no estado gasoso, mas, ao nível do mar, quando chegamos a 100 °C, toda a água líquida passa para o estado gasoso. Portanto, o ponto de ebulição de um líquido é a temperatura na qual ele passa totalmente para o estado gasoso, sob determinadas condições de pressão.

Se retirássemos um cubo de gelo do congelador e o submetêssemos a uma fonte de calor, sua temperatura aumentaria ao longo do tempo, como representado no gráfico abaixo.

Repare que, durante a fusão, a temperatura da água não aumenta. Isso ocorre porque, ao atingir o ponto de fusão, toda a energia (na forma de calor) fornecida ao gelo é utilizada para romper a organização das moléculas. Quando toda a água se encontra no estado líquido, a temperatura volta a aumentar. Uma situação similar ocorre ao atingir o ponto de ebulição: a temperatura para de subir até que toda a água esteja no estado gasoso.

Substância	Ponto de fusão (°C)	Ponto de ebulição (°C)
Hidrogênio	−259	−252,7
Oxigênio	−218,2	−182,8
Mercúrio	−39	357
Água	0	100
Chumbo	328	1 744
Prata	962	2 050
Cobre	1 083	2 595

Pontos de fusão e de ebulição de algumas substâncias.

Fonte: HALLIDAY, Resnick. *Fundamentos da Física*. v. 2. Editora LTC. Rio de Janeiro.

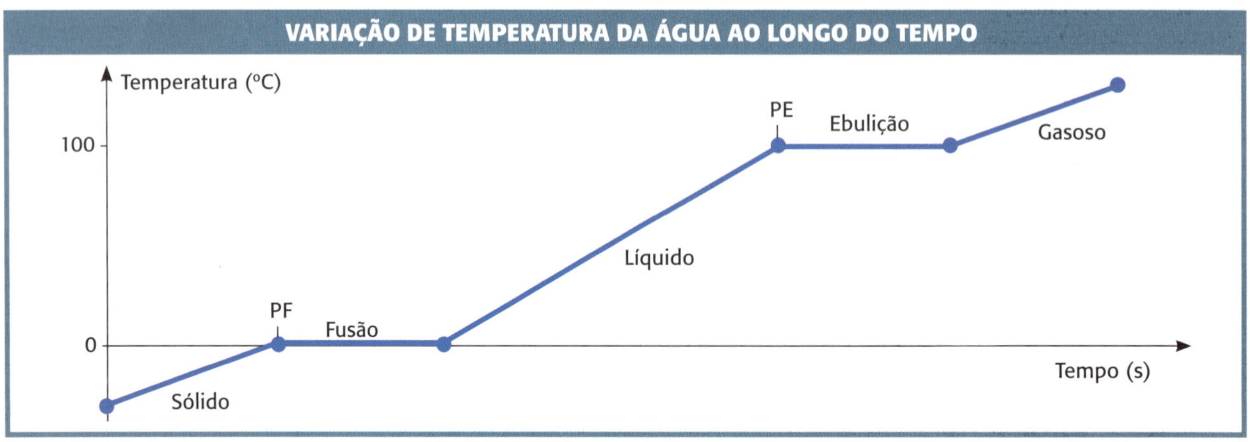

BIS

Gráfico representando a variação dos estados físicos da água quando submetida a uma fonte de calor, ao nível do mar.

Influência da pressão

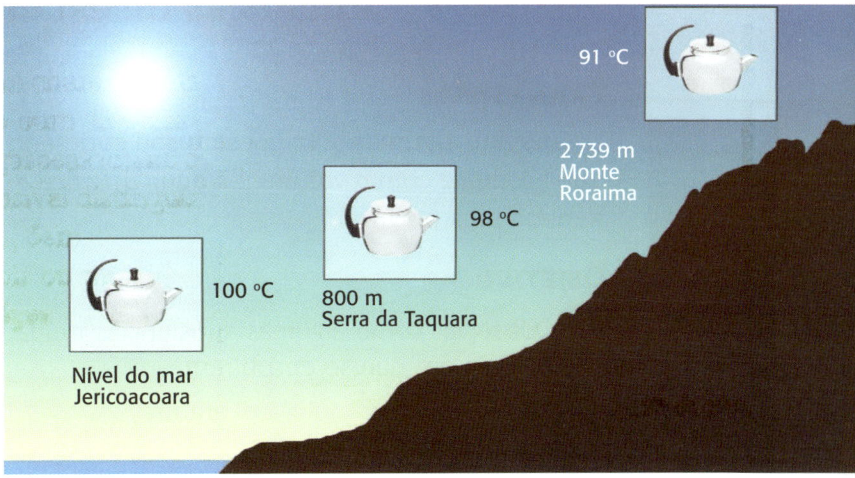

Representação esquemática da pressão atmosférica em diferentes altitudes. Cores fantasia. Elementos fora de escala de tamanho, de proporção e de distância.

O valor do ponto de fusão e de ebulição de uma substância depende da pressão a que ela está submetida, que geralmente é a pressão atmosférica.

Quanto menor a pressão atmosférica, menor a dificuldade que as partículas no estado líquido terão ao passar para o estado gasoso. Dessa forma, menor será o ponto de ebulição do líquido em questão.

Quanto maior a pressão atmosférica, maior o ponto de ebulição, uma vez que a dificuldade das partículas em passar para o estado gasoso também aumentará. No alto do Everest, a montanha mais alta do planeta, onde a pressão atmosférica é menor, a água ferve a aproximadamente 74 °C, temperatura inferior aos 100 °C necessários para fervê-la ao nível do mar.

Na fusão, ocorre o mesmo fenômeno. Quanto menor a pressão atmosférica, menor o ponto de fusão. A água é uma exceção: se aumenta a pressão atmosférica, o ponto de fusão diminui.

Funcionamento da panela de pressão

A panela de pressão é comumente usada para cozinhar mais rapidamente alimentos [...]. Como o nome já diz, seu funcionamento se dá por um aumento da pressão interna da vasilha, maior que a pressão atmosférica, que consequentemente faz com que o ponto de ebulição do líquido aumente.

Ao fecharmos a panela, ela já contém uma quantidade de ar que está com a pressão igual à atmosférica. Visto que nela há uma borracha que veda a panela, ao aquecermos, os vapores de água vão aumentando e seu escape fica impedido. Desse modo, a pressão do ar aprisionado se soma com a dos vapores, fazendo com que a pressão interna se torne ainda maior. Com uma alta pressão, o líquido demora mais para entrar em ebulição e cozinha mais rapidamente os alimentos. [...]

Porém, a pressão dentro da panela aumenta só até um limite. Qualquer pressão em excesso empurra o pino no centro da tampa, chamado de válvula de contrapeso [ou válvula central], liberando o vapor. Se houver algum impedimento nesta válvula, outra saída é a válvula adicional, que normalmente é da cor vermelha. [...]

Jennifer Fogaça. Brasil Escola. Funcionamento da panela de pressão. Disponível em: <http://www.brasilescola.com/quimica/funcionamento-panela-pressao.htm>. Acesso em: 16 mar. 2015.

1. Peso da válvula central
2. Pino da válvula central
3. Válvula de segurança
4. Guarnição de borracha

Representação esquemática das partes de uma panela de pressão. Cores fantasia. Elementos fora de escala de tamanho e de proporção.

EXPERIMENTE FAZER

Mudanças de estado físico da matéria

Para pensar

Imagine algumas situações do seu cotidiano e reflita sobre as seguintes questões: O que acontece com o volume da água que fica em uma bacia por algum tempo? Por que a roupa seca no varal?

Objetivo

- Observar como algumas substâncias mudam de estado físico dependendo das condições em que se encontram.

Materiais

- 3 bolinhas de algodão do mesmo tamanho
- água
- glicerina
- álcool
- superfície lisa, como lousa ou mesa de fórmica
- luvas
- duas latas de tamanhos diferentes
- gelo
- sal
- martelo

Procedimentos

1ª Etapa: Qual trilha vai secar primeiro?

Como vimos, o ponto de ebulição é a temperatura na qual uma substância passa do estado líquido para o estado gasoso. Observe a tabela a seguir que traz o ponto de ebulição de três substâncias.

Ponto de ebulição de algumas substâncias

Material	Ponto de ebulição em °C (ao nível do mar)
Álcool etílico	78,5
Água	100
Glicerina	290

Fonte: LIDE, David R. *Handbook of Chemistry*. 90. ed. 2010.

CUIDADO!

O álcool é inflamável!

A partir dos dados da tabela, você poderia apontar a substância que primeiro entra em ebulição, quando aquecida? E que substância demora mais para entrar em ebulição?

1. Molhe as três bolinhas de algodão ao mesmo tempo, com ajuda de um colega de grupo, cada uma com um líquido diferente (água, glicerina e álcool).
2. Usem os algodões molhados para fazer trilhas na superfície escolhida, como mostra a figura da página ao lado. Peça ajuda a um colega para fazer a terceira trilha, ao mesmo tempo.
3. Observe bem as trilhas marcadas no quadro e anote em qual sequência elas secam.

VAGNER COELHO

CUIDADO!

Peça a um adulto que quebre o gelo.

Representação esquemática do experimento. Cores fantasia. Elementos fora de escala de tamanho e de proporção.

2ª Etapa: Assoprando na lata

1. Enrole o gelo em um pano, e com bastante cuidado quebre-o com o martelo e misture sal.
2. Coloque a lata menor dentro da lata maior e encha de gelo picado com sal o espaço entre as duas.
3. Assopre bem perto da abertura da lata menor. Observe o que acontece no interior da lata e faça anotações.

Resultados e discussão

1. Qual foi a sequência de evaporação dos líquidos?
2. Segundo o resultado do seu experimento, há relação entre a evaporação da substância e seu ponto de ebulição? Tente explicar isso. Reveja suas anotações feitas a partir da tabela da página anterior e compare com os resultados obtidos no experimento.
3. Quando um líquido evapora rapidamente, dizemos que ele é volátil. Algum dos líquidos usados no experimento é volátil? Justifique.
4. O que você observou no interior da lata após assoprá-la?
5. O que aconteceu com o ar que você expirou quando ele entrou na lata? Por que isso aconteceu?
6. Como se chama o processo que ocorreu na lata? Como ele se diferencia dos processos de evaporação e ebulição?

Conclusões

- Agora você poderá se reunir com os colegas e discutir as questões que foram propostas no início da atividade.

Diagrama para determinar o estado físico da matéria

A partir dos pontos de fusão e de ebulição de uma substância podemos determinar seu estado físico em certas condições. Em temperaturas abaixo do ponto de fusão, a substância será encontrada em estado sólido; entre seu ponto de fusão e de ebulição, em estado líquido; acima do seu ponto de ebulição, ela será encontrada no estado gasoso.

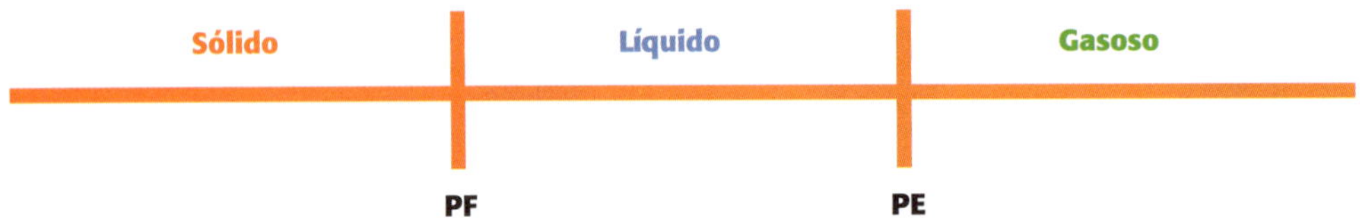

Representação esquemática de diagrama para determinar o estado de agregação da matéria. Cores fantasia.

FIQUE DE OLHO

Vamos agora utilizar o diagrama para determinar o estado físico da amônia e do clorofórmio ao nível do mar.

1º passo: Observe os dados de ponto de fusão e ebulição de cada uma das substâncias apresentados na tabela abaixo:

Ponto de fusão e de ebulição de algumas substâncias		
Substância	Ponto de fusão (°C)	Ponto de ebulição (°C)
Amônia	−78	−33
Clorofórmio	−63,5	61

Fonte: LIDE, David R. *Handbook of Chemistry*. 90. ed. 2010.

2º passo: As informações dessa tabela podem ser representadas pelos diagramas a seguir.

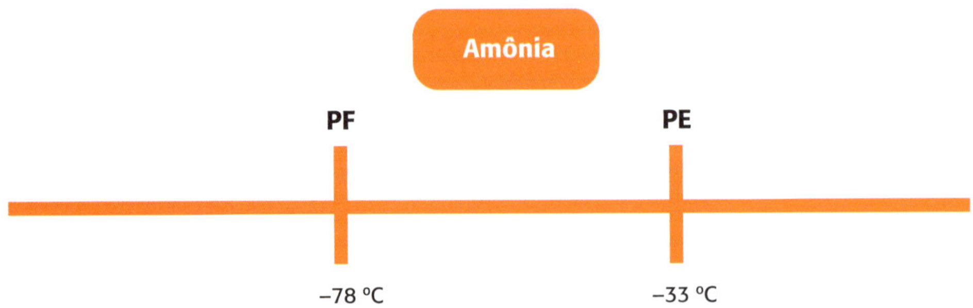

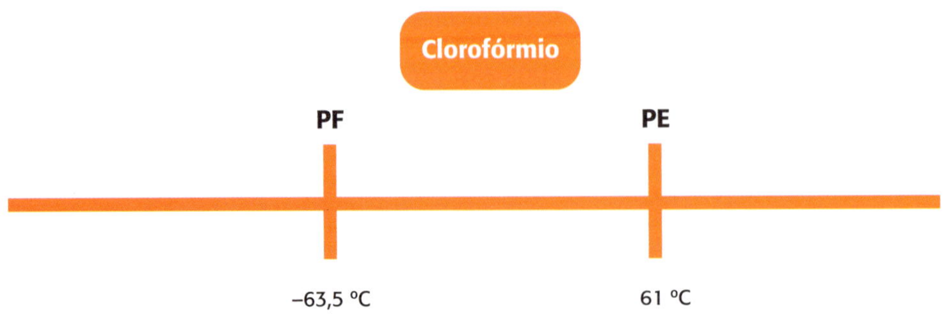

- Em seu caderno, escreva qual é o estado físico da amônia e do clorofórmio a 30 °C, ao nível do mar. Justifique sua resposta.

1. As fotografias representam dois fenômenos. Observe-as, leia as legendas e responda às questões no caderno.

THINKSTOCK/GETTY IMAGES
THINKSTOCK/GETTY IMAGES

As barras de ouro foram parcialmente transformadas em duas alianças.

THINKSTOCK/GETTY IMAGES

O fósforo foi aceso e se queimou.

a. A transformação do ouro em joias é um fenômeno físico ou químico? Justifique.

b. Quando o fósforo queima, ocorre um fenômeno físico ou químico?

2. Qual o estado físico que melhor representa cada um dos itens a seguir?

a. Possui moléculas bastante próximas e com baixa movimentação.

b. Não tem forma nem volume definidos.

c. Adquire a forma do recipiente no qual é colocado.

d. Possui forma e volume definidos.

SOFIA COLOMBINI/FABIO COLOMBINI

Gotículas formam-se no lado de fora de um copo com água e gelo.

3. Um copo de vidro, inicialmente em temperatura ambiente, recebeu água e gelo. Após algum tempo, nota-se que a parte externa desse copo apresentava gotículas de água. Por que esse fenômeno ocorre?

4. Em dias frios, forma-se uma "fumacinha" próximo de nossas bocas quando expiramos. Isso se nota também em outros animais, como o cavalo. Por que isso ocorre?

KARL-JOSEF HILDENBRAND/DPA/CORBIS/LATINSTOCK

"Fumacinha" que sai das narinas do cavalo em um dia frio de inverno.

5. Uma panela com água foi colocada sob aquecimento em uma cidade montanhosa, a 1500 m acima do nível do mar.

a. O ponto de ebulição dependerá da quantidade de água na panela? Justifique.

b. Nesse caso, a temperatura de ebulição da água será maior, menor ou igual a 100 °C? Justifique.

c. Em uma região que esteja abaixo do nível do mar, a água vai ferver em temperatura maior, menor ou igual a 100 °C?

6. Observe o esquema a seguir e responda às questões nos seu caderno.

Representação esquemática dos estados físicos da água. Cores fantasia. Elementos fora de escala de tamanho e de proporção.

a. Qual o nome das mudanças de estado representadas por cada número?

b. Quais mudanças precisam ceder calor e quais precisam receber calor para ocorrer?

7. Complete a tabela com os dados que faltam.

Estados físicos de alguns materiais

Material	PF (°C)	PE (°C)	Estado físico a −10 °C	Estado físico a 25 °C	Estado físico a 130 °C
Mercúrio	−39	357			
Etanol	−114	78,5			
Metano	−182,5	−161			
Cobre	1 084	2 562			

Fonte: LIDE, David R. *Handbook of Chemistry*. 90. ed. 2010.

8. Considere dois líquidos, **A** e **B**, de mesma massa e colocados no interior de recipientes iguais sob mesmo aquecimento. O ponto de ebulição do líquido **A** é 45 °C e o do líquido **B** é 90 °C. Qual deles entrará em ebulição primeiro?

9. O benzeno é um composto tóxico usado como solvente e como matéria-prima na produção de plásticos e tintas. Ao nível do mar, o ponto de fusão do benzeno é 5,5 °C e seu ponto de ebulição é 80 °C.

a. Qual é o estado físico do benzeno a 25 °C?

b. Quais são as mudanças de estado físico sofridas por uma amostra de benzeno, inicialmente a 0 °C, quando aquecida até 90 °C?

c. Em relação à agregação das partículas, como estarão as moléculas de benzeno no estado sólido? Faça no caderno um esquema representando esse estado de agregação.

10. O ácido acético está presente no vinagre usado no preparo de saladas. O bromo é usado para produzir aditivos para a gasolina, corantes e outros materiais. Uma amostra de ácido acético foi colocada em óleo quente, a 180 °C, e uma amostra de bromo foi colocada em água e gelo, a 0 °C. Considerando a tabela a seguir, responda no caderno: qual será o estado final de agregação do ácido acético e do bromo, e qual entrará primeiro em ebulição?

Ponto de ebulição e fusão em alguns materiais

Material	PE (°C)	PF (°C)
Ácido acético	118	17
Bromo	59	-7

Fonte: LIDE, David R. *Handbook of Chemistry*. 90. ed. 2010.

11. A produção do sal de cozinha está baseada na mudança de estado físico da água que acontece em uma etapa representada no esquema abaixo.

LUIS MOURA

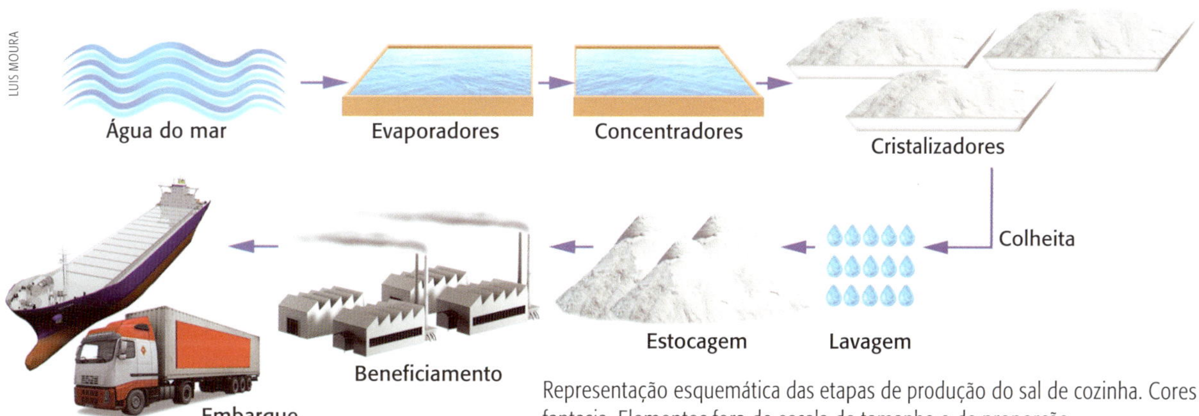

Representação esquemática das etapas de produção do sal de cozinha. Cores fantasia. Elementos fora de escala de tamanho e de proporção.

a. Em qual etapa ela ocorre?

b. À medida que o sal se concentra nos tanques, ele forma cristais. Quais são as etapas seguintes?

Encerrando a unidade

Nesta unidade, você iniciou seus estudos em Química. Com seus colegas, criem fichas de estudo com os conhecimentos que vocês adquiriram, para que possam retomar ao longo do ano.

- **As propriedades que todas as matérias têm**
- **As propriedades particulares de cada matéria**
- **De que é feita a matéria**
- **O que são fenômenos**
- **Os estados físicos e suas mudanças.**

AMANA IMAGES RM/GETTY IMAGES

Biomimética: a indústria sustentável imita a natureza

"Imagine 3,8 bilhões de anos de brilhantismo em *design* disponíveis, de graça para qualquer inovador sustentável no mundo". É nisso que aposta a fundadora do Instituto de Biomimética, Janine Benyus.

Em sua instituição sem fins lucrativos, ela reúne *designers*, arquitetos, engenheiros e cientistas interessados em conhecer a fundo as formas e funções criadas pela natureza e imitá-las no processo industrial para o desenvolvimento de tecnologias sustentáveis.

A natureza já inspira as soluções encontradas pelos seres humanos há bastante tempo. O exemplo mais conhecido é a invenção do velcro com base no funcionamento dos carrapichos, aquelas sementinhas espinhosas que possuem farpas e costumam grudar nas roupas. Em 1941, o engenheiro suíço George de Mestral deu especial atenção a elas, pois viviam presas ao pelo de seu cachorro. Quando as observou ao microscópio, ele notou a estrutura das garras e imitou a estrutura na criação do velcro.

Mas as inovações foram muito além disso e têm se voltado cada vez mais para a sustentabilidade. [...].

O aproveitamento da energia das marés se tornou mais eficaz quando [uma empresa] reproduziu o padrão dos movimentos de peixes como o atum e o tubarão. Apesar de presos ao fundo do oceano, os equipamentos giram com o movimento das marés e produzem eletricidade. Seu formato hidrodinâmico, também inspirado nos peixes, evita que o material sofra com as condições adversas do fundo do mar.

O edifício Eastgate, no Zimbábue, tem a mesma estrutura de ventilação dos [cupinzeiros] e, apesar de a temperatura fora dele variar dos 42 °C durante o dia para os 3 °C à noite, em seu interior, ela se mantém estável, variando em apenas um grau ao longo de um dia. A construção utiliza 90% menos energia no sistema de ventilação em relação aos edifícios tradicionais e já economizou 3,5 milhões de dólares em custos com ar-condicionado.

Design: a concepção de um produto (máquina, utensílio, mobiliário, embalagem, publicação etc.), em relação à sua forma física e funcionalidade. Mesmo que desenho industrial. O *designer* é o profissional responsável por conceber o produto.

Até os pulmões humanos têm sido alvo de estudos para o desenvolvimento de equipamentos que sequestram carbono e previnem contra o aquecimento global. [Uma empresa] desenvolveu um filtro que possui as mesmas características da membrana dos pulmões e consegue remover mais de 90% do CO_2 que passa pelas chaminés de fábricas. Uma outra tecnologia baseada em uma enzima carbônica encontrada em moluscos têm transformado gás carbônico em pedra calcária, que pode ser utilizada na construção civil.

Há dois anos, o Instituto de Biomimética criou uma comunidade *online* colaborativa conhecida como *AskNature* (Pergunte à Natureza), que reúne pesquisadores interessados em trocar informações sobre o assunto. As invenções não vão parar por aqui.

Thays Prado. Superinteressante.com/Abril Comunicações S/A. Biomimética: a indústria sustentável imita a natureza. *Superinteressante*. São Paulo: Abril, jul., 2010. Disponível em: <http://super.abril.com.br/blogs/planeta/biomimetica-a-industria-sustentavel-imita-a-natureza/>. Acesso em: 16 mar. 2015.

AMANA IMAGES RM/GETTY IMAGES

Sementes de carrapichos inspiraram a criação do velcro.

THINKSTOCK/GETTY IMAGES

THINKSTOCK/GETTY IMAGES

THINKSTOCK/GETTY IMAGES

THINKSTOCK/GETTY IMAGES

A natureza inspirou a criação de objetos e estruturas que facilitam a vida dos seres humanos e preservam o meio ambiente: hélices (**A**) inspiradas em nadadeiras (**B**); prédios arranha-céus (**C**) com estrutura inspirada em cupinzeiros (**D**).

Para explorar

1. Com base no que você aprendeu, explique o que é biomimética.

2. Como o estudo de organismos e formas da natureza pode ajudar na confecção de produtos e obras sustentáveis?

3. Qual é a importância da comunidade colaborativa *AskNature*?

UNIDADE

2 Substâncias e átomos

O carbono é um elemento que pode ser encontrado isolado na natureza sob duas formas bem distintas: o diamante, usado na confecção de joias, e a grafita ou grafite, que usamos para escrever no papel.

Em 1985, um terceiro composto feito apenas de carbono foi obtido em laboratório: o fulereno, cujas moléculas são compostas de 60 átomos de carbono e têm uma estrutura parecida com uma bola de futebol.

O nome "fulereno" é uma homenagem ao arquiteto e inventor americano Richard Buckminster Fuller (1895-1983), que projetou grandes domos geodésicos, estruturas muito estáveis parecidas com a molécula do fulereno.

Museu *Science World* (Mundo das Ciências), de Vancouver, Canadá. A estrutura deste centro de ciências teve seu projeto inspirado no modelo criado por Richard Buckminster Fuller: um domo geodésico.

Nesta unidade, você vai saber mais sobre:

- Substâncias puras
- Misturas
- Como as substâncias que compõem as misturas podem ser separadas
- Os modelos do átomo

MICHAEL WHEATLEY/ALL CANADA

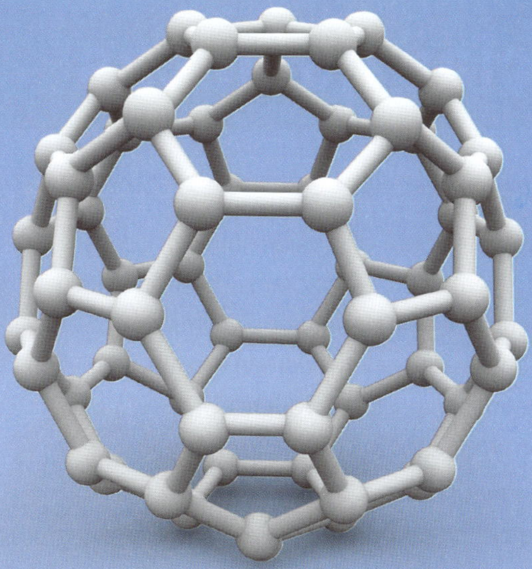

RZDEB/E+/GETTY IMAGES

Representação artística da estrutura do fulereno. As esferas representam os átomos de carbono e as hastes representam as ligações entre eles. Cores fantasia. Elementos fora de escala de tamanho e de proporção.

TROCANDO IDEIAS

1. Do que são feitos os átomos?
2. Quais elementos químicos formam a grafite de um lápis?
3. O fulereno é composto apenas de átomos de carbono. Esses átomos podem se combinar com outros tipos de átomos?

3 Substâncias químicas

Composição química do leite

O leite [de vaca] é um alimento que possui um alto valor nutritivo, constituindo em um alimento complexo que contém água, carboidratos (basicamente lactose), gorduras, proteínas (principalmente caseína), minerais e vitaminas em diferentes estados de dispersão. Porém, apesar de ser considerado um alimento completo, o leite não possui quantidade suficiente de ferro e vitamina D para atender às exigências de uma nutrição completa.

Segundo o Regulamento de Inspeção Industrial e Sanitária de Produtos de Origem Animal (Riispoa), entende-se por leite, sem outra especificação, o produto oriundo da ordenha completa, ininterrupta, em condições de higiene, de vacas sadias, bem alimentadas e descansadas.

Existem vários [...] fatores que afetam a composição do leite, tais como: espécie, raça, indivíduo, idade da vaca, estágio da lactação, alimentação, estações do ano, estado de saúde da vaca, dentre outros.

[...]

CQUALI. *Composição química do leite*. Disponível em: <http://www.cquali.gov.br/data/Pages/MJ8F0048E8ITEMIDFBD8A1EB007A4CADBEF09F29C15C6431PTBRIE.htm>. Acesso em: 16 mar. 2015.

THINKSTOCK/GETTY IMAGES

O leite de vaca é utilizado como alimento por conter diversos nutrientes necessários a uma alimentação saudável.

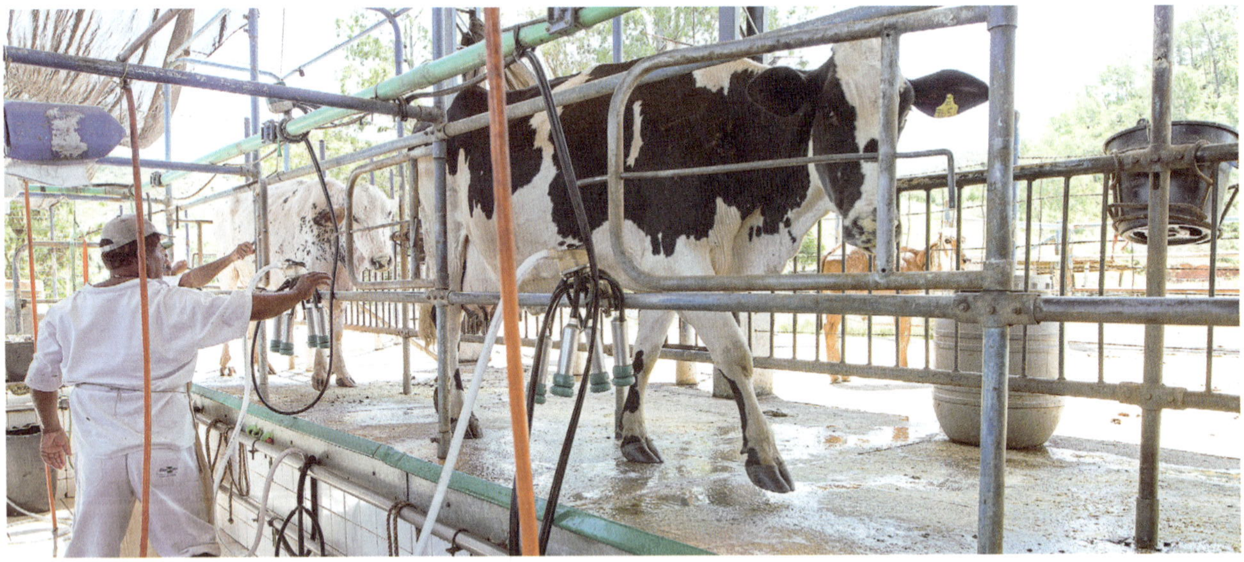

LUCIANA WHITAKER/PULSAR IMAGENS

Ordenha mecânica de leite de vaca. Depois de retirado, o leite passa por diversos processos antes de ser embalado e vendido. Na fotografia, ordenha em produção intensiva e sustentável do gado leiteiro. Fazenda Campo Experimental Santa Mônica da Embrapa, Valença (RJ), em 2014.

BATE-PAPO

1. O leite é um produto produzido naturalmente pelos mamíferos. Ele pode ser considerado uma substância química?
2. Quais substâncias compõem o leite?
3. É possível diferenciar essas substâncias ao observar um copo com leite?

SUBSTÂNCIAS PURAS

A matéria é composta por uma ou mais substâncias químicas. O diamante, a grafite e o fulereno são substâncias químicas, assim como a água, o gás carbônico e o álcool etílico.

Muitas vezes, é difícil saber se um corpo é composto por uma única substância ou por uma mistura delas. O leite, por exemplo, é uma mistura de diversas substâncias (água, proteínas, sais minerais etc.), embora a olho nu tenha aspecto uniforme.

Na unidade anterior, vimos que os átomos são os "blocos" que constituem a matéria e que átomos podem se unir e formar moléculas. A molécula de gás oxigênio é formada por dois átomos do elemento oxigênio, que é representado pela letra O. Assim, representamos a molécula de gás oxigênio por O_2, que é a chamada **fórmula química** dessa substância. A molécula de água, por sua vez, é formada por dois átomos de hidrogênio (H) e um átomo de oxigênio (O). Portanto, a fórmula química da água é H_2O.

Uma **substância química pura** apresenta somente moléculas de um mesmo tipo. O gás oxigênio e a água, por exemplo, são substâncias puras.

Os átomos podem ser representados, simplificadamente, por esferas coloridas. As moléculas, portanto, são representadas por esferas (átomos) reunidas. Veja exemplos nos esquemas a seguir.

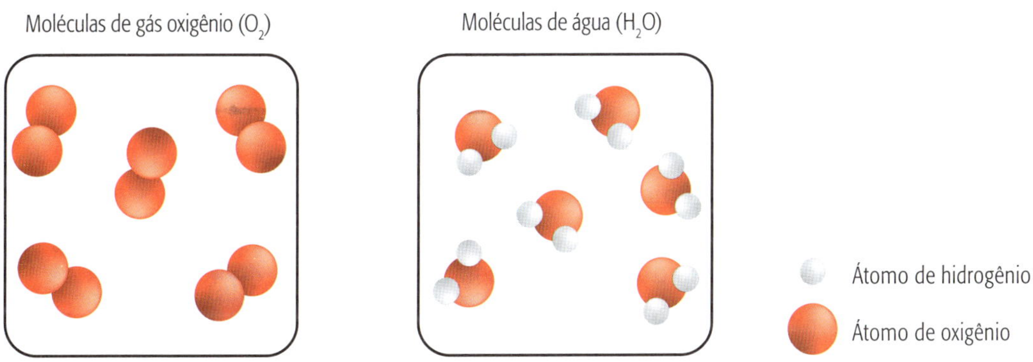

SELAVI CONTEÚDO CRIATIVO

Representação esquemática simplificada de moléculas de gás oxigênio e de água. Cores fantasia. Elementos fora da escala de tamanho e de proporção.

As substâncias puras apresentam algumas propriedades específicas, como densidade, ponto de fusão e ponto de ebulição, definidas e constantes sob determinada condição de pressão.

Água pura?

No nosso dia a dia, é comum depararmos com frases como essa do cartaz ao lado, que faz propaganda de uma água "completamente pura", ou seja, livre de contaminantes. Em Ciências, no entanto, a água que bebemos não pode ser considerada uma substância pura, pois nela estão dissolvidas outras substâncias, como sais minerais e gases.

LUIS MOURA

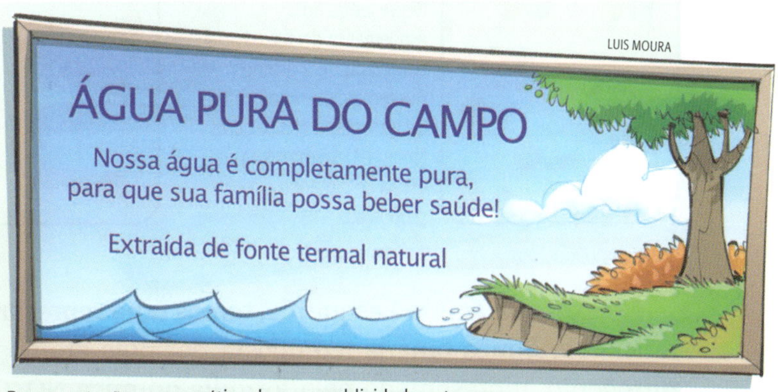

Representação esquemática de uma publicidade externa.

Substância pura simples

As **substâncias puras simples** são formadas por um único tipo de elemento químico. O gás oxigênio, por exemplo, é formado apenas por átomos de oxigênio.

Uma substância simples pode ser monoatômica, com átomos isolados, como o gás hélio (He), que não forma moléculas. Ela também pode ser diatômica, formada por dois átomos iguais, como o gás cloro ($C\ell_2$) e o gás oxigênio (O_2). Substâncias simples triatômicas são formadas por três átomos iguais, como o gás ozônio (O_3).

SELAVI CONTEÚDO CRIATIVO

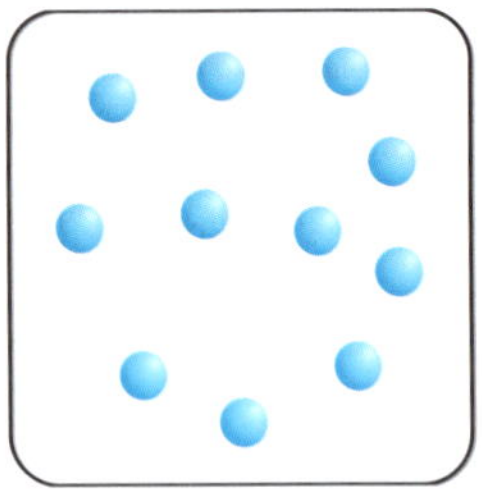

Representação esquemática de substância química pura monoatômica, como o gás hélio (He). Cores fantasia. Elementos fora de escala de tamanho.

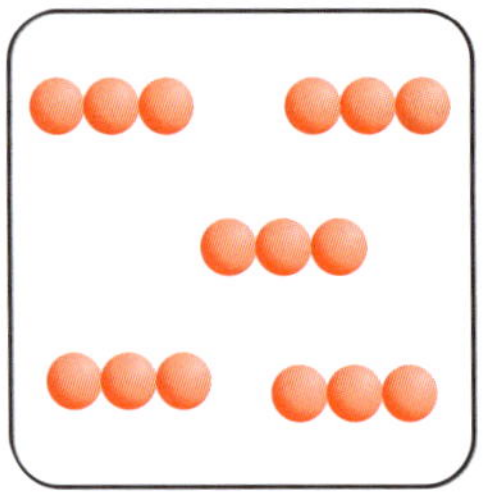

Representação esquemática de substância química pura triatômica (moléculas compostas de 3 átomos iguais), como o gás ozônio (O_3). Cores fantasia. Elementos fora de escala de tamanho.

Substância pura composta

As **substâncias puras compostas**, ou compostos químicos, são formados por moléculas que apresentam dois ou mais elementos químicos diferentes em sua constituição. A água (H_2O) é um exemplo de substância pura composta, pois suas moléculas são formadas por dois elementos químicos distintos: o hidrogênio (H) e o oxigênio (O), podendo ser classificada como **substância binária**.

A glicose, açúcar produzido pelos vegetais durante a fotossíntese, tem fórmula $C_6H_{12}O_6$, portanto é uma substância composta formada por três elementos químicos diferentes: o carbono (C), o hidrogênio (H) e o oxigênio (O), formando uma **substância ternária**.

Observe a seguir como podemos representar substâncias compostas por meio de um modelo.

NÃO DEIXE DE ACESSAR

- Para verificar sua compreensão sobre substâncias simples e compostas, acesse a atividade criada pela Coordenação Central de Educação a Distância CCEAD (PUC-Rio) <http://condigital.ccead.puc-rio.br/condigital/index.php?option=com_content&view=article&id=577&Itemid=91>. Acesso em: 16 mar. 2015.

SELAVI CONTEÚDO CRIATIVO

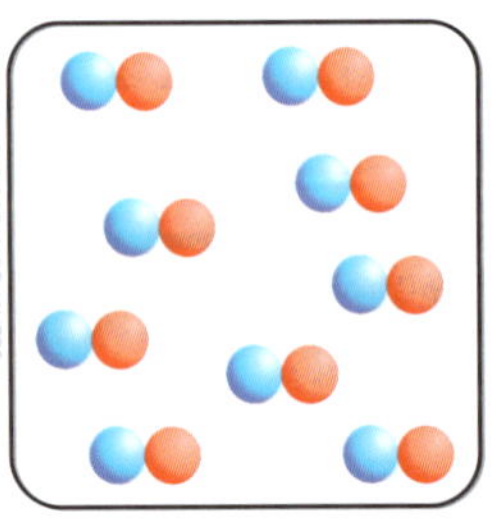

Representação esquemática de substância composta de 2 átomos diferentes, como o óxido de nitrogênio (NO). Cores fantasia. Elementos fora de escala de tamanho e de proporção.

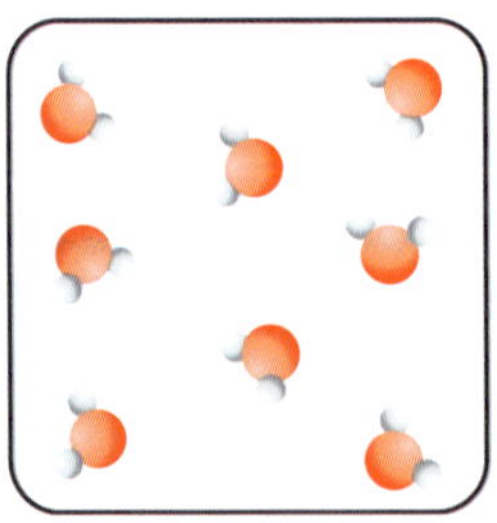

Representação esquemática de substância composta de 3 átomos de 2 tipos diferentes, como a água (H_2O). Cores fantasia. Elementos fora de escala de tamanho e de proporção.

No exemplo acima à esquerda, temos uma representação de uma substância biatômica binária (composta por dois átomos), como o óxido de nitrogênio, representado pela fórmula química NO. O esquema à direita representa uma substância triatômica binária, por exemplo, a água (H_2O).

MISTURAS

O ar que respiramos não é formado apenas por gás oxigênio. Ele também contém gás nitrogênio, vapor d'água, gás carbônico e pequenas frações de outros gases. Ele é, portanto, uma mistura.

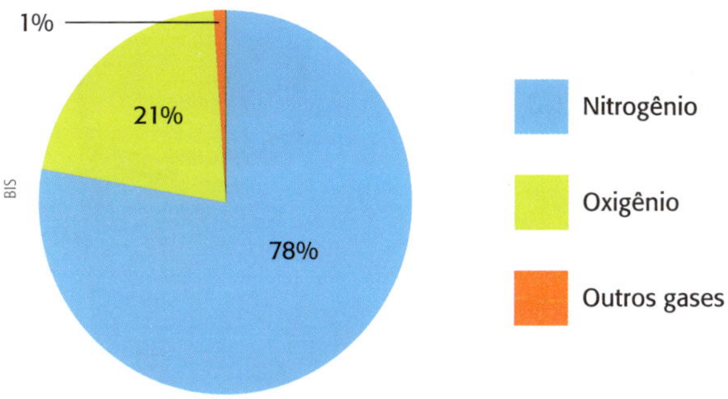

BIS

Gráfico representando a composição do ar que respiramos.

Fonte: Instituto de Química da Unesp. Disponível em: <http://www.proenc.iq.unesp.br/index.php/ciencias/34-textos/315-compdoar>. Acesso em: 16 mar. 2015.

Ao juntar duas ou mais substâncias puras, temos uma **mistura**. Na natureza, há mais misturas do que substâncias puras.

As misturas não podem ser representadas por fórmulas químicas. Em vez disso, podemos representar a porcentagem em que as substâncias puras que formam aquela mistura estão presentes.

A maioria das misturas varia de temperatura durante a fusão e a ebulição, o que nos permite diferenciá-las das substâncias puras. A água pura, por exemplo, quando aquecida ao nível do mar, começa a ferver a 100 °C, e essa temperatura permanece constante durante a fervura. O mesmo não acontece quando se mistura sal à água. Observe os gráficos.

EDUARDO SANTALIESTRA

O soro fisiológico é uma mistura de água (99,1%) e cloreto de sódio (NaCℓ, 0,9%).

EBULIÇÃO DA ÁGUA PURA (NÍVEL DO MAR) **EBULIÇÃO DA ÁGUA COM SAL (NÍVEL DO MAR)**

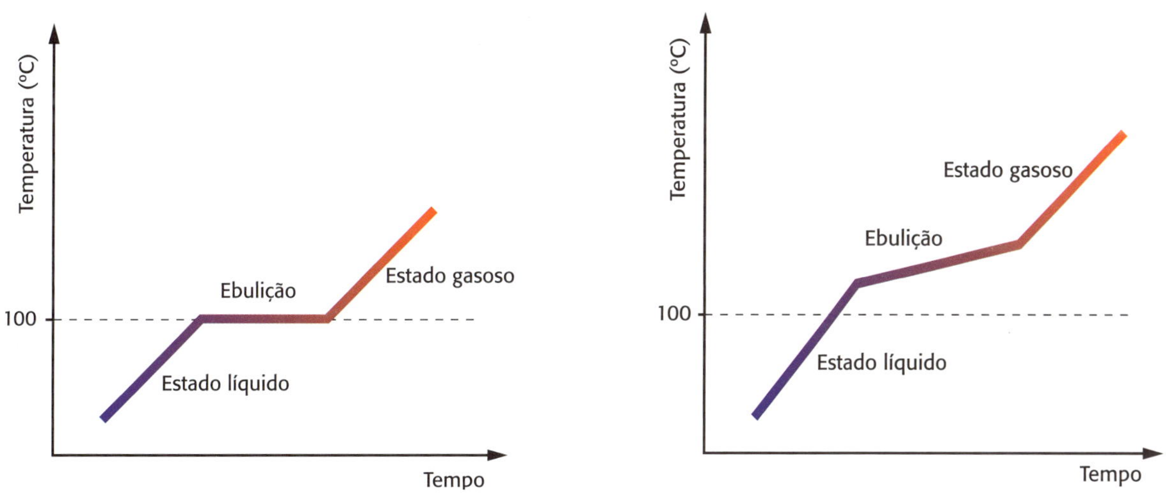

MAUTO TAKESHI

Gráficos representando as temperatuas de ebulição da água pura e da água com sal, ao nível do mar.

FIQUE DE OLHO

No local onde você mora, olhe à sua volta e encontre exemplos de misturas que estão amplamente presentes no dia a dia, como o café com leite.

- Faça uma lista dessas misturas. Some sua lista com as dos colegas, eliminando os itens repetidos.

Misturas homogêneas e heterogêneas

O ar atmosférico é uma mistura de gases. No entanto, não conseguimos distinguir os componentes dessa mistura. Isso caracteriza uma **mistura homogênea**: ela tem apenas uma **fase**, ou seja, apenas uma porção nitidamente distinta de matéria.

A mistura de água e óleo, por sua vez, é um exemplo de **mistura heterogênea**, já que conseguimos visualizar duas fases distintas: a fase da água e a fase do óleo. O mesmo ocorre com uma mistura de água e gasolina.

FABIO COLOMBINI

Água e óleo, uma mistura heterogênea na qual observamos duas fases.

Componentes das misturas

O número de componentes de uma mistura é dado pela quantidade de substâncias puras presentes nela. A mistura de água e óleo, por exemplo, contém dois componentes. O critério empregado para julgar se uma mistura é homogênea ou heterogênea depende da capacidade de observação.

O sangue humano, por exemplo, parece uma mistura homogênea quando visto a olho nu, mas se for ampliado ao microscópio veremos que é uma mistura heterogênea, formada por plasma aquoso e vários componentes, como glóbulos vermelhos, glóbulos brancos e plaquetas. A mistura de água com um pouco de sal, por outro lado, mostra-se homogênea mesmo quando observada em um microscópio eletrônico.

THINKSTOCK/GETTY IMAGES

NATIONAL CANCER INSTITUTE/SPL/LATINSTOCK

O sangue humano parece ser homogêneo, mas visto ao microscópio eletrônico, com aumento de 2 000 vezes, percebemos que ele é composto de glóbulos vermelhos (discos achatados), glóbulos brancos (elementos arredondados) e plaquetas (elementos menores). Há outros componentes do sangue que não são visíveis nessa imagem. Cores artificiais.

As fases do granito

O granito é uma rocha de origem magmática (ígnea) formada por três minerais distintos: quartzo (rosado, esbranquiçado ou transparente), feldspato (geralmente cinza) e mica (preto). Como esses minerais podem ser diferenciados facilmente na rocha, dizemos que o granito tem três fases.

TREVOR CLIFFORD PHOTOGRAPHY/SPL

Granito.

Soluções

As misturas homogêneas são também chamadas de **soluções**, podendo ser sólidas (como o ouro 18 quilates), líquidas (como a água potável) ou gasosas (como o ar atmosférico). Nas soluções, não é possível distinguir visualmente as substâncias que as compõem.

As soluções sólidas formadas por dois ou mais elementos metálicos são chamadas de **ligas metálicas**, que são sistemas homogêneos.

THINKSTOCK/GETTY IMAGES

O ouro 18 quilates é uma solução sólida que contém 75% de ouro, 12,5% de prata e 12,5% de cobre. O ouro 18 quilates é uma liga metálica.

Soluto e solvente

Em uma solução, a substância que é dissolvida é chamada **soluto**, e o meio no qual o soluto se dissolve é chamado **solvente**. Tanto os solutos como os solventes podem ser sólidos, líquidos ou gasosos. A água que bebemos é uma solução. Nela, estão dissolvidas várias substâncias, formando uma mistura homogênea.

O ar, como já foi mencionado, é uma solução (mistura homogênea). O gás nitrogênio é o gás presente em maior quantidade no ar (78% em volume), por isso, pode-se considerar o gás nitrogênio solvente e os demais gases, que estão em concentrações menores, solutos.

A **solubilidade** é a capacidade de uma substância se dissolver em outra. Ela dependerá das substâncias envolvidas na mistura, da quantidade de soluto adicionado ao solvente, da temperatura e da pressão em que a mistura ocorrerá.

Dependendo desses fatores, uma mistura homogênea pode se transformar em heterogênea. Por exemplo, ao misturarmos um pouco de açúcar em um recipiente com água, ele se dissolve completamente, mas se continuarmos adicionando açúcar à água, ele começará a se acumular no fundo do recipiente, formando uma nova fase na mistura e tornando-a heterogênea.

FOODCOLLECTION RF/GETTY IMAGES

Sal sendo adicionado à água para formar uma solução. A água é solvente e o sal é soluto.

THINKSTOCK/GETTY IMAGES

As substâncias puras podem dar origem a sistemas heterogêneos. Um copo de água com alguns cubos de gelo flutuando apresenta duas fases (a fase líquida e a sólida), mas apenas um componente, pois gelo e água são a mesma substância. Nesse caso, usa-se o termo “sistema”, e não “mistura”.

Um copo com água destilada e gelo apresenta a fase líquida e a sólida, mas apenas um componente, pois gelo e água são a mesma substância.

Separação de misturas heterogêneas

Em nosso dia a dia, empregamos vários métodos de separação de misturas. Na indústria e na agricultura, separar misturas também é uma tarefa que faz parte do modo de produção. Veremos agora alguns métodos de separação de misturas heterogêneas.

EDSON GRANDISOLI/PULSAR IMAGENS

A separação de resíduos recicláveis é feita manualmente, de acordo com as características do material: plástico, vidro, metal, papel ou não reciclável. A triagem de material reciclável também é feita por catação.

Catação

Na catação, as partículas são separadas manualmente, com base em aspectos visuais, como tamanho e forma. Um exemplo é a catação de pedras no feijão, em que se retiram as pedras, que visualmente são diferentes do feijão em sua forma, tamanho e cor.

Peneiração

A peneiração é um procedimento utilizado para separar substâncias sólidas com partículas de diâmetros diferentes ou separar substâncias sólidas de líquidas. As peneiras podem ter malhas de diferentes tamanhos, permitindo selecionar o tamanho da partícula que fica retida.

Na abanação dos grãos de café, há dois processos: a peneiração e a ventilação. A ventilação separa dois componentes de densidades diferentes por meio de correntes de ar. Quando os grãos colhidos são jogados para o alto, o vento carrega as folhas, e, ao cair sobre a peneira, os pequenos grãos e as impurezas são separados pela peneiração. Abanação do café em Lupércio (SP), em 2010.

JOÃO PRUDENTE/PULSAR IMAGENS

LUIS MOURA

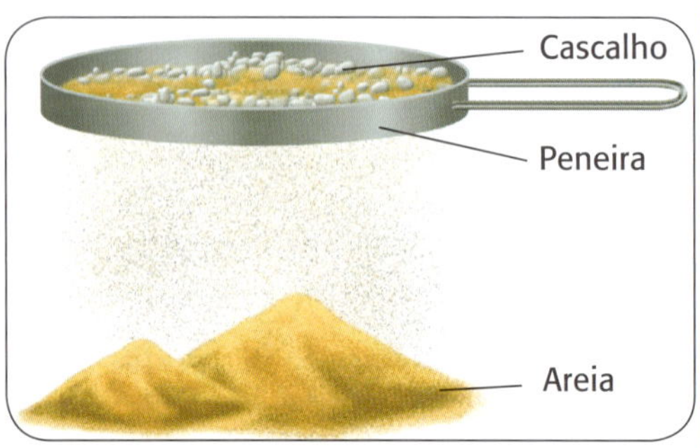

Representação esquemática do processo de peneiração de cascalho e areia. O cascalho não passa pelos furos da peneira. Cores fantasia.

Dissolução fracionada

Esse método baseia-se na solubilização de um dos componentes da mistura heterogênea, enquanto o outro permanece sólido. Por exemplo, se adicionarmos a substância líquida dissulfeto de carbono à mistura de ferro e enxofre em pó, o enxofre dissolve-se nesse líquido e o ferro se deposita no fundo do recipiente. Para separar o ferro, basta despejar a parte líquida do sistema em outro recipiente.

DISSOLUÇÃO FRACIONADA

Representação esquemática de procedimento de dissolução fracionada. Cores fantasia. Elementos fora de escala de tamanho e de proporção.

Filtração

A filtração separa misturas heterogêneas de um sólido e um líquido, como água e areia. A fase líquida atravessa um filtro, mas o sólido fica retido. Filtramos o café para separar a água e o pó, que fica retido em um papel-filtro ou coador de pano. Esse material poroso retém as partículas que queremos separar do líquido.

Também é possível filtrar uma mistura de um sólido em um gás. Esse processo é o realizado em um aspirador de pó, por exemplo, no qual a poeira, que estava misturada ao ar sugado, fica retida em um filtro dentro do aspirador.

FILTRAÇÃO

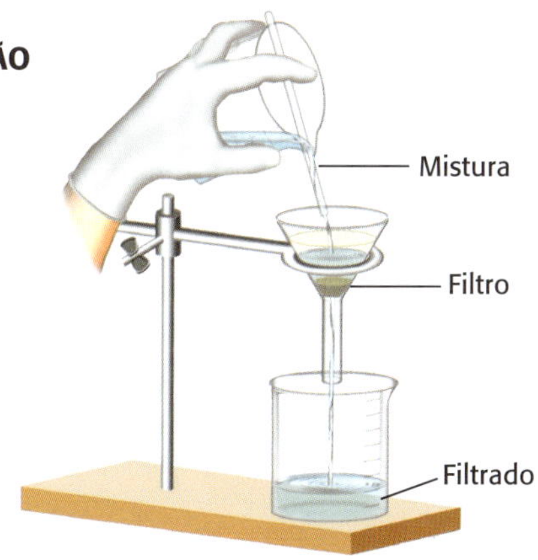

Representação esquemática de procedimento de filtração. Cores fantasia. Elementos fora de escala de tamanho e de proporção.

Separação magnética

A separação magnética é possível quando um dos componentes de uma mistura de sólidos apresenta propriedades magnéticas. Aproximando-se um ímã, esse componente é atraído e retirado da mistura.

SPENCER GRANT/PHOTORESEARCHERS/LATINSTOCK

Um ímã (eletroímã) captura pedaços de ferro que estão misturados a outros materiais. Ao se desligar o eletroímã, o ferro é solto no local desejado.

Decantação

A decantação separa sólidos de um líquido ou dois líquidos que não se misturam. A separação das fases ocorre pela ação da gravidade, ou seja, por causa da diferença de densidade entre duas substâncias. Com o passar do tempo, a substância mais densa se deposita no fundo do recipiente.

Nas estações de tratamento de água e esgoto, esse processo é usado em uma das fases do tratamento.

DECANTAÇÃO

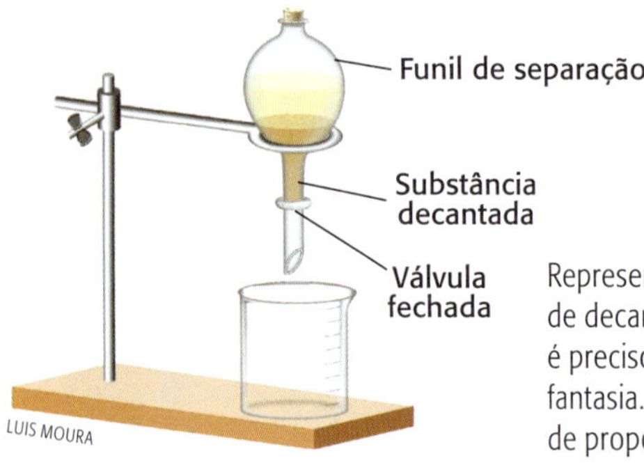

Representação esquemática de procedimento de decantação. Para que ocorra a decantação é preciso manter o sistema em repouso. Cores fantasia. Elementos fora de escala de tamanho e de proporção.

Sublimação

Algumas substâncias, como o iodo, passam diretamente do estado sólido para o gasoso quando aquecidas. Esse fenômeno, chamado sublimação, pode ser empregado para separar uma mistura de areia e iodo, por exemplo.

No esquema abaixo, o iodo sofre sublimação ao ser aquecido. Seus vapores ressublimam-se ao encontrarem a superfície fria da tampa de vidro.

SUBLIMAÇÃO

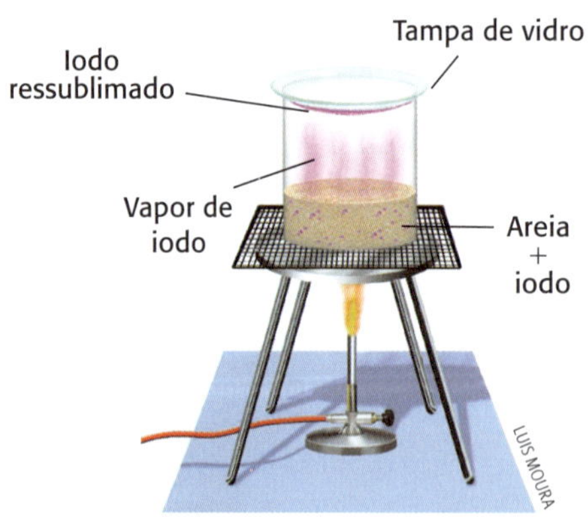

Representação esquemática de experimento de sublimação do iodo. Cores fantasia. Elementos fora de escala de tamanho e de proporção.

FIQUE DE OLHO

O conhecimento e o desenvolvimento de novas técnicas de separação de misturas são muito importantes para a indústria.

- A partir dos dados do texto, faça uma pesquisa a respeito da importância para a indústria do conhecimento sobre os processos de separação de misturas.

Separando componentes de tinta de caneta

Para pensar

A cromatografia é um método muito usado na análise de substâncias extraídas de vegetais. Essa técnica é empregada em laboratórios de pesquisa e na indústria, já que possibilita a separação de substâncias de uma mistura.

Nesta atividade, iremos usar a cromatografia para investigar a composição da tinta de caneta. Comece o trabalho, refletindo: A tinta preta da caneta hidrográfica é uma mistura ou é formada por uma única substância? De que forma a cromatografia poderia ser usada para descobrir isso? Escreva suas ideias no caderno.

Objetivo

- Compreender os princípios da cromatografia.

CUIDADO!

O álcool é inflamável!

Materiais

- papel-filtro (pode ser filtro para café)
- caneta hidrográfica preta
- pires
- álcool
- copo transparente
- régua

Procedimentos

1. Corte um retângulo de papel-filtro (1 × 6 cm).
2. Desenhe, com a caneta preta, uma pequena bolinha a 1 cm da borda do papel.
3. Coloque álcool no copo até a altura de 0,5 cm.
4. Coloque o papel dentro do copo, de forma que a bolinha pintada fique próxima ao álcool, sem tocá-lo. Observe a figura.
5. Tampe o copo com um pires.
6. Espere por dez minutos e retire o papel de dentro do copo.
7. Observe o que ocorreu.

NÃO DEIXE DE ACESSAR

- **Animação de cromatografia de papel.** http://tapeq.fe.usp.br/labdig/animacoes/papel_ani.php. Acesso em: 14 mar. 2015.

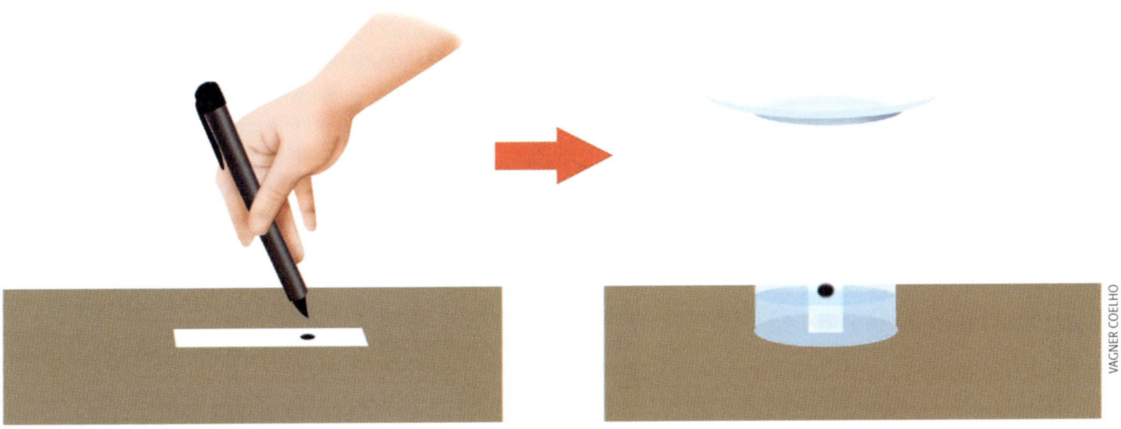

Representação da montagem do experimento. Elementos fora de escala de tamanho e de proporção. Cores fantasia.

Resultados e discussão

1. O que você observou? As suas suposições iniciais estavam corretas?
2. Faça uma pesquisa na internet ou na biblioteca a respeito de cromatografia e explique no caderno o que aconteceu no experimento.

Separação de misturas homogêneas

Em alguns países onde a água doce é escassa, uma alternativa para obtenção desse recurso é a dessalinização, ou seja, o tratamento da água salgada do mar para que ela se torne potável.

O petróleo retirado da natureza é uma mistura homogênea e precisa também ser separado para que suas frações (como a gasolina e os óleos combustíveis) possam ser utilizadas.

As misturas homogêneas podem ser separadas por meio de processos que envolvem a mudança de estado físico. Entre os métodos citados a seguir, a destilação é a que mais se aplica às áreas científica e industrial.

NÃO DEIXE DE ACESSAR

Para descobrir de onde vêm os sais que compõem a água do mar, acesse a atividade criada pela CCEAD, disponível em: <http://condigital.ccead.puc-rio.br/condigital/index.php?option=com_content&view=article&id=583&Itemid=91>.

Acesso em: 16 mar. 2015.

Evaporação

A evaporação é o processo no qual uma mistura homogênea é deixada em repouso até que o componente líquido evapore, restando o componente sólido, que pode ser aproveitado. Esse método é utilizado em salinas, onde se obtém sal pela evaporação da água do mar. Esse processo apresenta uma desvantagem, que é a perda do componente líquido da mistura.

LUCIANA WHITAKER/PULSAR IMAGENS

Nas salinas, a água do mar é represada e evapora, restando o sal. Salina da Praia Seca na Lagoa de Araruama, Araruama (RJ), em 2013.

Destilação simples

As misturas homogêneas formadas por um sólido e um líquido podem ser separadas pela ebulição do componente líquido, seguida de sua condensação e recuperação. Quando aquecemos a água salgada, o vapor d'água gerado só pode sair pelo condensador acoplado ao balão de destilação. Ao passar por ele, o vapor é resfriado pelo fluxo contínuo de água de refrigeração (proveniente, em geral, de uma torneira) e se condensa como água pura. No balão de destilação, depois de terminada a destilação, resta apenas o sal.

DESTILAÇÃO SIMPLES

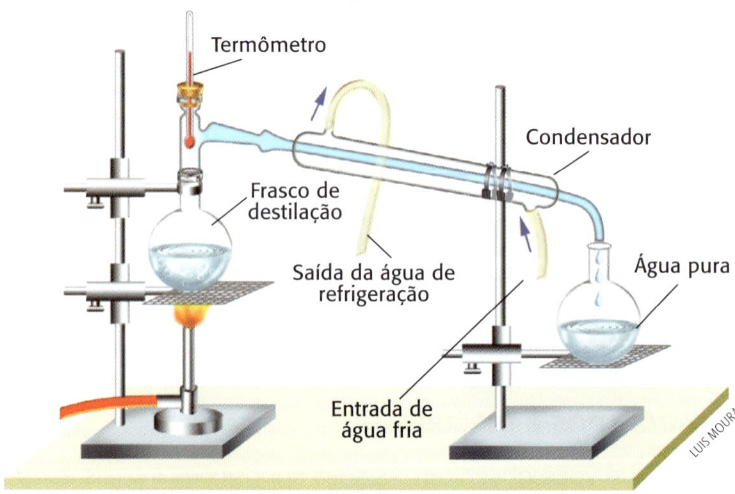

Representação esquemática do processo de destilação simples. Cores fantasia. Elementos fora de escala de tamanho e de proporção.

Destilação fracionada

Na destilação fracionada, os componentes da mistura separam-se à medida que a temperatura aumenta. Quando o ponto de ebulição de uma substância é atingido, ela evapora completamente, separando-se das demais.

Os gases atmosféricos podem ser separados por esse processo. Para obtê-los, o ar é inicialmente liquefeito. Depois, a temperatura é aumentada gradativamente de maneira que o ponto de ebulição de cada gás seja atingido, um de cada vez, de modo que eles evaporem separadamente e possam ser recolhidos.

As refinarias de petróleo fazem a destilação fracionada do óleo bruto. A destilação permite a retirada dos componentes à medida que eles sobem na coluna de destilação. Observe o esquema a seguir:

DESTILAÇÃO FRACIONADA DO PETRÓLEO

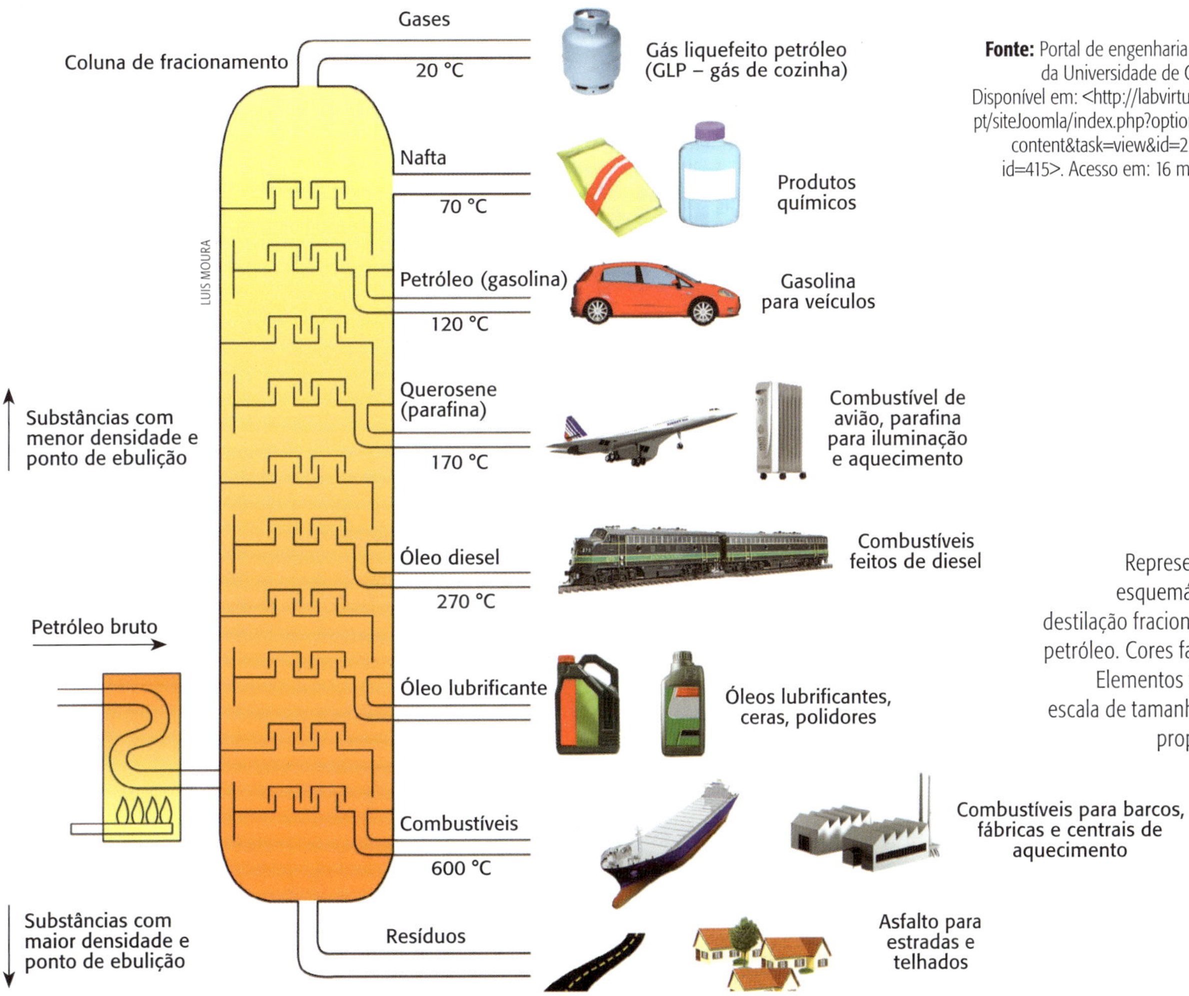

Fonte: Portal de engenharia química da Universidade de Coimbra. Disponível em: <http://labvirtual.eq.uc.pt/siteJoomla/index.php?option=com_content&task=view&id=224&Itemid=415>. Acesso em: 16 mar. 2015.

Representação esquemática da destilação fracionada do petróleo. Cores fantasia. Elementos fora de escala de tamanho e de proporção.

Fusão fracionada

A fusão fracionada permite a separação de misturas homogêneas de sólidos por meio de seus diferentes pontos de fusão. O ouro 18 quilates, por exemplo, é uma mistura homogênea de ouro, prata e cobre, e pode ter seus componentes separados por esse método. Aquecendo-se a mistura, a prata funde-se a 962 °C, o ouro, a 1063 °C e o cobre, a 1083 °C.

teia do saber

1. Leia o texto e responda à questão.

> Um estudante assistiu a uma reportagem a respeito de um córrego poluído, quase sem gás oxigênio dissolvido em suas águas. O estudante pensou: Como um córrego não contém oxigênio se a água já contém esse elemento em sua fórmula química?

- Que confusão foi cometida pelo estudante?

2. No caderno, classifique as substâncias puras apresentadas em simples ou compostas:

a. HNO_3 b. P_4

c. $AgC\ell$ d. N_2

3. O rótulo de uma marca de água mineral indica a presença de cálcio, sódio, potássio e várias outras substâncias.

a. Essa água pode ser considerada uma substância pura? Justifique.

b. De onde vieram os sais e outros componentes dessa água?

FERNANDO FAVORETTO/CRIAR IMAGEM

Rótulo de água mineral indicando sua composição.

4. Leia o texto a seguir e responda às questões.

> O mel contém principalmente água, açúcares e sais minerais. Ele é produzido por diferentes espécies de abelha. Para valorizar seu produto, um apicultor colocou no rótulo das embalagens de seu produto a seguinte inscrição em destaque: "mel puro".

a. Do ponto de vista químico, o que se pode dizer sobre essa informação do rótulo?

b. O que você acha que o produtor quis afirmar quando ele disse que seu mel é puro?

5. No caderno, classifique os sistemas abaixo em substância pura simples ou substância pura composta.

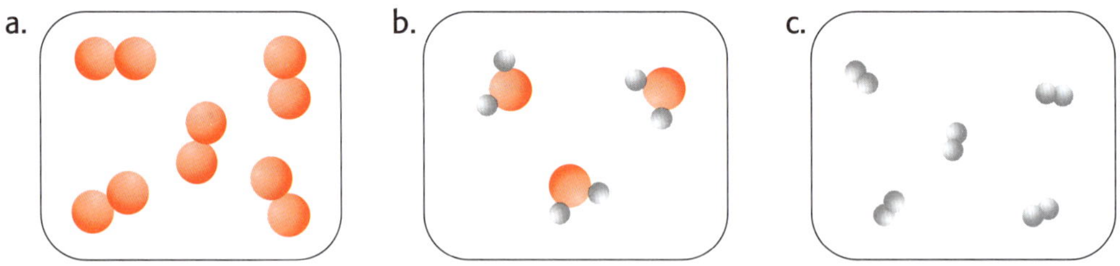

SELAVI CONTEÚDO CRIATIVO

Representações esquemáticas de três substâncias. Elementos fora de escala de tamanho e de proporção. Cores fantasia.

6. Um comerciante mal-intencionado adicionou água à gasolina vendida em seu posto de combustível, na tentativa de ganhar mais dinheiro. Como você faria para mostrar que a gasolina desse posto foi adulterada?

7. Uma substância pura sempre constituirá um sistema monofásico? Quantas fases, no máximo, pode apresentar um sistema formado por uma substância pura?

8. Um pedaço de granito foi colocado no interior de um recipiente com água, areia e sal dissolvido. Qual o número de fases desse sistema?

9. Observe esta fotografia do mar.

ENRICO MARONE/PULSAR IMAGENS

Região de mar com águas transparentes. Ilha de Boipeba, Cairu (BA), em 2013.

a. A água do mar é uma substância pura ou uma mistura?

b. O que vemos na fotografia imerso na água do mar?

c. O que existe misturado à água que não é possível observar na fotografia?

10. Leia o texto a seguir e depois responda no caderno às questões.

O elemento oxigênio pode formar duas substâncias simples diferentes: o gás oxigênio (O_2) e o gás ozônio (O_3). Dizemos, portanto, que essas substâncias são alótropos, isto é, substâncias simples diferentes formadas pelo mesmo elemento. O carbono (C) pode formar grafite e diamante no ambiente natural, e também o fulereno, uma molécula sintetizada em laboratório. Grafite, diamante e fulereno são, assim, alótropos.

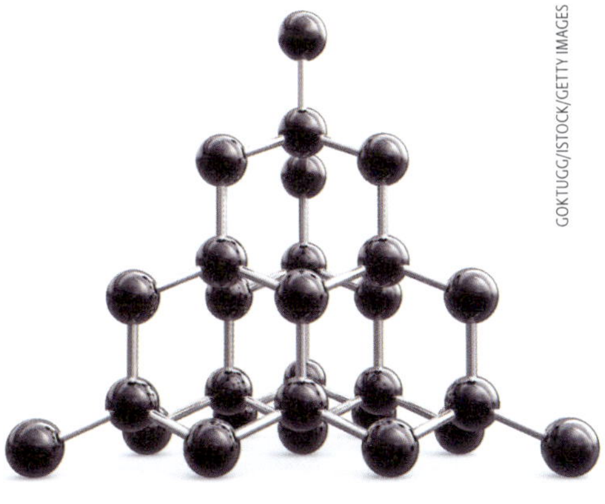

GOKTUGG/ISTOCK/GETTY IMAGES

Representação artística da estrutura molecular do diamante. Os átomos de carbono são mostrados como esferas unidas por ligações. Essa estrutura é rígida, tornando o diamante o material natural mais duro que se conhece. Cores fantasia. Elementos fora de escala de tamanho.

YURKOMAN/ISTOCK/GETTY IMAGES

Representação artística da estrutura molecular da grafite, composta de carbono. Cores fantasia. Elementos fora de escala de tamanho.

a. Diamante e grafite são constituídos pelo mesmo tipo de átomo: o carbono. Qual a diferença estrutural entre eles? Eles apresentam propriedades semelhantes?

b. Considere agora o monóxido de carbono (CO) e o dióxido de carbono (CO_2). Eles podem ser considerados alótropos? Justifique.

11. Como você faria, em laboratório, para recuperar uma amostra de água contaminada com petróleo?

12. Por causa de um acidente, um carregamento de limalhas de ferro tombou às margens de uma rodovia. Proponha um método para a recuperação do ferro.

13. Como podemos separar uma mistura de água, sal de cozinha e areia limpa, para recuperar os dois componentes sólidos?

14. Alguém deixou cair óleo sobre um punhado de sal. Como separar esses componentes?

15. Para descobrir se determinado líquido é uma substância pura ou uma mistura, um estudante congelou o líquido. Depois, submeteu esse sólido a uma fonte de calor e mediu sua temperatura de fusão e, em seguida, a temperatura de ebulição. Obteve, então, o gráfico a seguir. Esse líquido é uma substância pura ou uma mistura de substâncias? Justifique.

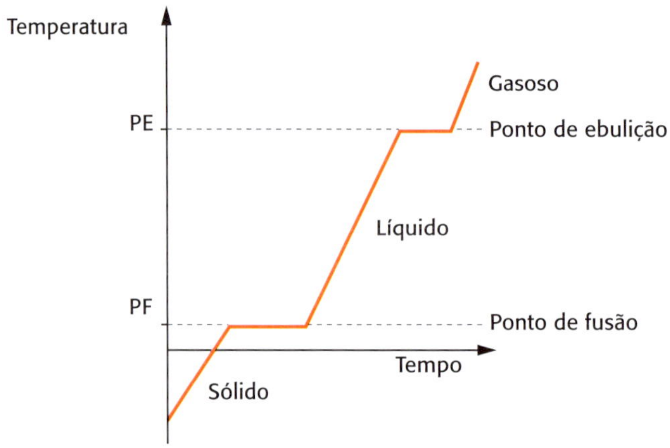

MAURO TAKESHI

16. Um corante azul foi dissolvido em água e a mistura foi destilada. Qual a cor do líquido recolhido no condensador?

17. Proponha um método que permita distinguir uma amostra de água pura de outra de água açucarada, sem provar cada solução.

18. Reúna-se em grupo e indique uma sequência detalhada que permita separar cada componente das misturas fornecidas a seguir, propondo equipamentos adaptados que poderiam ser usados para a realização da separação. Use a criatividade e a reciclagem a seu favor!
Mistura 1: sal de cozinha + areia + bolinhas de cortiça.
Mistura 2: água + óleo + areia + limalha de ferro.

19. Ao deixarmos cada uma das misturas do exercício anterior evaporar, que substância estará presente no vapor formado?
I. Água e sal II. Água e açúcar III. Água e areia

20. A tabela a seguir apresenta os pontos de ebulição de alguns gases atmosféricos.

Gás	Ponto de ebulição (°C)
Nitrogênio	−196
Argônio	−186
Oxigênio	−183

Fonte: LIDE, David R. Handbook of Chemistry. 90. ed. 2010.

- Para se obter esses gases por destilação fracionada, em qual sequência eles serão separados?

21. O petróleo é uma substância pura ou uma mistura? No caderno, justifique sua resposta, dê exemplos de três produtos derivados do petróleo e os usos de cada um.

22. Leia o texto e depois, no caderno, responda à questão.

> O cobre e o zinco são difíceis de ser trabalhados, enquanto as ligas de cobre e zinco, denominadas "latão", são relativamente moles, dúcteis e facilmente submetidas à deformação plástica. As ligas de latão que possuem maior teor de zinco são mais duras e mais resistentes.

- Como podemos separar o cobre e o zinco de uma peça de latão, sabendo que eles têm diferentes pontos de fusão?

23. Descreva, no seu caderno, como ocorre cada método de separação de misturas que estão representados nas ilustrações abaixo.

a.

b.

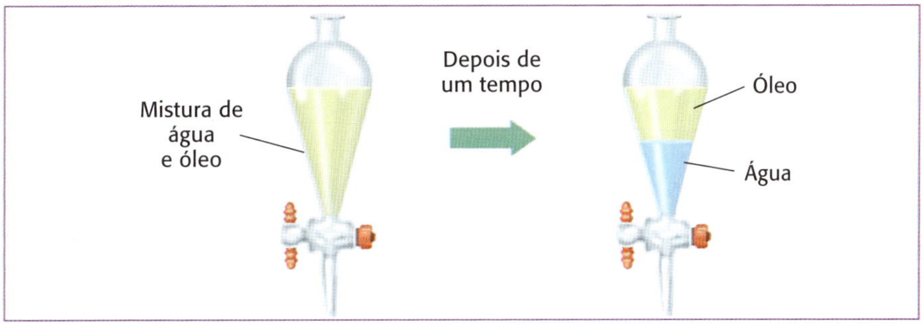

c.

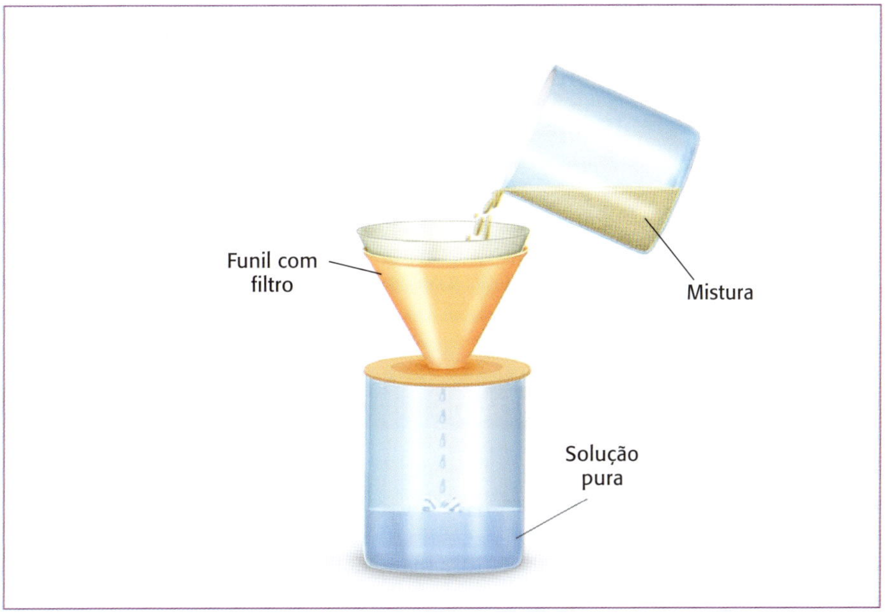

Representação esquemática de três métodos de separação de mistura. Elementos fora de escala de tamanho e de proporção.

4 O átomo

A rosa de Hiroxima

Pensem nas crianças
Mudas telepáticas
Pensem nas meninas
Cegas inexatas
Pensem nas mulheres
Rotas alteradas
Pensem nas feridas
Como rosas cálidas

Mas oh não se esqueçam
Da rosa da rosa
Da rosa de Hiroxima
A rosa hereditária

A rosa radioativa
Estúpida e inválida
A rosa com cirrose
A antirrosa atômica

Sem cor sem perfume
Sem rosa sem nada

"A Rosa de Hiroxima" – Vinicius de Moraes, In: *Nova Antologia Poética de Vinicius de Moraes*, seleção e organização, Antonio Cícero e Eucanaã Ferraz, São Paulo, Cia das Letras, Editora Schwarcz Ltda., p.147, 2008. VM EMPREENDIMENTOS ARTÍSTICOS E CULTURAIS LTDA. ©VM e ©CIA. DAS LETRAS (EDITORA SCHWARCZ).

SPL/LATINSTOCK

Nuvem que se formou na segunda-feira, dia 6 de agosto de 1945, sobre a cidade de Hiroxima, no Japão. Essa é a rosa radioativa lembrada pelo poeta Vinicius de Moraes. A canção "A rosa de Hiroxima" retrata um fato histórico lamentável: o lançamento de bombas atômicas sobre as cidades de Hiroxima e de Nagasaki, no Japão, na Segunda Guerra Mundial.

BATE-PAPO

1. Você sabe o que é energia atômica?
2. Você conseguiria citar duas aplicações da energia nuclear para fins pacíficos?
3. Dê uma interpretação às expressões "rosa de Hiroxima" e "rosa hereditária" presentes no título e na letra da canção.

ESTRUTURA ATÔMICA

A estrutura da matéria tem sido estudada desde a Antiguidade, quando se acreditava que o átomo era a menor partícula de matéria. Daí o seu nome: palavra "átomo" tem origem grega e significa "indivisível". Embora o termo tenha se consagrado, atualmente sabe-se que o átomo é divisível, ou seja, constituído por partículas ainda menores. Para compreendermos, simplificadamente, a estrutura do átomo, analisaremos um modelo.

Nesse modelo, o átomo possui duas regiões: o **núcleo**, onde ficam os prótons e nêutrons, e a **eletrosfera**, onde os elétrons se distribuem.

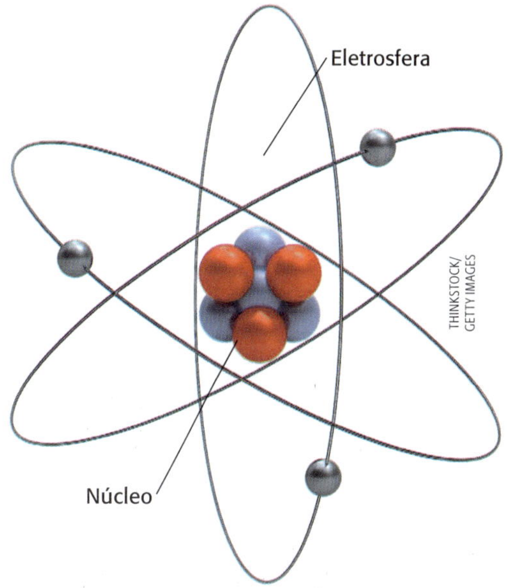

Modelo de um átomo de lítio. No núcleo encontram-se prótons (em vermelho) e nêutrons (em azul), na eletrosfera estão os elétrons (em cinza). Cores fantasia. Elementos fora de escala de tamanho e de proporção.

Núcleo

O núcleo atômico é positivamente carregado, pois contém partículas de carga elétrica positiva, denominadas prótons. Em 1932, o físico inglês James Chadwick (1891-1974) descobriu mais um tipo de partícula no núcleo: o nêutron. Apesar de ter massa semelhante à do próton, a carga elétrica do nêutron é nula, o que dificultou seu reconhecimento.

Assim, no núcleo atômico encontramos os **prótons**, de carga elétrica positiva, e os **nêutrons**, sem carga elétrica. É no núcleo que se concentra a maior parte da massa do átomo.

Número atômico (Z)

Existem diversos tipos de átomo. O que diferencia um átomo de outro é o **número atômico**, que é o número de prótons presentes no núcleo. Cada elemento químico é determinado por seu número atômico, que é representado pela letra Z.

Número de massa (A)

A soma do número de prótons e nêutrons no núcleo atômico é o **número de massa**, representado pela letra A.

Portanto:

$$A = \text{prótons} + \text{nêutrons}$$

Como representamos o número de prótons (número atômico) por Z, temos: $A = Z + n$, em que n representa o número de nêutrons.

Logo, o número de massa de um átomo é a soma do número atômico com o número de nêutrons. Por exemplo, um átomo de ferro que apresente 26 prótons e 30 nêutrons terá número atômico igual a 26 ($Z = 26$) e número de massa igual a 56 ($A = 56$), ou seja, 26 prótons + 30 nêutrons.

A fotografia mostra uma barra de ferro, feita de átomos deste elemento químico. Cada átomo de ferro tem 26 prótons no núcleo. Portanto, o número atômico do ferro é $Z = 26$.

Eletrosfera

Os **elétrons** são partículas carregadas negativamente que formam a eletrosfera do átomo. Na eletrosfera, os elétrons estão distribuídos em sete camadas, ou níveis de energia, representadas pelas letras maiúsculas K, L, M, N, O, P e Q. Cada camada comporta um determinado número de elétrons. Dependendo do tipo de átomo, a quantidade de camadas pode variar, desde apenas uma camada, até todas as sete. Veja na tabela a seguir.

Camada da eletrosfera	K	L	M	N	O	P	Q
Número máximo de elétrons	2	8	18	32	32	18	8

A camada mais externa de um átomo, conhecida como **camada de valência**, é de grande importância para as ligações químicas. Essa camada de um átomo comporta, no máximo, oito elétrons, com exceção da camada K, que comporta até dois elétrons.

A penúltima camada da eletrosfera deve conter ou 8 ou 18 elétrons.

Observe, no modelo ao lado, a eletrosfera do elemento químico cálcio, que apresenta um total de 20 elétrons. As camadas K e L estão preenchidas com o máximo de elétrons permitidos para elas. A camada M poderia abrigar os 10 elétrons restantes (já que comporta até 18), mas só contém 8, ficando os outros dois na camada N. Essa última camada, N, é então a camada de valência do cálcio.

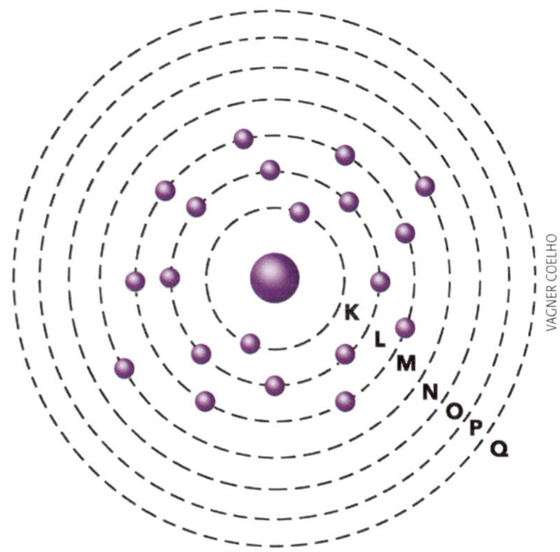

Modelo atômico do átomo de cálcio. Cores fantasia. Elementos fora de escala de tamanho e de proporção.

Camada da eletrosfera	K	L	M	N	O	P	Q
Cálcio (20 elétrons)	2	8	8	2	–	–	–

Se, ao fazer a distribuição em camadas, a última tiver um número de elétrons entre 9 e 17, deve-se deixar 8 elétrons nessa camada e passar o restante para uma próxima camada eletrônica. Agora, se o número de elétrons na última camada estiver entre 18 e 32 ao fazer a distribuição eletrônica, deve-se deixar 18 nessa camada e passar o restante para as próximas camadas.

EXEMPLOS DE DISTRIBUIÇÃO ELETRÔNICA

Camada da eletrosfera	K	L	M	N	O	P	Q
Oxigênio (8 elétrons)	2	6	–	–	–	–	–
Sódio (11 elétrons)	2	8	1	–	–	–	–
Prata (47 elétrons)	2	8	18	18	1	–	–
Césio (55 elétrons)	2	8	18	18	8	1	–
Mercúrio (80 elétrons)	2	8	18	32	18	2	–
Frâncio (87 elétrons)	2	8	18	32	18	8	1

EXPERIMENTE FAZER

Construindo um modelo

Para Pensar

Os cientistas usam modelos para explicar os fenômenos e o comportamento do que eles observam na natureza. Por exemplo, os modelos atômicos foram propostos para explicar o comportamento da matéria em diversas situações e fenômenos. Eles representam a matéria, que não podemos ver, e procuram explicar características e comportamentos que podemos observar. Os modelos científicos têm sido propostos ao longo da história da ciência a partir do estudo de muitos cientistas.

Objetivo

- Compreender, de maneira simplificada, como os modelos são elaborados com base em evidências.

Materiais

- caixa de papelão (pode ser de sapatos)
- fita-crepe
- objetos variados que caibam dentro da caixa
- palitos de churrasco

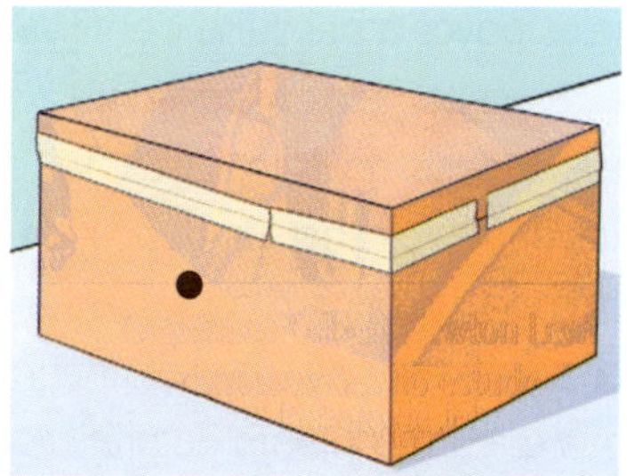
RODVAL MATIAS

Representação esquemática da caixa montada para o experimento. Cores fantasia. Elementos fora de escala de tamanho.

Procedimentos

Etapa 1: preparação da caixa

1. Reunidos em grupos, realizem a atividade.
2. Sem que os outros grupos vejam, coloquem dentro da caixa de papelão pequenos objetos de formas variadas. A caixa deve ter sua tampa lacrada com fita-crepe.
3. Depois, em cada lado da caixa, façam um furo com diâmetro suficiente para passar um palito de churrasco.
4. Troquem de caixa com outro grupo.

Etapa 2: experimentação

1. Movam a caixa recebida de um lado para outro e explorem o interior dela utilizando o palito. Tentem identificar pelo som que objetos estão dentro dela.
2. Depois que a caixa circular por todos do grupo, façam um esquema do que acham que há dentro da caixa.
3. Mostrem para o grupo que montou a caixa os desenhos que fizeram. Verifiquem se acertaram alguns objetos e quais são eles.
4. Vocês podem fazer perguntas aos colegas que montaram a caixa: "De que materiais são feitos os objetos?"; "Quantos objetos estão na caixa?"; entre outras. Depois, façam novamente o modelo do que há no interior da caixa.

Resultados e discussões

1. Quais métodos ou estratégias vocês utilizaram para deduzir o que havia dentro da caixa?
2. Vocês conseguiram desenhar os objetos exatamente iguais aos que realmente havia na caixa?

Conclusões

1. Compare a atividade com a elaboração de modelos feita por cientistas.
2. No que os cientistas se baseiam para elaborar os modelos? Mencione um exemplo de modelo científico e explique.

SAIBA MAIS

Alquimia, precursora da química

“Sabemos por papiros, inscrições e peças arqueológicas que os caldeus, babilônios, sumerianos e, principalmente, os antigos egípcios conheciam metais, ligas metálicas, cerâmica, vidro, corantes e muitas operações químicas. Entretanto, tais conhecimentos estavam situados ao nível puramente técnico; atendiam às necessidades imediatas de construção de utensílios, armas e objetos artísticos, não tendo conduzido aqueles povos à pesquisa científica. [...]

Em geral, é aceito pelos historiadores que Alexandria, situada no delta do Nilo, Egito, foi o berço da Alquimia, nos primeiros séculos depois de Cristo. [...]. A palavra *chemeia*, de origem copta, servia para designar o Egito e significava "país de solo negro".

A Alquimia era um conjunto de práticas e conhecimentos empíricos profundamente impregnados de alegorias sagradas, superstições e magia. Por exigir constante manipulação de materiais, aproximava-se muitas vezes da experimentação científica como a entendemos atualmente.

Eram dois os principais objetivos dos alquimistas ou pelo menos da maioria deles: a transmutação de metais comuns (estanho, chumbo, cobre, mercúrio) em ouro, para o que buscam um misterioso ingrediente, a "pedra filosofal"; e a descoberta de uma substância capaz de curar todas as doenças e de conferir a vida eterna ao homem, ou seja, o "elixir da longa vida". [...]

Os livros de Alexandria, escritos em grego, descreviam muitas operações químicas, as mesmas ainda hoje em uso nos laboratóros de Química: dissolução, filtração, fusão, calcinação, cristalização, sublimação. Descreviam também diferentes processos de aquecimento: o aquecimento direto ao fogo, por meio de chamas de óleo, e o aquecimento indireto, por banho-maria e banho de areia.

[...] Muitas observações feitas pelos alquimistas tinham uma aparente lógica e até mesmo um tímido aspecto de verdadeira observação científica. [...] A Alquimia, embora não tivesse sido uma ciência verdadeira, nos legou o conhecimento de muitas substâncias – álcool, éter, ácido nítrico, ácido sulfúrico, água-régia, sais minerais, alúmen ou pedra-ume, além de técnicas experimentais usadas pelos químicos até hoje. [...]

Muitos alquimistas acabaram se convencendo da impossibilidade das transmutações dos metais em ouro pelos meios químicos comuns. Diversas transmutações aparentes nada mais eram do que mudanças de cor de alguns metais. [...]

AKG-IMAGES/LATINSTOCK

Um alquimista, gravura de David Teniers (1610-1690) feita na década de 1640.

Papiro: manuscrito antigo feito sobre papel produzido com planta aquática (*Cyperus papyrus*).

Peça arqueológica: vestígio antigo de atividade humana.

Empírico: baseado na experiência e na observação, sem considerar teorias.

Trasmutação: modificação, alteração.

BETTMANN/CORBIS/LATINSTOCK

O alquimista. Xilogravura feita com base no quadro pintado por Teniers.

Outros enganos cometidos pelos alquimistas tornaram-se férteis, porque, ao serem verificados experimentalmente pelos cientistas posteriores, descortinaram horizontes, isto é, levaram a novos conhecimentos ou teorias, como, por exemplo, a da combustão e calcinação, de Lavoisier.

É frequente não só em química, mas também em outras ciências, que uma afirmativa ou teoria incorreta hoje venha a servir de motivação para outras pesquisas, que, por sua vez, revelam fatos novos, os quais invalidam total ou parcialmente a teoria antiga, fazendo surgir uma nova. [...]"

Nagib Chaib. *Revista de Ensino de Ciências*. n. 4, Rio de Janeiro: FUNDEC, nov. 1981.

Para pensar

1. Observe as duas gravuras apresentadas. O que as pessoas estão fazendo?

2. O autor do texto considera que os alquimistas deram uma contribuição importante para o conhecimento da matéria? Justifique.

3. Algumas atitudes dos alquimistas são semelhantes às dos pesquisadores da atualidade? Justifique.

Pista 2

A fissão nuclear é uma das formas pelas quais é possível converter a energia do bombardeamento dos núcleos de um átomo radioativo em energia elétrica. Este processo é usado nas usinas nucleares. Comparando essa forma de obtenção de energia às usinas hidrelétricas, quais são as vantagens e desvantagens das usinas nucleares? Se necessário, faça uma pesquisa para responder a essa questão.

ELEMENTOS QUÍMICOS

O que define um elemento químico é o número de prótons em seu núcleo. Assim, todos os átomos que têm o mesmo número de prótons no núcleo (número atômico) são de um mesmo elemento químico.

Na Idade Média, vários elementos químicos já eram conhecidos, como a prata e o cobre. Ao longo da história, esses elementos foram nomeados de acordo com suas características ou propriedades, como cor, ou em homenagem a locais, cientistas ou deuses. Por exemplo, *oksys gen*, que significa "gerador de ácidos" em grego, originou o nome do elemento químico oxigênio. Cúrio é uma homenagem à cientista polonesa Marie Curie. Germânio homenageia a Alemanha e titânio foi inspirado nos Titãs, divindades gregas.

Em 1811, Jacob Berzelius (1779-1848) criou uma regra para nomear os elementos químicos por meio de letras. Alguns elementos químicos são representados pela primeira letra de seu nome, sempre maiúscula: **C** para carbono, **O** para oxigênio.

SHEILA TERRY/SPL/LATINSTOCK/COLEÇÃO PARTICULAR

Retrato do químico sueco Barão Jons Jacob Berzelius (1779-1848), formado em Medicina e Farmácia, conhecido por sua contribuição na nomenclatura dos elementos químicos.

Nos casos em que as letras se repetiriam, os elementos foram representados por duas letras, sendo a primeira maiúscula e a segunda minúscula, como **Co** para cobalto, **Ni** para níquel e **Cr** para cromo.

O símbolo que representa um elemento químico também pode estar ligado ao seu nome em latim:

Au ⟶ representa o elemento ouro (em latim, *aurum*)

Na ⟶ representa o elemento sódio (em latim, *natrium*)

K ⟶ representa o elemento potássio (em latim, *kalium*)

Hg ⟶ representa o elemento mercúrio (em latim, *hydrargyrum*)

Para representar um elemento químico, devemos indicar o número atômico e o número de massa. Por exemplo: o elemento químico platina, de símbolo Pt, tem número atômico 78 e número de massa 195. Ele pode ser representado das seguintes formas.

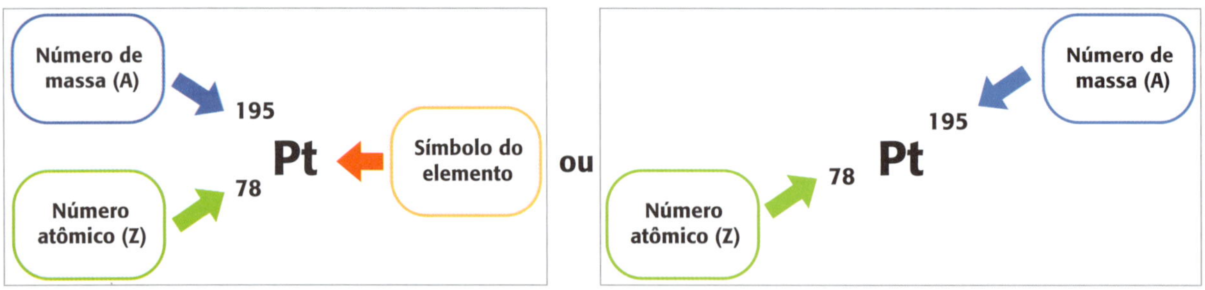

MAURO TAKESHI

Representação dos símbolos dos elementos químicos.

Observando essas representações, sabemos que o número de massa está indicado pelo número de cima e o número atômico, pelo número de baixo; assim, a platina possui 78 prótons e 117 nêutrons (195 – 78).

Os íons

Em um átomo eletricamente neutro, o número de prótons é igual ao número de elétrons. Assim, em um átomo de sódio, que apresenta 11 prótons, há também 11 elétrons. No entanto, existem situações em que esse número não é o mesmo. A eletrosfera pode perder ou receber elétrons, dando origem a átomos eletricamente carregados, chamados **íons**.

Quando há perda de elétrons, o átomo fica com excesso de cargas positivas e se transforma em um **cátion**. Quando ganha elétrons, ele fica com excesso de cargas negativas e se transforma em um **ânion**.

O elétron tem carga negativa; assim, quanto mais elétrons um átomo recebe, mais negativo ele fica. Veja o esquema a seguir.

Átomo neutro ⟶ perde elétrons $\xrightarrow{\text{transforma-se em}}$ **cátion** (positivamente carregado)

Átomo neutro ⟶ ganha elétrons $\xrightarrow{\text{transforma-se em}}$ **ânion** (negativamente carregado)

Os isótopos

Há átomos de um mesmo elemento, ou seja, de mesmo número atômico (Z), mas diferentes números de massa (A): são os **isótopos**. O elemento químico hidrogênio, por exemplo, existe na natureza na forma de três tipos diferentes de átomo:

ISÓTOPOS DO HIDROGÊNIO

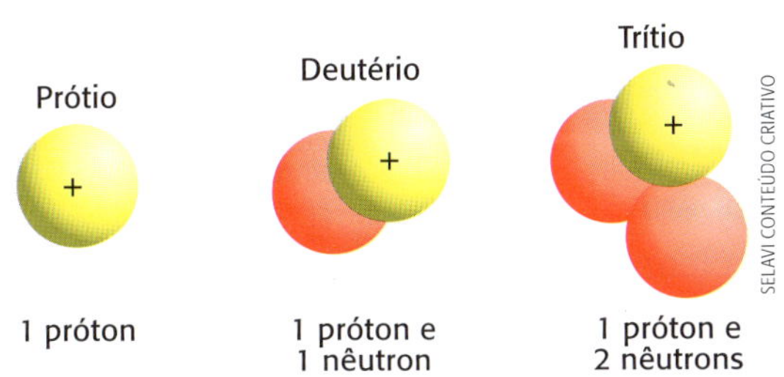

Representação esquemática dos núcleos dos isótopos do hidrogênio. Cores fantasia. Elementos fora de escala de tamanho e de proporção.

- Prótio: variedade do hidrogênio cujo núcleo apresenta apenas um próton e nenhum nêutron. É o mais abundante na natureza, correspondendo a 99,98% de todo o hidrogênio.
- Deutério: seu núcleo apresenta um próton e um nêutron, sendo também chamado de "hidrogênio pesado". Ocorre na natureza na porcentagem de 0,015%.
- Trítio ou tritério ou trício: seu núcleo apresenta um próton e dois nêutrons, sendo radioativo. Ocorre em quantidades muito diminutas.

Apesar de diferentes, esses três tipos de átomo pertencem ao mesmo elemento químico, pois possuem o mesmo número de prótons. Muitos elementos químicos possuem isótopos. O estanho, por exemplo, apresenta dez isótopos naturais.

Isótopos radioativos

Há elementos químicos que têm isótopos radioativos, isto é, que emitem radiações. Se um pedaço de urânio for colocado sobre um filme fotográfico, por exemplo, sua radiação age sobre o filme e produz uma imagem.

Isso também acontece naturalmente com os átomos de outros elementos químicos que têm núcleo com grande número de massa, como o rádio, o césio e o polônio. São elementos instáveis, que emitem radiações até o núcleo de seus átomos se estabilizarem, como o urânio-235, césio-137, cobalto-60, tório-232 (os números representam o número de massa de cada isótopo).

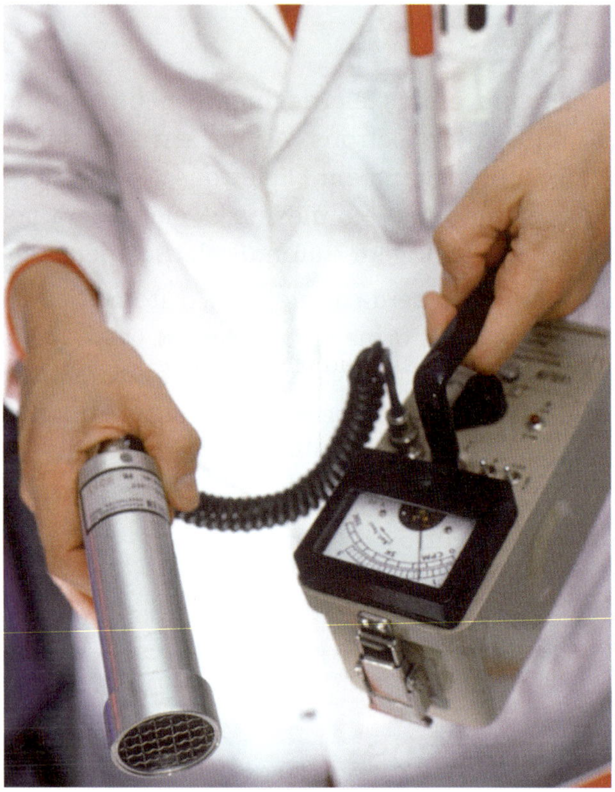

HANK MORGAN/PHOTORESEARCHERS/LATINSTOCK

Contador Geiger detectando uma fonte de radiação de césio-137, um isótopo perigoso para o ser humano.

Produção de radioatividade

A radioatividade pode ser induzida quando se bombardeiam núcleos de alguns átomos com partículas apropriadas. No processo conhecido como **fissão nuclear**, o núcleo é bombardeado por nêutrons em alta velocidade e se quebra, formando núcleos de outros elementos, em uma reação em cadeia. O domínio dessa técnica levou à produção da bomba atômica, mas ele também serve para fins pacíficos, de produção de energia elétrica nas usinas nucleares.

Na **fusão nuclear**, ocorre o inverso: núcleos se juntam para formar outros núcleos, fenômeno que ocorre naturalmente nas estrelas e libera grande quantidade de radiação. A fusão nuclear foi usada na produção da bomba de hidrogênio, que tem maior poder destrutivo que as bombas atômicas. Esse tipo de armamento não foi utilizado em guerras, apenas em testes.

Atualmente, os pesquisadores tentam usar também o processo de fusão nuclear para produção de energia elétrica, mas ainda não conseguiram desenvolver tecnologia apropriada para isso.

Radioatividade: emissão invisível de energia e partículas.

FISSÃO NUCLEAR DO URÂNIO-235

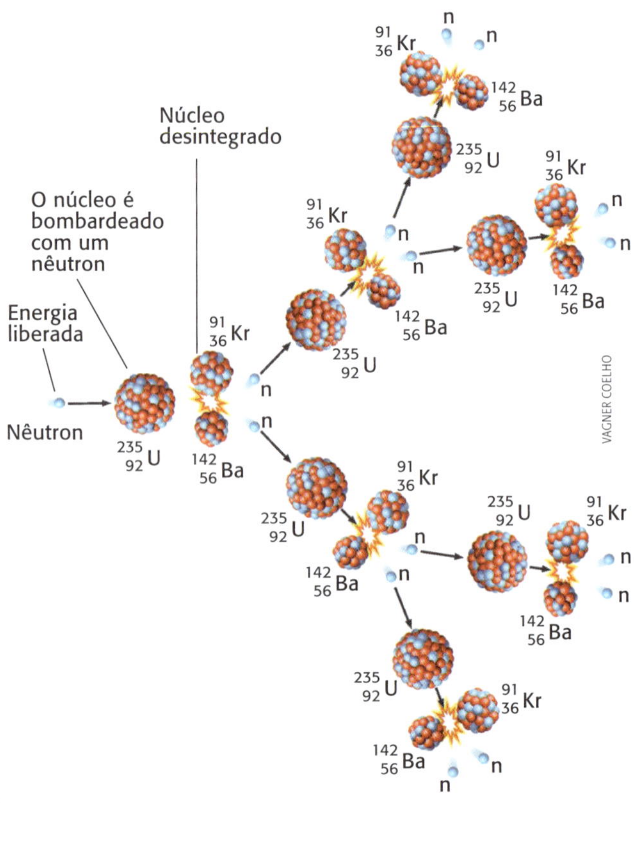

VAGNER COELHO

Reação em cadeia envolvendo urânio-235. Cores fantasia. Elementos fora de escala de tamanho e de proporção.

O USO DAS RADIAÇÕES

Raio X

No exame de raio X, um tipo de radiação é emitida por um aparelho e parte dela é absorvida pelo corpo de um paciente de maneiras diferentes, de acordo com a densidade e textura do local.

Os raios X são radiações da mesma natureza da luz visível (ondas eletromagnéticas), porém transportam uma energia muito maior. Essa radiação é produzida quando um material metálico de alto número atômico (como tungstênio) é bombardeado com elétrons de altas velocidades.

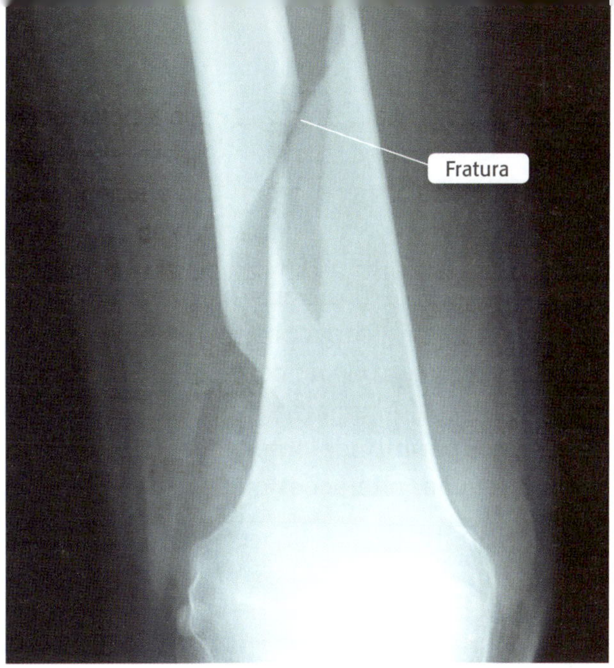

DR P. MARAZZI/SPL/LATINSTOCK

Os ossos, muito densos, absorvem mais radiações. Desse modo, podemos visualizar fraturas com o aparelho de raio X. Na imagem vemos o fêmur quebrado perto do joelho.

Isótopos radioativos como marcadores

Em determinados exames médicos, é injetado no corpo do paciente um isótopo radioativo. Analisando a radiação emitida por esse elemento, é possível rastrear seu percurso dentro do organismo e obter uma imagem do órgão em que o elemento se concentrar. Alguns isótopos radioativos muito usados são o iodo-131, usado para analisar a glândula tireoide, o estrôncio-85, para diagnosticar doenças ósseas, e o gálio-67, que varre o corpo inteiro e permite diagnosticar tumores.

Indústria

Na indústria de alimentos, o cobalto-60 é usado para a redução do número de microrganismos responsáveis pela deterioração dos alimentos (peixes, ovos, carnes). Ao contrário do que muitos imaginam, os alimentos esterilizados por radiação não se tornam radioativos.

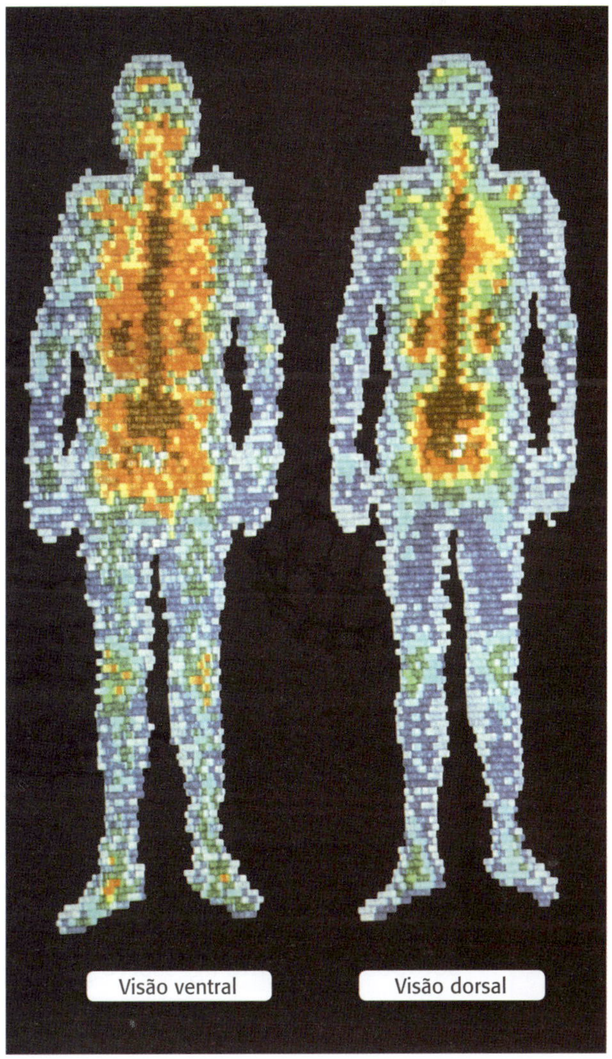

ELSCINT/SPL/LATINSTOCK

Exame de imagem para visualização do corpo por meio da injeção de isótopos radioativos, chamado comumente de "contraste". As imagens são coloridas de acordo com a intensidade de emissão de radiação, sendo que o azul indica baixa emissão e o marrom, a emissão mais elevada.

Tomografia por emissão de pósitrons

Nesse exame, um isótopo radioativo é injetado no paciente e emite pósitrons (partículas, como os elétrons, porém com carga positiva). Quando os pósitrons colidem com elétrons do corpo, é gerada uma radiação chamada gama. A radiação gama é então detectada pelo tomógrafo, permitindo obter uma imagem do organismo para avaliar alterações que possam causar doenças.

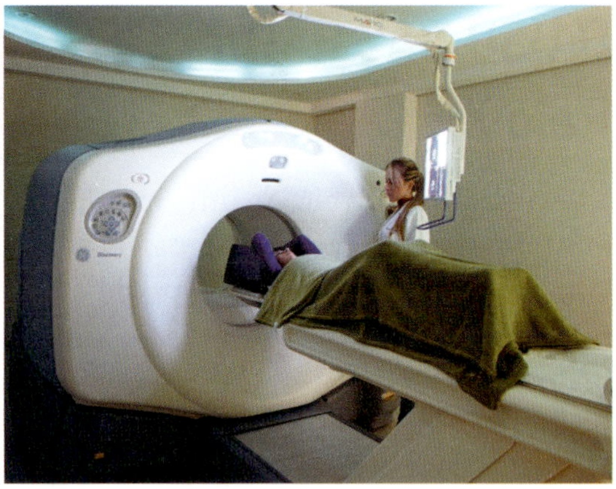

LUCIANA WHITAKER/PULSAR IMAGENS

Tomografia por emissão de pósitrons para análise do cérebro. No momento da fotografia, a enfermeira injeta o radioisótopo enquanto a cabeça do paciente entra no detector de radiação.

Radioterapia

Forma de tratamento com radiação para eliminar tumores malignos pela destruição de células cancerígenas, evitando sua proliferação e o avanço da doença.

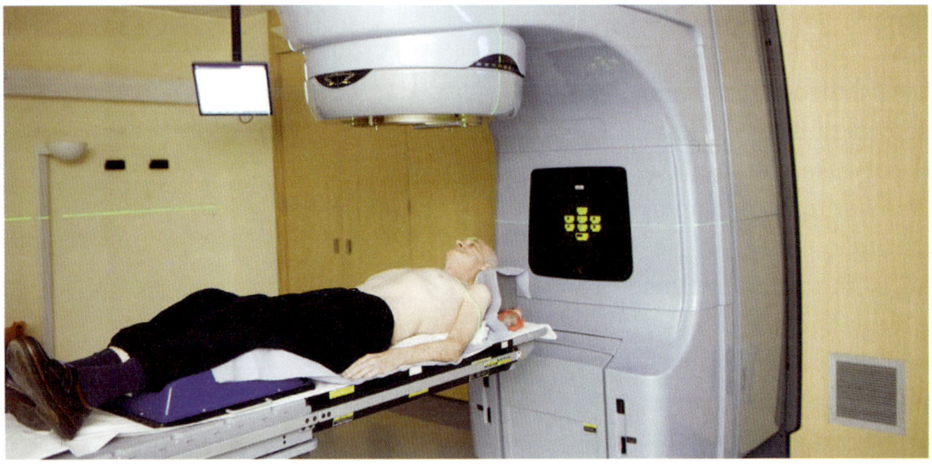

LUCIANA WHITAKER/PULSAR IMAGENS

Simulação de sessão de radioterapia para tratamento de câncer de pulmão.

NÃO DEIXE DE ACESSAR

- Conheça a história de Marie Curie, cientista polonesa que dedicou seu trabalho ao estudo dos átomos e faleceu em decorrência da radioatividade que pesquisava. Disponível em: <http://ciencia.hsw.uol.com.br/ marie-curie.htm>. Acesso em: 16 mar. 2015.

FIQUE DE OLHO

1. As radiações podem ser utilizadas de forma benéfica?
2. Você conhece outro uso das radiações?
3. Em quais tipos de uso dos isótopos radioativos estes são injetados no corpo humano?

Pista 3

Os materiais radioativos para diagnósticos e tratamentos de doenças têm sido cada vez mais usados. É o caso dos exames de raio X, feitos desde o início do século XX, e de técnicas mais recentes, como a utilização de isótopos radioativos no tratamento de doenças como a de tireoide e de câncer. Entretanto, apesar de eficiente, o uso de radioisótopos é bastante agressivo para o corpo humano. Na sua opinião, em que medida a utilização de técnicas como essa oferece vantagens à medicina?

1. Observe o esquema abaixo. Ele representa a estrutura de um átomo de prata.

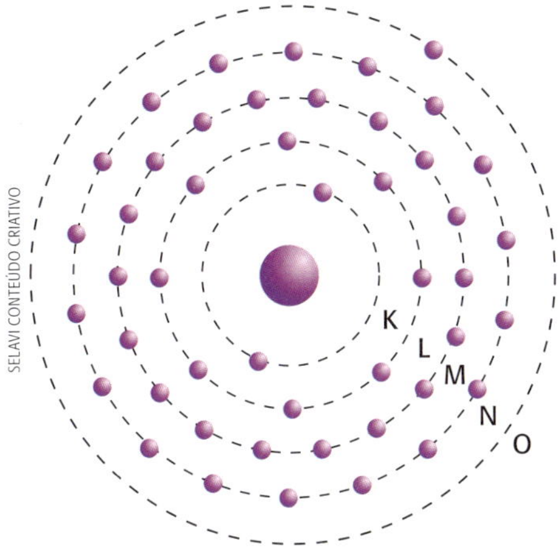

Representação da estrutura do átomo de prata. Elementos fora de escala de tamanho, de proporção e de distância. Cores fantasia.

a. Quais partículas estão localizadas no núcleo?

b. Onde está concentrada a massa do átomo?

c. Qual a carga elétrica das partículas que constituem o átomo?

d. Qual o número atômico da prata?

e. Em quantas camadas estão distribuídos os elétrons?

f. Quantos elétrons há na camada de valência?

2. Existem muitas substâncias feitas de diferentes elementos químicos. Como os átomos dos elementos químicos diferem uns dos outros?

3. O silício é o principal componente do vidro, do cimento e da cerâmica. Ele apresenta número de massa igual a 28 e possui, quando neutro, 14 elétrons. Pede-se:

a. seu número atômico.

b. o número de nêutrons em seu núcleo.

4. Complete a tabela com os dados que faltam.

Elemento	Número de prótons (p)	Número de elétrons (e)	Número de nêutrons (n)	Número atômico (Z)	Número de massa (A)
Sódio	11				23
Ferro		26	30		
Alumínio				13	27
Urânio	92		146		

5. O cálcio é um elemento químico indispensável para a formação de ossos e dentes. Ele aparece na corrente sanguínea na forma de um íon com dois elétrons a menos do que o átomo neutro.

a. O cálcio presente na corrente sanguínea é um cátion ou um ânion? Justifique.

b. Se o íon em questão tem 18 elétrons, qual o número atômico do cálcio?

teia do saber

6. O elemento químico polônio recebeu esse nome para homenagear o país de origem da cientista Marie Curie. Ele está presente, em quantidades diminutas, nos minérios de urânio. Sabendo que o número atômico do polônio é 84 e seu número de massa é 210, determine:

   a. o número de elétrons do polônio quando neutro.

   b. o número de nêutrons do polônio.

7. O alumínio, de símbolo $A\ell$, é um dos metais mais utilizados pela indústria atual. Tem 13 prótons e 14 nêutrons. Como representamos esse elemento químico indicando seu número de massa e seu número atômico?

8. Dois átomos apresentam o mesmo número de prótons. Logo, eles são iguais. Essa afirmação está correta? Justifique.

9. Em 1994, um grupo de cientistas da Alemanha conseguiu produzir o elemento químico de número atômico 111, batizado de roentgênio (símbolo Rg). Na reação de formação, um átomo de bismuto, $^{209}_{83}Bi$, fundiu-se a um átomo de níquel, $^{64}_{28}Ni$, formando o roentgênio e liberando um nêutron no processo. Qual o número atômico e de massa do roentgênio?

10. Nos resíduos de uma usina nuclear, foram encontradas substâncias com os seguintes átomos: **X** (Z = 92, A = 238); **B** (Z = 92, A = 234); **C** (Z = 90, A = 230); **D** (Z = 90, A = 234).

    a. Quantos elementos químicos foram encontrados nesses resíduos?

    b. Quais os pares de isótopos encontrados?

11. Leia o texto a seguir e responda às questões.

> Os alquimistas queriam transmutar metais comuns em ouro e descobrir uma substância que lhes desse a vida eterna. Nunca obtiveram sucesso, mas fizeram descobertas que marcaram o início da Química. Atualmente, sabe-se que, por meio de reações que ocorrem no núcleo do átomo, é possível converter um átomo em outro. Mas, quem estiver pensando em transformar ferro em ouro, pode, por ora, desistir.

    a. A que fenômeno o texto se refere?

    b. Por que a Alquimia marcou o início da Química?

SHEILA TERRY/SPL/LATINSTOCK/COLEÇÃO PARTICULAR

Alquimista trabalhando no laboratório. Tela intitulada *O Químico*, de David Teniers.

12. Leia o texto apresentado a seguir e responda às questões no caderno.

Empresa que administra Usina de Fukushima adverte sobre radioatividade acima do normal

Brasília – No Nordeste do Japão, a empresa Tokyo Electric Power (Tepco), que administra a Usina Nuclear de Fukushima Daiichi, detectou níveis de radioatividade 130 vezes acima do normal no solo da central. A empresa identificou a substância estrôncio-90, que é radioativa, pode provocar câncer e fragilizar os ossos quando inalada. Os especialistas colheram amostras de três áreas diferentes da usina.

As amostras de terra foram recolhidas em 18 de abril, a 500 metros dos reatores 1 e 2, cujos sistemas de refrigeração foram afetados pelo terremoto seguido por *tsunami*, em 11 de março. Nesse mês, já havia sido detectado estrôncio na terra e nas fábricas localizadas a mais de 30 quilômetros da usina.

[...]

 Disponível em: <http://memoria.ebc.com.br/agenciabrasil/noticia/2011-05-09/empresa-que-administra-usina-de-fukushima-adverte-sobre-radioatividade-acima-do-normal>. Acesso em: 6 jun. 2015.

TEPCO/XINHUA PRESS/CORBIS/LATINSTOCK

Fotografia de 19 de maio de 2011 mostra as grandes ondas do *tsunami* causado por um terremoto se aproximando dos reatores nucleares da usina de Fukushima.

a. Por que esse elemento químico foi escrito na forma estrôncio-90 e não apenas estrôncio?

b. Qual o uso dessa usina em Tóquio?

c. As usinas nucleares podem oferecer riscos às populações que vivem na área onde estão instaladas? Justifique.

Desfecho

No decorrer das unidades 1 e 2, você encontrou algumas pistas para o desfecho deste desafio. Foi evidenciado o aperfeiçoamento de materiais e o desenvolvimento de técnicas que contribuíram para a melhoria da qualidade de vida da população. No entanto, você viu também que nem sempre o conhecimento científico traz benefícios à sociedade, como no caso das bombas nucleares.

Encerrando a unidade

1. Nesta unidade, você estudou vários temas. Escreva um pequeno resumo sobre cada um deles.

- **O que são substâncias puras?**
- **Como as substâncias das misturas podem ser separadas?**

2. Em grupo, conversem sobre os temas. Anotem as dúvidas e tentem resolvê-las. Se não conseguirem, abram a discussão para outros grupos da classe.

Modelos de átomo

SPL/LATINSTOCK

John Dalton (1766-1844), químico inglês. Gravura feita no século XIX por James Stephenson.

O entendimento da estrutura da matéria evoluiu desde a Antiguidade, e foi gradativamente aperfeiçoado. Mesmo nos dias atuais, não há entendimento total da estrutura da matéria.

A Ciência conta com um grande aliado nesse difícil trabalho de construir ou descrever algo: o **modelo**. Usamos um modelo quando queremos explicar aquilo que não compreendemos perfeitamente e lançamos mão de simplificações e generalizações. Dessa forma, os modelos atômicos representam tentativas de entender a estrutura da matéria. Para a construção do modelo atual do átomo foram necessários muitos séculos e a interligação entre várias áreas do conhecimento. Porém, o modelo atual pode sofrer mais alterações, dependendo dos resultados de novas experiências.

Filosofia: a Grécia Antiga e o pensamento sobre a constituição da matéria

Por volta de 400 a.C., o filósofo grego Demócrito imaginou que um pedaço de matéria podia ser dividido em partes cada vez menores, até chegar a um ponto em que não mais poderia continuar sendo dividido. Nesse ponto de não divisão, teríamos o **átomo**, palavra de origem grega que significa "indivisível".

As ideias atomistas foram criticadas na época, pois a maioria dos filósofos acreditava que a matéria poderia ser dividida infinitamente. De acordo com o filósofo Aristóteles (384 a.C.-322 a.C.), a matéria era constituída por quatro elementos químicos: ar, fogo, terra e água. As misturas desses elementos criariam o quente, o frio, o úmido e o seco.

John Dalton e o atomismo moderno

As ideias atomistas foram retomadas 2 mil anos depois, em 1808, quando o químico inglês John Dalton criou um modelo que é considerado o primeiro capaz de explicar a estrutura da matéria.

Para Dalton, os átomos eram as partículas formadoras de toda a matéria, sendo indivisíveis e indestrutíveis. No modelo proposto por ele, o átomo é maciço como uma bola de bilhar. Cada tipo de átomo seria de determinado tamanho.

MODELO DE DALTON

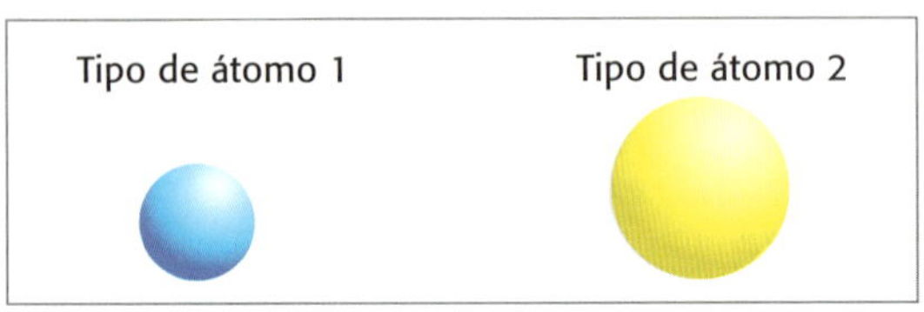

SELAVI CONTEÚDO CRIATIVO

Representação esquemática de 2 átomos, de acordo com o modelo de Dalton. Cores fantasia. Elementos fora de escala de tamanho e de proporção.

Thomson e o modelo do pudim com passas

Os experimentos realizados com eletricidade, em meados do século XIX, levaram os cientistas a suspeitar da existência de uma partícula mínima formadora da eletricidade, que recebeu o nome de elétron.

Em 1897, o físico britânico Joseph John Thomson, após ter realizado experimentos com 20 metais diferentes, suspeitou que os elétrons estavam presentes em todo tipo de matéria. Propôs, então, que o átomo seria formado por uma parte de carga positiva, na qual estariam presos os elétrons de carga elétrica negativa.

Nesse modelo atômico, conhecido como modelo do pudim com passas, os elétrons seriam as passas e as cargas positivas formariam o pudim.

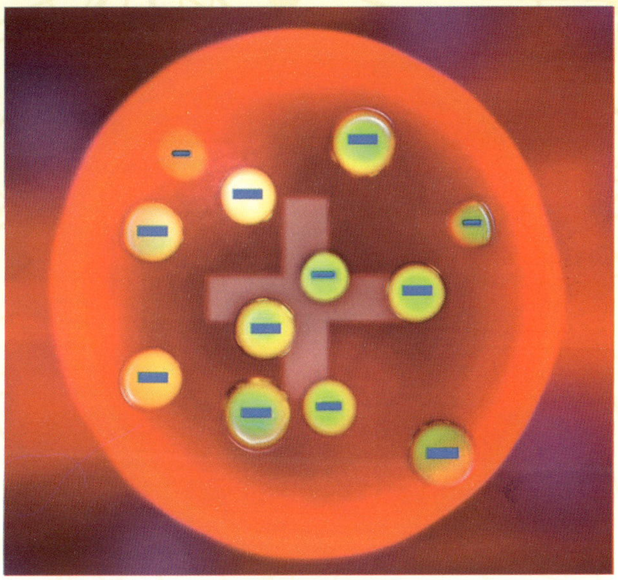

JOSE ANTONIO PEÑAS/SCIENCE PHOTO

Representação do modelo atômico de Thomson, também conhecido por "pudim de passas". Cores fantasia. Elementos fora de escala de tamanho e de proporção.

Rutherford, Bohr e o modelo do sistema solar

Em 1910, os físicos Hans Geiger (1882-1945), Ernest Marsden (1889-1970) e Ernest Rutherford (1871-1937) bombardearam uma finíssima folha de ouro com partículas alfa (partículas radioativas de carga positiva) e constataram que a maioria das partículas atravessava a folha de ouro como se ela não existisse. Outras, porém, se desviavam ou eram refletidas.

Com base nesses experimentos, Rutherford concluiu que o modelo de Thomson não explicava esses resultados. Para Rutherford, o átomo concentrava toda a carga positiva em um núcleo pequeno, envolto por uma nuvem de cargas negativas (elétrons). O cientista dinamarquês Niels Bohr propôs, em 1923, algumas alterações no modelo de Rutherford. Nesse novo modelo, os elétrons giram em órbitas ao redor do núcleo. Por isso, esse modelo foi chamado de "sistema solar". Apesar de o núcleo conter praticamente toda a massa do átomo, a eletrosfera ocupava o maior volume.

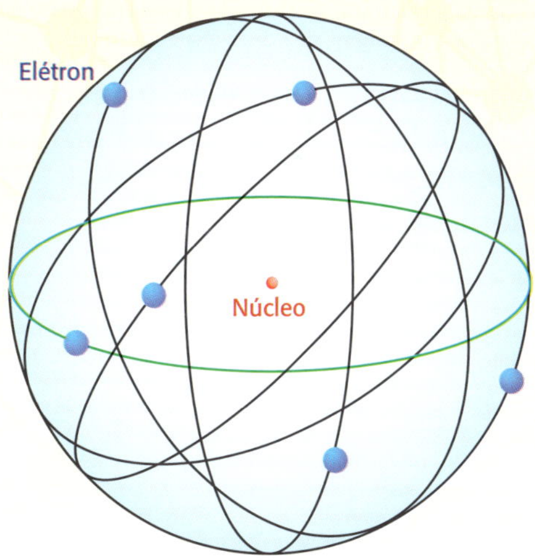

SELAVI CONTEÚDO CRIATIVO

Representação esquemática do modelo atômico de Rutherford-Bohr. Cores fantasia. Elementos fora de escala de tamanho e de proporção.

Para explorar

1. Demócrito baseou-se em experimentos científicos ao propor o atomismo?
2. Em qual modelo o átomo passa a ser dividido em núcleo e eletrosfera?
3. Por que essas ideias sobre a estrutura do átomo são modelos?
4. O conhecimento científico sobre o átomo é produto da inteligência de um único cientista ou é resultado do trabalho de muitos cientistas ao longo do tempo?

UNIDADE

3 Átomos e ligações químicas

Os átomos de um elemento químico podem se combinar entre si ou com átomos de elementos diferentes, formando as substâncias. Um átomo do elemento químico hidrogênio, por exemplo, pode ser encontrado combinado com outro átomo de hidrogênio, formando a substância gás hidrogênio, que é incolor, inodoro, insípido e insolúvel em água.

Dois átomos de oxigênio combinados formam o gás oxigênio, indispensável para a sobrevivência da maioria dos seres vivos.

A água é uma substância formada por dois tipos de átomo: hidrogênio e oxigênio. Quando esses elementos formam uma nova substância por meio de ligações, a substância formada apresenta propriedades que podem ser distintas daquelas dos elementos isolados.

Nesta unidade, você vai saber mais sobre:

- A organização da tabela periódica
- As propriedades dos metais, dos ametais e dos gases nobres
- Os tipos de ligação entre os átomos
- Os cristais

THINKSTOCK/GETTY IMAGES

Na fotografia, água sendo derramada.

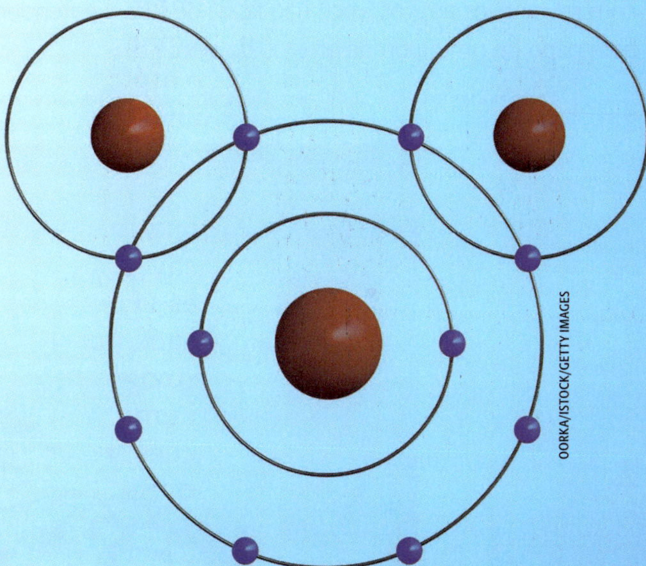

OORKA/ISTOCK/GETTY IMAGES

Representação esquemática de modelo de átomo de oxigênio e átomos de hidrogênio compondo uma molécula de água. Repare nas eletrosferas e nos elétrons. Elementos fora de escala de tamanho e proporção. Cores fantasia.

TROCANDO IDEIAS

1. A figura acima é uma representação da molécula de água. O que diferencia os átomos que a compõem?
2. Na representação, observamos que há regiões de interseção (pontos em que elas se cruzam) entre as eletrosferas do átomo de oxigênio e dos átomos de hidrogênio. O que significam essas interseções?
3. Quantos elétrons cada átomo apresenta em sua camada de valência se contarmos os elétrons que participam da interseção?
4. Existem 92 tipos de átomo encontrados na natureza. Como explicar a existência da grande variedade de materiais?

5 Classificação dos elementos químicos

Como iniciar sua coleção de selos

Diversas são as maneiras de se iniciar uma coleção. Uns iniciam com selos retirados das correspondências da família ou recebidos como herança de algum parente filatelista que deixou uma coleção. Outros começam comprando os selos nas Agências dos Correios ou em casas comerciais especializadas.

Na hora de decidir como você vai montar sua coleção de selos, é preciso criatividade para pensar como ela será desenvolvida. Você pode escolher o tema [de] que mais gostar: esportes, artes, cidadania, ecologia, personalidades, meios de transporte, aviação, fatos históricos, educação, entre outros, e ilustrar a coleção com selos do Brasil e de outros países.

Para ser um bom colecionador, é fundamental que você conheça, também, um pouco da história das comunicações e do selo postal. Assim, na hora de conversar com seus novos amigos, você não ficará de fora e entenderá tudo o que é comum ao bate-papo de um grupo de amigos do selo. [...]

Filatelista: pessoa que coleciona selos.

Como iniciar uma coleção de selos. Disponível em: <blog.correios.com.br/filatelia/filatelia/como-colecionar>. Acesso em: 15 mar. 2015.

JENNIE WOODCOCK; REFLECTIONS PHOTOLIBRARY/CORBIS/LATINSTOCK

Garoto organizando selos de uma coleção.

BATE-PAPO

1. Você coleciona algo? O quê?
2. Você acha fácil para um colecionador que tem mil selos desorganizados localizar um selo específico?
3. Que critérios você pode sugerir a esse colecionador para organizar sua coleção?

Qual a relação da química com o nosso cotidiano?

Assim como todo o desenvolvimento do conhecimento científico, a descoberta e a categorização dos elementos químicos foi resultado da pesquisa realizada por muitos pesquisadores de diversas áreas e épocas. Elementos como o carbono, o cloro e o sódio estão presentes em objetos ou produtos que usamos no cotidiano. Você é capaz de identificar o uso desses elementos, ou a substância da qual eles fazem parte, na sua casa ou na escola?

AS PRIMEIRAS CLASSIFICAÇÕES DOS ELEMENTOS

Em meados do século XVII, eram conhecidos 14 elementos químicos. Atualmente, são mais de uma centena entre os encontrados na natureza e os produzidos em laboratório. Classificar os elementos químicos é importante, pois uma boa classificação pode revelar relações entre as propriedades desses elementos.

Uma das primeiras tentativas de organizar elementos químicos foi feita em 1829, pelo químico alemão Johann Wolfgang Döbereiner. Ele criou um sistema de classificação agrupando os elementos com características semelhantes em grupos de três (as tríades). Seu modelo, no entanto, não conseguiu abranger todos os elementos e muitos metais não formavam as tríades.

INTERFOTO/LATINSTOCK

Retrato de Johann Wolfgang Döbereiner (1780-1849), químico alemão que observou as similaridades entre os elementos químicos para criar a teoria das tríades, sistema pioneiro de classificação de elementos químicos.

Em 1862, o geólogo francês Alexandre Chancourtois (1820-1886) dispôs os elementos químicos em grupos de 16 em torno de um cilindro, em ordem crescente de massas atômicas. Essa disposição recebeu o nome de **parafuso telúrico**. Os elementos que apresentavam propriedades semelhantes apareciam uns sobre os outros nas voltas do parafuso, como o potássio (K), o sódio (Na) e o lítio (Li). Em alguns casos, essa classificação funcionou, em outros, não, e a ideia foi abandonada.

Telúrico: relativo à Terra.

Em 1863, o químico inglês John Newlands (1837-1898) classificou os elementos em uma tabela relacionando a química e a música. Ele propôs que as propriedades dos elementos se repetiam, como na escala musical, de 7 em 7. Sua proposta ficou conhecida como a **lei das oitavas** e foi duramente criticada pela comunidade científica. Porém, teve o mérito de antecipar uma propriedade da tabela moderna de classificação dos elementos químicos: a **periodicidade** dos elementos.

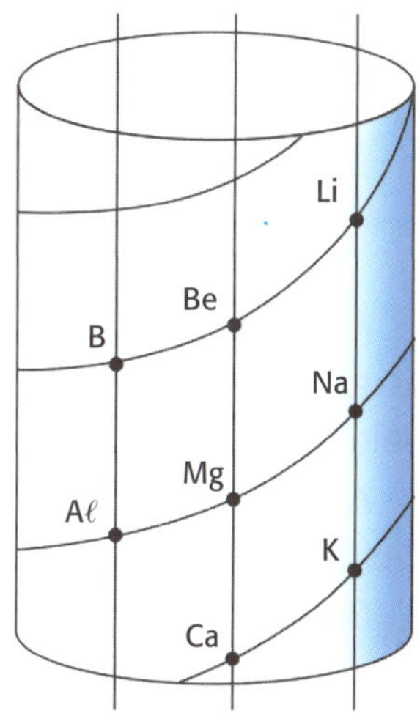

LUIS MOURA

Representação esquemática do parafuso telúrico de Chancourtois.

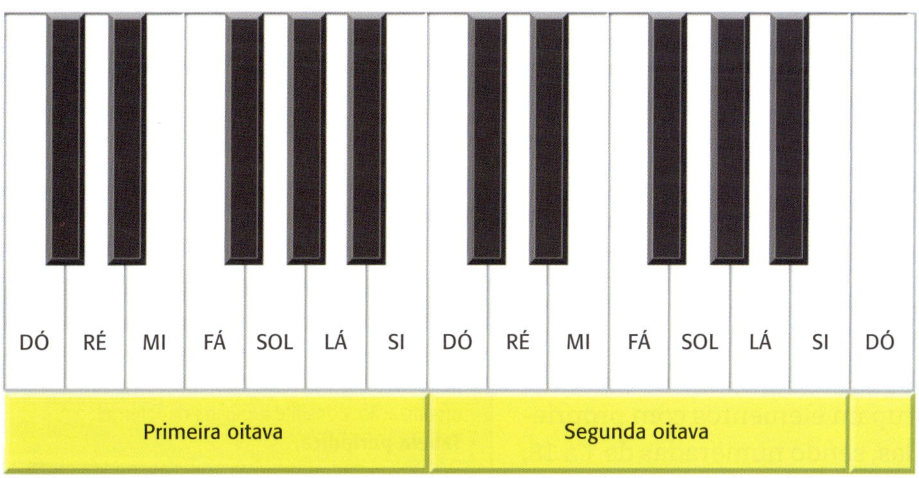

LUIS MOURA

Representação esquemática de um teclado de piano, que inspirou a classificação dos elementos químicos na proposta da lei das oitavas. No piano, as notas se repetem a cada grupo de 7.

A TABELA PERIÓDICA

Lothar Meyer (1830-1895), químico alemão, e Dmitri Mendeleev (1834-1907), químico russo, em trabalhos independentes, organizaram os elementos químicos por ordem de massa atômica, em linhas e colunas, de acordo com suas propriedades. Mendeleev publicou a primeira tabela periódica em 1869.

Essa tabela funcionou tão bem que previu as propriedades de elementos químicos ainda não descobertos! É interessante ressaltar que Mendeleev não tinha conhecimento da existência de partículas subatômicas, como os prótons, os nêutrons e os elétrons, ao conceber sua tabela. O elétron só seria identificado em 1897, pelo físico britânico Joseph John Thomson (1856-1940).

No entanto, na tabela de Mendeleev, os elementos foram dispostos na ordem crescente de suas massas atômicas. Em 1913, o químico inglês Henry Moseley (1887-1915) agrupou-os em ordem crescente de seus números atômicos.

FINE ART IMAGES/HERITAGE IMAGES/GLOWIMAGES

Fotografia de 1907 retratando Mendeleev em sua mesa de trabalho.

Informações da tabela periódica

A tabela periódica que usamos atualmente contém, além do número atômico e massa atômica, informações sobre a reatividade dos elementos químicos, seu estado de agregação física em temperatura ambiente e sua estrutura eletrônica. Veja no exemplo abaixo.

LUIS MOURA

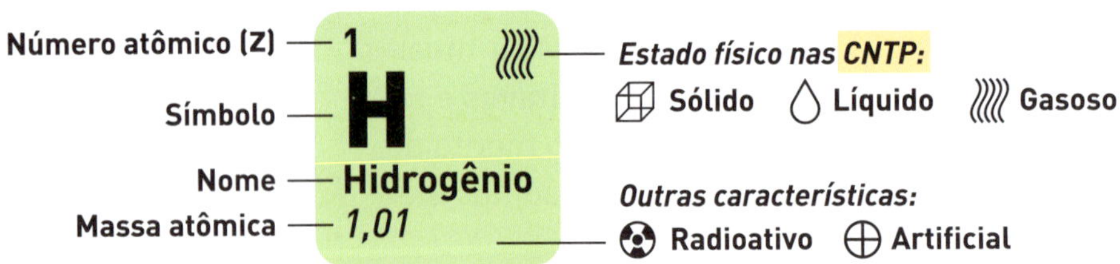

Representação esquemática das informações dos elementos químicos na tabela periódica.

CNTP: sigla de condições normais de temperatura e pressão, determinada pela IUPAC. A temperatura nessas condições é de 0 °C e a pressão é de 1 atm.

Atualmente são descritos 118 elementos químicos. Desses, 92 são naturais e os demais são sintéticos, ou seja, foram criados em laboratório pelos cientistas.

A tabela periódica está organizada em sete linhas horizontais, chamadas **períodos**, e 18 colunas verticais, chamadas **famílias** ou **grupos**.

Dentro de um mesmo período, por exemplo, os elementos possuem o mesmo número de camadas eletrônicas. Assim, todos os elementos do quarto período, por exemplo, apresentam quatro camadas eletrônicas: K, L, M e N.

As famílias (colunas) agrupam elementos com propriedades semelhantes entre elas, sendo numeradas de 1 a 18, de acordo com a recomendação da União Internacional de Química Pura e Aplicada (IUPAC, na sigla em inglês).

NÃO DEIXE DE ACESSAR

Para aprofundar seus estudos a respeito da tabela periódica, dos elementos químicos e de sua organização, consulte a página da internet:

- **Tabela periódica.**
  Disponível em: <http://www.tabelaperiodica.org/>. Acesso em: 15 mar. 2015.

Tabela periódica dos elementos★

Períodos \ Grupos	1	2	3	4	5	6	7	8	9	10	11	12	13	14	15	16	17	18
1	1 H Hidrogênio 1,01																	2 He Hélio 4,00
2	3 Li Lítio 6,94	4 Be Berílio 9,01											5 B Boro 10,8	6 C Carbono 12,0	7 N Nitrogênio 14,0	8 O Oxigênio 16,0	9 F Flúor 19,0	10 Ne Neônio 20,2
3	11 Na Sódio 23,0	12 Mg Magnésio 24,3											13 Al Alumínio 27,0	14 Si Silício 28,1	15 P Fósforo 31,0	16 S Enxofre 32,1	17 Cl Cloro 35,5	18 Ar Argônio 39,9
4	19 K Potássio 39,1	20 Ca Cálcio 40,1	21 Sc Escândio 45,0	22 Ti Titânio 47,9	23 V Vanádio 50,9	24 Cr Crômio 52,0	25 Mn Manganês 54,9	26 Fe Ferro 55,8	27 Co Cobalto 58,9	28 Ni Níquel 58,7	29 Cu Cobre 63,5	30 Zn Zinco 65,4	31 Ga Gálio 69,7	32 Ge Germânio 72,6	33 As Arsênio 74,9	34 Se Selênio 79,0	35 Br Bromo 79,9	36 Kr Criptônio 83,8
5	37 Rb Rubídio 85,5	38 Sr Estrôncio 87,6	39 Y Ítrio 88,9	40 Zr Zircônio 91,2	41 Nb Nióbio 92,9	42 Mo Molibdênio 95,9	43 Tc Tecnécio (98)	44 Ru Rutênio 101	45 Rh Ródio 103	46 Pd Paládio 106	47 Ag Prata 108	48 Cd Cádmio 112	49 In Índio 115	50 Sn Estanho 119	51 Sb Antimônio 122	52 Te Telúrio 128	53 I Iodo 127	54 Xe Xenônio 131
6	55 Cs Césio 133	56 Ba Bário 137		72 Hf Háfnio 178	73 Ta Tantálio 181	74 W Tungstênio 184	75 Re Rênio 186	76 Os Ósmio 190	77 Ir Irídio 192	78 Pt Platina 195	79 Au Ouro 197	80 Hg Mercúrio 201	81 Tl Tálio 204	82 Pb Chumbo 207	83 Bi Bismuto 209	84 Po Polônio (209)	85 At Astato (210)	86 Rn Radônio (222)
7	87 Fr Frâncio (223)	88 Ra Rádio (226)		104 Rf Rutherfórdio (261)	105 Db Dúbnio (262)	106 Sg Seabórguio (266)	107 Bh Bóhrio (264)	108 Hs Hássio (277)	109 Mt Meitnério (268)	110 Ds Darmstádio (271)	111 Rg Roentgênio (272)	112 Cn Copernício (285)		114 Fl Fleróvio (289)		116 Lv Livermório (293)		

Série dos lantanídios

57 La Lantânio 139	58 Ce Cério 140	59 Pr Praseodímio 141	60 Nd Neodímio 144	61 Pm Promécio (145)	62 Sm Samário 150	63 Eu Európio 152	64 Gd Gadolínio 157	65 Tb Térbio 159	66 Dy Disprósio 163	67 Ho Hólmio 165	68 Er Érbio 167	69 Tm Túlio 169	70 Yb Itérbio 173	71 Lu Lutécio 175

Série dos actinídios

89 Ac Actínio (227)	90 Th Tório 232	91 Pa Protactínio (231)	92 U Urânio 238	93 Np Netúnio (237)	94 Pu Plutônio (244)	95 Am Amerício (243)	96 Cm Cúrio (247)	97 Bk Berquélio (247)	98 Cf Califórnio (251)	99 Es Einstênio (252)	100 Fm Férmio (257)	101 Md Mendelévio (258)	102 No Nobélio (259)	103 Lr Laurêncio (262)

Grupo — 1
Número atômico (Z) — 1
Símbolo — H
Nome — Hidrogênio
Massa atômica — 1,01

Estado físico nas CNTP: Sólido, Líquido, Gasoso

Outras características: Radioativo, Artificial

Metais

Não metais

Gases nobres

— Os elementos nessa fronteira, com exceção do Alumínio, apresentam características de metais e de não metais.

( ) Número de massa mais comum do elemento.

★ Atualizada em 2013.

Fonte: IUPAC. Disponível em: <http://www.iupac.org>. Acesso em: 18 mar. 2015.

GRUPOS DE ELEMENTOS

As substâncias que usamos diariamente são compostas por diversos elementos químicos. O alumínio que compõe a panela, o ouro presente no anel, o sódio do sal de cozinha são apenas alguns exemplos. Vamos observar mais atentamente os diferentes tipos de elemento químico encontrados na tabela periódica.

Os elementos conhecidos são divididos em três grupos, de acordo com suas características: metais, ametais (não metais) e gases nobres.

O hidrogênio não pertence a nenhuma dessas classificações, sendo uma unidade à parte. Isso se deve às suas propriedades químicas únicas entre os demais elementos.

DEAGOSTINI/DEA/A. RIZZI/DIOMEDIA

Hematita, minério de ferro.

Metais

Os **metais** estão indicados na tabela periódica ao lado pela cor bege e formam o maior conjunto da tabela periódica. De maneira geral, são resistentes, com brilho característico, conduzem bem corrente elétrica e calor e são facilmente transformados em lâminas e fios.

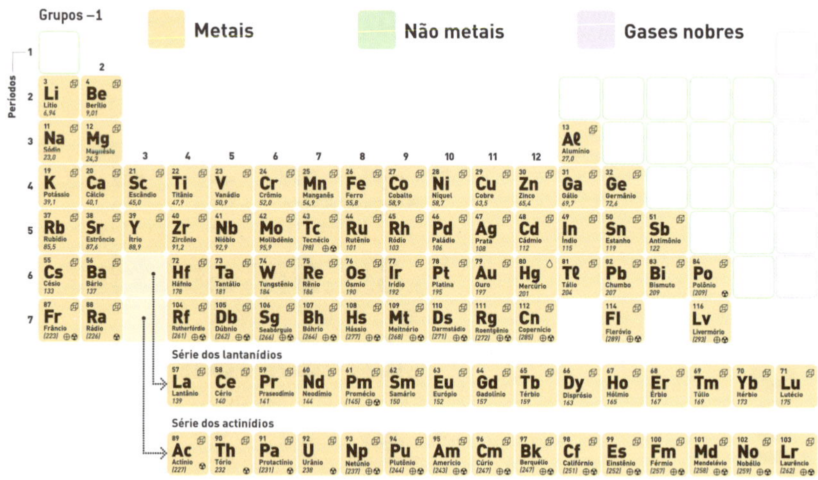

BIS

Representação esquemática dos metais na tabela periódica.

Os metais das famílias 1 e 2 não ocorrem na natureza como substâncias puras simples, ou seja, não formam moléculas de um só tipo de átomo. O sódio (Na), por exemplo, é um dos constituintes do sal de cozinha (NaCℓ), e o magnésio (Mg) está na composição da clorofila, pigmento que dá cor verde às plantas.

A maioria dos metais forma substâncias compostas, que estão misturadas a outras substâncias, formando os minerais das rochas. Somente com o surgimento da metalurgia foi possível obter metais puros, como o ferro.

Metalurgia: técnica que permite obter metais puros a partir de minérios (minerais de interesse comercial) e manipulá-los industrialmente.

Entre os metais, há o ouro (Au), a prata (Ag) e a platina (Pt), considerados nobres e pouco reativos. A platina é muito usada na medicina para a fabricação de implantes ósseos, uma vez que não reage com os tecidos e, portanto, apresenta baixa rejeição pelo organismo.

Na família 13 da tabela periódica, encontramos o alumínio (Aℓ), metal cuja obtenção em grande escala começou a ocorrer somente no século XIX. Atualmente, ele é indispensável na fabricação de latas e na construção de fuselagens de avião.

THINKSTOCK/GETTY IMAGES

O alumínio é usado na fabricação de diversos produtos, como latas para bebidas.

Estado físico dos metais

Quase todos os metais são sólidos em temperatura ambiente (25 °C). O mercúrio (Hg), metal tóxico, é exceção sob essa condição, é um líquido prateado e muito denso. O gálio (Ga), outra exceção, é sólido a 25 °C, mas tem ponto de fusão baixo (29,76 °C) e derrete se colocado sobre a palma da mão.

Ligas metálicas

Embora também se use metais puros, é muito mais frequente a utilização de ligas metálicas, que são misturas sólidas de dois ou mais metais, ou até mesmo de um metal e um não metal, como o carbono. As propriedades das ligas metálicas dependem dos metais que as constituem e das porcentagens de cada um em sua composição. A liga de alumínio com magnésio, por exemplo, é mais resistente à corrosão quando comparada ao alumínio puro; se for adicionado cobre, a liga tem maior resistência mecânica.

RUBENS CHAVES/PULSAR IMAGENS

O aço é uma liga metálica composta de ferro, carbono e outros metais. É mais resistente e durável do que o ferro puro. Na fotografia, vemos uma escultura de aço da artista plástica Tomie Ohtake, Santos (SP), em 2009.

DANIEL MARENCO/FOLHAPRESS

O bronze é uma liga de cobre e estanho muito apreciada por artistas plásticos. Na fotografia, vemos uma estátua em bronze do poeta Carlos Drummond de Andrade, feita pelo artista Leo Santana. Rio de Janeiro (RJ), em 2012.

Pista 1

Algumas ligas metálicas são comuns em nosso cotidiano, como o aço inoxidável e o ouro de joias. Pesquise quais são as aplicações dessas ligas e que metais as compõem.

SAIBA MAIS

Os metais ontem e hoje

“Em plena Idade da Pedra, por volta de 6 000 anos antes de Cristo, o homem já conhecia os metais. Ao procurar pedras para fabricar armas e utensílios, ele encontrava, às vezes, pedaços de cobre, ouro e prata.

Esses são os metais que aparecem na natureza em estado puro. Os demais formam compostos com outros elementos.

Escavações realizadas em várias partes da Terra demonstram que o cobre era conhecido até antes daquela data. Essas escavações levaram à descoberta de cidades muito antigas, provavelmente fundadas em 8 000 a.C. Entre os vários objetos de pedra e argila, foram encontrados colares e outros adornos feitos de cobre.

A raridade e o brilho do ouro, da prata e do cobre fizeram deles joias. Isso ainda é verdadeiro em relação ao ouro e à prata. Eles não foram a princípio utilizados em ferramentas e armas por não apresentarem a resistência e a dureza necessárias à sua confecção e por existirem em quantidades muito pequenas.

O metal cobre aparece também em rochas na forma de óxido e é chamado minério de cobre. O homem só pôde utilizar maiores quantidades desse metal quando descobriu como obtê-lo das rochas. Mas não se sabe como, onde e quando isso aconteceu. Foi provavelmente por acaso.

Como também por acaso se obteve a primeira liga metálica, por volta de 3 600 a.C., quando minérios de cobre e estanho foram aquecidos ao mesmo tempo, resultando no bronze.

Estava dado um passo gigantesco. O bronze, duro e resistente, passou a ser usado para fabricar ferramentas e armas. A técnica da sua produção contribuiu para maior eficiência na agricultura e deu enorme poderio aos povos que a conheciam. Seu uso marcou intensamente as grandes civilizações da Antiguidade.

O homem vivia a Idade do Bronze. O próximo passo seria a Idade do Ferro, quando as ferramentas e armas passaram a ser feitas principalmente de ferro ou aço, liga metálica mais dura do que o bronze. Tanto o ferro quanto o aço foram obtidos em 1 000 a.C. por meio da queima do carvão vegetal com o minério de ferro.

Desde que são utilizados, os metais ocupam papel fundamental na história da humanidade. Os egípcios usavam lâminas de cobre como espelhos e fabricavam pentes de latão – liga de zinco e cobre. Os romanos usavam o cobre em bombas-d'água e o chumbo nos encanamentos de distribuição de água. A máquina impressora de Gutenberg, as máquinas da Revolução Industrial e atualmente as bicicletas, aviões, foguetes, todos construídos com metais, são também exemplos da sua importância.

Hoje, o plástico vem sendo cada vez mais utilizado, mas não é capaz de substituir os metais em certas atividades. É por essa razão que os metais e suas ligas ainda ocupam lugar de destaque no cenário mundial.

PHOTORESEARCHERS/LATINSTOCK

Faca pré-inca de 200 anos a.C. feita de ouro, exposta no Museu Nacional de Antropologia e Arqueologia do Peru.

THINKSTOCK/GETTY IMAGES

Utensílios domésticos feitos de cobre polido.

Como seria a vida do homem moderno se, em dado instante, se esgotassem todas as fontes de metais do mundo e se todos os equipamentos e instalações feitos de metal fossem destruídos? Metais e suas ligas fazem parte do nosso cotidiano e estão sempre presentes nos diversos setores da atividade humana: construção civil, indústria de veículos automotivos, meios de transporte e de telecomunicação, indústria química, medicina, odontotogia etc. »

Ivone Mussa Esperidião e Olímpio Nóbrega. *O metais e o homem*. São Paulo: Ática, 1996.

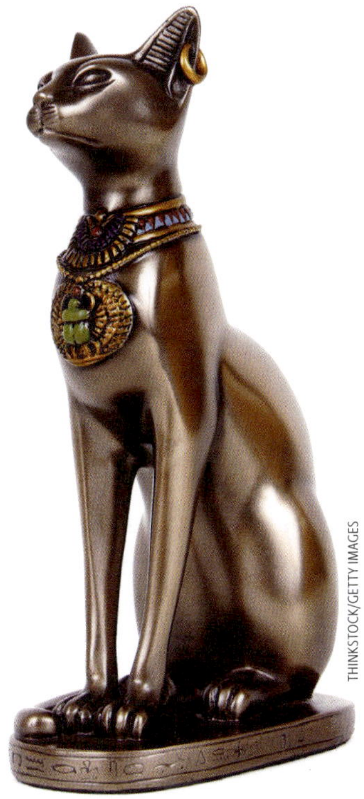

THINKSTOCK/GETTY IMAGES

Escultura egípcia de cobre, do tempo dos faraós, feita em homenagem a Bastet, a deusa egípcia que tinha a forma de gato.

Para pensar

1. Os metais usados para fazer os objetos metálicos mais antigos encontrados pelos arqueólogos (cientistas que pesquisam culturas antigas) são de ouro, cobre e prata. Explique qual a razão para esse fato.

2. Escreva, em seu caderno, um pequeno texto descrevendo como seria uma sociedade que não dominasse o uso de metais.

FIQUE DE OLHO

O ser humano aprendeu a manipular os metais e suas ligas há milhares de anos. Atualmente, as pesquisas apontam novos materiais com propriedades cada vez mais surpreendentes. Faça uma pesquisa sobre as principais ligas metálicas e suas aplicações.

Ametais (Não metais)

Muitas características dos **ametais** (não metais), representados pela cor verde na tabela abaixo, são distintas das dos metais. Em temperatura ambiente, alguns ametais são sólidos, como o enxofre (S) e o iodo (I), outros são gasosos, como o nitrogênio (N), o flúor (F) e o cloro (Cℓ), e outros líquidos, como o bromo (Br).

BIS

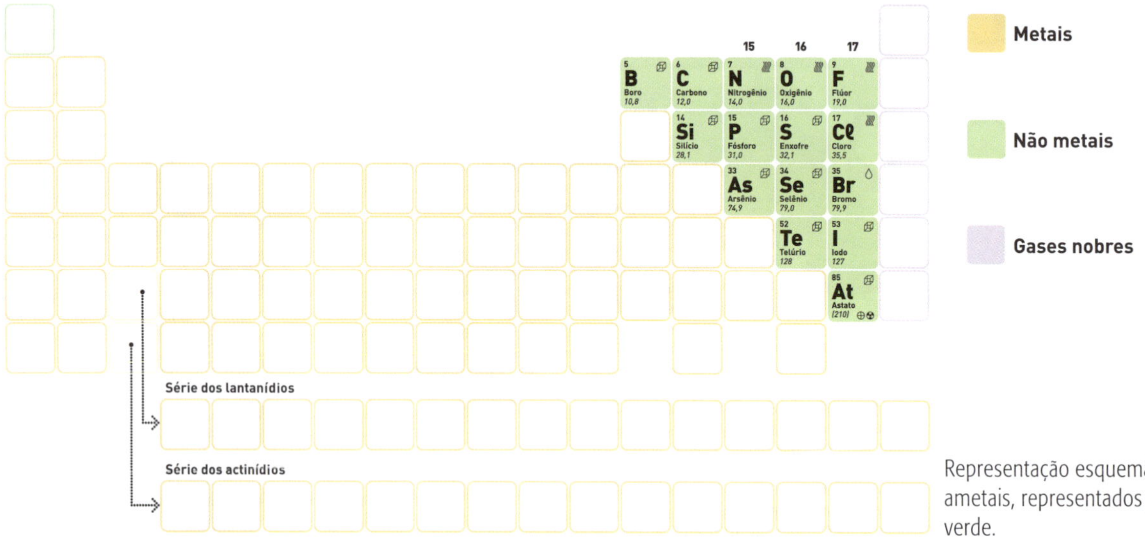

Representação esquemática dos ametais, representados pela cor verde.

O ar atmosférico contém, principalmente, dois gases: o nitrogênio e o oxigênio. Ambos são formados por elementos localizados, na tabela periódica, entre os ametais.

Os ametais reagem com os metais formando diversos compostos, como o cloreto de sódio (sal de cozinha) e o óxido de cálcio (cal virgem).

Os metais germânio (Ge), antimômio (Sb) e polônio (Po) e os ametais boro (B), silício (Si), arsênio (As) e telúrio (Te) possuem algumas propriedades de metais e ametais e eram conhecidos como semimetais. A categoria semimetal nunca foi claramente definida pela União Internacional da Química Pura e Aplicada (IUPAC) e pela Sociedade Brasileira de Química (SBQ), até que, em 2001, o termo "semimetais" deixou de ser usado nas tabelas periódicas.

O mais famoso "semimetal" é o silício (Si), presente em grandes quantidades na areia. Seu uso na produção de circuitos eletrônicos de computador fez com que seu valor comercial aumentasse muito nas últimas décadas.

THINKSTOCK/GETTY IMAGES

O cloro é muito empregado em soluções para matar bactérias da água e das verduras.

EDUARDO SANTALIESTRA

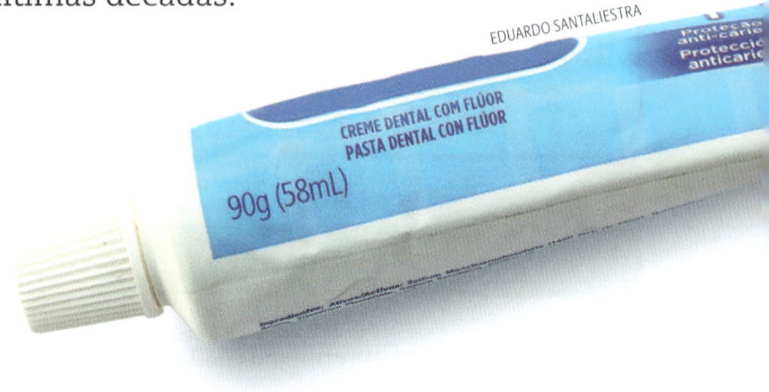

O flúor adicionado à água ou ao creme dental ajuda a prevenir a formação de cáries dentárias.

O hidrogênio

O hidrogênio (H) é o elemento mais abundante no Universo. Apresenta estrutura atômica mais simples e características distintas do que qualquer outro elemento químico. Por isso, o hidrogênio não se enquadra em nenhum grupo da tabela periódica, sendo colocado junto dos metais alcalinos por possuir apenas um elétron circundante em sua última camada (camada de valência).

NÃO DEIXE DE LER

- **Tudo o que você faz tem a ver com Química,** de Mariza Magalhães. Livraria da Física, 2007.

Gases nobres

Os gases nobres são elementos que raramente reagem com outros, e formam substâncias simples que são gasosas em temperatura ambiente. São representados, nas tabelas deste tema, pela cor roxa. Com exceção do hélio (He), que apresenta dois elétrons na camada de valência, todos os demais gases nobres apresentam oito elétrons em sua última camada.

O hélio é muito usado em balões de festa e em dirigíveis, porque é pouco denso e não explode. O neônio (Ne) é utilizado em letreiros luminosos.

SERGIO RANALLI/PULSAR IMAGENS

As lâmpadas de neon contêm gás neônio em baixa pressão. Na fotografia, roda-gigante em Londrina (PR).

Outras classificações

Os elementos químicos também são classificados de acordo com sua posição na tabela periódica. Os elementos dos grupos 1 e 2 e dos grupos 13 a 18 são chamados **representativos**, recebendo nomes específicos:

Grupo 1: metais alcalinos.

Grupo 2: metais alcalinoterrosos.

Grupo 13: família do boro.

Grupo 14: família do carbono.

Grupo 15: família do nitrogênio.

Grupo 16: calcogênios ou chalcogênios.

Grupo 17: halogênios.

Grupo 18: gases nobres.

Os elementos pertencentes às famílias de 3 a 12 são conhecidos como elementos de **transição**. Repare, na parte inferior da tabela periódica da página 87, a presença de duas linhas separadas; nelas estão os chamados metais de transição interna, dispostos dessa forma por causa de suas grandes similaridades químicas.

Os lantanídios foram "retirados" do sexto período e os actinídios, do sétimo período da tabela periódica, mas, na realidade, "encaixam-se" em um mesmo espaço – observe os números atômicos de 57 a 71 para os lantanídios e de 89 a 103 para os actinídios.

Mina de ferro
Carajás

A mina de ferro Carajás está localizada no município de Parauapebas, no Pará, a 860 km da capital, Belém. Trata-se da maior jazida de ferro do mundo, com reserva de minério de ferro para 250 anos. Também foram encontradas reservas de manganês, ouro, cobre, níquel e outros minérios.

Símbolo Fe

Número atômico: 26

Ponto de fusão: 1 538 °C

Ponto de ebulição: 2 861 °C

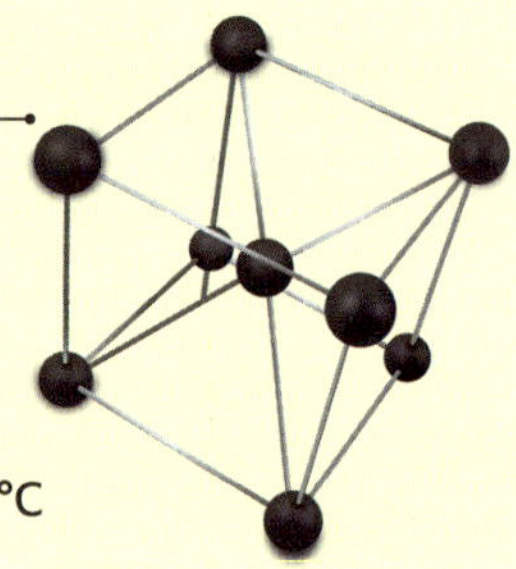

DA MINA AO PORTO
O minério de ferro extraído no município de Parauapebas é considerado o de melhor qualidade do mundo.

4 Depois da britagem, o minério é levado por esteiras até peneiras que separam os fragmentos por tamanho.

1 As escavadeiras extraem o minério do solo, muitas vezes com a ajuda de explosivos que espalham pela região um pó vermelho que cobre as folhas das plantas e entra nos pulmões dos trabalhadores, podendo causar doenças.

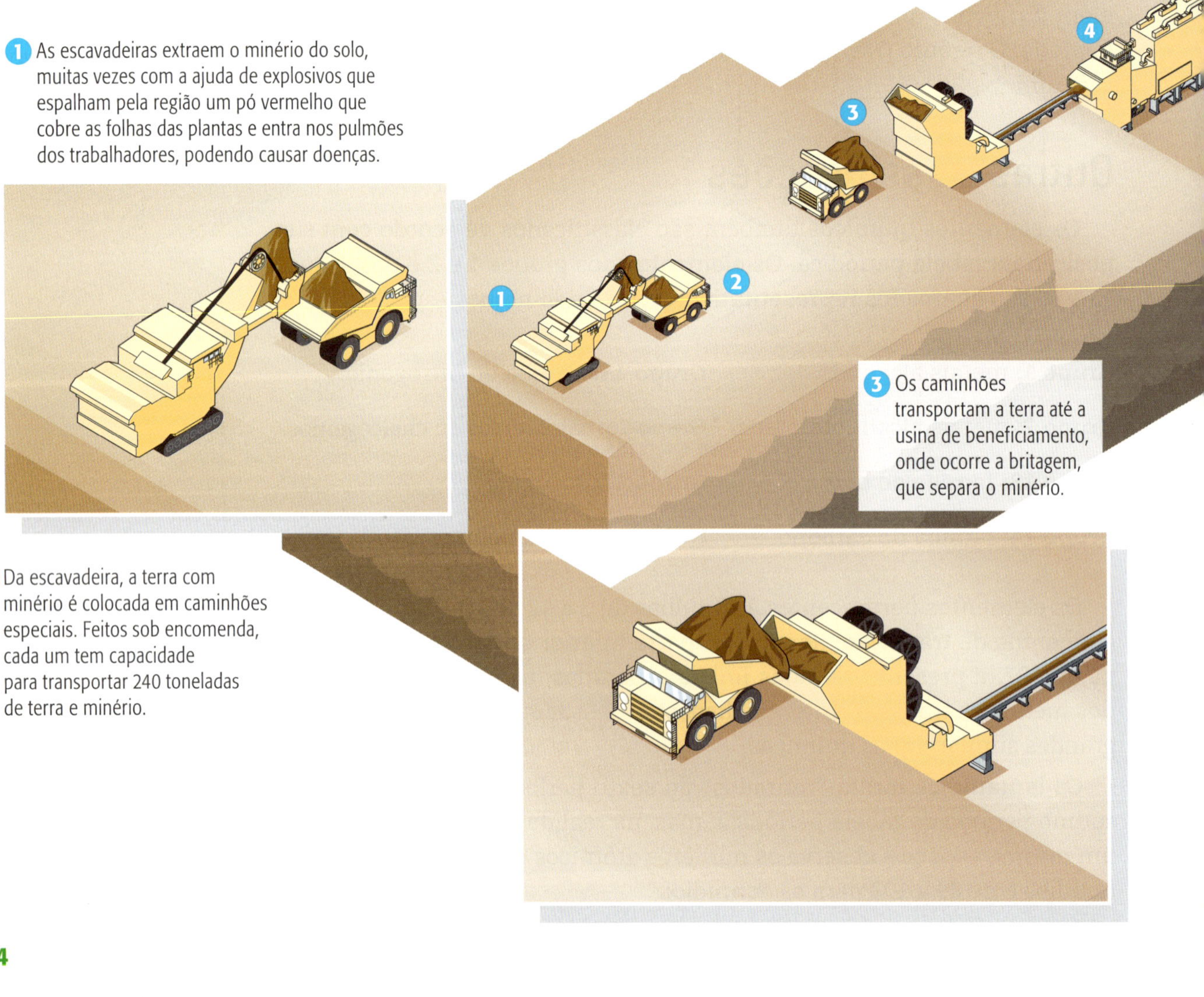

3 Os caminhões transportam a terra até a usina de beneficiamento, onde ocorre a britagem, que separa o minério.

2 Da escavadeira, a terra com minério é colocada em caminhões especiais. Feitos sob encomenda, cada um tem capacidade para transportar 240 toneladas de terra e minério.

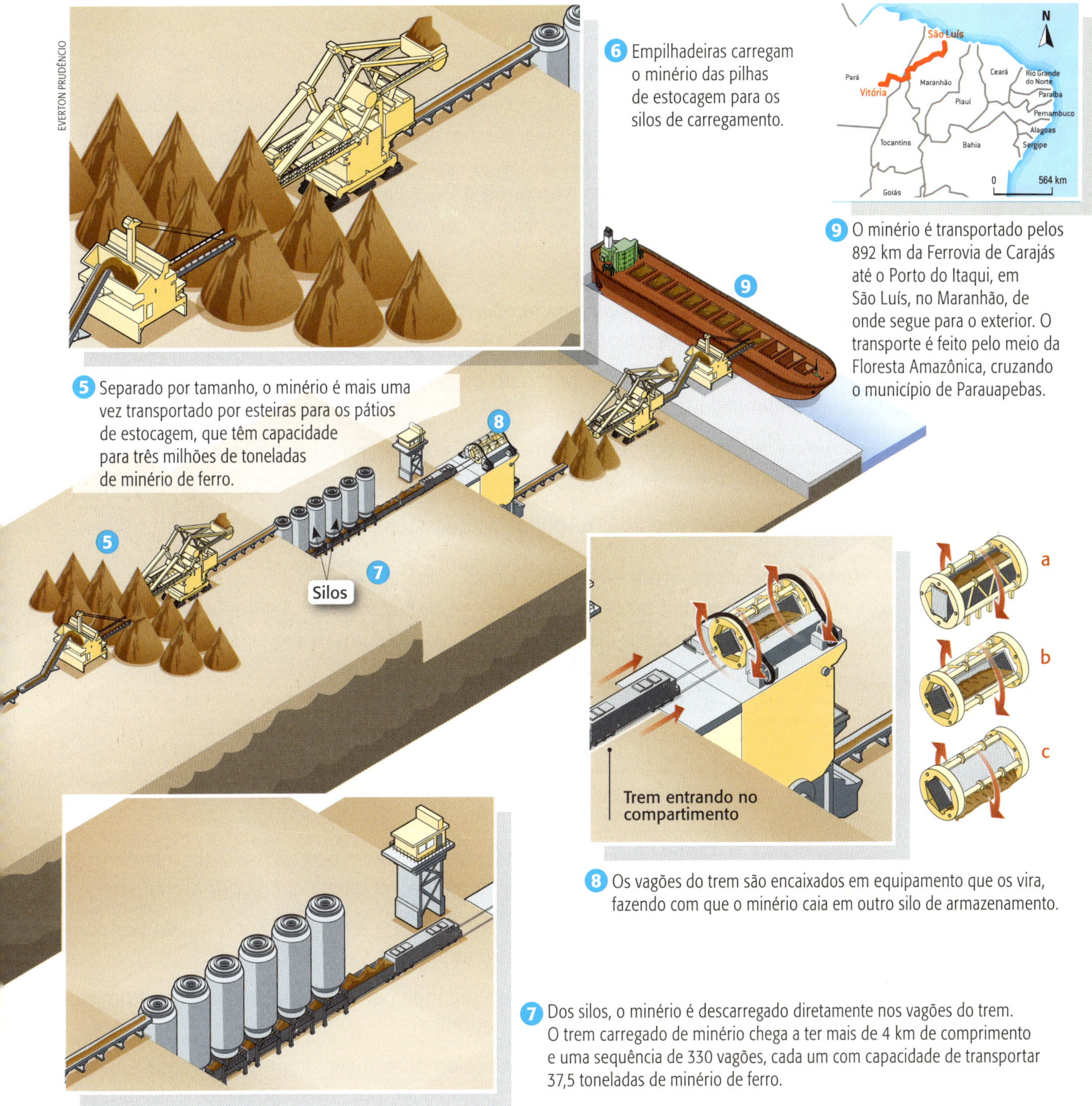

5 Separado por tamanho, o minério é mais uma vez transportado por esteiras para os pátios de estocagem, que têm capacidade para três milhões de toneladas de minério de ferro.

6 Empilhadeiras carregam o minério das pilhas de estocagem para os silos de carregamento.

7 Dos silos, o minério é descarregado diretamente nos vagões do trem. O trem carregado de minério chega a ter mais de 4 km de comprimento e uma sequência de 330 vagões, cada um com capacidade de transportar 37,5 toneladas de minério de ferro.

8 Os vagões do trem são encaixados em equipamento que os vira, fazendo com que o minério caia em outro silo de armazenamento.

9 O minério é transportado pelos 892 km da Ferrovia de Carajás até o Porto do Itaqui, em São Luís, no Maranhão, de onde segue para o exterior. O transporte é feito pelo meio da Floresta Amazônica, cruzando o município de Parauapebas.

Fonte: Disponível em: <http://economia.ig.com.br/empresas/industria/maquinas-gigantes-e-paisagem-marciana-nas-minas-de-ferro-da-vale/n1237726864434.html>. Acesso em: 15 mar. 2015.

Atividades

1. De acordo com as informações do texto, calcule a quantidade de minério de ferro que um trem pode transportar, considerando que ele possui 330 vagões.

2. O que é o processo de britagem?

3. Em que formas o ferro é encontrado na natureza?

4. Carajás terá um suprimento de minério de ferro para os próximos 250 anos. Reflita e discuta com os seus colegas quais seriam as possíveis consequências socioambientais dessa região que será deixada após esse período.

teia do saber

1. Leia o texto apresentado a seguir e responda às questões.

> Primo Levi (1919-1987), escritor e químico italiano, escreveu uma obra chamada A *tabela periódica*. Em um dos contos de sua obra, ele descreve um elemento químico como sendo cinzento, que forma sais incolores. Ele afirma que esse elemento não apresenta reações cromáticas (reage produzindo cor) que podem ser destacadas. Como é um texto literário, Primo Levi descreve o elemento por uma característica que não está na tabela periódica: diz que é um metal "aborrecido".

a. O metal a que ele se refere está na família 12, no quarto período da tabela periódica. Responda: que metal é esse?

b. Apresente dois elementos que possuam propriedades semelhantes às do elemento que você identificou.

c. Procure na tabela periódica três elementos que possuam o mesmo número de camadas eletrônicas que o elemento em questão.

2. Leia o texto, observe o quadro e responda às questões.

> Vamos imaginar que alguns pesquisadores, ao realizar escavações em um sítio arqueológico, tenham descoberto uma tabela periódica de uma civilização antiga. Após estudos e tradução dos símbolos, a tabela periódica obtida foi representada conforme o esquema a seguir.

Tabela hipotética

	Hi	Vf	L	Jh	Bn
Mk	Py	Ng	Cx	Cs	Zu
Tr	Bt	We	P	Gt	Jh
Op	Ko	Mm	As	Fg	Tp

Apesar de os símbolos serem diferentes, eles representam os mesmos elementos químicos que conhecemos e estão representados na tabela criada por Mendeleev.

a. Sabendo que o elemento representado por Jh ocupa a família 17 e o quinto período da nossa tabela periódica, dê seu número atômico e símbolo.

b. O elemento Mk pertence à família 13 e ao segundo período. Qual é o número atômico e o símbolo desse elemento na tabela periódica?

c. Por razões desconhecidas, o hidrogênio (elemento mais simples) foi representado nessa tabela na família 3, quarto período. Qual o símbolo do hidrogênio nessa tabela?

3. O elemento químico polônio recebeu esse nome para homenagear o país de origem da cientista Marie Curie: a Polônia. Ele está presente, em quantidades diminutas, nos minérios de urânio. Sabendo que o número atômico do polônio é 84, indique a que família e período da tabela periódica ele pertence. Em seguida, pesquise sobre a história de Marie Curie.

PHOTORESEARCHERS/LATINSTOCK

Marie Curie (1867-1934), física polonesa, retratada em seu laboratório. Com seu marido, o físico francês Pierre Curie, isolou os elementos radioativos polônio e rádio, em 1898. Marie ganhou o prêmio Nobel de Química por esse trabalho. Ela já tinha recebido o prêmio Nobel de Física por um trabalho sobre a radiatividade com seu marido e com outro físico, Henri Becquerel.

4. A mina Ytterby, na Suécia, tem importância histórica para a química. Dessa mina, extraíram-se rochas a partir das quais os cientistas identificaram quatro novos elementos da tabela periódica: ítrio, itérbio, érbio e térbio. Localize esses elementos na tabela periódica, indicando sua família e período.

5. Localize, na tabela periódica, os seguintes elementos:

a. Ouro: metal dourado de grande valor, usado em joias.

b. Oxigênio: forma um gás essencial para a vida.

c. Cloro: com o sódio, forma o sal de cozinha.

6. Certo elemento químico se encontra na família 15 e no quarto período da tabela periódica. Localize-o e faça a sua representação (símbolo, número atômico e número de massa).

7. O quadro abaixo contém elementos chamados genericamente A, B, C, D e E. Utilize a tabela periódica e localize-os corretamente, indicando seus símbolos.

Elemento	Família	Período
A	16	3
B	2	3
C	17	2
D	1	4
E	1	2

8. A coluna da tabela periódica a seguir representa um grupo de elementos.

a. A que família eles pertencem?

b. Qual o período de cada um desses elementos?

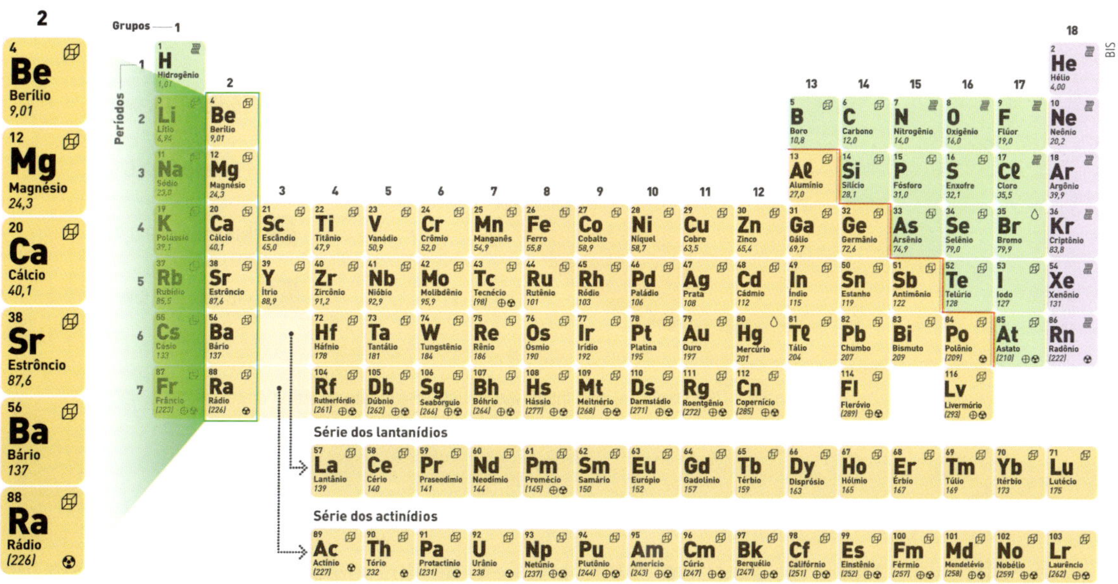

9. Por que a substância química água não faz parte da tabela periódica?

10. O quadro ao lado mostra os principais constituintes do corpo humano e as porcentagens de ocorrência de cada um.

Elemento químico	Fração da massa total (%)
O	49,2
C	18,0
H	10,0
N	3,10
Ca	1,90
P	1,10
Cℓ	0,40
K	0,36
S	0,25
Na	0,11
Mg	0,03

a. Classifique em metais e ametais os elementos apresentados.

b. Algum elemento ficou fora dessa classificação? Justifique.

c. A maior parte da massa do corpo humano é formada por metais ou por ametais? Justifique.

d. Sabendo que o gás nitrogênio não é aproveitado diretamente do ar pelo nosso corpo, como é possível haver 3,1% de nitrogênio em nosso organismo?

e. Em que parte do corpo está concentrada a maior parte do cálcio indicada no quadro?

11. Observe o gráfico de setores que representa os principais elementos químicos que formam a crosta terrestre.

QUANTIDADE RELATIVA DOS ELEMENTOS QUÍMICOS DA CROSTA TERRESTRE

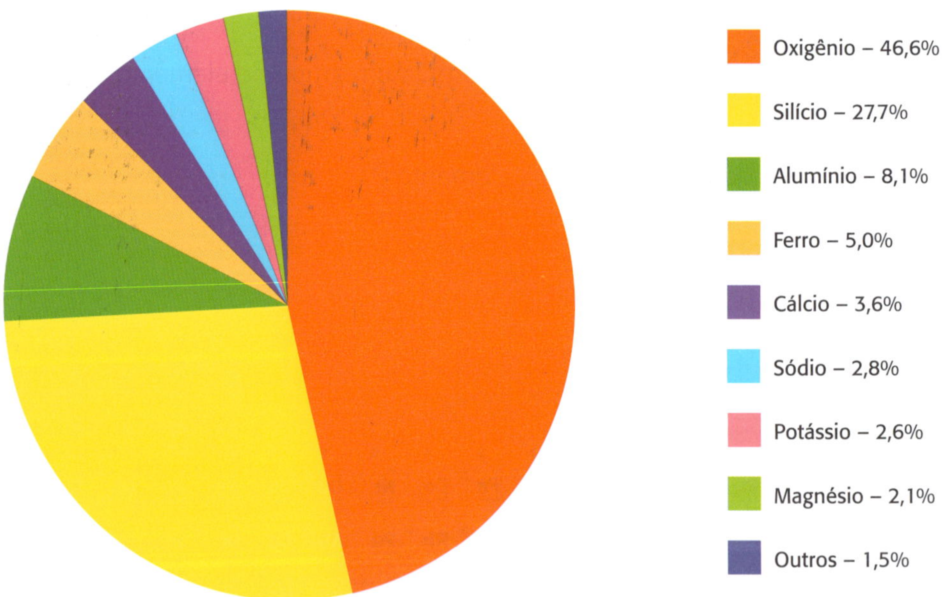

BIS

Fonte: *Revista do Instituto de Geociências – USP*. Disponível em: <http://www.revistas.usp.br/guspsd/article/download/45426/49038>. Acesso em: 15 mar. 2015.

a. Quais são os elementos mais abundantes na crosta terrestre?

b. Observe a tabela do exercício anterior. Os elementos mais abundantes na crosta terrestre coincidem com os mais abundantes em nosso corpo?

c. O silício, segundo elemento mais abundante na crosta terrestre, existe em nosso corpo?

12. O gráfico de barras a seguir apresenta a extração (mineração) mundial de metais em determinado ano.

EXTRAÇÃO MUNDIAL DE METAIS (2010)

MAURO TAKESHI

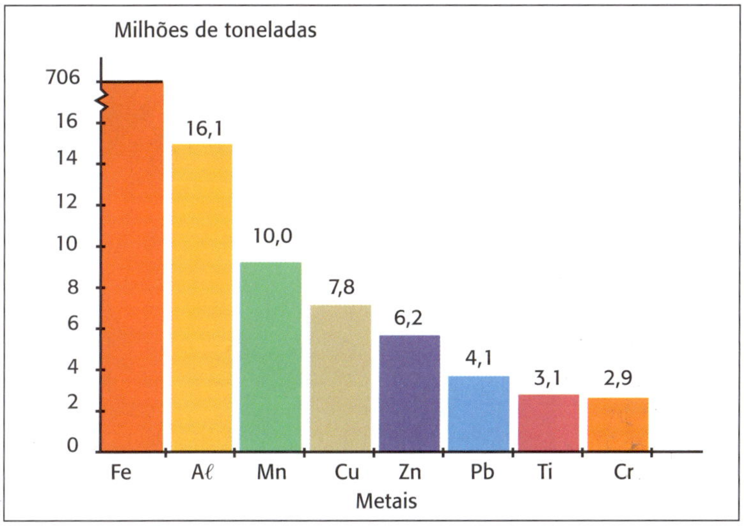

Fonte: *Anuário Estatístico*: Setor Metalúrgico.Secretaria de Geologia, Mineração e Transformação Mineral. Brasília: SGM, 2010.

a. Classifique os elementos desse gráfico em representativos ou de transição.

b. Localize a família e o período dos três metais com mais extração.

c. Qual foi a produção do metal que está na família 4, quarto período?

d. Escreva duas características comuns à maioria dos metais.

13. Leia o texto e responda às questões no caderno.

> Quem percorresse a zona rural brasileira há algumas décadas ficaria surpreso com a quantidade de pessoas que apresentavam uma estranha "bola" no pescoço. Isso era causado pela deficiência de iodo, ocasionando o bócio, popularmente chamado de papo. Essa doença é caracterizada pelo aumento da glândula tireoide. Depois que passou a ser obrigatória a adição de iodo (na forma de iodeto de potássio) ao sal de cozinha, o problema diminuiu consideravelmente.

a. A que família pertence o iodo?

b. Ele é um metal ou um ametal?

c. Quais outros elementos pertencem à família do iodo? Todos apresentam os mesmos estados físicos?

d. Por que o iodo foi adicionado ao sal de cozinha e não a outro alimento?

SPL/LATINSTOCK

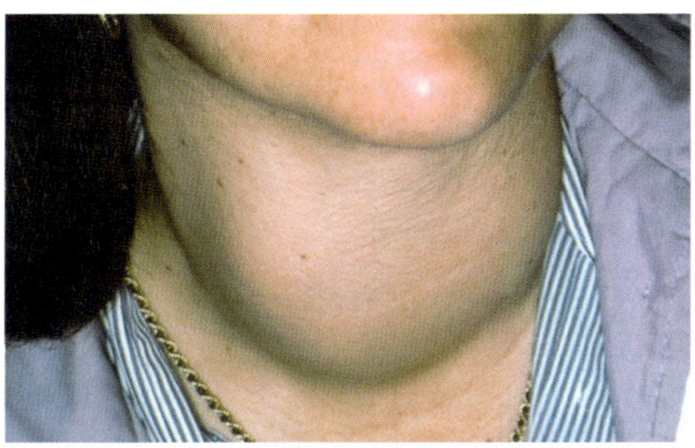

Pescoço de uma jovem com bócio, aumento da glândula tireoide causado por falta de iodo. A tireoide usa o iodo para produzir hormônios. Quando há falta de iodo, a glândula aumenta de tamanho. O aumento da tireoide pode também ter outras causas.

6 Ligações químicas

As Estações Meteorológicas de Altitude destinam-se a coletar e tratar os dados meteorológicos, especialmente de temperatura, de umidade e de pressão, desde a superfície até o nível em que o balão meteorológico se rompe na atmosfera.

[...]

Os dois gases mais apropriados para encher balões meteorológicos são o hidrogênio e o hélio, sendo este último o mais recomendado, pois seu uso não implica em risco de explosão e/ou incêndio.

Gás hélio

O gás hélio (He) é acondicionado dentro de um cilindro sob alta pressão e devem ser utilizados equipamentos adequados para a retirada e redução da pressão do gás.

O hélio é considerado um dos gases raros da atmosfera e como propriedades específicas destacam-se a inércia, [o fato de ser] inodoro, incolor, não inflamável, [ter] densidade menor que o ar, boa condutividade térmica [...].

Gás hidrogênio

O [gás] hidrogênio (H_2) é um gás combustível, portanto, a geração e o uso são acompanhados de certo risco pelo fato de ser altamente inflamável.

Há dois fatores que podem causar explosão ou fogo com hidrogênio: a mistura instável de hidrogênio e oxigênio, sendo aceita uma mistura de, no máximo, 2% (dois por cento) de oxigênio na mistura com o hidrogênio, e a existência de uma fonte de ignição. Não havendo esses riscos, inexistem as possibilidades de fogo ou explosão. Propriedades físicas do H_2: incolor, inodoro, insípido e não tóxico.

FORÇA AÉREA BRASILEIRA.
Departamento de controle de espaço aéreo. MCA 105-9: *Manual de estações meteorológicas de altitude*. jan. 2002.

MICHAEL NOLAN/ROBERT HARDING WORLDIMAGERY/CORBIS/LATINSTOCK

Balão meteorológico cheio de gás hélio sendo liberado por meteorologista. Ele carrega instrumentos que medem os níveis de gás carbônico e, flutuando a 1 quilômetro de altura, envia informações por um radiotransmissor, também preso em sua estrutura. Ittoqqortoormiit, na Groenlândia, em 2012.

BATE-PAPO

1. O hélio é um gás nobre. Por que você acha que esses gases são chamados "nobres"?
2. O gás hélio é formado por átomos do elemento químico hélio. Outros gases que conhecemos são formados por moléculas, como O_2, N_2 e CO_2. Como você explica essa diferença?
3. O que aconteceria se um balão meteorológico fosse enchido com o ar expirado de pulmões?

A REGRA DO OCTETO

A grande variedade de produtos químicos existentes é possível apenas porque os átomos dos elementos químicos interagem entre eles de diversas formas. Para entender como isso acontece, vamos estudar primeiro os gases nobres.

O físico alemão Walther Kossel (1888-1956), em 1916, realizou estudos envolvendo esses gases, que dificilmente realizam ligações com outros elementos químicos. Baseado em seus estudos, ele enunciou a **regra do octeto**, que foi aperfeiçoada pelo químico estadunidense Gilbert Newton Lewis (1875-1946).

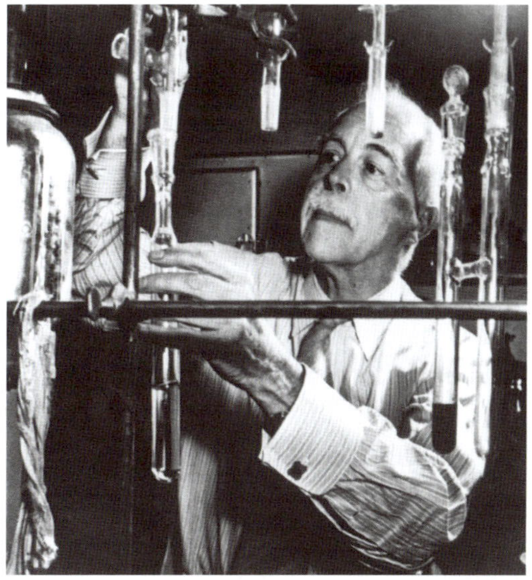

SPL/LATINSTOCK

O químico Gilbert Newton Lewis deu importantes contribuições no estudo de ligações químicas, termodinâmica, entre outras áreas.

De acordo com essa regra, os átomos adquirem estabilidade quando sua camada de valência (última camada ocupada por elétrons) torna-se semelhante à dos gases nobres. Com exceção do elemento hélio, que possui apenas 2 elétrons em sua única camada K, completando-a, os demais gases nobres apresentam 8 elétrons em sua camada de valência (sigla: CV), origem do nome "octeto".

Os demais elementos, portanto, fazem ligações químicas para que suas camadas de valência se tornem semelhantes às dos gases nobres, com 8 elétrons, e assim adquiram estabilidade.

Enunciar: expor, declarar por escrito ou oralmente.

Os elementos com 1, 2 ou 3 elétrons na CV tendem a perder esses elétrons, enquanto os com 5, 6 ou 7 elétrons na CV tendem a receber elétrons para se estabilizar.

Elétrons nas camadas de valência de gases nobres

Nível / Átomo	K	L	M	N	O	P	Q
$_{2}He$	**2**						
$_{10}Ne$	2	**8**					
$_{18}Ar$	2	8	**8**				
$_{36}Kr$	2	8	18	**8**			
$_{54}Xe$	2	8	18	18	**8**		
$_{86}Rn$	2	8	18	32	18	**8**	

Camada de valência

Distribuição dos elétrons dos gases nobres e suas camadas de valência.

Pista 2

Liste exemplos de aplicações dos gases nobres vistas até aqui. Em seguida, pesquise outras aplicações desses gases em áreas como a medicina.

LIGAÇÃO IÔNICA

CHARLES D. WINTERS/PHOTORESEARCHERS/LATINSTOCK

Sódio metálico, tão macio que pode ser cortado com uma faca.

O sódio é um metal que reage rapidamente com a água, liberando calor e o explosivo gás hidrogênio. O gás cloro pode ser mortal se inspirado. De forma isolada, essas substâncias podem ser perigosas, mas quando as duas reagem formam um composto que ingerimos todos os dias: cloreto de sódio, o sal de cozinha.

O sódio (Na), com 11 elétrons na eletrosfera, distribuídos em três camadas eletrônicas – K, L e M –, tem somente um elétron na camada de valência (M). O cloro (Cℓ), com 17 elétrons na eletrosfera em três camadas eletrônicas, tem sete elétrons na camada de valência. Portanto, o sódio e o cloro não são estáveis.

Quando esses dois elementos reagem entre si, o sódio perde um elétron de sua camada de valência e transforma-se em um **cátion** (átomo positivamente carregado), já que possui agora mais prótons (11) do que elétrons (10). O cloro, ao receber esse elétron, transforma-se em um **ânion** (átomo negativamente carregado), pois passa a ter mais elétrons (18) do que prótons (17).

Quando o sódio cede um elétron e o cloro recebe um elétron, ocorre o que chamamos de **ligação iônica**. A transferência desses elétrons é definitiva. Como o sódio e o cloro agora apresentam cargas elétricas opostas, cria-se uma força atrativa entre eles e forma-se o composto iônico $Na^+Cℓ^-$.

CUIDADO!

Não manusear essas substâncias! Somente técnicos e especialistas utilizando equipamentos de segurança podem fazer isso.

CHARLES D. WINTERS / PHOTORESEARCHERS/LATINSTOCK

Frasco contendo cloro gasoso, extremamente tóxico e solúvel em água.

REAÇÃO DE FORMAÇÃO DO CLORETO DE SÓDIO

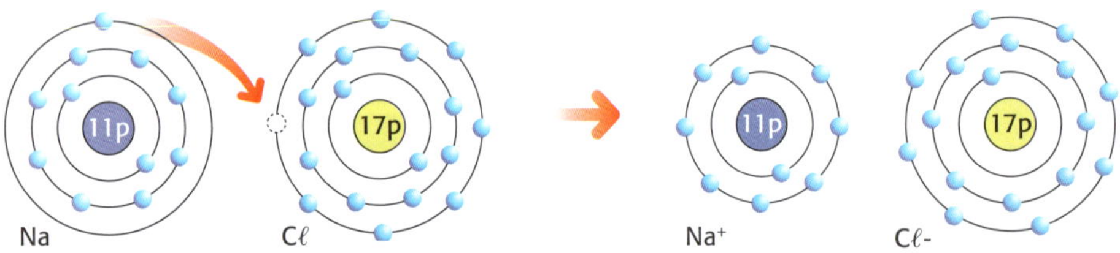

SELAVI CONTEÚDO CRIATIVO

Representação esquemática da ligação iônica do cloreto de sódio. Elementos fora de escala de tamanho e de proporção. Cores fantasia.

A ligação iônica também pode ser representada de outro modo, conhecido por notação de Lewis. Essa representação, proposta em 1916 por Gilbert Newton Lewis, também é chamada **fórmula de Lewis** ou **fórmula eletrônica**.

Segundo essa notação, utilizamos o símbolo • (ou –) para representar os elétrons da camada de valência dos átomos envolvidos na reação. Assim, a formação do cloreto de sódio poderia ser escrita da seguinte forma:

REPRESENTAÇÃO PARA O CLORETO DE SÓDIO

MAURO TAKESHI

Representação esquemática da ligação iônica do cloreto de sódio pela representação da fórmula de Lewis ou fórmula eletrônica. Elementos fora de escala de tamanho e de proporção.

Características das ligações iônicas

Para que ocorra uma ligação iônica entre dois átomos, é necessário que um deles atinja a estabilidade perdendo elétrons, formando um cátion, e o outro se estabilize recebendo elétrons, originando um ânion.

Os compostos iônicos são sólidos em temperatura ambiente. Em geral, têm pontos de fusão bastante altos, já que a ligação iônica é muito forte. O cloreto de sódio, por exemplo, funde-se a 801 °C.

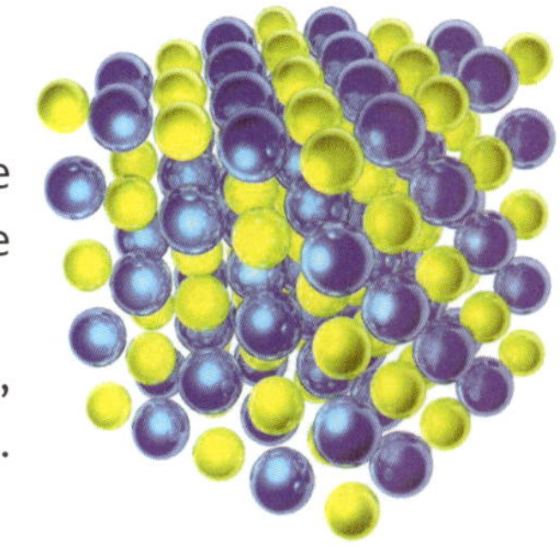

KALLISTA IMAGES/CUSTOM MEDICAL STOCK PHOTO/SPL/GLOW IMAGES

Representação esquemática do modelo molecular do cristal de cloreto de sódio, o sal de cozinha. É um arranjo regular de átomos de sódio (em azul) e cloro (em amarelo). Os íons formam uma estrutura cúbica. Elementos fora de escala de tamanho e de proporção. Cores fantasia.

PATRICK LANDMANN/ SPL/ LATINSTOCK

Mina de sal de Wieliczka, na Polônia. Na fotografia, vemos o depósito de cristais de sal (forma mineral do cloreto de sódio). Essa é uma das minas de sal explorada desde o século XIII. Em 1978, foi declarada Patrimônio Mundial da Humanidade.

Os metais geralmente se apresentam com menos de quatro elétrons na camada de valência, enquanto os ametais costumam apresentar mais de quatro elétrons na camada de valência. As ligações iônicas, portanto, costumam ocorrer entre metais (que cedem elétrons) e ametais (que recebem elétrons) ou entre metais e o hidrogênio.

NÃO DEIXE DE LER

- **Química: com muita reação.** Nick Arnold. São Paulo: Editora Girassol, 2011.

FORMAÇÃO DE UM COMPOSTO IÔNICO

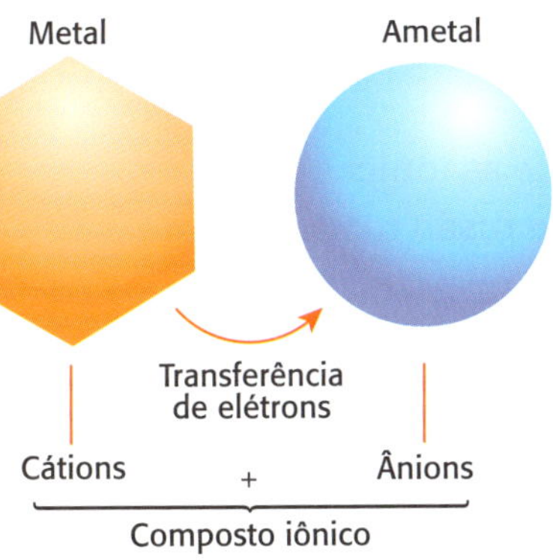

SELAVI CONTEÚDO CRIATIVO

Representação esquemática da ligação iônica entre um metal e um ametal. Elementos fora de escala de tamanho e de proporção. Cores fantasia.

Considere o cátion do alumínio ($A\ell^{3+}$) e o ânion do enxofre (S^{2-}). Para saber a fórmula química do composto iônico formado por eles, basta utilizar a carga do cátion como índice do ânion e vice-versa. Assim, o composto formado será o $A\ell_2S_3$. A ligação iônica tem natureza eletrostática, o que explica a sua força.

Cátion	**Ânion**
$A\ell_2^{3+}$	S_3^{2-}

LIGAÇÃO COVALENTE

Nas **ligações covalentes** (ou moleculares), dois ou mais átomos compartilham os elétrons da camada de valência, tornando-se estáveis.

Vamos estudar, como exemplo, o que acontece na formação do gás hidrogênio (H_2). O átomo de hidrogênio tem apenas um elétron na camada de valência, e precisa, portanto, receber mais um para ficar eletronicamente estável. Assim, dois átomos desse elemento se unem e passam a compartilhar seus elétrons, ficando, cada um, com dois elétrons na sua camada de valência.

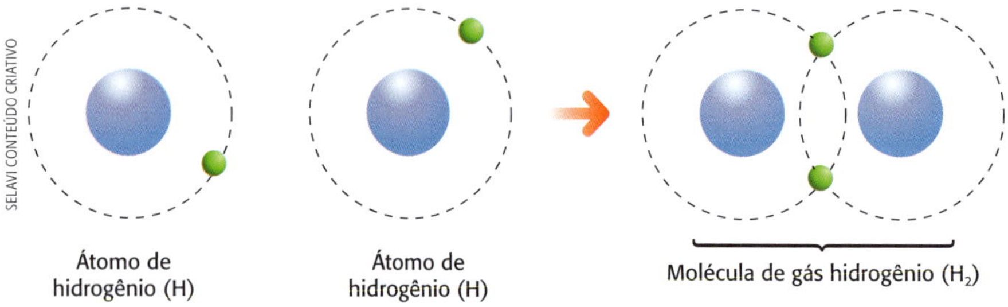

Representação esquemática de átomos de hidrogênio e da formação do gás hidrogênio. Elementos fora de escala de tamanho e de proporção. Cores fantasia.

Podemos representar esse composto covalente de três diferentes maneiras:

H:H

1. A **fórmula eletrônica** ou de Lewis, na qual indicamos os elétrons dos átomos envolvidos.

H – H

2. A **fórmula estrutural plana**, em que os pares eletrônicos envolvidos em ligações covalentes são representados por traços.

H_2

3. A **fórmula molecular**, na qual representamos o número de átomos envolvidos na formação da molécula.

A água é também um composto covalente. Um átomo de oxigênio, que tem seis elétrons na sua camada de valência, se liga a dois átomos de hidrogênio. Assim, os três átomos ficam eletronicamente estáveis.

Na notação de Lewis, a molécula de água é representada assim:

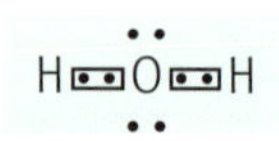

As ligações covalentes são mais fracas do que as iônicas e, portanto, os compostos covalentes têm, em geral, pontos de fusão mais baixos do que os compostos iônicos.

Molecular ou iônico?

Os compostos que têm ligações covalentes e iônicas em sua estrutura são considerados iônicos. Os compostos moleculares têm apenas ligações covalentes. Observe, na representação da estrutura do carbonato de sódio, as ligações covalentes entre carbono e oxigênio e as ligações iônicas entre oxigênio e sódio. O carbonato de sódio é considerado um composto iônico.

Na estrutura do metano, todas as ligações são covalentes. O metano é, portanto, considerado um composto molecular. Observe na representação ao lado.

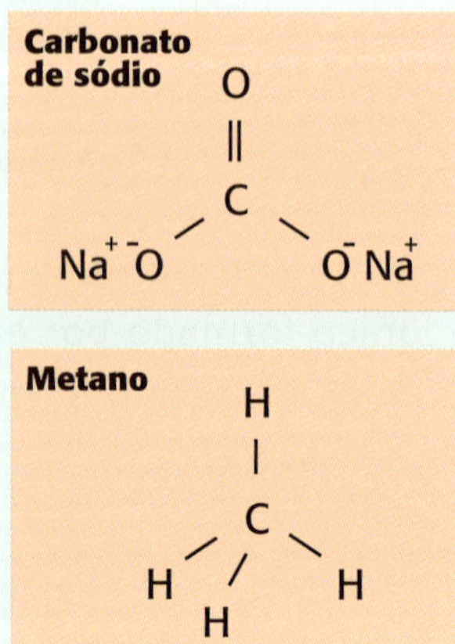

Representação esquemática das estruturas do carbonato de sódio e do gás metano.

LIGAÇÃO METÁLICA

Nas **ligações metálicas** os átomos não obedecem à regra do octeto. Como os átomos dos metais possuem 1, 2 ou 3 elétrons na camada de valência, com tendência a perder esses elétrons, os mais externos se afastam do núcleo, de modo que os átomos viram cátions.

Os cátions arranjam-se em padrões geométricos e são envolvidos pelos elétrons livres, que têm grande liberdade de movimento. Eles formam o que se chama de "nuvem" ou "mar" de elétrons. Isso explica a condutibilidade elétrica observada nos metais, pois os elétrons da camada de valência estão livres para percorrer a estrutura do metal.

Os metais apresentam características, como: sob tensão, seus átomos se deslocam uns sobre os outros e, mesmo assim, os elétrons livres mantêm os átomos ligados entre si. Isso explica a maleabilidade e ductilidade dos metais, o que não ocorre nos cristais iônicos.

Geralmente, os metais são representados por seus símbolos, sem indicação da quantidade de átomos envolvidos, que é muito grande e indeterminada.

SELAVI CONTEÚDO CRIATIVO

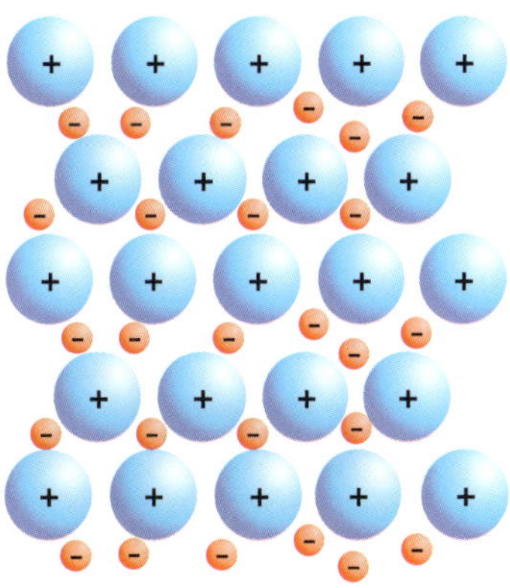

Representação esquemática da ligação metálica (Fe – Fe). Em vermelho, estão representados os elétrons livres e, em azul, os cátions. Cores fantasia. Elementos fora de escala de tamanho e de proporção.

GEORGE FREY/GETTY IMAGES/AFP

Processo de produção de fios de cobre em metalúrgica brasileira. Os fios de cobre são bastante utilizados na indústria de telecomunicação e em aparelhos eletrônicos.

FIQUE DE OLHO

O desagradável cheiro de ovo podre é causado pelo gás sulfeto de hidrogênio. Cada molécula desse gás é formada pela ligação covalente entre o enxofre (S) e o hidrogênio (H). Pesquise em livros ou na internet as fórmulas eletrônica, estrutural plana e molecular para esse composto.

O carbono possui quatro elétrons na camada de valência, e o hidrogênio possui apenas um.

- Pesquise como montar as fórmulas eletrônica, estrutural plana e molecular para o metano, composto formado por apenas um átomo de carbono e quatro átomos de hidrogênio.

SAIBA MAIS

A estrutura cristalina

Se pudéssemos ver os átomos dos materiais sólidos, veríamos que, em muitos casos, eles compõem uma estrutura tridimensional chamada **rede cristalina**. Essa rede é formada por arranjos de formas geométricas, como cubos, hexágonos, tetraedros, entre outras.

Cada forma geométrica que é a unidade básica da forma tridimensional é chamada **célula unitária** e se repete de forma regular ao longo do material. Esse tipo de arranjo está presente em substâncias com ligações iônicas, moleculares, metálicas e também intermoleculares.

Os materiais que não têm arranjo cristalino são chamados materiais amorfos, como é caso do vidro, da borracha e do plástico.

Os materiais cristalinos têm sempre uma célula unitária. São assim todos os metais, a maioria dos minerais e muitas cerâmicas. As propriedades dos materiais sólidos cristalinos dependem da estrutura cristalina, ou seja, da maneira como átomos, moléculas ou íons estão espacialmente dispostos.

Amorfo: que não tem forma definida.

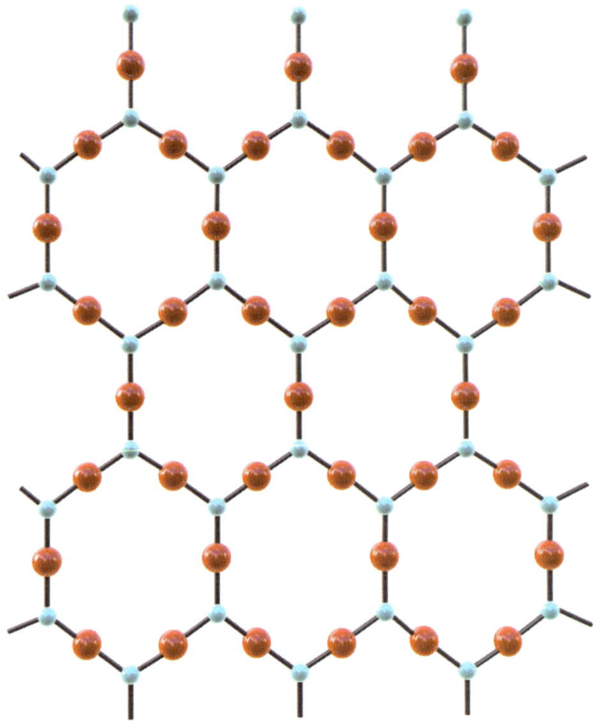

SCIENCEPICS/SHUTTERSTOCK

A imagem mostra um modelo molecular do quartzo. São unidades que se repetem, formadas por átomos de silício e de oxigênio. Repare que eles formam estruturas hexagonais. Elementos fora de escala de tamanho e de proporção. Cores fantasia.

EYE OF SCIENCE/SPL/LATINSTOCK

Cristais de quartzo vistos ao microscópio eletrônico de varredura. O quartzo é o dióxido de silício, o mineral mais abundante da crosta terrestre. É usado em instrumentos ópticos e eletrônicos, como os relógios de quartzo. Aumento de 130 vezes.

JAVIER TRUEBA/MSF/SPL/LATINSTOCK

Caverna dos Cristais, na mina Naica, em Chihuahua, no México. Lá, estão os maiores cristais do mundo, formados por sulfato de cálcio há milhões de anos. Estão a 290 metros de profundidade e foram descobertos em 2000. Muitos cristais têm até 11 metros de comprimento.

O cloreto de césio (CsCℓ) é uma substância radioativa utilizada na medicina nuclear. Sua estrutura cristalina apresenta íons de césio no centro de um cubo, em cujos vértices ficam íons cloreto.

O cloreto de sódio (NaCℓ) é o nosso conhecido sal de cozinha. A figura abaixo mostra a disposição dos átomos de sódio e de cloro na sua estrutura cristalina. Em amarelo estão representados os átomos de sódio, em verde, os átomos de cloro.

Os átomos de carbono (C) arranjam-se de diferentes maneiras dependendo das condições de pressão e de temperatura a que são submetidos. A figura abaixo mostra as redes cristalinas formadas pelo carbono no diamante, na grafite e no fulereno, uma molécula formada por 60 átomos de carbono.

Entre as estruturas sólidas cristalinas, as que mais chamam a nossa atenção são os minerais que chamamos de pedras preciosas. O Brasil é um dos países mais ricos em pedras preciosas. Retirados da natureza, esses minerais são cortados em faces planas, adquirindo brilho de grande beleza.

SCIENCE MUSEUM, LONDON/DIOMEDIA

Representação esquemática do arranjo espacial dos átomos no cloreto de sódio. Elementos fora de escala de tamanho e de proporção. Cores fantasia.

BSIP/DIOMEDIA

Cristal de fluoreto de cálcio, também chamado de fluorita. Esse cristal é formado por células unitárias cúbicas.

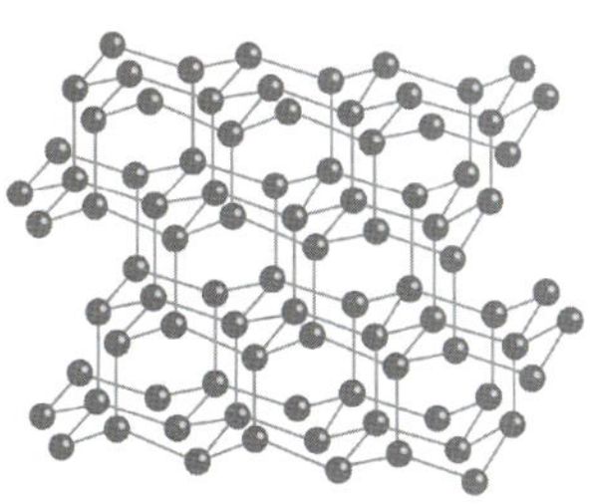

Diamante

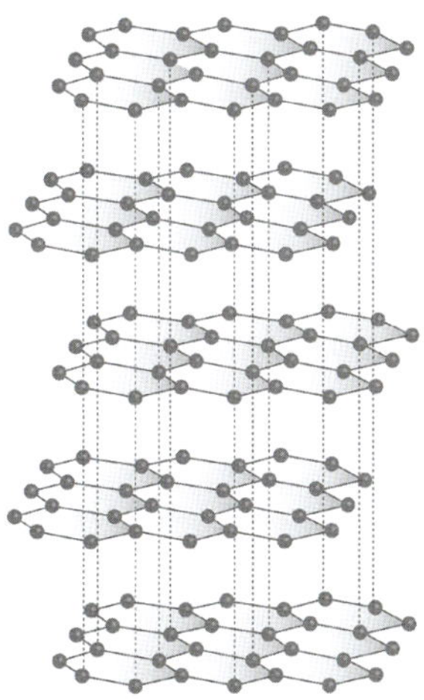

Grafite

MAGNETIX/SHUTTERSTOCK

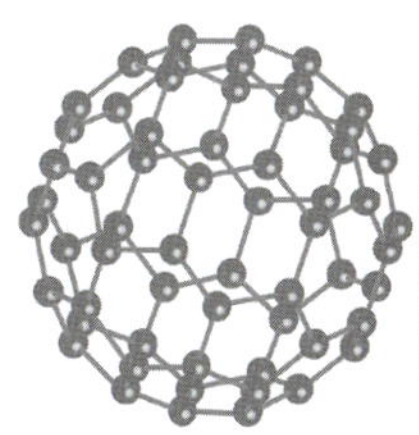

Fulereno

Representações esquemáticas dos arranjos espaciais formados por átomos de carbono no diamante, na grafite e no fulereno. Elementos fora de escala de tamanho e de proporção. Cores fantasia.

Para pensar

- Que tipo de ligação determina a estrutura cristalina?

EXPERIMENTE FAZER

Cristal de cloreto de sódio

Para Pensar

Nessa atividade, estudaremos um modelo de estrutura cristalina. Você já ouviu falar em cristais? Sabe como eles ocorrem?

Objetivo

- Verificar o modelo estrutural do cloreto de sódio.

Materiais

- 1 xícara de sal de cozinha (cloreto de sódio)
- 1 xícara de água
- 1 panela
- 2 pregadores de roupas
- 1 pote transparente (alto o suficiente para caber a maior parte do palito)
- 1 palito de madeira para churrasco (ou outro palito grande e limpo)
- papel toalha

Procedimentos

1. Prepare o pote com o palito e os pregadores conforme a ilustração. O palito deve ficar distante do fundo aproximadamente 2 cm, centralizado no pote.
2. Coloque a água na panela e adicione o sal aos poucos. Mexa bastante, até que ele não se dissolva mais e comece a acumular-se no fundo.
3. Peça a um adulto que, com muito cuidado, leve a panela ao fogo e aqueça a mistura até formar pequenas bolhas no fundo da panela, sem deixar ferver.
4. Deixe a solução esfriar naturalmente por pelo menos 20 minutos e mergulhe o palito na solução de água e sal. Deixe-o esfriar e secar.
5. Despeje o conteúdo da panela no pote e coloque a estrutura (pregador e palito) sobre o pote, como na ilustração acima. Espere a solução esfriar completamente e cubra-a com o papel toalha.
6. Aguarde de 3 a 7 dias.

RODVAL MATIAS

Representação esquemática da montagem do experimento.

CUIDADO !

Somente um adulto poderá aquecer a mistura.

Resultados e discussões

1. O que você observou no palito ao longo dos dias?
2. Como você representaria o material observado no palito em uma dimensão microscópica? Faça um desenho no seu caderno.
3. Quais são os íons envolvidos na estrutura do cloreto de sódio e como eles se posicionam na estrutura cristalina dessa substância?
4. Que tipo de ligação química existe entre os íons presentes na estrutura cristalina do cloreto de sódio? Explique.

1. A ilustração a seguir mostra representações dos átomos de nitrogênio e hidrogênio, quando eles formam substâncias puras simples: os gases N_2 e H_2. Qual a relação entre a regra do octeto e a formação dessas ligações químicas entre os átomos?

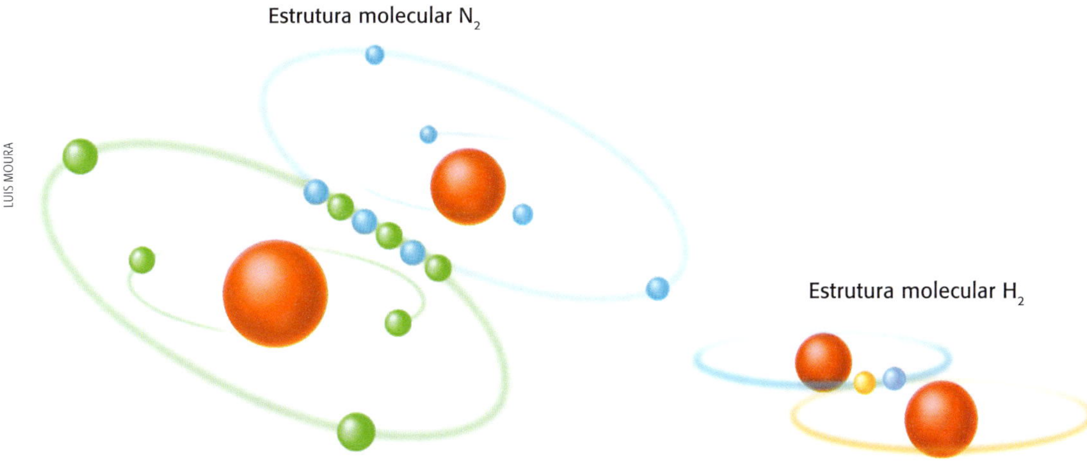

Representação esquemática da estrutura molecular do gás nitrogênio (N_2) e do gás hidrogênio (H_2). Elementos fora de escala de tamanho e de proporção. Cores fantasia.

2. O hidrogênio apresenta apenas um elétron na camada de valência, da mesma forma que o sódio. No entanto, esses dois elementos químicos não obedecem à regra do octeto da mesma forma. Justifique essa afirmação. (Números atômicos: H = 1; Na = 11).

Átomo de hidrogênio

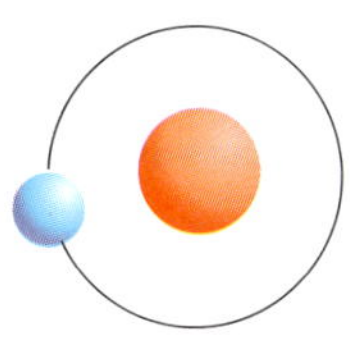

Átomo de sódio

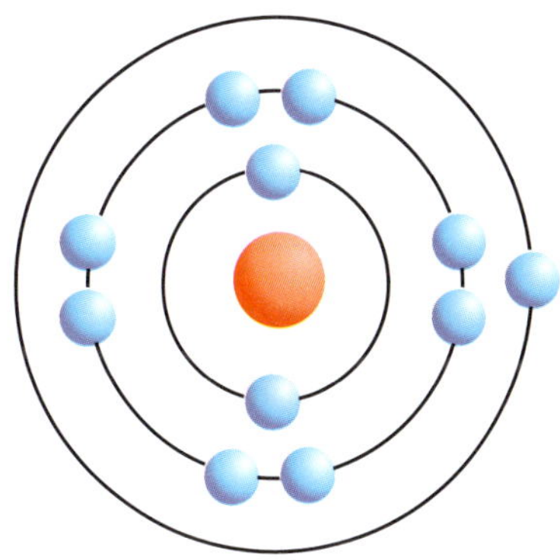

Representação esquemática do átomo de hidrogênio (H) e do átomo de sódio (Na). Elementos fora de escala de tamanho e de proporção. Cores fantasia.

3. No caderno, indique os cátions ou ânions que cada elemento químico listado a seguir deverá formar para atingir sua estabilidade de acordo com a regra do octeto.

   a. N (Z = 7)   b. S (Z = 16)

4. Um átomo neutro de alumínio precisa perder três elétrons para atingir a estabilidade, de forma que sua eletrosfera fique semelhante à do gás nobre neônio (Z = 10). Com base apenas nesses dados, é possível saber o número atômico do alumínio?

5. Considere os elementos X (Z = 12), Y (Z = 15) e W (Z =18). Qual deles já está estável, de acordo com a regra do octeto?

6. Qual o número de elétrons que um átomo neutro de nitrogênio (Z = 7) precisará receber para se estabilizar? Qual ânion será formado?

7. O iodeto de potássio é uma substância formada pelos elementos químicos potássio, representado pela letra K (Z = 19), e iodo, representado pela letra I (Z = 53). Quais os íons que ele pode formar?

8. O alumínio apresenta três elétrons em sua camada de valência. O oxigênio apresenta seis elétrons na camada de valência. Qual o composto formado pela ligação iônica entre esses dois elementos?

Átomo de alumínio

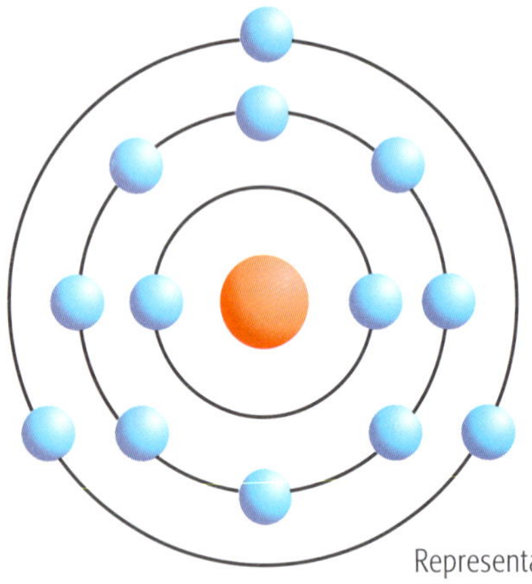

Átomo de oxigênio

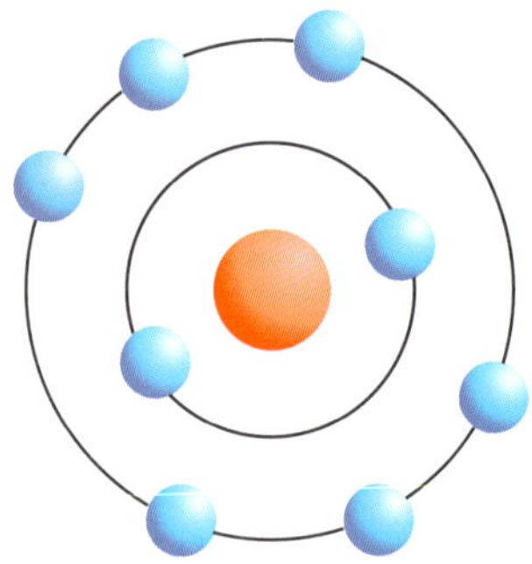

Representação esquemática do átomo de alumínio (Aℓ) e do átomo de oxigênio (O). Elementos fora de escala de tamanho e de proporção. Cores fantasia.

9. Baseando-se na regra do octeto, explique por que não é possível formar um composto iônico entre o oxigênio, com seis elétrons na camada de valência, e o cloro, com sete elétrons na camada de valência.

10. Os dirigíveis usam hélio, menos denso que o ar e com capacidade de elevação de 1,02 kg/m^3. Isso significa que 1 m^3 desse gás consegue elevar 1,02 kg de material. O hidrogênio, ainda menos denso e com capacidade de elevação de 1,1 kg/m^3, por queimar muito facilmente, parou de ser usado depois do desastre ocorrido com o dirigível Hindenburg. O hélio não é inflamável. Com tanto poder de elevação, os dirigíveis podem transportar cargas pesadas facilmente.

   a. Um dirigível com 20 000 m^3 de gás poderá carregar quanto de massa? Faça os cálculos para o hélio e para o hidrogênio.

   b. Por que o hélio não é inflamável?

Acidente com o dirigível Hindenburg, em 1937. Esse dirigível alemão queimou sobre Lakehurst, em Nova Jersey, nos Estados Unidos. O hidrogênio dentro do dirigível pegou fogo.

11. No caderno, monte o composto iônico formado entre os seguintes pares de elementos:

a. Na (Z = 11) e F (Z = 9).
b. Li (Z = 3) e Cℓ (Z = 17).

12. O elemento químico cloro pode formar compostos com hidrogênio, carbono, sódio e cálcio. (Elétrons na camada de valência: cloro = 7; hidrogênio = 1; carbono = 4; sódio = 1; cálcio = 2.) Com quais dos elementos citados o cloro forma compostos covalentes?

13. Observe a estrutura eletrônica da água e faça o que se pede.

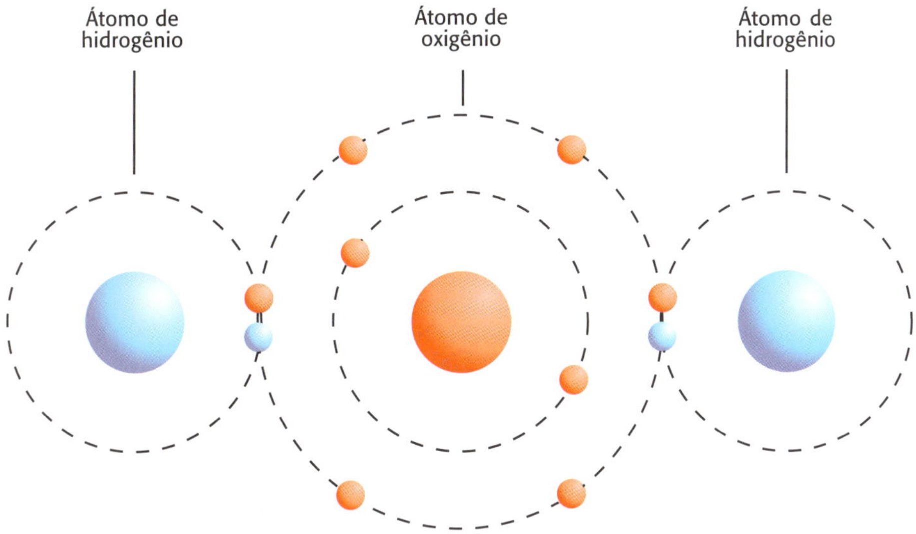

Representação esquemática da molécula de água. Elementos fora de escala de tamanho e de proporção. Cores fantasia.

a. Escreva sua fórmula estrutural plana.

b. Escreva o tipo de ligação que existe entre os átomos.

14. A hidrazina, de fórmula N_2H_4, é um combustível utilizado em foguetes. Sabendo que o nitrogênio (N) tem cinco elétrons na camada de valência e o hidrogênio (H), apenas um, monte a fórmula eletrônica e a estrutural plana para esse composto.

15. Explique de que forma o modelo da ligação metálica justifica a excelente condutividade elétrica dos metais.

Encerrando a unidade

1. Nesta unidade, você estudou vários temas que servem como base para o estudo de Química. Faça pequenas fichas de estudo, a respeito dos tópicos a seguir:

- **Organização da tabela periódica.**
- **Propriedades dos metais.**
- **Propriedades dos não metais e dos gases nobres.**
- **Tipos de ligação entre os átomos.**

2. Junte as fichas em um pequeno caderno, que servirá para consultas futuras.

3. Dividam-se em quatro grupos. Montem uma tabela periódica em uma cartolina, que ficará exposta no mural da classe. Cada grupo produzirá um texto sobre uma das classificações da tabela periódica – metais, ametais e gases nobres – e o apresentará aos colegas.

Impactos da extração de ferro em Carajás

A extração do ferro na mina de Carajás, no município de Parauapebas, no Pará, é feita em solo situado no meio da Floresta Amazônica, que cobre parte desse estado. Veremos as consequências positivas e negativas da extração de ferro para a região.

MIRA RAMALHO

Ipomoea cavalcantei, planta ameaçada de extinção. Floresce de janeiro a junho cobrindo-se de flores vermelhas. Mais conhecida como flor de Carajás, cresce em solo rico em ferro.

Botânica

A empresa responsável pela mineração do local tem desenvolvido um programa intenso de conservação da *Ipomoea cavalcantei* e de outras espécies de plantas ameaçadas de extinção que vivem na floresta ao redor da mina de Carajás. No entanto, o aumento da velocidade da extração de ferro ameaça cada vez mais a floresta. Ao mesmo tempo em que tenta preservar as espécies da região, a mineradora promove nela um desenvolvimento muito rápido. Como consequência, a pecuária derrubou a mata em grande extensão e, em vez de fauna e flora silvestres, só se encontra pasto.

Ambientalista

Como a mina de Carajás representa um grande impacto ambiental e social, a empresa responsável por ela é obrigada a destinar uma parte dos seus lucros para projetos de melhoria da vida das pessoas e de conservação do ambiente. Essas ações se tornaram mais eficientes com a difusão do conceito de desenvolvimento sustentável e da criação de leis para a defesa do meio ambiente. Se antes as mineradoras faziam o que queriam, hoje elas são reguladas por leis e precisam apresentar estudos de impactos ambientais.

O desenvolvimento sustentável deve ser capaz de suprir as necessidades da geração atual, sem comprometer a capacidade de atender às necessidades das futuras gerações. Logo, é o desenvolvimento que não esgota os recursos para o futuro. Esse tipo de desenvolvimeto precisa ser planejado. As atividades econômicas não podem ser encorajadas visando ao esgotamento dos recursos naturais, pois deles dependem não só a existência humana e a diversidade biológica, como o próprio crescimento econômico.

Inauguração da Estrada de Ferro Carajás, em 1985. Liga a cidade de Carajás (PA) ao porto de Itaqui (MA).

Sociologia

A Sociologia é um dos ramos das Ciências Humanas, cujos objetos de estudo são as estruturas da sociedade.

A produção de ferro em Carajás provoca impactos sociais e ambientais na Região Amazônica. Isso ocorre por práticas ambientalmente agressivas e pela produção sustentada por trabalho precário, mal remunerado, que pode causar danos à saúde dos trabalhadores.

Além disso, a mina de ferro atraiu para a região milhares de pessoas em busca de emprego, graças à grande necessidade de funcionários para a mineração (a mina de ferro de Carajás emprega diretamente 10 mil funcionários). O número de habitantes das cidades de Parauapebas e Tucuruí aumentou bastante, elevando a demanda por serviços básicos, como a construção de moradias populares, instalação e ampliação da rede de esgoto, de postos de saúde, de escolas, entre outros serviços.

A presença da mina também aumenta a quantidade de verbas públicas disponíveis na região para serem aplicadas em melhorias sociais.

Engenharia florestal

A engenharia florestal busca encontrar formas de explorar os recursos florestais de maneira sustentável, aliando progresso e sustentabilidade.

As siderúrgicas ao longo da ferrovia consomem grande quantidade de carvão vegetal para beneficiar o ferro. Esse carvão é obtido a partir da queima de madeira em fornos de barro.

A atividade de carvoaria começa com a derrubada da floresta, seguida de uma queimada leve para eliminar folhas, galhos mais finos e cipós. Isso facilita a retirada das toras e permite obter o máximo rendimento em lenha.

Depois disso, essas áreas tornam-se imprestáveis para o plantio devido ao fogo e também ao contínuo tráfego de carroças e caminhões para o transporte de lenha e carvão.

Para explorar

1. Dividam-se em grupos. Vocês irão simular um debate entre os diversos envolvidos na mineração de ferro em Carajás. Cada grupo vai escolher uma personagem para representar:

- botânico;
- sociólogo;
- ambientalista;
- engenheiro florestal;
- o prefeito do lugar;
- um morador da região.

Algumas personagens vão defender a exploração do minério de ferro e outras vão ser contra.

2. Decidam quem será contra e quem será a favor. Escrevam, nos seus cadernos, os argumentos dessas personagens baseando-se no texto desta seção. Façam um debate e ao final votem para a decisão final: fechar ou não a mineradora?

CYNTHIA BRITO/PULSAR IMAGENS

Madeira queimada em pequenos fornos de barro é transformada em carvão vegetal.

PALÊ ZUPPANI/PULSAR IMAGENS

UNIDADE

4

Reações e funções químicas

Existem milhões de substâncias químicas. Cada uma recebe um nome e uma classificação. Muitas delas existem em nossa casa e até em nosso corpo.

Um palito de fósforo, por exemplo, é composto de uma haste de madeira e uma de suas extremidades é coberta por uma substância escura, o cloreto de potássio (composta de átomos de cloro ($C\ell$) e potássio (K), unidos por ligação iônica).

A lixa da caixa contém fósforo (P) – por isso o nome – e enxofre (S), unidos por ligações covalentes.

Ao riscar o palito de fósforo na lixa, inicia-se uma reação química com o gás oxigênio do ar (O_2), o cloreto de potássio, o fósforo e o enxofre da caixa. Nessa reação, há liberação de calor, fazendo com que o palito de fósforo se incendeie e outras substâncias, como o gás carbônico, sejam produzidas.

Nesta unidade, você vai saber mais sobre:

- Ácidos, bases, sais e óxidos
- Como ocorrem as reações químicas entre essas substâncias
- Reações químicas

THINKSTOCK/GETTY IMAGES

O palito de fósforo foi inventado em 1680 pelo físico inglês Robert Boyle (1627-1691). O elemento químico fósforo (P), utilizado na substância que fica na lixa da caixa, foi descoberto em 1669.

TROCANDO IDEIAS

1. As reações químicas acontecem somente nos laboratórios de química?
2. Por que o palito de fósforo tem esse nome?
3. Que elementos químicos estão envolvidos na reação que incendeia o palito de fósforo?
4. Você conhece alguma reação química que acontece no corpo humano?

7 Reações químicas

THINKSTOCK/GETTY IMAGES

CHARLES D.WINTERS/PHOTORESEARCHERS/LATINSTOCK

THINKSTOCK/GETTY IMAGES

THINKSTOCK/GETTY IMAGES

THINKSTOCK/GETTY IMAGES

As fotografias mostam diferentes reações químicas: a formação da ferrugem na corrente de ferro em contato com o gás oxigênio presente no ar atmosférico; a dissolução do comprimido, que produz bolhas; a queima da madeira, que emite luz e calor; o crescimento de fungos, que decompõe e apodrece a laranja; o cozimento, que muda a consistência da clara e da gema do ovo e endurece a massa do pudim.

As reações químicas muitas vezes são imaginadas como explosivas ou malcheirosas, feitas por cientistas em seus laboratórios. No entanto, elas estão em nosso dia a dia. As fotografias acima, por exemplo, mostram reações químicas ou o resultado delas.

O fato de estarmos vivos já significa que reações químicas ocorrem simultaneamente em nosso corpo. As plantas só produzem a glicose (sua fonte de energia) por causa das reações químicas da fotossíntese. Existem ainda milhares de produtos que fazem parte do nosso cotidiano e que só existem graças ao desenvolvimento de tecnologias que envolvem o uso das reações químicas.

BATE-PAPO

1. O que você acha que ocorre com os átomos durante uma reação química?
2. Cite outros dois exemplos de reações químicas que ocorrem no ambiente.
3. As substâncias são alteradas após as reações químicas?

NÃO DEIXE DE LER

- **Química em casa.** Breno Pannia Espósito. Editora Atual, 2010.
- **Química na cabeça.** Alfredo Luis Mateus. Editora da UFMG, 2008.

REPRESENTAÇÃO DAS REAÇÕES QUÍMICAS

Durante uma reação química, os átomos das substâncias envolvidas na reação são rearranjados, formando novas substâncias.

Os átomos que formam as moléculas das substâncias iniciais (reagentes) passaram por um rearranjo, originando um produto. A seta separa o estado inicial do estado final da reação.

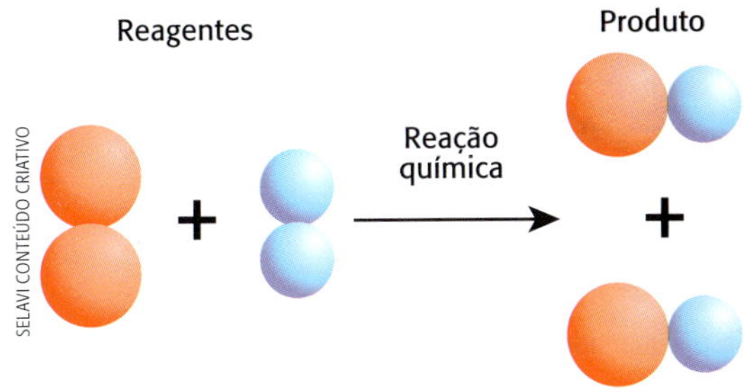

Representação esquemática de reação química entre duas moléculas de dois átomos. A molécula representada por dois átomos de cor azul e a molécula representada por dois átomos de cor vermelha reagiram e originaram moléculas formadas por um átomo vermelho e um átomo azul. Elementos fora de escala de tamanho e de proporção. Cores fantasia.

Equações químicas

As reações químicas podem ser representadas por **equações**. Por meio delas indicamos quais são os reagentes, quais são os produtos e em quais condições de temperatura, pressão, luminosidade a reação está ocorrendo.

Por exemplo, a água pode ser formada a partir dos gases hidrogênio e oxigênio, em condições especiais, de acordo com a seguinte equação química:

$$2H_2 + 1O_2 \rightarrow 2H_2O$$

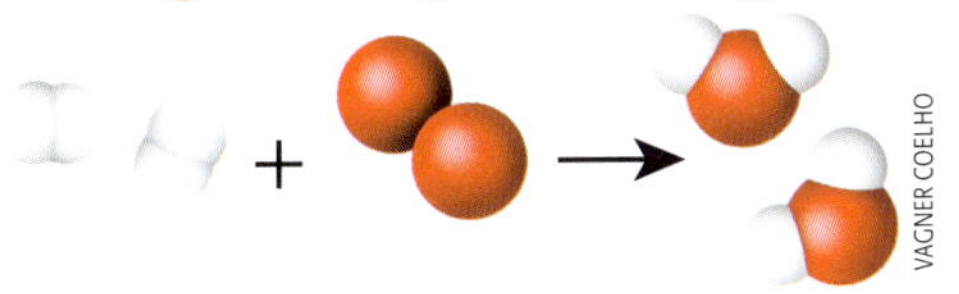

Representação esquemática da formação de duas moléculas de água a partir de duas moléculas de gás hidrogênio e uma de gás oxigênio, em condições especiais. Elementos fora de escala de tamanho e de proporção.

Nessa equação, os coeficientes (números em azul antes de cada fórmula) indicam a proporção dos reagentes para formar o produto. No exemplo dado, duas moléculas de gás hidrogênio reagem com uma molécula de gás oxigênio para formar duas moléculas de água.

Os índices (números em vermelho) indicam quantos átomos de determinado elemento participaram na formação da substância.

Reversibilidade

Muitas reações químicas podem ocorrer nos dois sentidos, ou seja, os reagentes iniciais dão origem a produtos que, em condições favoráveis, originam novamente os reagentes. Nessa situação, a representação da **reversibilidade da equação** é feita por uma seta com duplo sentido.

A formação do ácido carbônico (H_2CO_3) é um exemplo de reação química reversível: o gás carbônico (CO_2) da atmosfera reage com a água (H_2O) da chuva formando o ácido carbônico, que, por ser instável, forma novamente gás carbônico e água.

$$CO_2 + H_2O \rightleftharpoons H_2CO_3$$

(gás carbônico) + (água) ⇌ (ácido carbônico)

Balanceamento

Caso a quantidade dos ingredientes da massa do bolo (os reagentes) seja alterada, o produto (o bolo) não ficará igual.

THINKSTOCK/GETTY IMAGES

Imagine que você irá preparar um bolo. De acordo com a receita, você precisa de três ovos e um copo de leite, além de outros ingredientes. Infelizmente, você encontrou apenas um ovo e três embalagens de leite. Será que é possível fazer o bolo alterando a quantidade desses ingredientes? Certamente não, já que o bolo não sairia como previsto na receita.

De forma semelhante, as reações químicas ocorrem com proporções definidas entre os reagentes. Fazer o **balanceamento** de uma equação química consiste em garantir que a quantidade de átomos presentes nos reagentes apareça nos produtos.

Nas reações químicas, embora ocorra o rearranjo desses átomos, a quantidade deles não se altera, assim como os elementos químicos que participam das reações.

Em um balanceamento, modificamos os **coeficientes** para obter os menores valores inteiros possíveis para que a reação ocorra. O acerto dos coeficientes é usualmente feito por tentativas, mas torna-se mais fácil se seguirmos algumas orientações práticas:

- inicie o balanceamento pelo elemento que aparece em menor quantidade;
- evite iniciar o balanceamento pelos elementos hidrogênio e oxigênio. Deixe-os por último;
- se for necessário, é possível usar coeficientes fracionários. Eles serão facilmente eliminados se multiplicarmos a equação toda por um número conveniente.

Vejamos um exemplo: a reação envolve duas substâncias compostas como reagentes: o cloreto de bário ($BaC\ell_2$) e o ácido sulfúrico (H_2SO_4). O produto dessa reação também são substâncias compostas: o sulfato de bário ($BaSO_4$) e o ácido clorídrico ($HC\ell$). Veja o esquema da reação a seguir. Os coeficientes dos reagentes e dos produtos foram representados pelas letras x, y, z e *w*.

$$(x)\ BaC\ell_2 + (y)\ H_2SO_4 \rightarrow (z)\ BaSO_4 + (w)\ HC\ell$$

O objetivo é encontrar os valores dos coeficientes de maneira que a reação fique balanceada.

1. Repare que o elemento $C\ell$ (cloro) possui dois átomos nos reagentes, mas apenas um nos produtos.
2. Igualamos essa quantidade nos dois lados, substituindo *w* pelo número 2. A inserção desse coeficiente resolve também a quantidade de H (hidrogênio). Eram dois nos reagentes e agora são dois nos produtos.
3. Dessa forma, os demais coeficientes são iguais a 1 (não é necessário indicar, nesse caso). A reação balanceada pode ser escrita como:

$$BaC\ell_2 + H_2SO_4 \rightarrow BaSO_4 + 2HC\ell$$

A LEI DE CONSERVAÇÃO DAS MASSAS

Imagine uma situação em que pudéssemos pesar uma folha de papel em uma balança de precisão e anotar o valor encontrado. Depois, queimaríamos a folha, recolheríamos as cinzas, que seriam pesadas novamente. O que descobriríamos? A massa diminuiu!

E se fizéssemos o mesmo com um pedaço de palha de aço? Após queimá-lo e pesá-lo novamente, perceberíamos que a massa aumentou!

Fatos como esses intrigavam os químicos do século XVIII, levando-os a elaborar teorias para explicar esses comportamentos. O químico francês Antoine Lavoisier (1743-1794) propôs, em seu livro *Traité Élémentaire de Chimie* (*Tratado de Química Elementar*), que, na verdade, em um **sistema fechado**, a massa das substâncias que reagem (os reagentes) é exatamente igual à massa das substâncias que se formam (os produtos).

As diferenças encontradas nos experimentos citados anteriormente somente ocorriam porque eles eram conduzidos em sistema aberto, permitindo a entrada e a saída de substâncias (gases). Lavoisier realizou diversos experimentos em sistema fechado para tirar suas conclusões, conhecidas atualmente como lei de conservação das massas. A conservação das massas é uma consequência da conservação do número de átomos durante uma reação química.

THE BRIDGEMAN ART LIBRARY/GRUPO KEYSTONE

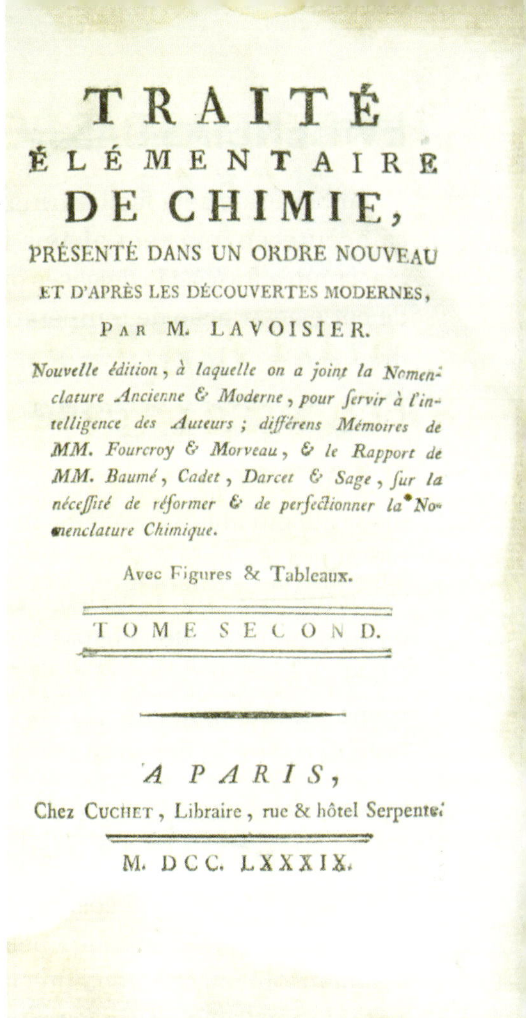

TRAITÉ ÉLÉMENTAIRE DE CHIMIE,

PRÉSENTÉ DANS UN ORDRE NOUVEAU ET D'APRÈS LES DÉCOUVERTES MODERNES,

PAR M. LAVOISIER.

Nouvelle édition, à laquelle on a joint la Nomenclature Ancienne & Moderne, pour servir à l'intelligence des Auteurs ; différens Mémoires de MM. Fourcroy & Morveau, & le Rapport de MM. Baumé, Cadet, Darcet & Sage, sur la nécessité de réformer & de perfectionner la Nomenclature Chimique.

Avec Figures & Tableaux.

TOME SECOND.

A PARIS,

Chez CUCHET, Libraire, rue & hôtel Serpente.

M. DCC. LXXXIX.

A obra *Traité Élémentaire de Chimie* foi publicada em 1789, por Lavoisier. Nela, há diversos experimentos a respeito da lei de conservação das massas. Um exemplar desta obra está guardado na Academia de Ciências de Paris, na França.

FOTOGRAFIAS: MARTYN F. CHILLMAID/SPL/ LATINSTOCK

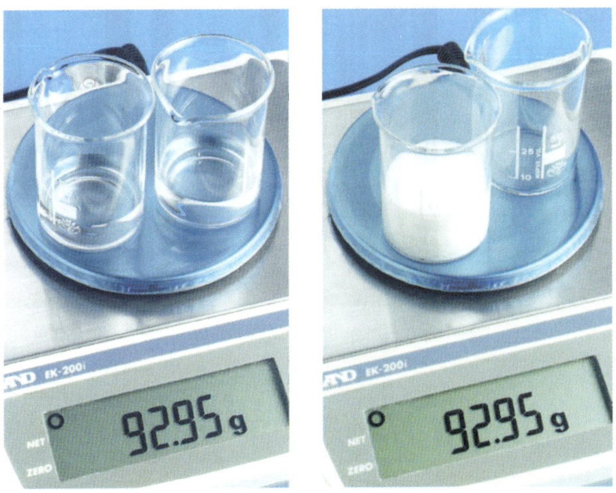

Na imagem à esquerda há dois frascos, um com nitrato de prata e outro com cloreto de sódio dissolvido em água. A massa do conjunto, medida antes do experimento, é de 92,95 g. À direita, vemos um frasco com o precipitado branco, composto de cloreto de prata, em uma solução de nitrato de sódio, que se formou a partir da reação entre as duas substâncias. A massa não mudou após a reação.

Sistemas abertos e sistemas fechados

Nos sistemas abertos, ocorrem trocas de energia e de matéria com o meio externo. Por exemplo, o vapor da parafina de uma vela acesa reage com o oxigênio do ar liberando gás carbônico, água, luz e calor. Como não há controle da quantidade de oxigênio, a vela queima até o final.

Em um sistema fechado, ocorre troca de energia com o meio, mas não ocorre troca de matéria com o ambiente. Por exemplo, uma reação química que ocorra em recipiente fechado.

No caso da vela acesa, ao colocá-la em um recipiente fechado, a reação entre o vapor da parafina e o oxigênio ocorrerá enquanto houver oxigênio no recipiente. Depois de consumido todo esse gás na reação, a vela se apaga.

EVIDÊNCIAS DAS REAÇÕES QUÍMICAS

Embora não seja fácil afirmar que uma reação química aconteceu, existem alguns indícios de sua ocorrência, como a formação de gases ou precipitado, a mudança de cor e a variação de temperatura.

Formação de gases

O funcionamento do *airbag*, dispositivo de segurança presente em alguns modelos de automóveis, é um exemplo de reação química com formação de gás. No momento do impacto, um impulso elétrico produz a detonação de uma mistura de substâncias, como a azida de sódio (NaN_3) e o nitrato de potássio (KNO_3), que reagem rapidamente produzindo gás nitrogênio (N_2), que infla o balão, feito de material bastante resistente.

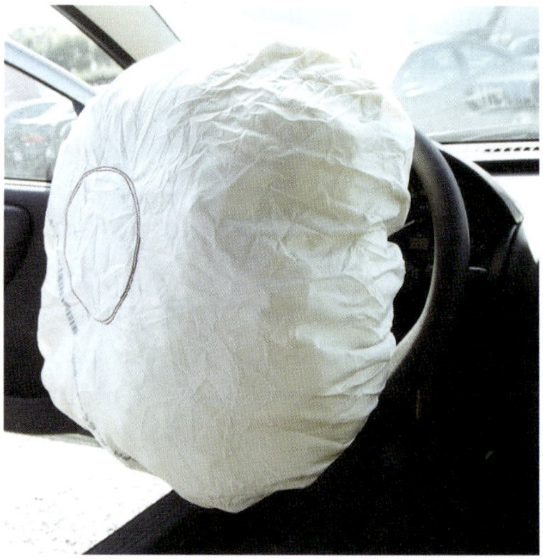

CC STUDIO/SPL/LATINSTOCK

O *airbag* infla automaticamente em caso de colisão do veículo, para evitar o impacto do motorista com o volante.

Formação de precipitado

Em determinados casos, percebemos a evidência da ocorrência de uma reação química pela formação de uma substância sólida insolúvel, chamada precipitado.

O carbonato de cálcio é um composto insolúvel (precipitado) que se forma ao se deixar uma solução de cal (cal + água) ao ar livre (sistema aberto). Forma-se um sólido branco na superfície dessa solução. Se essa mistura for agitada, o sólido irá misturar-se com a solução, mas não se dissolverá. Essa reação envolve duas etapas: na primeira a cal e a água reagem, formando o hidróxido de cálcio; na segunda, o hidróxido de cálcio reage com o gás carbônico presente no ar atmosférico e produz o carbonato de cálcio, que compõe o precipitado branco. Veja a seguir as reações envolvidas nesse processo.

$$CaO + H_2O \rightarrow Ca(OH)_2$$

(cal) + (água) → (hidróxido de cálcio)

$$Ca(OH)_2 + CO_2 \rightarrow CaCO_3$$

(hidróxido de cálcio) + (gás carbônico) → (carbonato de cálcio)

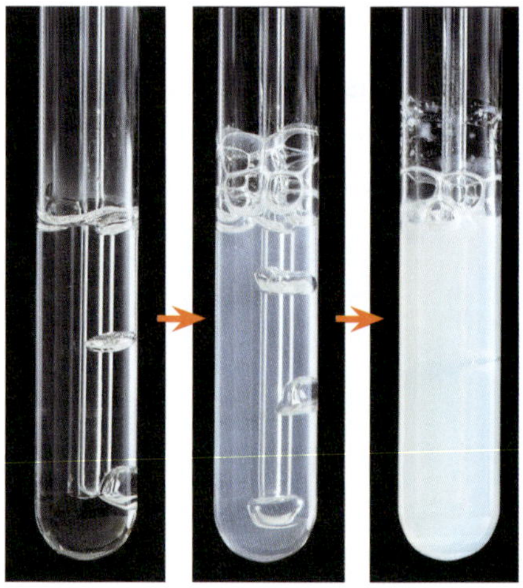

SPL/LATINSTOCK

À esquerda, um tubo de ensaio com solução transparente de hidróxido de cálcio [$Ca(OH)_2$]. No tubo do meio, foi injetado gás carbônico (CO_2), dando início à reação entre essas substâncias. Note que a solução começa a ficar turva, por causa da presença de carbonato de cálcio, que é produto dessa reação. Ao final da reação, tubo à direita, há grande quantidade do precipitado branco (carbonato de cálcio).

Pista 3

As reações químicas também estão presentes em dispositivos de segurança e de prevenção de acidentes de trânsito. Entre eles, há o *airbag* e o bafômetro. Quais os conceitos químicos envolvidos no funcionamento desses equipamentos? Destaque a importância deles.

Mudança de cor

Em alguns casos, o produto de uma reação química pode apresentar cor diferente dos reagentes envolvidos, indicando a ocorrência de reação.

Veja um exemplo: um policial pode verificar facilmente se um motorista está embriagado pedindo-lhe que sopre em um canudo ligado a um aparelho: o bafômetro. Os bafômetros foram criados em 1958, e alguns são baseados na reação química do dicromato de potássio em meio ácido com o etanol do álcool, produzindo uma mudança de cor (de laranja para esverdeado). A variação na coloração é detectada pelo dispositivo e traduzida em valores. O teste demora cerca de um minuto e meio para indicar os resultado.

MARTYN F. CHILLMAID/SPL/LATINSTOCK

Reação de hidratação do sulfato de cobre ($CuSO_4$). Água despejada de um tubo de ensaio provoca a reação, que produz vapor e causa a alteração de cor (branco para azul).

Variação na temperatura

A alteração na temperatura do sistema pode ser outro indício da ocorrência de uma reação química. Em alguns casos, a temperatura aumenta, indicando uma possível **reação exotérmica** (em que há geração de calor).

Um exemplo de reação exotérmica é a decomposição da água oxigenada.

$$2\,H_2O_2 \rightarrow 2\,H_2O + O_2 + \text{calor}$$

(água oxigenada) → (água) + (gás oxigênio) + (calor)

Em outras reações notamos o abaixamento da temperatura do sistema, mostrando que ocorreu absorção de energia durante o processo. Essas reações são chamadas **endotérmicas**, como a reação de formação do iodeto de hidrogênio (HI) a partir dos gases H_2 e I_2.

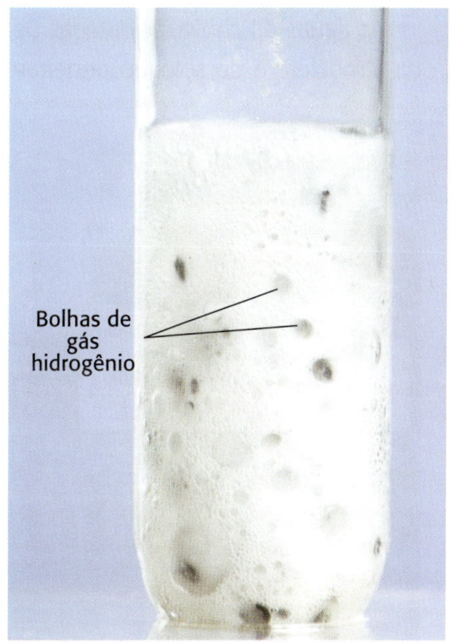

MARTYN F. CHILLMAID/SPL/LATINSTOCK

Reação de cálcio com um ácido, com produção de grande quantidade de calor (reação exotérmica). Formam-se cloreto de cálcio e gás hidrogênio, responsável pelas bolhas que vemos no tubo.

FIQUE DE OLHO

A combustão é um tipo de reação química.

1. Faça uma pesquisa a respeito da reação de combustão, destacando os reagentes e os produtos desse tipo de reação.
2. No caso da combustão, qual é a evidência de que ocorreu reação química?

SAIBA MAIS

As reações químicas e a formação das cavernas

“ As cavernas formam-se normalmente em áreas de rochas calcárias [...].

As rochas calcárias são formadas por calcita (carbonato de cálcio, $CaCO_3$), que se dissolve quando entra em contato com a água que contém suficiente teor de ácidos. Estes são provenientes da chuva ácida ou do dióxido de carbono (CO_2) existente na atmosfera e na decomposição da matéria orgânica, que em contato com a água forma o ácido carbônico, H_2CO_3.

Num segundo momento, a água ácida penetrando pelas fendas do calcário ataca a rocha, produzindo o bicarbonato de cálcio [$Ca(HCO_3)_2$], que é solúvel e facilmente transportado pela água. Com a dissolução do bicarbonato de cálcio, as fendas vão-se alargando lentamente e formando as cavernas. [...]

As águas da chuva, aciduladas pelo gás carbônico da atmosfera e do solo, ao penetrarem pelas fendas da rocha calcária, vão dissolvendo-a e transportando o bicarbonato de cálcio [$Ca(HCO_3)_2$] em solução até emergirem no teto de uma caverna preexistente. A gota dessa solução aquosa fica pendurada no teto até que atinja volume e peso suficiente para cair. Nesse período, ocorre a liberação do gás carbônico (CO_2) e, como consequência, ocorre a precipitação de parte do bicarbonato dissolvido. Formam-se assim os primeiros cristais de carbonato de cálcio ($CaCO_3$), que vão dar origem à estalactite.

A gota, ao cair, ainda carrega consigo bicarbonato de cálcio [$Ca(HCO_3)_2$] em solução, o qual vai sendo depositado no piso logo abaixo, formando uma estalagmite. [...] ”

CELEGHINI, R. M. S. Disponível em: <http://www.cdcc.usp.br/quimica/ciencia/cavernas.html>. Acesso em: 16 mar. 2015

Acidulada: ligeiramente ácida.

LUIS MOURA

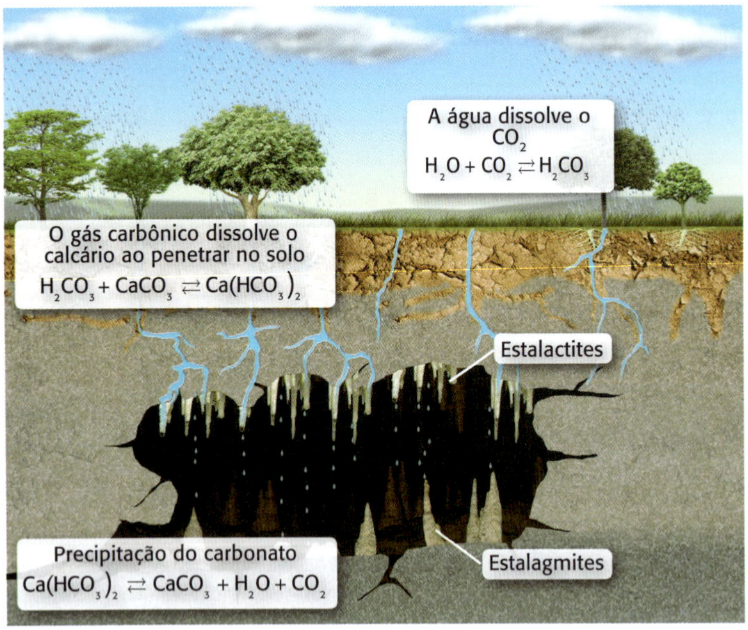

Representação esquemática da formação de uma caverna. Elementos fora de escala de tamanho e de proporção. Cores fantasia.

ANNA LAURA D'AVILA WOLFF/ISTOCK/GETTY IMAGES

Formação de estalactites na Gruta Azul, em Bonito (MS), 2012.

Para pensar

1. Reescreva a equação química envolvida no processo final de formação das estalagmites.

2. Observe as equações na imagem acima. Elas representam reações reversíveis?

CLASSIFICAÇÃO DAS REAÇÕES QUÍMICAS

Apresentaremos as reações químicas classificadas em quatro grupos principais: reações de síntese (adição), de decomposição (análise), de simples troca e de dupla-troca.

- **Reações de síntese e decomposição**

Compare as seguintes reações:

Reação I: $2\ H_2 + O_2 \rightarrow 2\ H_2O$

Reação II: $2\ H_2O_2 \rightarrow 2\ H_2O + O_2$

Observando os reagentes e os produtos das duas reações, notamos que, na reação I, o gás hidrogênio reage com o gás oxigênio formando a água, uma molécula comparativamente mais complexa. Na reação II, ocorre o inverso, o peróxido de hidrogênio, ou água oxigenada (H_2O_2), decompõe-se produzindo água e gás oxigênio.

A reação I é uma **reação de síntese** ou **adição**, em que duas ou mais substâncias reagem para formar uma substância nova ou mais. A reação II é um exemplo de **reação de decomposição** ou **análise**, em que uma substância se decompõe originando duas (ou mais) substâncias novas.

- **Reações de simples troca**

Nas **reações de simples troca** ou **deslocamento**, uma substância simples reage com uma substância composta formando uma nova substância composta e uma nova substância simples.

$$2\ KI + C\ell_2 \rightarrow 2\ KC\ell + I_2$$

Nessa reação, a substância composta KI (iodeto de potássio) reagiu com a substância simples $C\ell_2$ (gás cloro) formando a substância composta $KC\ell$ (cloreto de potássio) e a substância simples I_2 (iodo sólido).

Outro exemplo de simples troca é a reação entre uma barra de zinco (Zn) e uma solução azulada de sulfato de cobre ($CuSO_4$), como podemos ver na foto ao lado. A reação produz cobre (Cu), metal avermelhado, e sulfato de zinco ($ZnSO_4$), solúvel em água.

$$Zn + CuSO_4 \rightarrow ZnSO_4 + Cu$$

ANDREW LAMBERT PHOTOGRAPHY/SPL/LATINSTOCK

Tubo de ensaio em que está ocorrendo reação química entre o zinco e o sulfato de cobre. Repare que ocorreu a formação de cobre no fundo do tubo.

- **Reações químicas de dupla-troca**

Nas **reações de dupla-troca**, duas substâncias compostas reagem entre elas, dando origem a duas novas substâncias compostas. No exemplo a seguir, duas substâncias compostas ($HC\ell$ e NaOH) reagiram formando duas novas substâncias compostas ($NaC\ell$ e H_2O).

$$HC\ell + NaOH \rightarrow NaC\ell + H_2O$$

teia do saber

1. Um estudante colocou um copo com água no congelador. Após algum tempo, a água congelou. Ele argumentou que essa seria uma reação química, pois o gelo era diferente da água. Comente essa argumentação.

2. Qual a diferença entre representar quimicamente 2H e H_2?

3. Observe os esquemas.

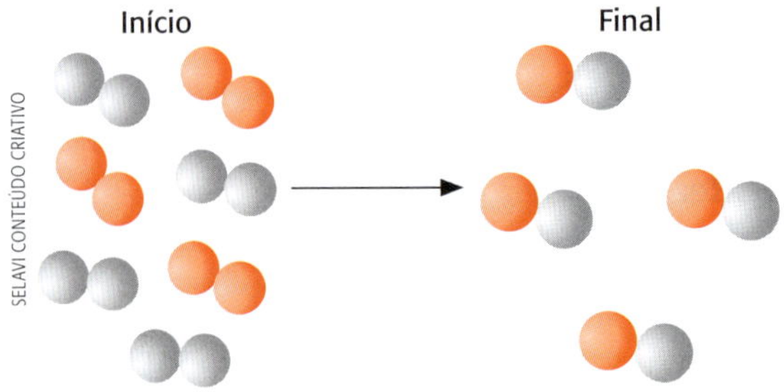

Elementos fora de escala de tamanho e de proporção. Cores fantasia.

   a. O processo descrito na figura pode ser considerado uma reação química? Justifique.
   b. A figura está incorreta do ponto de vista químico. Comente esse erro.
   c. Quantos átomos diferentes estão representados na figura?
   d. Quantas substâncias diferentes estão representadas?

4. Um pacote com pó para refresco de laranja foi despejado em uma jarra com água. O resultado foi um suco de cor alaranjada. Podemos dizer que houve reação química? Justifique sua resposta.

5. Verifique se as reações apresentadas estão balanceadas corretamente. Se não estiverem, faça no caderno as correções necessárias.

   a. $H_2O + CO \rightarrow H_2 + CO_2$
   b. $H_2 + O_2 \rightarrow H_2O$
   c. $NaOH + H_2SO_4 \rightarrow Na_2SO_4 + H_2O$
   d. $NaC\ell + AgNO_3 \rightarrow NaNO_3 + AgC\ell$

6. O etanol é um combustível renovável obtido da cana-de-açúcar. A fórmula do etanol é C_2H_6O. Sua combustão produz gás carbônico (CO_2) e água. Escreva no caderno a equação balanceada dessa reação química.

7. Observe as fotografias e leia as legendas.

A massa de um palito de fósforo diminui quando ele é queimado.

A massa de um prego aumenta quando ele enferruja.

- Essas observações contradizem a lei de conservação das massas? Justifique.

8. Leia o texto a seguir e responda às questões.

A galena é um mineral de cor escura do qual é extraído o chumbo (Pb), na forma de sulfeto de chumbo (PbS). A tinta branca usada antigamente apresentava, em sua composição, um carbonato de chumbo que era lentamente transformado em sulfeto de chumbo ($PbCO_3$) pela ação do gás sulfídrico (H_2S) presente no ar, reduzindo o brilho da pintura. Para resolver esse problema, os restauradores evitaram a ação do ácido sulfídrico usando água oxigenada. A água oxigenada (H_2O_2) reage com o sulfeto de chumbo, convertendo-o em sulfato de chumbo ($PbSO_4$) e água.

MARTIN LAND/SPL/LATINSTOCK

O mineral galena é usualmente encontrado na forma de cristais cúbicos de chumbo ou sulfeto de chumbo.

a. Quais são os produtos e os reagentes na reação usada para resolver o problema?

b. Escreva no caderno a equação química que representa a reação descrita. Não se esqueça de balancear a equação.

9. Para gravar em vidro, utiliza-se uma solução aquosa de ácido fluorídrico (HF), substância que tem a capacidade de reagir com o dióxido de silício (SiO_2) presente no vidro. Os produtos formados são o tetrafluoreto de silício (SiF_4) e água. Escreva no caderno a equação balanceada dessa reação química.

10. Ao ser aquecido, o nitrato de amônio (NH_4NO_3) se decompõe explosivamente formando monóxido de dinitrogênio (N_2O) e água (H_2O). Escreva a equação balanceada desse processo.

11. O bicarbonato de sódio ($NaHCO_3$) diminui a acidez estomacal. Ao reagir com o ácido clorídrico ($HC\ell$) presente no estômago, forma-se cloreto de sódio ($NaC\ell$), gás carbônico (CO_2) e água (H_2O). Escreva no caderno essa reação balanceada.

12. Leia o texto a seguir e indique nele duas ocorrências de reação química.

O cobre metálico (Cu, sólido) reage com uma solução concentrada de ácido nítrico (HNO_3, aquoso) formando o dióxido de nitrogênio (NO_2), um gás castanho-avermelhado. A solução resultante adquire uma coloração verde-escura, por causa da formação do nitrato cúprico $Cu(NO_3)_2$.

13. De acordo com a lei de conservação das massas, qual será a massa de água formada se reagirmos completamente 4 gramas de H_2 e 32 gramas de O_2?

8 Funções químicas

Foi difícil para os cientistas classificar os elementos químicos, que são pouco mais de cem (entre naturais e sintetizados pelos seres humanos). Muitos modelos foram propostos até que se chegasse à tabela periódica.

A dificuldade em classificar as substâncias químicas foi ainda maior, pois existem muito mais substâncias que átomos. Essa classificação foi feita com base nas propriedades semelhantes existentes entre as substâncias químicas. Assim, foram estabelecidas as funções químicas: ácidos, bases, sais e óxidos, que serão estudadas a seguir.

As fotografias abaixo apresentam alguns itens comuns em nosso dia a dia. Se você tivesse que agrupá-los, como faria?

THINKSTOCK/GETTY IMAGES

Limão.

THINKSTOCK/GETTY IMAGES

Caju.

FERNANDO FAVORETTO/CRIAR IMAGEM

Vinagre.

THINKSTOCK/GETTY IMAGES

Sal refinado.

RITA BARRETO

Água.

THINKSTOCK/GETTY IMAGES

Banana verde.

THINKSTOCK/GETTY IMAGES

Maçã.

THINKSTOCK/GETTY IMAGES

Abacaxi.

THINKSTOCK/GETTY IMAGES

Leite.

BATE-PAPO

1. Que critérios você usou para agrupar os itens?

2. Você consegue identificar propriedades químicas semelhantes entre esses itens?

ÁCIDOS

Geralmente, as pessoas imaginam ácidos como substâncias perigosas. De fato, alguns podem causar queimaduras, como o ácido sulfúrico (H_2SO_4), e outros podem ser tóxicos, como o ácido clorídrico ($HC\ell$). No entanto, muitos fazem parte de nossa vida sem que percebamos sua presença. No estômago, por exemplo, há produção de ácido clorídrico, um dos componentes do suco gástrico, que digere os alimentos. E em nossa alimentação há muitos ácidos graxos, que fazem parte da gordura.

No quadro abaixo, são mostrados alguns ácidos utilizados ou consumidos pelos seres humanos. Observe que na molécula dos ácidos há sempre pelo menos um átomo de hidrogênio (H). Os ácidos têm outras propriedades em comum, que caracterizam essa função química.

Uso dos ácidos

Ácido	Fórmula	Onde é encontrado
Fosfórico	H_3PO_4	Refrigerantes à base de cola.
Clorídrico	$HC\ell$	Nosso estômago.
Sulfúrico	H_2SO_4	Fertilizantes.
Nítrico	HNO_3	Explosivos.
Carbônico	H_2CO_3	Refrigerantes e água com gás.
Ascórbico	$C_6H_8O_6$	Vitamina C – frutas e legumes
Acético	$C_2H_4O_2$	Vinagre

Propriedades dos ácidos

Ionização

O químico sueco Svante Arrhenius (1859-1927), ainda no século XIX, definiu os ácidos como substâncias covalentes que, em contato com água, sofrem ionização e produzem o cátion H^+. O hidrogênio que se converte no cátion H^+ é chamado **hidrogênio ionizável**.

Ionização: processo no qual um átomo ou uma molécula perde ou ganha elétrons para formar íons.

Quando um ácido entra em contato com água, os hidrogênios ionizáveis interagem com o oxigênio das moléculas de água, dando origem aos cátions H_3O^+. De forma simplificada, escrevemos apenas H^+.

Podemos representar a ionização do ácido clorídrico ($HC\ell$) desta maneira:

$$HC\ell \xrightarrow{H_2O} H^+ + C\ell^-$$

Alguns ácidos apresentam mais do que um hidrogênio ionizável, como o ácido sulfúrico (H_2SO_4). Nesse caso, cada molécula do ácido que se ioniza libera dois cátions H^+.

A ionização também dá origem a um ânion, e a carga negativa desse ânion depende do número de hidrogênios que sofrerem ionização.

$$H_2SO_4 \xrightarrow{H_2O} 2H^+ + SO_4^{2-}$$

Condutibilidade elétrica

A dispersão dos íons em água faz com que uma solução ácida conduza corrente elétrica, ou seja, apresente condutibilidade elétrica. A água pura não conduz corrente elétrica porque tem estrutura molecular. O ácido clorídrico e o ácido acético também são compostos moleculares e, quando puros, não conduzem corrente elétrica. Mas quando dissolvidos em água, sofrem ionização e produzem íons em solução e conduzem corrente elétrica.

EXPERIMENTO DE CONDUTIBILIDADE ELÉTRICA EM SOLUÇÕES

Representação esquemática da condução de eletricidade em uma solução neutra e em uma solução ácida. A água destilada, ou seja, pura, não conduz eletricidade, por isso a lâmpada não acende, mas, se adicionarmos vinagre a ela, há condução de corrente elétrica. Isso acontece porque o vinagre contém ácido acético, que, em contato com água, produz íons, que passam a conduzir corrente elétrica. Elementos fora de escala de tamanho e de proporção. Cores fantasia.

Sabor azedo

Quando tomamos um suco de limão, estamos ingerindo várias substâncias, entre elas ácido cítrico e ácido ascórbico (vitamina C); por esse motivo sentimos um gosto azedo.

Ao temperarmos uma salada, utilizamos o vinagre, que contém ácido acético. O vinagre também estimula os botões gustativos e sentimos gosto azedo.

Os ácidos têm sabor azedo, por isso recebem esse nome: o termo ácido vem do latim *acidus*, que quer dizer azedo.

CUIDADO !

Alguns ácidos podem causar danos a órgãos do corpo humano, mesmo que ingeridos em pequena quantidade. Podem matar e, por isso, jamais devemos provar uma amostra de ácido desconhecido.

O vinagre contém cerca de 4% de ácido acético em sua composição.

O limão possui cerca de 6% de ácido cítrico em sua composição.

Nomenclatura dos ácidos

Os ácidos formam dois grupos: **hidrácidos** e **oxiácidos**.

Os hidrácidos não possuem oxigênio em suas moléculas. Seus nomes recebem a terminação *-ídrico*. Observe os exemplos:

Nomenclatura dos hidrácidos	
Ácido	**Nome**
HF	Ácido fluorídrico
$HC\ell$	Ácido clorídrico
H_2S	Ácido sulfídrico

Os oxiácidos possuem átomos de oxigênio em suas moléculas. As regras para a formação de seus nomes são baseadas no nome do ânion presente. Observe os exemplos:

Nomenclatura dos oxiácidos		
Ácido	**Ânion**	**Nome**
H_2SO_4	SO_4^{2-} (sulfato)	Ácido sulfúrico
HNO_3	NO_3^- (nitrato)	Ácido nítrico
H_2CO_3	CO_3^{2-} (carbonato)	Ácido carbônico

Representação da molécula do ácido nítrico. Esse é um ácido forte, ou seja, é altamente ionizado quando em solução aquosa. Sua fórmula é HNO_3. Os átomos estão representados por esferas coloridas, as hastes representam as ligações. Elementos fora de escala de tamanho e de proporção. Cores fantasia.

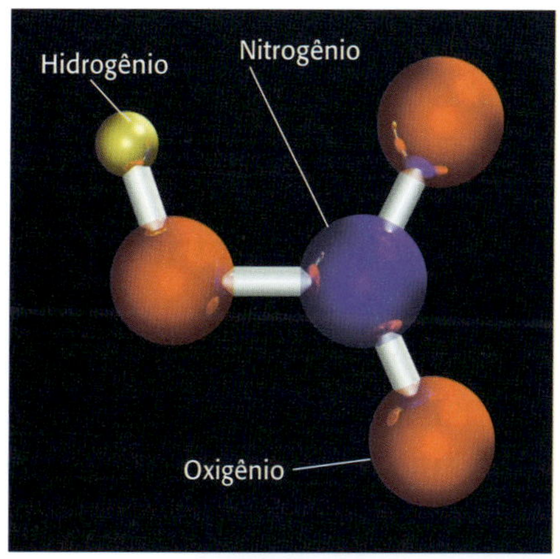

DR MARK J. WINTER/SPL/LATINSTOCK

Alguns ácidos importantes

O ácido sulfúrico (H_2SO_4) é usado na fabricação de fertilizantes, no refino do petróleo, em baterias. É forte agente desidratante, sendo muito perigoso em contato com pele e mucosas.

O ácido fosfórico (H_3PO_4) entra na composição de alguns refrigerantes e na indústria farmacêutica.

O ácido nítrico (HNO_3) é usado em explosivos e na produção de polímeros sintéticos.

O ácido clorídrico ($HC\ell$) é vendido comercialmente como ácido muriático, sendo usado para a limpeza na construção civil. Puro, pode causar queimaduras severas e possível perda de visão; seu vapor é extremamente irritante.

Ação corrosiva dos ácidos

A ação corrosiva não é uma propriedade que os químicos levam em consideração para caracterizar os ácidos, embora alguns deles corroam metais e materiais com carbonato de cálcio, como o mármore.

Os ácidos fracos, como o ácido carbônico e o ácido fluorídrico, somente causam corrosão quando muito concentrados. Portanto, a corrosão não é considerada uma propriedade dos ácidos, pois nem todos têm essa ação.

ALEXANDRE TOKITAKA/PULSAR IMAGENS

A chuva ácida é formada por água misturada a alguns poluentes, como o dióxido de enxofre e o óxido de nitrogênio. Essas substâncias reagem com a água, formando ácidos. Os ácidos reagem com o carbonato, presente em alguns tipos de rocha utilizados em esculturas. Essa reação converte o carbonato de cálcio em substâncias que podem ser dissolvidas pela água, causando a corrosão. Detalhe de escultura de Anfitrite em parque de São Paulo (SP), em 2011.

BASES

Em nosso cotidiano, utilizamos diversas substâncias que são bases, como em produtos de higiene. Nem todas as bases podem ser manipuladas sem cuidado, pois algumas são corrosivas. O hidróxido de sódio (NaOH), por exemplo, é corrosivo em contato com a pele, podendo causar graves queimaduras.

Segundo o químico Arrhenius, as bases, ou hidróxidos, são compostos iônicos que sofrem dissociação em meio aquoso, liberando como único ânion o OH^- (hidroxila). Por exemplo:

$$NaOH \xrightarrow{H_2O} Na^+ + OH^-$$

Nesse exemplo, a base liberou apenas uma hidroxila. Existem bases que se dissociam liberando mais do que uma hidroxila, como o hidróxido de alumínio [$A\ell(OH)_3$], por exemplo:

$$A\ell(OH)_3 \xrightarrow{H_2O} A\ell^{3+} + 3OH^-$$

Note que o número de hidroxilas liberadas é igual à carga do cátion liberado.

THINKSTOCK/GETTY IMAGES

O creme dental é uma base.

Atenção! Não confunda dissociação iônica com ionização.

Durante a dissociação, os íons já existentes na ligação iônica são separados pelas moléculas de água ou pelo aquecimento. Na ionização, os íons são formados a partir de átomos neutros.

Propriedades das bases

Condutibilidade elétrica

Assim como no caso dos ácidos, soluções aquosas de bases têm a propriedade de conduzir a corrente elétrica, por causa da presença de íons livres, liberados durante o processo de dissociação iônica. Podemos observar a condutibilidade elétrica de uma base adicionando sabão à água destilada.

EXPERIMENTO DE CONDUTIBILIDADE ELÉTRICA EM SOLUÇÕES

LUIS MOURA

Representação esquemática da condução de eletricidade em solução neutra e em solução básica. Elementos fora de escala de tamanho e de proporção. Cores fantasia.

Sabor adstringente

As bases têm sabor adstringente, semelhante ao gosto que sentimos quando comemos uma banana verde (sabor que "amarra a boca").

Neutralização

As bases, quando misturadas a ácidos, neutralizam-nos, tendo como produtos da reação sal e água. Durante a reação de neutralização, observa-se liberação de energia, evidenciada pelo aumento da temperatura do sistema. É uma reação exotérmica.

As bases também reagem com óxidos ácidos, que serão explicados a seguir, formando sal e água.

Nomenclatura das bases

O nome de uma base é formado pela palavra "hidróxido" acrescida do nome do elemento ligado à hidroxila, por exemplo:

- NaOH: hidróxido de sódio;
- $A\ell_2(OH)_3$: hidróxido de alumínio;
- KOH: hidróxido de potássio.

Algumas bases importantes

O **hidróxido de sódio** (NaOH), também conhecido como soda cáustica, é uma base com grande número de aplicações práticas no dia a dia. Produtos de limpeza de fornos e de desentupimento de pias e ralos são feitos a partir dessa base, sendo também um importante reagente na fabricação de sabão.

O **hidróxido de alumínio** [$A\ell(OH)_3$] é um antiácido estomacal; o **hidróxido de magnésio** [$Mg(OH)_2$] é utilizado como laxante e antiácido estomacal; o **hidróxido de cálcio** [$Ca(OH)_2$], também chamado cal hidratada ou cal extinta, é usado na construção civil para o preparo de argamassa e no processo de caiação de paredes.

A **amônia** (NH_3), quando dissolvida em água, origina o hidróxido de amônio (NH_4OH), também conhecido como amoníaco. Os produtos de limpeza amoniacais (à base de amoníaco) são feitos a partir dessas soluções, apresentando cheiro desagradável por causa da liberação de amônia.

PIERRE ROCHON / ALAMY/OTHER IMAGES

A cal hidratada (hidróxido de cálcio) pode ser utilizada em pintura de paredes. Na fotografia, homem pintando parte externa de casa tradicional na ilha de Syros, Grécia.

INDICADORES QUÍMICOS E PH

Existem substâncias químicas que possuem a propriedade de mudar de cor em certas condições de acidez ou alcalinidade (basicidade). São os **indicadores químicos**, como a fenolftaleína (rosa em meio básico e incolor em meio ácido).

EDUARDO SANTALIESTRA

Papel de tornassol feito com extratos de liquens. Em meio ácido, o papel de tornassol azul muda de cor, fica vermelho ou laranja. À esquerda, o papel de tornassol azul foi mergulhado em água. À direita, em água com limão.

Para medir as condições de acidez ou alcalinidade de uma solução, os químicos utilizam uma escala de medidas baseadas no potencial hidrogeniônico da solução, ou simplesmente pH. Uma solução é ácida se apresentar valores de pH inferiores a sete (como o vinagre), neutra se o pH for igual a sete (água pura) e alcalina se o pH for superior a sete (limpador à base de amônia). A medida é feita por um aparelho chamado pHmetro.

pH	Substância
<1,0	ácido de bateria
2,0	suco gástrico
2,4	suco de limão
2,5	refrigerante
2,9	vinagre
3,5	suco de laranja ou maçã
4,5	cerveja
5,0	café
5,5	chá
5,3	banana
<5,6	chuva ácida
6,5	leite
7,0	água pura
6,5 - 7,4	saliva humana
7,34 - 7,45	sangue
8,0	água do mar
9,0 - 10,0	sabonete artesanal
11,5	amônia caseira
12,5	cloro
13,5	hidróxido de sódio

ESCALA DE pH

ANDREW LAMBERT PHOTOGRAPHY/SPL/LATINSTOCK

Indicação do pH de substâncias com base em uma escala de pH. As cores da escala representam o aspecto que teria a solução se fosse utilizada como indicador químico uma substância que agrega diversos tipos de indicador, chamada de indicador universal. Quando o indicador universal é adicionado a uma substância, ele muda de cor de acordo com o pH da solução. Repare que a intensidade das cores aumenta se a substância for uma base forte ou um ácido forte.

Indicador de repolho roxo

Para pensar

Muitas plantas possuem uma substância chamada **antocianina**, que é um corante natural solúvel em água. Esse corante é responsável pelos tons entre vermelho, roxo e azulado em muitas frutas e hortaliças. A antocianina tem a propriedade de mudar de cor na presença de ácidos ou bases e pode ser usada como indicador de pH de substâncias.

Por que é importante conhecer o pH de uma substância?

Objetivo

- Preparar um indicador feito com extrato de repolho roxo, rico em antocianina.

Materiais

- 1 repolho roxo
- água
- liquidificador
- suporte e filtro de coar café
- 1 pote grande
- 5 copos
- 1 colher de sobremesa
- 1 colher de bicarbonato de sódio
- 1 colher de vinagre
- refrigerante
- leite integral
- detergente

Procedimentos

1. Pique com as mãos a metade de um repolho roxo, coloque no liquidificador, acrescente água até cobrir o repolho. Bata bem.
2. Coloque o filtro no suporte e apoie sobre o pote grande.
3. Despeje com cuidado o extrato de repolho roxo no filtro de café até encher o pote. Observe sua cor.
4. Distribua o extrato de repolho roxo nos copos e acrescente em copos diferentes cada um dos materiais – bicarbonato, vinagre, leite, refrigerante e detergente.
5. Copie o modelo de tabela no seu caderno e preencha o campo "previsão" antes de adicionar os materiais ao extrato de repolho roxo.
6. Mexa com uma colher o material adicionado em cada copo e observe novamente a cor do extrato. Não se esqueça de lavar a colher antes de colocá-la em outro copo.

Material	Previsão	Cor do extrato	pH
...	...	...	...

Modelo de tabela.

Resultados e discussões

1. Que materiais apresentam comportamento ácido e quais apresentam comportamento básico? Suas previsões se confirmaram?
2. Observe a escala de pH feita com extrato de repolho roxo e estime valores aproximados de pH para cada um dos materiais.

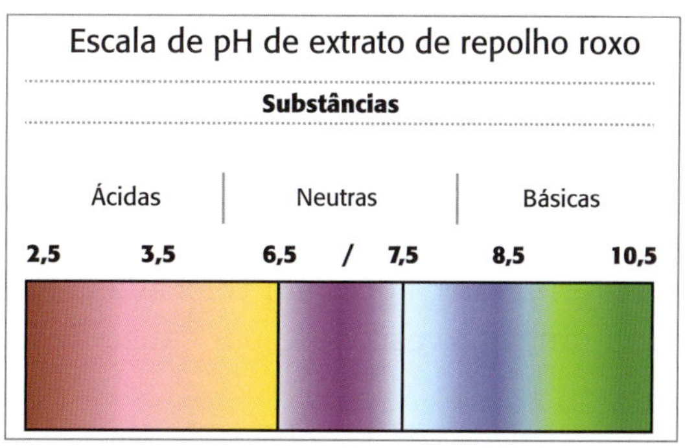

Representação esquemática de escala de pH feita com extrato de repolho roxo.

Para ir além

Existem diferentes métodos para determinar o pH de substâncias e materiais. Pesquise como é determinado o pH da água de piscinas localizadas em clubes ou residências.

SAIS

A palavra "sal" é usada no dia a dia para indicar o sal de cozinha, que é o cloreto de sódio, mas na Química ela é usada para classificar diversas substâncias.

THINKSTOCK/GETTY IMAGES

O sal de cozinha é um tipo de sal que é extraído do mar nas salinas.

DU ZUPPANI/PULSAR IMAGENS

Estocagem de sal em salina em Areia Branca (RN), 2011.

Os sais podem ser obtidos por reação de neutralização entre ácido e base. Nessa reação, formam-se sal e água. Podemos representar essa reação por meio da seguinte equação química:

$$\text{Ácido} + \text{Base} \rightarrow \text{Sal} + \text{Água}$$

Ácidos fortes e bases fortes liberam calor ao serem neutralizados. Deve-se, portanto, realizar a reação com cuidado e vagarosamente. Na neutralização do $HC\ell$ (um ácido forte) pelo NaOH (uma base forte) teremos a formação de $NaC\ell$ (um sal) e água, com liberação de grande quantidade de energia.

$$HC\ell + NaOH \rightarrow NaC\ell + H_2O$$

Quando dissolvidos em água, os sais sofrem dissociação iônica, da mesma forma que as bases. Os íons liberados nessa dissociação tornam as soluções salinas condutoras de eletricidade. É importante ressaltar que não há condução de eletricidade quando o sal está no estado sólido e os íons estão ligados uns aos outros.

O "sal de frutas", medicamento que combate azia e má digestão, é formado por ácidos fracos (como o ácido tartárico e o ácido cítrico) e bicarbonato de sódio, que é um tipo de sal. Na forma sólida, essas substâncias não reagem, mas, ao serem colocadas em água, a reação tem início e origina uma efervescência, por causa da liberação de gás carbônico.

Como o ácido cítrico pode ser obtido de frutas como laranja e limão, o nome "sal de frutas" foi utilizado para denominar esse medicamento.

RITA BARRETO

As substâncias ácidas e básicas do sal de frutas reagem em meio líquido liberando gás carbônico, o que causa a efervescência.

Nomenclatura dos sais

A nomenclatura dos sais é feita com base no nome do ânion seguido pelo nome do cátion. Observe alguns exemplos na tabela apresentada abaixo:

Exemplos de nomenclatura dos sais			
Ânion	**Cátion**	**Sal**	**Nome**
$C\ell^-$ (cloreto)	Na^+ (sódio)	$NaC\ell$	Cloreto de sódio
$(SO_4)^{2-}$ (sulfato)	$A\ell^{3+}$ (alumínio)	$A\ell_2(SO_4)_3$	Sulfato de alumínio
$(NO_3)^-$ (nitrato)	K^+ (potássio)	KNO_3	Nitrato de potássio
$(PO_4)^{3-}$ (fosfato)	Ca^{2+} (cálcio)	$Ca_3(PO_4)_2$	Fosfato de cálcio

Alguns sais importantes

O sal de cozinha (**cloreto de sódio**) consumido no Brasil é retirado principalmente da água do mar, por simples evaporação. Além do $NaC\ell$, ele contém **iodeto de potássio** (KI), adicionado para prevenir o bócio, e vários outros sais em pequena proporção. O **sulfito de sódio** (Na_2SO_3) é um sal usado como conservante alimentar. O **carbonato de cálcio** ($CaCO_3$), muito empregado na agricultura para a correção da acidez do solo, é encontrado em conchas, nas cascas dos ovos e na crosta terrestre (formando o calcário).

THINKSTOCK/GETTY IMAGES

O giz escolar é um exemplo de material feito com sulfato de cálcio.

FIQUE DE OLHO

Em 2007, tornou-se pública uma fraude cometida contra o consumidor: algumas empresas estavam adicionando água oxigenada e hidróxido de sódio (soda cáustica) ao leite.

Conforme o leite se deteriora, sua acidez aumenta e as bactérias se multiplicam rapidamente. A água oxigenada é um poderoso bactericida, eliminando as bactérias presentes e mascarando a deterioração do leite.

A soda cáustica pode causar danos graves e permanentes ao sistema gastrointestinal. É irritante se inalada em pequenas doses, danosa ou mortal em grandes doses. Também é perigosa para a pele e para os olhos; os sintomas podem ser irritações leves, úlceras graves, danos na córnea e no tecido conjuntivo.

- Troque ideias com os colegas para discutir qual seria a função da soda cáustica no leite. Se não souberem, pesquisem para chegar a uma conclusão.

PELICANO

Charge produzida pelo cartunista Pelicano, em outubro de 2007, no Portal Movimento das Artes.

ÓXIDOS

Óxidos são compostos binários, ou seja, formados por dois elementos distintos, e um desses elementos é obrigatoriamente o oxigênio. Os óxidos são formados por oxigênio ligado a um metal, ametal ou hidrogênio. O flúor é uma exceção: os compostos OF_2 e O_2F_2 não são óxidos e são chamados de fluoretos de oxigênio.

Há grande quantidade de substâncias classificadas como óxidos na natureza, pois o oxigênio é muito reativo. Entre os óxidos mais comuns encontrados em nosso dia a dia, há o gás carbônico, a cal, a água oxigenada e a ferrugem.

DR MARK J. WINTER/SPL/LATINSTOCK

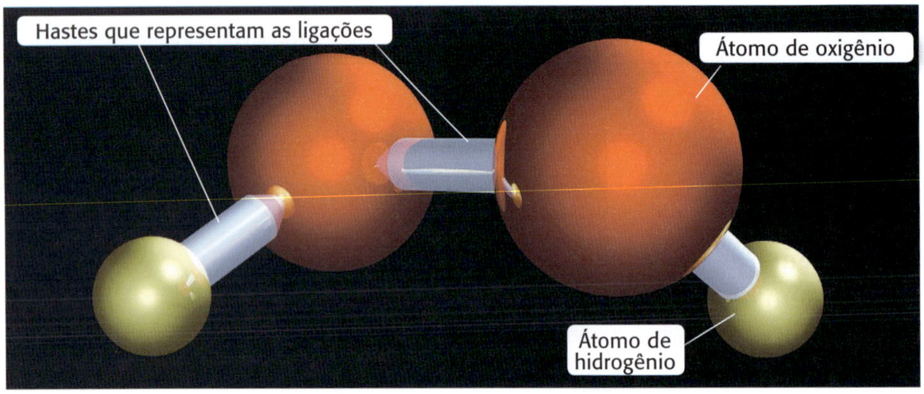

Representação esquemática de molécula de peróxido de hidrogênio (água oxigenada – H_2O_2). Os átomos estão representados por esferas vermelhas (oxigênio) e douradas (hidrogênio) e as ligações, por hastes cinza. Esse produto químico é usado para clarear o cabelo, as roupas, tecidos e papéis. Elementos fora de escala de tamanho e de proporção. Cores fantasia.

Óxidos iônicos e moleculares

Óxidos iônicos são compostos formados por ligações iônicas e o elemento ligado ao oxigênio é um metal, como o CaO (óxido de cálcio). Os **óxidos moleculares** têm ligações covalentes e o elemento ligado ao oxigênio é um não metal, como NO_2 (dióxido de nitrogênio).

O nome de um óxido molecular é formado por prefixo (mono, di, tri, tetra etc.) indicando o número de átomos de oxigênio, seguido do nome do outro elemento ligado. No caso do óxido iônico, basta indicar o nome do metal após a palavra "óxido".

Veja alguns exemplos:

Nomenclatura dos óxidos moleculares e iônicos

Óxido	Classificação	Nome
P_2O_5	Molecular	Pentóxido de difósforo
$C\ell_2O$	Molecular	Monóxido de dicloro
MgO	Iônico	Óxido de magnésio
Li_2O	Iônico	Óxido de lítio

Óxido de ferro (Fe_2O_3), também conhecido como ferrugem, presente em uma corrente de ferro.

THINKSTOCK/GETTY IMAGES

Óxidos ácidos e básicos

Óxidos ácidos, como o gás carbônico (CO_2), formam ácidos ao reagirem com a água. Ao reagirem com bases, formam sal e água.

$$\underset{\text{(dióxido de carbono)}}{CO_2} + \underset{\text{(água)}}{H_2O} \longrightarrow \underset{\text{(ácido carbônico)}}{H_2CO_3}$$

$$\underset{\text{(trióxido de enxofre)}}{SO_3} + \underset{\text{(hidróxido de sódio)}}{2\,NaOH} \longrightarrow \underset{\text{(sulfato de sódio)}}{Na_2SO_4} + \underset{\text{(água)}}{H_2O}$$

Óxidos básicos, formados na maioria das vezes por metais alcalinos e alcalinoterrosos, reagem com a água formando bases, e reagem com ácidos como se fossem bases verdadeiras. O óxido de sódio (Na_2O) é um exemplo.

$$\underset{\text{(óxido de sódio)}}{Na_2O} + \underset{\text{(água)}}{H_2O} \longrightarrow \underset{\text{(hidróxido de sódio)}}{2\,NaOH}$$

Os óxidos básicos apresentam estrutura iônica.

Alguns óxidos importantes

O **gás carbônico** (CO_2) é formado na respiração celular dos seres vivos e nas reações de combustão; no estado sólido, forma o gelo-seco, utilizado em *shows* para produzir fumaça branca.

O **trióxido de enxofre** (SO_3), liberado na queima de combustíveis ricos em enxofre e em processos industriais, é um dos grandes responsáveis pelo fenômeno da chuva ácida. Por se tratar de um óxido ácido, combina-se com o vapor-d'água atmosférico formando o ácido sulfúrico. Quando cai sobre rios e lagos, essa chuva acidificada provoca muitos prejuízos aos ecossistemas aquáticos.

O **monóxido de carbono** (CO) é um gás extremamente perigoso, formado pela combustão incompleta de compostos orgânicos; apresenta afinidade pela hemoglobina cerca de 200 vezes maior do que o oxigênio, substituindo-o na troca de gases na inspiração. Por isso, a exposição a monóxido de carbono em alta concentração por alguns minutos pode causar a morte por asfixia.

SHUTTERSTOCK

O gás carbônico é empregado para a gaseificação de refrigerantes e água com gás.

Os sabões e os óxidos

Ainda é comum encontrarmos, em cidades pequenas, pessoas que fazem o próprio sabão com gordura animal ou óleos vegetais. No processo de saponificação, a gordura é atacada por uma base, como o hidróxido de sódio (NaOH). Antes que essa substância fosse produzida industrialmente, as pessoas usavam cinzas, que, por serem ricas em óxidos básicos, formavam bases em contato com a água, saponificando a gordura.

DNA:
o ácido da vida

Camundongo transgênico, ovelha clonada, teste de paternidade, identificação de criminosos por análise de sangue, rastreamento de doenças, pesquisas criminais, projeto Genoma Humano...

Esses assuntos têm algo em comum: o DNA (abreviação de *deoxyribonucleic acid*; em português, ácido desoxirribonucleico), presente na célula de todos os seres vivos e responsável pelas características de cada espécie e de cada indivíduo transmitidas por meio das gerações.

Todas as formas de vida têm suas características determinadas por informações codificadas no DNA. A molécula desse ácido tem estrutura complexa. São duas fitas enroladas que lembram a espiral de um caderno.

NOVIDADE? NEM TANTO

A ovelha Dolly foi o primeiro animal mamífero clonado, em 1997. A técnica de clonagem, no entanto, já era utilizada há muitos anos em biologia molecular, com transferência de trechos de DNA para bactérias, e há muito mais tempo em práticas agrícolas, quando agricultores tiram uma estaca (pedaço de um vegetal) e plantam em outro local, gerando um organismo geneticamente idêntico.

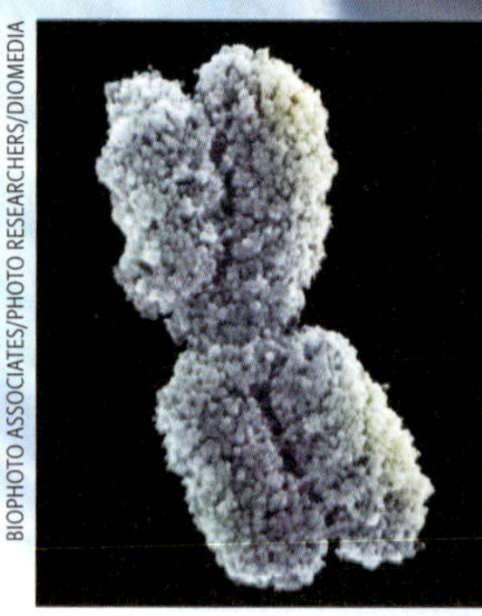

BIOPHOTO ASSOCIATES/PHOTO RESEARCHERS/DIOMEDIA

As duplas-hélices estão empacotadas com proteínas dentro do núcleo das células. Esses pacotes de DNA são os cromossomos.

Apesar de desempenhar um papel fundamental nos seres vivos, o DNA é apenas um molécula composta por átomos de hidrogênio, oxigênio, nitrogênio, carbono e fósforo que estão unidos por ligações covalentes.

As estruturas coloridas (vermelhas, azuis, amarelas e verdes) representam as bases nitrogenadas que compõem o DNA. Elas são de 4 tipos e estão ligadas duas a duas.

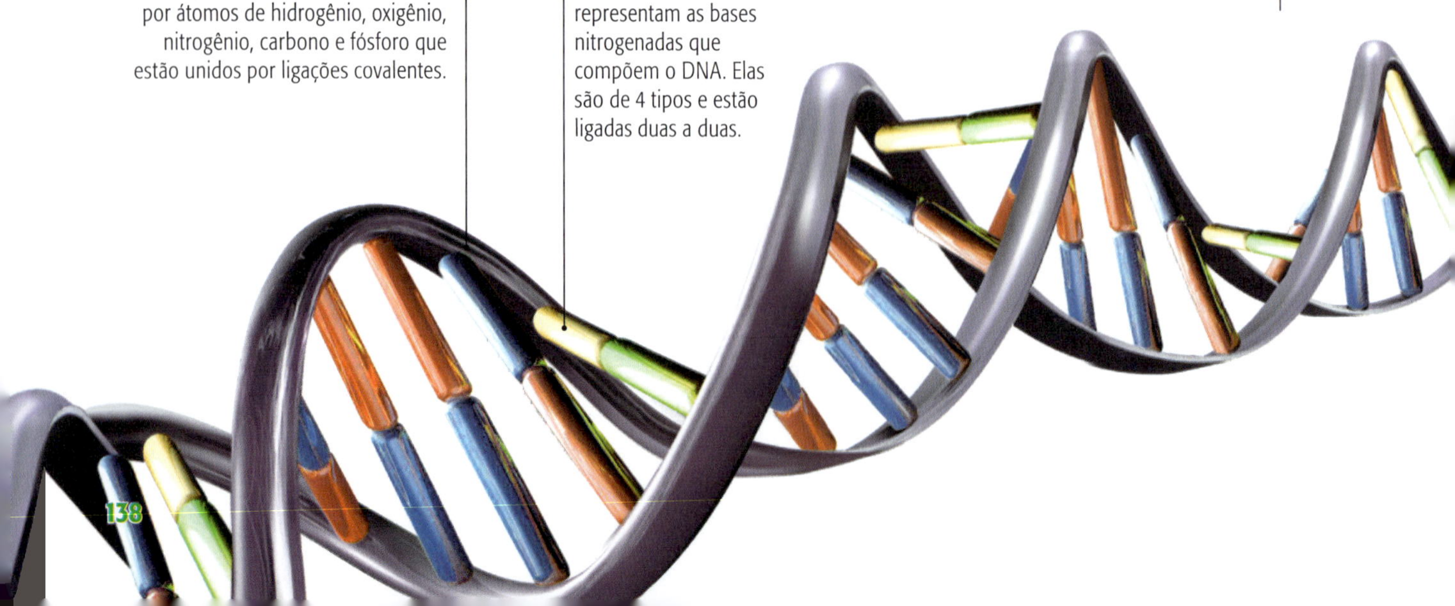

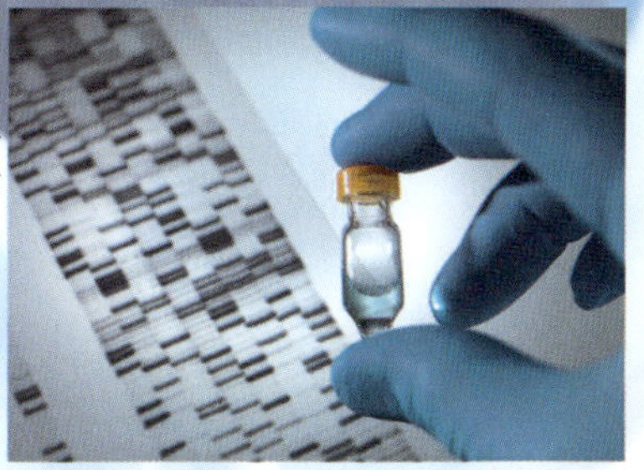

TEK IMAGE/SPL/GLOWIMAGES

QUEM É O PAI?

Cada pessoa tem um padrão de DNA único, que pode ser usado para fins de identificação. O ponto de partida do teste são as características genéticas presentes no filho, que são comparadas com as características presentes na mãe. As características que não forem compatíveis com as da mãe devem ser compatíveis com as do pai. Para realização do exame, basta obter uma pequena quantidade de sangue, saliva ou fios de cabelo com raiz.

EVERTON PRUDÊNCIO

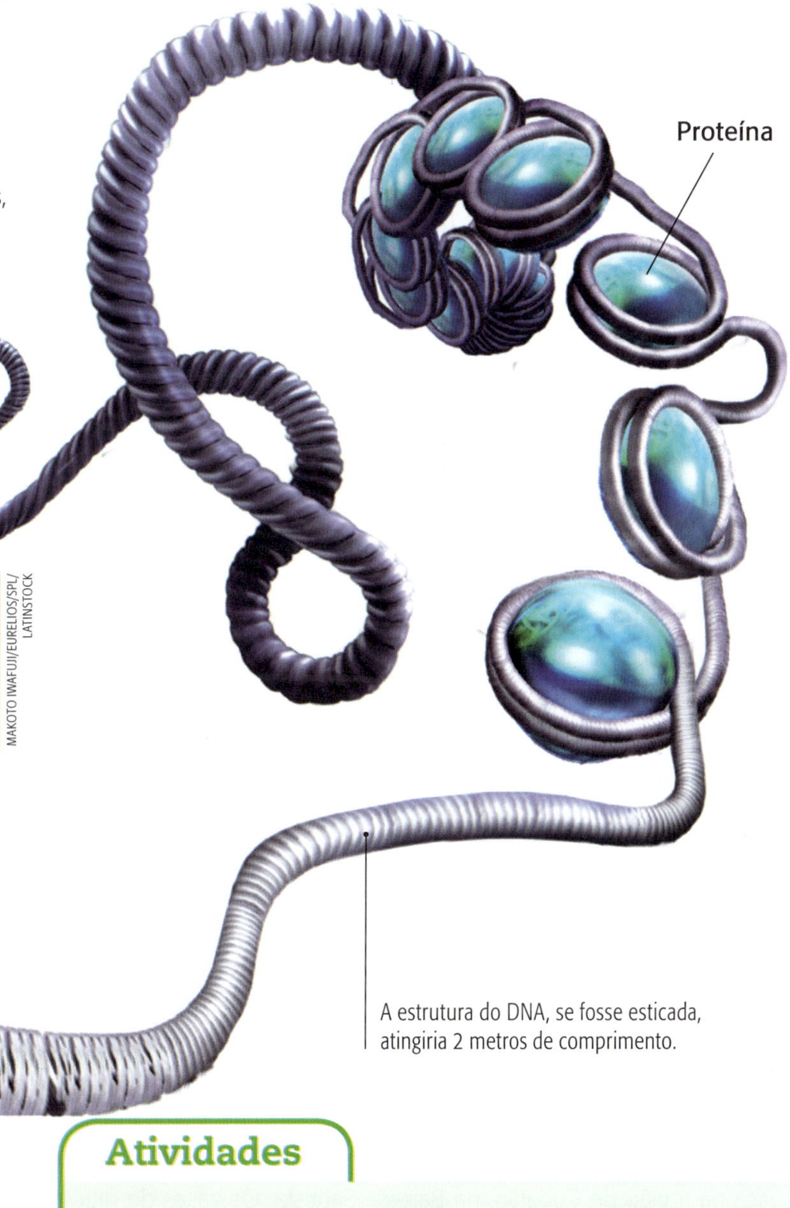

Os cromossomos estão presentes no núcleo de cada célula e constituem o material genético.

As células humanas têm 46 cromossomos, sendo 23 herdados do pai e 23, da mãe. Nos espermatozoides e nos ovócitos, o número de cromossomos é 23.

MAKOTO IWAFUJI/EURELIOS/SPL/LATINSTOCK

No óvulo que originou esse camundongo transgênico fluorescente, foi injetado um vírus que tinha recebido em seu DNA uma parte (gene) do DNA de uma água-viva que brilha.

A estrutura do DNA, se fosse esticada, atingiria 2 metros de comprimento.

Atividades

1. Que tipo de molécula é o DNA?
2. Que nome se dá aos pacotes de DNA dentro do núcleo celular?
3. Que parte da imagem mostra a estrutura dupla-hélice do DNA?

SAIBA MAIS

Chuva ácida

“Em 1989, cientistas da Holanda noticiaram que um determinado pássaro canoro que habita as florestas daquele país estava produzindo ovos com a casca fina e porosa. Problema similar fora detectado nas décadas de [19]60 e [19]70, causado pelo inseticida DDT. Durante as investigações não foi encontrada nenhuma evidência de intoxicação.

Os cientistas resolveram verificar então o suprimento de cálcio disponível para os pássaros na natureza e necessário para a formação de cascas resistentes nos ovos. Aqueles pássaros usavam normalmente como fonte de cálcio caramujos, que constituíam componente importante na dieta. Entretanto, os caramujos haviam praticamente desaparecido das florestas. O solo seco contém normalmente de 5 a 10 gramas de cálcio por quilograma. O cálcio daquela região havia caído para cerca de 0,3 grama por quilograma de solo, um nível muito baixo para que os caramujos sobrevivessem.

À esquerda, água da chuva em região sem poluição. À direita, água da chuva em lugar altamente poluído. Nos dois tubos foi colocado indicador de acidez. Veja que, de acordo com os valores da escala, a chuva da região sem poluição é menos ácida do que a poluída.

Sem caramujos para comer, os pássaros passaram a se alimentar de sobras de alimentos de galinhas e de outros animais domésticos e sobras de piqueniques, muito comuns na Europa.

A queda no conteúdo de cálcio do solo da Europa e dos Estados Unidos da América foi atribuída à ocorrência de chuva ácida, principalmente da que contém ácido sulfúrico.

Este é um exemplo de como a poluição ambiental pode afetar a natureza, sem que as pessoas se deem conta do problema.

Canoro: que canta; harmonioso.

A chuva ácida é um fenômeno regional e ocorre na mesma região que gera os poluentes que a causa. Por isso mesmo a incidência é grande nas regiões altamente industrializadas e mais densamente povoadas.

A chuva ácida é causada pela presença de gases, principalmente óxidos ácidos de enxofre e nitrogênio, que saem das chaminés industriais e são solúveis em água. Misturados à água presente no ar, [formam] ácidos que caem sobre a terra juntamente com a chuva.

A chuva não afetada pela atividade humana é pouco ácida, tendo pH em torno de 5,7. Essa acidez baixa é devida à presença de ácido carbônico, H_2CO_3, formado pela dissolução de CO_2 em H_2O. Esses níveis de acidez não são prejudiciais ao meio ambiente.

Os poluentes mais sérios na chuva ácida são os ácidos fortes.

No Brasil, o exemplo mais marcante de poluição ambiental por chuva ácida foi a destruição da Mata Atlântica na região de Cubatão, na Baixada Santista. Os gases de nitrogênio e enxofre liberados às toneladas pelas chaminés das indústrias locais destruíram a vegetação. Nesse caso, a relação de causa–efeito era óbvia. A região de Cubatão era uma das mais poluídas em todo o mundo.

Após um enorme esforço feito por parte da comunidade científica, das primeiras organizações não governamentais brasileiras preocupadas com o meio ambiente e da imprensa que se empenhou em denunciar e esclarecer os fatos, foi elaborada uma legislação e montado um sistema de fiscalização que passou a controlar as emissões, forçando as indústrias a tomarem cuidados óbvios com as emissões gasosas.

Entretanto, não são apenas as indústrias que poluem com estes gases. As grandes cidades, com seus inúmeros carros, também são importantes produtoras de chuva ácida. [...]

O dióxido de enxofre, SO_2, é produzido como subproduto da queima de combustíveis fósseis, isto é, derivados de petróleo. Ele pode se combinar diretamente com água, formando um ácido fraco, chamado ácido sulfuroso, H_2SO_3 [...]. Além disso, na presença de material particulado e aerossóis do ar, o dióxido de enxofre pode reagir diretamente com o oxigênio atmosférico e formar trióxido de enxofre, que, por sua vez, produz ácido sulfúrico e água. [...]»

subproduto: resíduo, produto secundário resultante de uma reação química.

FRANCISCO, R. H. P. Disponível em: <http://www.cdcc.usp.br/quimica/ciencia/chuva.html>. Acesso em: 18 mar. 2015.

Para pensar

1. Quais são os compostos químicos relacionados à chuva ácida?
2. Cite duas consequências da ocorrência de chuva ácida.
3. Cubatão hoje é considerada uma cidade industrial modelo. Antigamente, era considerada a cidade mais poluída do mundo. A que você acha que se deve essa mudança?

Mata Atlântica sendo poluída por indústrias. Cubatão, SP, em 1998. Em meados da década de 80, Cubatão deu início ao programa de recuperação ambiental. Em 25 anos, a produção de fumaça e fuligem caiu mais de 90%.

MAURICIO SIMONETTI/PULSAR IMAGENS

EXPERIMENTE FAZER

A velocidade nas reações químicas

Para pensar

As reações químicas podem ocorrer em diferentes velocidades: algumas ocorrem mais rapidamente, outras bem mais lentamente. A reação entre bicarbonato de sódio e vinagre, por exemplo, é rápida. Basta os reagentes entrarem em contato para que ela ocorra. Já a reação que ocorre entre ferro, gás oxigênio e água, que forma a ferrugem, ocorre lentamente.

Você conhece alguma reação química que demore muito tempo para ocorrer? E uma muito rápida?

Que fatores aumentam ou diminuem a velocidade de uma reção química?

Objetivo

- Entender a reação química entre um comprimido efervescente e a água e observar os fatores que alteram a velocidade dessa reação.

Materiais

- 2 copos transparentes de mesmo tamanho
- água quente e água gelada
- água em temperatura ambiente
- 2 comprimidos efervescentes
- relógio

Procedimentos

1ª Etapa: Identificando os componentes da reação

1. Encha um copo com água em temperatura ambiente.
2. Coloque um comprimido efervescente na água e marque o tempo de duração da reação.
3. Observe o que acontece com o comprimido.
4. Depois, lave o copo.

FABIO COLOMBINI

Para marcar o tempo de reação, comece a contar depois que soltar o comprimido dentro da água e pare a contagem quando não houver mais evidência de ocorrência de reação química.

2ª Etapa: Reação com comprimido inteiro e com comprimido triturado

Em qual dos casos você acha que a reação ocorrerá mais rapidamente: utilizando-se o comprimido inteiro ou o comprimido triturado? Anote suas ideias no caderno.

1. Com cuidado, corte o comprimido em quatro partes iguais. Duas partes serão utilizadas no próximo experimento.
2. Uma das partes você vai triturar e colocar com cuidado em um pedaço de papel.

3. Encha dois copos com a mesma quantidade de água em temperatura ambiente.

4. Em seguida, coloque, ao mesmo tempo, um quarto de comprimido em um dos copos e um quarto de comprimido triturado no outro.

5. Observe e anote os resultados. Depois, lave os copos.

Representação esquemática da 2ª etapa do experimento. Cores fantasia.

3ª Etapa: Reação em temperaturas diferentes (água gelada e água quente)

Em qual dos casos você acha que a reação entre comprimido efervescente e água ocorrerá mais rapidamente: em água gelada ou em água quente? Anote suas ideias no caderno.

1. Coloque a mesma quantidade de água gelada e água quente nos dois copos.

2. Ao mesmo tempo, coloque os dois pedaços de comprimido nos copos. Marque o tempo de duração da reação nos dois casos.

Representação esquemática da 3ª etapa do experimento. Cores fantasia.

Resultados e Discussão

1. Qual a evidência de que houve reação química quando o comprimido efervescente entrou em contato com a água?

2. Quais são os reagentes e os produtos dessa reação?

3. Em qual das condições a reação ocorreu mais rapidamente: com o comprimido inteiro ou com o triturado?

4. A reação demorou mais quando ocorreu na água quente ou na água fria?

A partir das suas observações, como área de contato e temperatura influenciam na velocidade da reação?

Para ir além

- Observe a ilustração ao lado e responda: Em qual condição a reação entre água e comprimido efervescente ocorre mais rapidamente? E mais lentamente?

Representação esquemática do experimento. Cores fantasia.

ILUSTRAÇÕES RODVAL MATIAS

CUIDADO!

Durante o experimento, não manipule água quente. Peça ajuda a um adulto!

teia do saber

1. A água pura é má condutora de eletricidade, assim como o ácido sulfúrico puro. No entanto, quando fazemos uma solução de ácido sulfúrico e água, a solução resultante conduz eletricidade. Explique por que isso ocorre.

2. Acidulantes são substâncias adicionadas a alimentos para intensificar o gosto azedo. O ânion fosfato origina um ácido muito utilizado como acidulante em refrigerantes. Escreva no caderno a fórmula e o nome desse ácido.

3. É correto dizer que todos os ácidos são corrosivos e perigosos? Justifique sua resposta.

4. Os ácidos podem ser classificados em hidrácidos e oxiácidos. Qual a diferença entre eles? Escreva no caderno dois exemplos de cada um.

5. Observe as fotografias e leia as legendas e o texto.

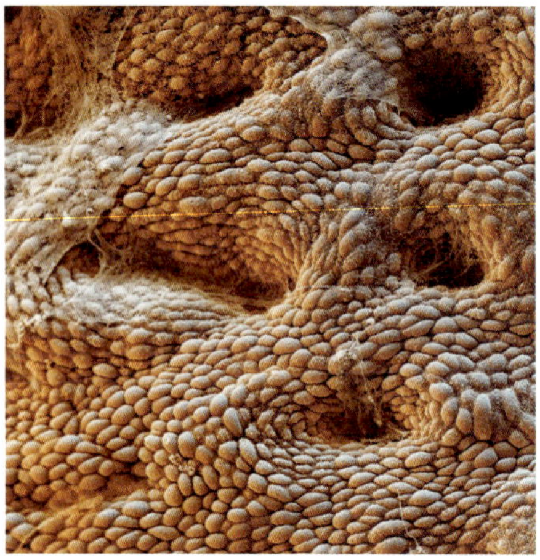
EYE OF SCIENCE/SPL/ LATINSTOCK

Revestimento de estômago humano visto ao microscópio eletrônico de varredura. Cores artificiais. Podemos visualizar parte da mucosa que recebe o ácido clorídrico produzido por glândulas. Ampliação de 420 vezes.

JULIAN BAUM/SCIENCE PHOTO LIBRARY/SPLDC/LATINSTOCK

Representação artística computadorizada da superfície do planeta Vênus, com suas nuvens carregadas de ácido sulfúrico.

As substâncias ácidas, como podemos observar pelas fotografias, fazem parte do cotidiano do ser humano e também podem ser encontradas em outros planetas. Independentemente do local em que essas substâncias estão, a ionização dos ácidos ocorre da mesma forma.

a. O estômago humano produz ácido clorídrico ($HC\ell$), que auxilia na digestão dos alimentos. Escreva a equação de ionização do ácido clorídrico em meio aquoso.

b. A atmosfera de Vênus contém, além de gás carbônico, camadas bastante espessas de nuvens de ácido sulfúrico (H_2SO_4). Escreva a equação de ionização do ácido sulfúrico em meio aquoso.

6. As bases muito solúveis, como o hidróxido de sódio (NaOH), são boas condutoras de eletricidade, quando dissolvidas em água. No entanto, bases pouco solúveis em água, como o hidróxido de prata (AgOH), praticamente não conduzem corrente elétrica. Como esse fato pode ser explicado?

7. Quando adicionamos algumas gotas de limão ao chá-mate, percebemos que ele muda de cor. Como é possível explicar esse fenômeno?

8. Qual a diferença entre a ionização dos ácidos e a dissociação das bases?

9. Um estudante recebeu três frascos (A, B e C) com água. O professor informou a ele que em um dos frascos havia algumas gotas de solução de amoníaco. (O amoníaco é um gás incolor de cheiro irritante, que se dissolve facilmente em água. Sua fórmula química é NH_3. Esse gás se forma durante o processo de decomposição de vegetais e animais.)

O estudante recebeu tiras de papel indicador e a escala de referência: o vermelho indica pH 1 (mais ácido), o verde-claro indica pH 7 (neutro) e o azul-escuro indica pH 11 (mais alcalino). Ele então colocou uma tira em cada frasco para descobrir qual deles tem amoníaco.

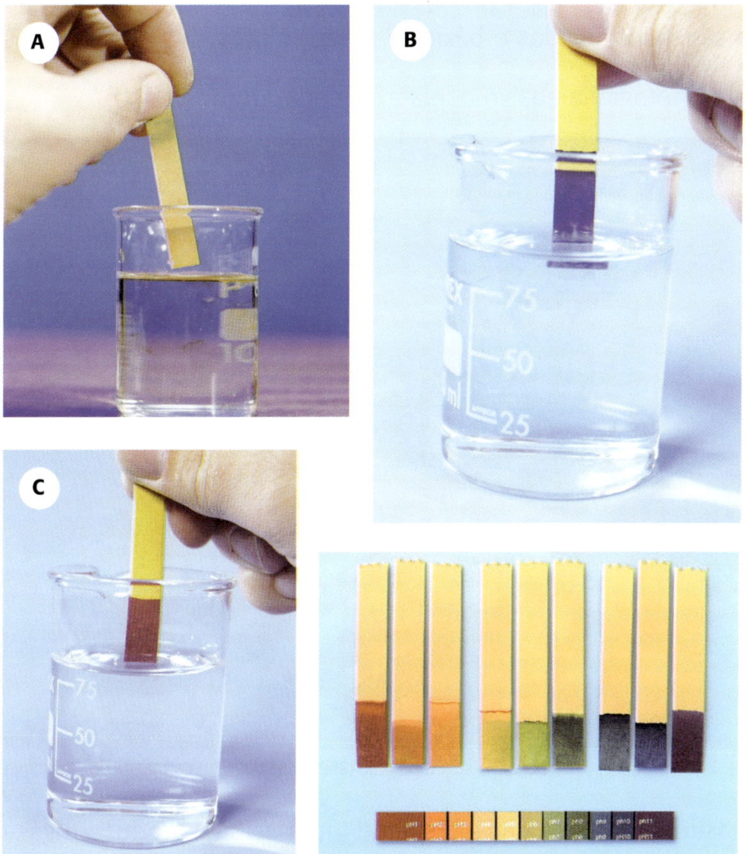

ANDREW LAMBERT PHOTOGRAPHY/SPL/LATINSTOCK

Testes de pH para verificar qual substância contém amoníaco.

Observe as imagens e responda.

- Qual dos frascos revelou a presença de solução de amoníaco? Explique.

10. A fenolftaleína é um indicador que apresenta coloração rosa em meio básico e incolor em meio neutro ou ácido. Qual será a cor de cada uma dessas soluções se pingarmos nelas algumas gotas de fenolftaleína?

LUIS MOURA

A
H_2O pura

B
Solução aquosa de $HC\ell$

C
Solução aquosa de NaOH

11. Os cozinheiros costumam acrescentar um pouco de açúcar branco refinado ao molho de tomate, supostamente para "diminuir sua acidez". Quimicamente, isso está correto? Justifique.

12. Uma solução aquosa de cloreto de sódio é excelente condutora de eletricidade. Como você justifica esse fato?

13. O que caracteriza um óxido?

14. O que são óxidos ácidos e básicos? Dê exemplos.

15. Observe a fotografia abaixo e leia a legenda.

NASA/REUTERS/LATINSTOCK

Estação Espacial Internacional (ISS). A tripulação da estação deve ser composta por, no mínimo, dois astronautas.

- Os astronautas da Estação Espacial Internacional produzem gás carbônico (CO_2) continuamente. Esse gás tóxico precisa ser retirado do interior da estação. Sabendo que esse gás é um óxido ácido, proponha uma substância que poderia ser usada em um filtro para retirar o CO_2 do interior da nave.

16. Leia o texto e depois responda às questões no caderno.

Os produtos químicos podem ser muito perigosos se forem manipulados sem os devidos conhecimentos e precauções. Para alertar sobre os riscos e os cuidados que devemos ter ao usar um produto químico, foi criado um sistema chamado **frases de risco e segurança**. Nesse sistema, os riscos específicos são indicados pela letra R, e as recomendações de segurança e cuidados são sinalizadas pela letra S. Quando estampadas nos rótulos dos produtos, essas frases indicam as orientações sobre a correta utilização da substância em questão. Veja o exemplo:

R27: Muito tóxico em contato com a pele.

S11: Evitar contato com o ar.

a. Qual é a vantagem de um produto ser identificado com frases de risco e segurança?

b. Pesquise quais são as frases de risco e de segurança para o ácido clorídrico ($HC\ell$) e indique os seus significados.

17. Um copo com água pura teve seu pH medido e o valor encontrado foi 7,0. Em seguida, um estudante assoprou com um canudo por algum tempo na água. Se depois disso medirmos novamente, o pH encontrado será maior, menor ou igual a 7,0? Justifique.

18. Muitos monumentos feitos de mármore expostos ao ar livre estão se deteriorando. De acordo com os especialistas, isso ocorre por causa da poluição. Como podemos relacionar a deterioração desses monumentos à poluição atmosférica?

19. O antigo hábito de deixar ligado um carro movido a álcool, em uma garagem fechada, para "esquentar" o motor, era muito perigoso, pois o motor ligado libera monóxido de carbono. Quais os riscos desse óxido para a saúde?

20. O pastor inglês Joseph Priestley (1733-1804) contribuiu decisivamente para o desenvolvimento das bebidas gaseificadas. Havia uma cervejaria perto de sua casa, e o ambiente era saturado de CO_2. Ao passar a água de um copo para outro repetidamente, ele conseguiu gaseificá-la, pois, a cada repetição, um pouco do gás se dissolvia. Sobre esse gás são feitas as afirmações a seguir. Copie no caderno as afirmações falsas, corrigindo-as.

a. O CO_2 é produzido na queima de combustíveis fósseis.

b. O CO_2 é um óxido básico.

c. O CO_2 é chamado de monóxido de carbono.

d. Todos os óxidos derivados do carbono são ácidos, inclusive o CO_2.

21. No caderno, classifique cada composto contido nos frascos de acordo com sua função química.

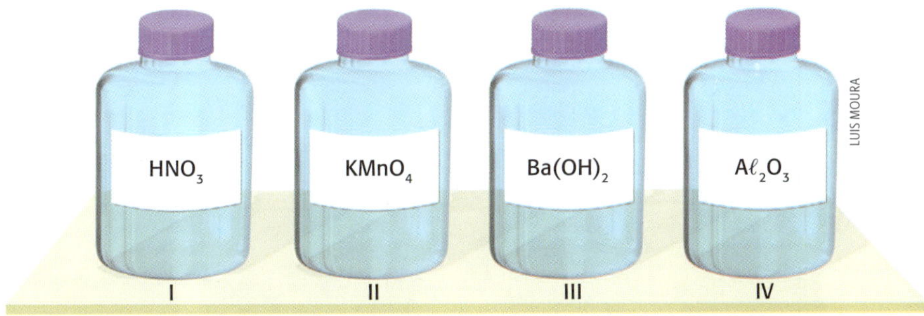

Desfecho

Com base nas pistas do Desafio, responda: De que forma o estudo dos elementos químicos está relacionado ao desenvolvimento de novas tecnologias? Qual a relação do conhecimento químico com o nosso cotidiano?

Encerrando a unidade

1. **Nesta unidade, você estudou vários assuntos (ácidos, bases, sais, óxidos e reações químicas). Escreva uma frase sobre cada um deles e leia as frases de seus colegas de grupo.**

2. **Conversem sobre os temas. Anotem as dúvidas e tentem resolvê-las.**
Depois, produzam uma lista com duas substâncias ácidas, duas básicas e dois sais que são utilizados no dia a dia. Façam um mural chamado "química no dia a dia" e ilustre-o com imagens. Junto de cada imagem, indique a fórmula química das substâncias que compõem o produto.

THINKSTOCK/GETTY IMAGES

A descoberta da estrutura molecular do DNA

BETTMANN/CORBIS/LATINSTOCK

A. BARRINGTON BROWN/SPL/LATINSTOCK

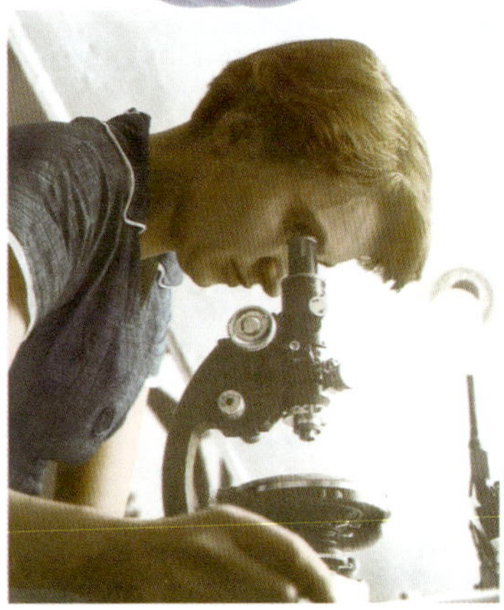

PHOTO RESEARCHERS/DIOMEDIA

Nas fotos, vemos alguns pesquisadores que contribuíram para a descoberta da estrutura do DNA: Francis Crick (1916-2004), físico inglês; James Watson (1928-), biólogo estadunidense; Maurice Wilkins (1916-2004), biólogo neozelandês, e Rosalind Franklin (1920-1958), química inglesa. Wilkins, Crick e Watson ganharam o prêmio Nobel de Fisiologia e Medicina de 1962. Falecida em 1958, Rosalind Franklin não recebeu o prêmio e é pouco reconhecida por seu trabalho.

A revista *Nature* publicou, em 1953, um artigo de James Watson e Francis Crick no qual a estrutura do ácido desoxirribonucleico (DNA) era apresentada. Nesse artigo, os autores diziam: “Esta estrutura tem aspectos novos que são de considerável interesse biológico”.

Essa foi a maior descoberta da ciência do século XX. Nove anos depois, em 1962, esses jovens cientistas dividiram o Prêmio Nobel de Fisiologia ou Medicina com outro pesquisador, Maurice Wilkins, por terem resolvido um dos maiores desafios da ciência. Hoje, decorridos mais de 50 anos, o assunto é relevante e citado pelos meios de comunicação do mundo inteiro.

A descoberta da estrutura do DNA não é mérito de apenas três cientistas (na verdade quatro, mas a pesquisadora Rosalind Franklin não viveu para receber o prêmio). Foram muitos os pesquisadores que trabalharam em seus laboratórios e a contribuição de todos durante um século foi necessária para que essa descoberta pudesse ser feita.

Tudo começou com um jovem médico suíço, Friedrich Miescher (1844-1895), que isolou o que ninguém até então tinha descoberto no núcleo das células: um composto que ele chamou de nucleína e hoje é chamado de DNA (*deoxyribonucleic acid*).

Desde essa primeira descoberta, começou uma sequência de pesquisas em várias áreas do conhecimento, interligando saberes que contribuíram para a compreensão da forma da molécula do DNA e sua função nos seres vivos.

Johann Friedrich Miescher, o descobridor do DNA, em retrato de 1888. Miescher estudou Medicina na Basileia, na Suíça, depois Química Orgânica e Fisiologia, na Alemanha. Ele pesquisava glóbulos brancos quando descobriu no núcleo dessas células um ácido que continha fósforo, elemento pouco comum em células.

Pesquisadores que contribuíram para a descoberta da molécula do DNA e sua estrutura

Data	Pesquisador	Área de trabalho	Descoberta
1869	Friedrich Miescher	Medicina	Pesquisando o núcleo dos glóbulos brancos, identificou uma substância semelhante aos ácidos orgânicos, rica em fósforo e nitrogênio. Chamou esse ácido de nucleína.
1880	Albrecht Kossel (1853-1927)	Medicina	Demonstrou que a nucleína continha bases ricas em nitrogênio.
1889	Richard Altmann (1852-1900)	Medicina	Comprovou que a nucleína é mesmo um ácido e mudou seu nome para ácido nucleico.
1909	Phoebus Levine (1869-1940) Walter Jacobs (1883-1967)	Química	Concluíram que o componente básico dos ácidos nucleicos era uma base nitrogenada ligada a um açúcar, ligado a um fosfato. O ácido nucleico passou a ser visto como uma molécula grande e foi denominado ácido desoxirribonucleico.
1944	Oswald Avery (1877-1955) e equipe	Medicina	Transferiram DNA de uma linhagem de bactérias que causam doença para outra linhagem inofensiva e constataram que essas bactérias inofensivas causavam doença e transmitiam essa característica a seus descendentes.
1951	Erwin Chargaff (1905-2002)	Química	Demonstrou que as bases nitrogenadas (timina, adenina, guanina e citosina) são sempre mantidas em proporções constantes no DNA.
1952	Alfred Hershey (1908-1997) Martha Chase (1907-2003)	Biologia	Confirmaram que o DNA é o material genético que, transmitido por meio das gerações, carrega o código que determina as características hereditárias.
1952	Rosalind Franklin Maurice Wilkins	Química	Usaram raios X para determinar a disposição física dos átomos do DNA e ele aparece como helicoidal.
1953	Linus Pauling (1901-1994)	Química	Propôs uma estrutura de tripla hélice para o DNA.
1953	Francis Crick James Watson	Física Biologia	Reuniram dados de pesquisas realizadas por outros cientistas, principalmente Rosalind Franklin e Maurice Wilkins, e idealizaram um modelo para a estrutura do DNA. Comunicaram suas ideias na revista *Nature*.

Para explorar

Leia esta afirmação.

As descobertas da ciência não são o resultado do trabalho de um único cientista, mas sim resultado da pesquisa de muitos cientistas ao longo do tempo.

Em grupo, procurem no texto desta seção informações que permitam comprovar a afirmação e elaborem uma justificativa para a frase.

UNIDADE

5 Movimento e forças

Esta obra é de 1822 e foi feita por Jean Baptiste Debret (1768-1848), artista francês que visitou o Brasil no século XIX.

Debret, em 1831, publicou o livro *Viagem pitoresca e histórica ao Brasil*, com gravuras que mostram paisagens e costumes do Brasil.

Na obra ao lado, Debret retratou uma situação comum em engenhos de açúcar da época, onde homens africanos escravizados realizavam o trabalho.

As pessoas escravizadas enfrentavam duras condições de vida. Trabalhavam por muitas horas, dormiam em alojamentos precários e, muitas vezes, sofriam punições físicas.

Nesta unidade, você vai saber mais sobre:

- Movimento
- O que é força, sua direção e sentido
- As leis de Newton
- Queda dos corpos

Engenho manual que faz caldo de cana, de Jean Baptiste Debret, aquarela sobre papel, Rio de Janeiro, 1822.

JEAN BAPTISTE DEBRET, 1822/MUSEU CASTRO MAYA, RJ

TROCANDO IDEIAS

1. Na imagem destas páginas, que tipo de força está sendo usada na moagem da cana? De onde vem a energia para gerá-la?
2. O caldo de cana é uma bebida muito popular no Brasil, principalmente em feiras livres. Atualmente, como a cana é moída? Que força é utilizada nessa tarefa? De onde vem a energia usada para gerá-la?
3. Hoje, a nação brasileira é formada por muitos afrodescendentes. No entanto, passados mais de 120 anos da abolição da escravatura, a discriminação contra eles ainda existe. Pesquise iniciativas do governo e de organizações não governamentais que visam promover a igualdade racial.

9 Movimento

O guepardo é um dos animais terrestres mais rápidos do mundo, seu limite máximo de velocidade é algo próximo de 110 km/h ou 30 m/s.

A estratégia utilizada para caçar é perseguir, em alta velocidade, sua presa. Os guepardos alimentam-se de animais como gazelas, antílopes, zebras e lebres.

A forma do seu corpo contribui para sua agilidade. O formato do tronco e a cauda auxiliam no equilíbrio.

Esse felino é nativo das savanas africanas.

Nome: guepardo (*Acinonyx jubatus*)
Altura (do ombro ao solo): 67 cm a 94 cm
Peso médio: 53 kg
Hábitat: savanas africanas
Velocidade máxima: 30 metros por segundo

RANDY WELLS/FLIRT BY CORBIS/LATINSTOCK

Embora seja muito rápido, o guepardo não tem resistência física para correr longas distâncias. O guepardo adulto chega a medir até 2 metros (com a cauda).

BATE-PAPO

1. Qual é a estratégia usada pelo guepardo para capturar suas presas?
2. Quanto tempo um guepardo gasta para percorrer 30 metros?

O que é energia?

Se olharmos à nossa volta, podemos associar ao conceito de energia diversos elementos ou situações. Por exemplo, o Sol, uma lâmpada acesa, um equipamento eletrônico ligado e muitas outras coisas. Quase tudo o que faz parte do nosso ambiente está relacionado a fontes e formas de energia. Você consegue perceber isso? É possível criar ou destruir energia?

CONCEITOS BÁSICOS DE CINEMÁTICA

Cinemática é o ramo da Física que estuda a descrição dos movimentos sem se preocupar com os motivos (forças) que originam esses movimentos. Na cinemática, estudaremos a posição, o deslocamento, o espaço percorrido, a velocidade e a aceleração dos corpos.

Referencial

Um dos conceitos mais importantes na cinemática é o **referencial**. A partir dele determinamos se um corpo está em **repouso** ou em **movimento**.

O repouso e o movimento são conceitos relativos, pois dependem do referencial adotado.

Na cena representada ao lado, o trem está em movimento em relação ao observador. Entretanto, se nosso referencial fosse o próprio trem, os passageiros dentro dele estariam em repouso em relação ao condutor.

Representação esquemática de trem com condutor passando por observador parado no chão. A percepção do movimento depende do referencial. Cores fantasia. Elementos fora de escala de tamanho e de proporção.

Por isso, para determinarmos se um corpo está em repouso ou em movimento, precisamos de um **referencial**, ou seja, de um ponto de vista.

Vamos considerar uma pessoa (condutor) dentro do trem. Dependendo do referencial, obteremos diferentes informações em relação ao movimento. Em relação ao condutor dentro do trem, tudo que o rodeia (os bancos, os demais passageiros sentados e o próprio trem) estará em repouso. No entanto, a ferrovia, as árvores e as placas que estão do lado de fora parecem se deslocar. Para outra pessoa que vê o trem passar, a ferrovia está em repouso, mas o trem e o que está dentro dele estão se movendo. Quem tem razão? Os dois observadores, pois cada um está em um referencial diferente.

FIQUE DE OLHO

Analise a situação representada na ilustração. Considere que o ônibus aproxima-se do ponto.

- Em grupo, analisem as pessoas da cena. O que está em movimento em relação a cada uma delas? Descreva todas as possibilidades que você encontrar.

Representação esquemática de um ônibus aproximando-se de um ponto de parada.

Deslocamento e distância percorrida

Deslocamento e **distância percorrida** são conceitos diferentes. Para compreender a diferença, considere o exemplo de uma viagem entre duas cidades, **A** e **B**.

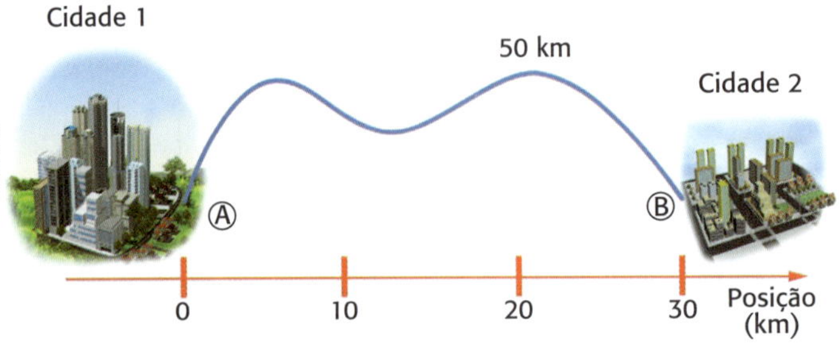

Representação esquemática da distância percorrida (linha azul) e o deslocamento (linha vermelha) entre as cidades **A** e **B**. Cores fantasia. Elementos fora de escala de tamanho, de proporção e de distância.

A distância entre essas duas cidades, seguindo a estrada, é de 50 quilômetros. Assim, ao chegar à cidade **B**, partindo de **A**, a **distância percorrida** será de 50 km (representada acima pela linha azul). Entretanto, a estrada não é reta, apresenta curvas, subidas e descidas. O **deslocamento** de **A** até **B** corresponde à distância em linha reta entre as duas cidades. Nesse caso, é representado pela linha vermelha e foi de 30 km.

Portanto, a distância percorrida depende do caminho que fizemos, enquanto o deslocamento depende apenas dos pontos final e inicial.

As marcas de pneu do carro indicam sua trajetória.

Trajetória

Ao se movimentar, um corpo assume diversas posições (pontos). Se traçarmos uma linha que passe por esses pontos consecutivos, teremos a sua trajetória. Assim, a **trajetória** de um móvel indica por onde ele passou.

A trajetória também depende de um referencial. Veja o exemplo de um pacote ao ser lançado de um avião em movimento. O observador no solo vê o pacote cair fazendo uma curva. Já uma pessoa no interior do avião veria o pacote afastar-se em linha reta. A trajetória do pacote é diferente para cada um desses observadores, pois eles analisam o movimento sob diferentes **referenciais**.

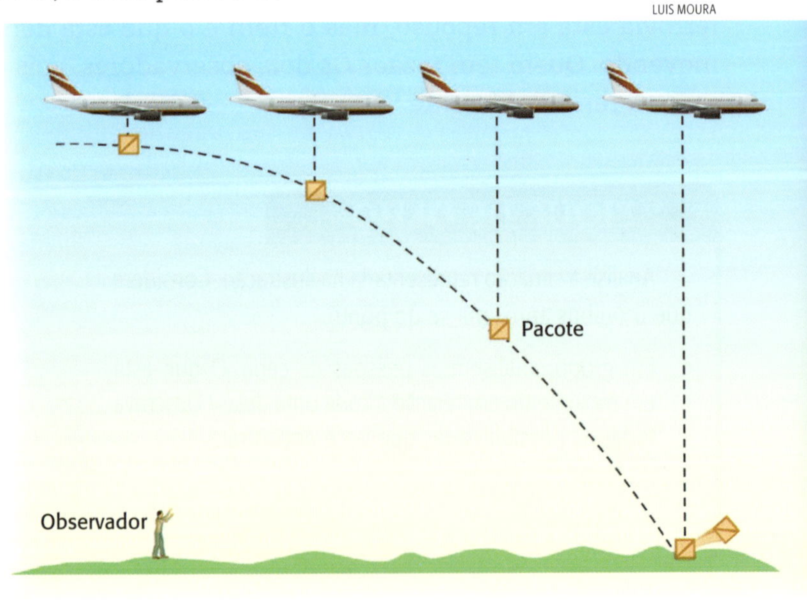

Representação esquemática da trajetória de um pacote lançado de um avião segundo dois referenciais. O observador no solo viu um movimento formado pela queda vertical e pelo deslocamento horizontal do pacote, por causa da velocidade que ele adquiriu do avião nessa direção. Dessa forma, para a pessoa no avião a trajetória do pacote é retilínea, mas para o observador que está no chão ela é curvilínea. Cores fantasia. Elementos fora de escala de tamanho, de proporção e de distância.

Velocidades instantânea e média

Velocidade é a grandeza que mede a variação da posição em relação ao tempo. Um corpo em movimento tem velocidade. Em um carro, por exemplo, a velocidade é indicada pelo velocímetro. Nele, lemos a **velocidade instantânea**, ou seja, a velocidade em determinado instante.

THINKSTOCK/GETTY IMAGES

Velocímetro, marcando a velocidade instantânea do veículo: 80 km/h.

Durante um movimento, a velocidade instantânea pode variar. Por isso, é importante conhecermos sua velocidade média entre o ponto final e o ponto inicial da trajetória.

A **velocidade média** (v_m) será a razão entre a distância entre dois pontos e o tempo gasto para ir de um ponto ao outro.

$$v_m = \frac{\Delta s}{\Delta t}$$

O Δ (lê-se "delta") é a letra grega que associamos à variação de uma grandeza. Nessa equação, Δs representa a variação das posições: a posiçao final menos a posição inicial; Δt representa o tempo transcorrido, ou seja, a diferença entre o horário de partida e o horário de chegada.

Imagine um carro em uma rodovia. Ele saiu do ponto A no km 200, às 12 h, e passou pelo ponto B, no km 400, às 16 h.

Como o carro saiu do km 200 e chegou ao km 400, fazemos 400 – 200 = 200. Logo, Δs = 200 km.

Como ele partiu às 12 h e chegou às 16 h, fazemos 16 – 12 = 4. Logo, Δt = 4 h.

Substituindo esses valores na definição de velocidade média, obtemos:

$$v_m = \frac{\Delta s}{\Delta t} \rightarrow v_m = \frac{200 \text{ km}}{4 \text{ h}} \rightarrow v_m = 50 \text{ km/h}$$

Dizemos que a velocidade média do carro foi de 50 km/h. Isso quer dizer que, em média, ele percorreu 50 km a cada hora. O carro pode ter se deslocado às vezes mais lentamente, às vezes mais rapidamente. No Sistema Internacional de Unidades, a velocidade é medida em metros por segundo (m/s), embora no cotidiano seja mais usual o quilômetro por hora (km/h). Veja, na página 17, como fazer a conversão de uma unidade para outra.

Os limites de velocidade no trânsito são determinados pelos órgãos responsáveis por determinadas áreas de trânsito, nas esferas municipal, estadual e federal. Esses órgãos devem respeitar as normas estabelecidas pelo Código de Trânsito Brasileiro.

FERNANDO FAVORETTO/CRIAR IMAGEM

A placa de trânsito indica a máxima velocidade instantânea permitida no local.

Os radares de trânsito

Parte dos acidentes de trânsito ocorre por excesso de velocidade. Uma tentativa de controlar a velocidade nas vias é a instalação de radares, dispositivos que monitoram e registram os automóveis que ultrapassam os limites de velocidade estabelecidos.

Um dos tipos mais comuns de radar funciona por meio de sensores capazes de calcular a velocidade do automóvel medindo o tempo que ele demora para passar entre dois pontos próximos. Uma câmera registra a placa do automóvel infrator, que será multado.

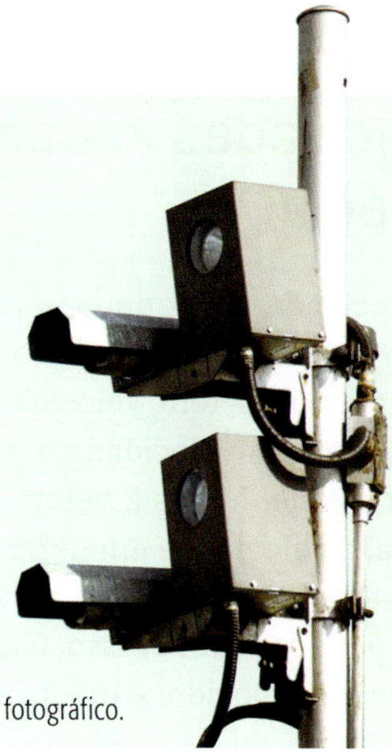

Fiscalização feita por radar fotográfico.

MARCELO SPATAFORA/PULSAR IMAGENS

Aceleração média

Vamos acompanhar as ações de um motorista enquanto dirige. Ele para no semáforo, sob o sinal vermelho, acelera com o sinal verde, chega a uma velocidade constante, reduz sua velocidade ao se aproximar de um novo semáforo e para o carro novamente. Nesse percurso, a velocidade do veículo variou diversas vezes.

A **aceleração** é a grandeza que mede a variação da velocidade com o tempo. Assim como acontece com a velocidade, é mais útil trabalharmos com a aceleração média (a_m), uma vez que a aceleração pode variar ao longo de um percurso.

Para determinarmos a aceleração média (a_m), usamos a relação a seguir:

$$a_m = \frac{\Delta v}{\Delta t}$$

em que Δv representa a variação de velocidade, ou seja, a velocidade final menos a velocidade inicial. Para entendermos melhor o que é a aceleração média, vamos usar o esquema a seguir.

LUIS MOURA

Representação esquemática da variação de velocidade de um carro de corrida. Cores fantasia. Elementos fora de escala de tamanho, de proporção e de distância.

Nesse caso, $\Delta v = 50 - 20 = 30$ m/s.

O Δt representa a variação de tempo, que nesse caso é 10 s.

Substituindo esses valores na definição de aceleração média, obtemos:

$$a_m = \frac{30}{10} \rightarrow a_m = 3 \text{m/s}^2$$

O resultado significa que a velocidade do carro aumentou 3 m/s a cada segundo.

Quem chega antes?

Para pensar

Você já derrubou alguma coisa no chão? E já deixou cair duas coisas ao mesmo tempo? O que será que faz um objeto cair mais rapidamente que outro? Se você lançar uma folha de papel e uma borracha escolar ao mesmo tempo de uma mesma altura, o que você acha que cairá primeiro no chão?

Objetivo

- Analisar o que influencia na velocidade de queda dos objetos.

Materiais

- caderno
- folhas de papel
- folhas de papel amassadas na forma de bolinha

Procedimentos

1. Pegue dois objetos e segure um em cada mão. Por exemplo, pode ser uma folha e uma bolinha de papel. De pé, e com os braços esticados a sua frente, paralelos ao chão, deixe os dois objetos caírem, largando-os ao mesmo tempo. Faça uma tabela e anote seus resultados.
2. Agora, coloque uma folha de papel sobre o caderno e lance-os da mesma forma. Anote o que ocorreu.
3. Repita o procedimento anterior com outras duplas de objetos e anote os resultados.

RODVAL MATIAS

Representação esquemática da execução do experimento. Cores fantasia. Elementos fora de escala de tamanho e de proporção.

Resultados e discussão

1. Quais objetos chegaram juntos e quais chegaram em tempos diferentes? Por que você acha que isso aconteceu?
2. Compare o que observou com suas suposições iniciais e veja se você supôs corretamente.

Conclusões

1. Se você deixasse os objetos caírem de um lugar muito mais alto (o topo de um edifício, por exemplo), acha que os resultados seriam os mesmos?
2. Três alunos opinaram sobre os fatores que influenciam na velocidade de queda dos objetos. Veja as opiniões deles:

> Maiara – A massa dos objetos não interfere no tempo que eles demoram para cair.
> João – O que interfere no tempo de queda dos objetos não é a massa, e sim a forma deles.
> Juliana – Os objetos que caem primeiro são os mais pesados (com mais massa).

De acordo com resultados do experimento, que aluno(s) está(ão) com a razão? Use os resultados para argumentar a favor de Maiara, João ou Juliana.

QUEDA DOS CORPOS

Ao observar um objeto cair, podemos nos perguntar se ele cai com velocidade constante ou variável.

A gravidade terrestre atrai todos os corpos em direção ao centro do planeta e os submete a uma aceleração aproximadamente constante de 9,8 m/s^2 (é comum arredondar o valor para 10 m/s^2).

Esse valor é praticamente o mesmo em toda a superfície da Terra, independentemente da massa ou do formato do objeto. A queda de um objeto é, portanto, um movimento variado, pois a velocidade aumenta constantemente em função do tempo de queda.

A massa dos corpos não interfere na queda. Se observamos corpos diferentes caírem em tempos diferentes é porque a resistência do ar dificulta a queda de uns mais que de outros; isso está ligado ao formato do corpo e à sua massa.

INFLUÊNCIA DA GRAVIDADE NA QUEDA DOS CORPOS

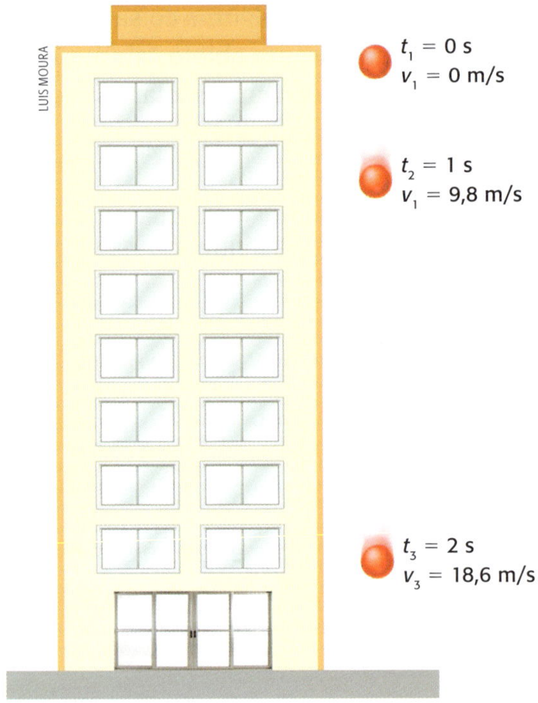

Representação esquemática de diferentes instantes de um corpo durante sua queda. Cores fantasia. Elementos fora de escala de tamanho, de proporção e de distância.

Queda livre

O cilindro à esquerda da ilustração ao lado representa uma pluma e uma pedra que foram soltas no ar, no mesmo instante, e, portanto, sofreram a ação da sua resistência. Por isso, a pluma chega ao chão depois da pedra.

No cilindro à direita, a pluma e a pedra foram soltas no vácuo, ou seja, onde não há ar. Quando não há atrito com o ar e somente a força da gravidade atua sobre o objeto, dizemos que ele está em **queda livre**. Nesse caso, tanto a pena quanto a pedra caem em queda livre e chegam ao mesmo tempo ao chão.

É possível determinar a velocidade (v) com que um corpo em queda livre, com velocidade inicial igual a zero, atinge o solo. Para isso, usa-se a equação:

$$v = g \cdot t$$

Nesta equação, **t** é o tempo de queda e ***g*** é a aceleração da gravidade (9,8 m/s^2).

INFLUÊNCIA DO AR NA QUEDA DE CORPOS

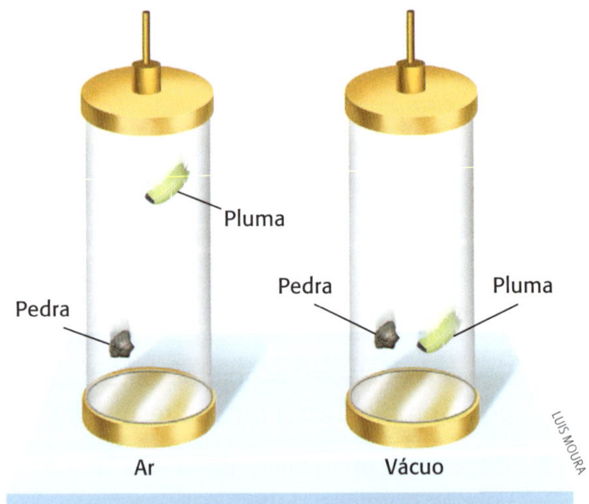

Representação esquemática de objetos caindo no ar e no vácuo. Cores fantasia. Elementos fora de escala de tamanho e de proporção.

NÃO DEIXE DE LER

- ***Os movimentos*: pequena abordagem sobre mecânica,** de Nicolau Gilberto Ferraro. Editora Moderna, 2003.
- ***Newton e a gravitação,*** de Steve Parker. Editora Scipione, 1998.

TIPOS DE MOVIMENTO

Para localizar um corpo e classificar seu tipo de movimento, devemos estabelecer um referencial. No caso de movimentos unidimensionais, podemos traçar uma linha, por onde o móvel se desloca, que passe pelo ponto que chamamos origem. Nessa linha, a partir da origem (s = 0), distribuímos simetricamente números positivos e negativos, como na figura a seguir.

RODVAL MATIAS

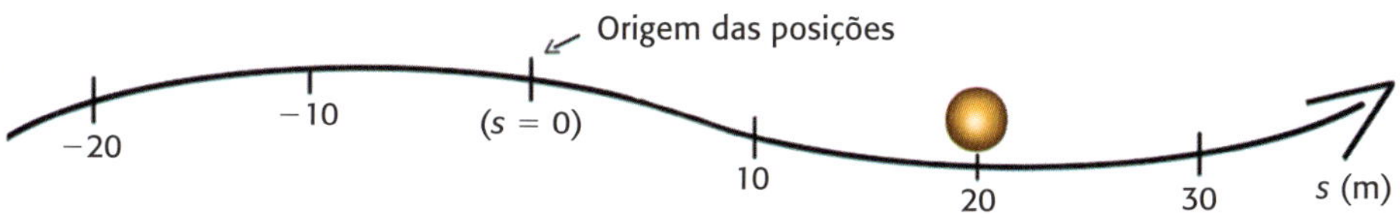

Neste sistema de referência, o móvel encontra-se na posição $s = 20$ m. Cores fantasia. Elementos fora de escala de tamanho, de proporção e de distância.

Quando um móvel se desloca no sentido crescente do sistema de referência, ele tem velocidade positiva, quando se desloca no sentido decrescente, sua velocidade é negativa.

Corpos que têm velocidade positiva apresentam **movimento progressivo**; os que apresentam velocidade negativa têm **movimento retrógrado**.

Quando a velocidade e a aceleração têm o mesmo sinal algébrico (ou seja, ambas positivas ou ambas negativas), então o movimento é **acelerado**. Se a velocidade e a aceleração têm sinais contrários, o movimento é chamado **retardado**.

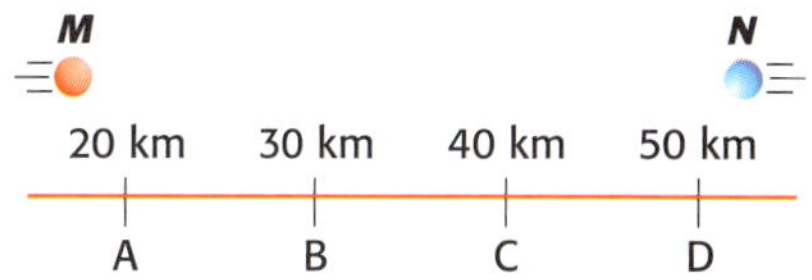

SELAVI CONTEÚDO CRIATIVO

Observe que o móvel *M* tem velocidade positiva, pois ele está indo de **A** para **D** no sentido da trajetória. Já o móvel *N* tem velocidade negativa. Cores fantasia. Elementos fora de escala de tamanho, de proporção e de distância.

Se a aceleração for nula (ou seja, $a = 0$), caso em que a velocidade permanece constante, então o movimento será **uniforme**. Movimentos uniformes, no entanto, são raramente observados no cotidiano. É mais comum encontrarmos movimentos nos quais a velocidade varia (ou seja, aumenta ou diminui) com o passar do tempo. Damos a esses movimentos o nome de **movimentos variados**.

MOVIMENTO UNIFORME (ACELERAÇÃO NULA)

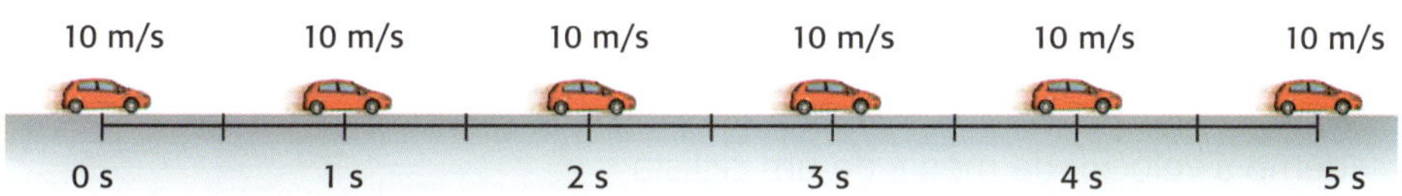

LUIS MOURA

MOVIMENTO VARIADO COM AUMENTO DA VELOCIDADE (ACELERADO)

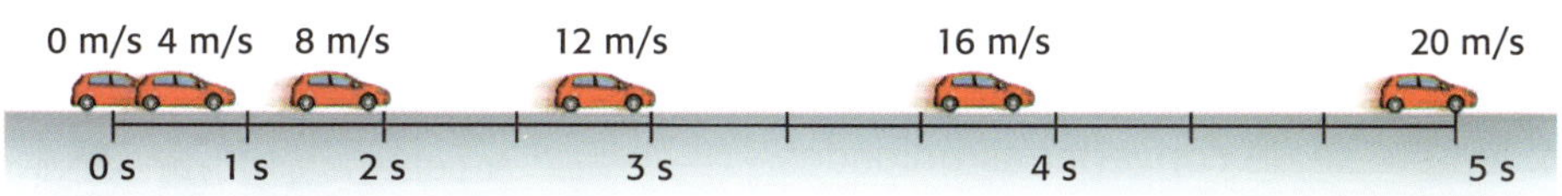

MOVIMENTO VARIADO COM DIMINUIÇÃO DA VELOCIDADE (RETARDADO)

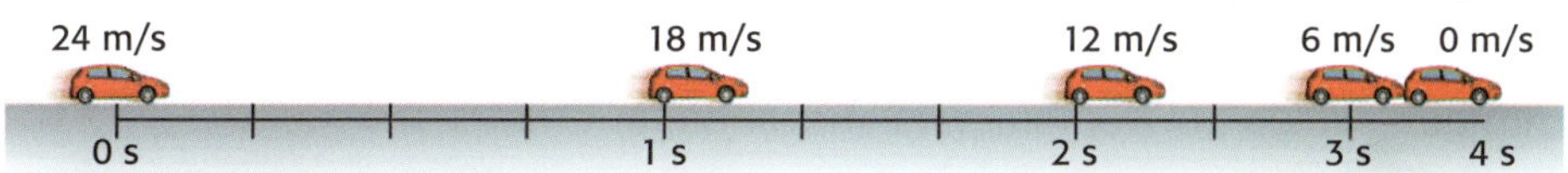

Representação esquemática de tipos de movimento. Cores fantasia. Elementos fora de escala de tamanho, de proporção e de distância.

1. Leia a tirinha a seguir e depois responda à questão.

Reprodução de tirinha produzida pelo cartunista Jim Davis.

- É possível "correr parado" como o homem do quadrinho, ou seja, é possível que uma mesma pessoa esteja, ao mesmo tempo, em repouso e em movimento?

2. Dentro de um ônibus em movimento, uma menina jogou uma bola para cima: ela subiu e voltou para sua mão. Nesse momento, o rapaz na calçada olhou para dentro do ônibus.

LUIS MOURA

Representação esquemática de um ônibus. Cores fantasia. Elementos fora de escala de tamanho e de proporção.

   a. No caderno, desenhe a trajetória da bola de acordo com o ponto de vista da menina.

   b. No caderno, desenhe a trajetória da bola de acordo com o ponto de vista do rapaz.

THINKSTOCK/GETTY IMAGES

Ao pedalar, as rodas da bicicleta giram.

3. Observe a imagem ao lado. A bicicleta anda e a bola vermelha, na roda dianteira, gira. No caderno, desenhe a trajetória da bolinha para um observador que está parado na calçada.

4. Calcule no caderno a velocidade média de um ciclista que percorreu um trecho de 900 m de uma ciclovia em 300 s.

5. Um garoto faz o percurso de 2 km entre sua casa e a escola em meia hora. Qual é a sua velocidade em m/s? Observação: lembre-se de converter as unidades.

6. A maior velocidade conhecida é a da luz: cerca de 300 000 km/s. Para medir as distâncias espaciais, criou-se a unidade de comprimento ano-luz, que é a distância que a luz percorre em um ano. A distância média entre a Terra e o Sol é de 150 000 000 km.

   a. Quanto tempo a luz do Sol demora para chegar até a Terra?

   b. Analise a frase: "Olhar para as estrelas é olhar para o passado".

7. Um avião, deslocava-se a 200 m/s, quando tocou a pista de um aeroporto e parou após 10 s. No caderno, calcule a aceleração média desse avião e interprete o resultado obtido.

8. Nos circuitos de corrida, o piloto não percorre todo o trajeto na mesma velocidade. Nas curvas, ele precisa reduzir a velocidade do carro. Confira, na representação a seguir, o circuito de Interlagos.

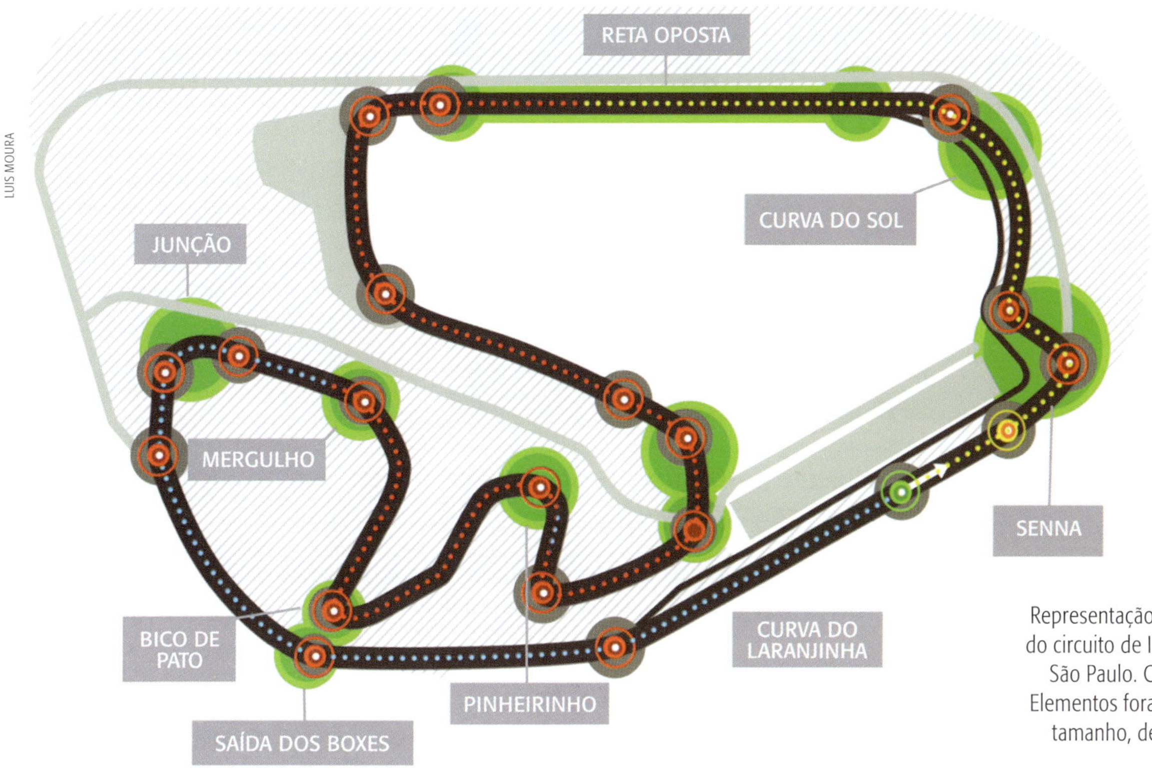

Representação esquemática do circuito de Interlagos, em São Paulo. Cores fantasia. Elementos fora de escala de tamanho, de proporção e de distância.

a. Considerando que a extensão do circuito de Interlagos é de aproximadamente 4300 metros e os pilotos fazem 72 voltas para completar a prova, quanto tempo levará aproximadamente a corrida, se os pilotos mantiverem velocidade média de 195 km/h?

b. Analise o circuito e identifique o trecho em que o piloto consegue atingir maior velocidade. Justifique.

9. Leia o texto e responda no caderno.

> Um indivíduo sóbrio demora cerca de 0,75 segundo para frear um carro em situação de imprevisto. Sob o efeito de álcool, esse tempo aumenta para 2 segundos.

- Compare a distância aproximada que um veículo percorrerá desde a freada até parar totalmente, estando a 72 km/h e a 108 km/h, se o indivíduo estiver alcoolizado e se estiver sóbrio. Não esqueça de converter as velocidades para m/s antes de fazer as contas.

10. Uma viagem de carro de Ribeirão Preto a São Paulo, com distância de 320 km, foi feita em etapas. Use os dados do quadro e calcule a distância percorrida em cada etapa e a velocidade média do carro no trajeto todo.

Dados da viagem		
Etapa	Tempo	Velocidade média (km/h)
1ª	2 horas guiando	100
2ª	Meia hora descansando	–
3ª	1 hora e meia guiando	80

11. Ao cobrar um pênalti, o jogador chuta a bola de uma distância de 11 m até o gol. Admitindo-se que ele dê à bola uma velocidade média de 72 km/h, qual é o tempo de que o goleiro dispõe para defender?

PAULO CESAR PEREIRA

Representação esquemática da cobrança de um pênalti. Cores fantasia. Elementos fora de escala de tamanho, de proporção e de distância.

12. Um veículo, inicialmente a 10 m/s, acelera durante 5 s até que sua velocidade atinja 20 m/s. Qual é a sua aceleração média?

13. Uma empresa anunciou a construção de um carro elétrico. Esse veículo será capaz de acelerar de 0 a 100 km/h em apenas 4,5 s. Qual é o valor da sua aceleração média, em m/s^2?

14. Um carro desloca-se em uma rodovia de pista dupla, em movimento progressivo, a 80 km/h. Se ele fizer um retorno e pegar a pista contrária com a mesma velocidade, que tipo de movimento passará a ter?

15. Os carros mais modernos têm um acessório que auxilia em viagens. Conhecido como "piloto automático", ele está bem longe de cumprir o que o nome promete. O dispositivo apenas permite que se mantenha uma mesma velocidade no veículo sem a necessidade de pressionar o pedal do acelerador.

- Nesse caso, qual o tipo de movimento que o "piloto automático" proporciona ao veículo?

16. Leia o texto e responda à questão.

- A escada rolante é um sistema de transporte de pessoas no qual os degraus apoiados em um plano inclinado são movidos por um motor elétrico. A maioria das escadas rolantes funciona com velocidade constante. Qual é o tipo de movimento executado por ela?

THINKSTOCK/GETTY IMAGES

Escada rolante em aeroporto, usada para o transporte de pessoas.

17. Um carro desloca-se com movimento progressivo, freando bruscamente. Seu movimento pode ser classificado como acelerado ou retardado? Justifique.

18. Você sabia que a lesma, justificando sua fama, percorre em média 1,5 mm em 1 s? Se dividirmos a distância percorrida pelo intervalo de tempo correspondente, obteremos a velocidade média. Assim, a velocidade média da lesma é de 1,5 mm/s.

a. Quantos metros a lesma anda por hora?

b. A tartaruga também é lenta quando comparada aos seres humanos. Desloca-se na areia da praia com velocidade média da ordem de 20 mm/s. Quantos metros ela anda por hora?

19. Os gráficos a seguir representam a velocidade de dois carros no decorrer do tempo em movimento retilíneo e uniforme. Observando os gráficos, calcule a velocidade de cada um.

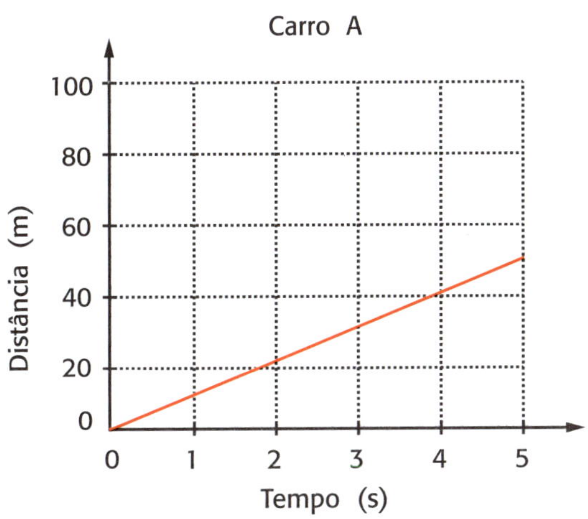

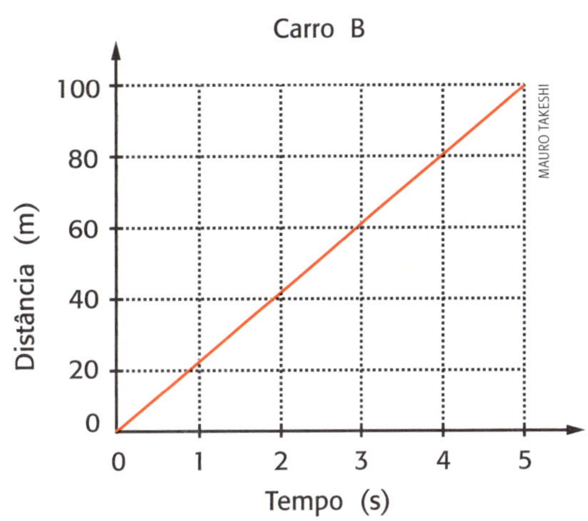

20. Observe a ilustração. Ela mostra um garoto que soltou ao mesmo tempo duas folhas de papel, uma delas amassada em forma de bolinha e a outra não.

Representação esquemática da queda de dois corpos. Cores fantasia. Elementos fora de escala de tamanho e de proporção.

a. Que folha vai tocar primeiro o solo?

b. A massa das folhas interfere na velocidade da queda?

c. Por que a folha aberta e a folha amassada caem com velocidades diferentes?

d. Se as folhas fossem soltas no vácuo, qual chegaria mais rapidamente no chão?

10 Forças

Algumas pessoas dizem que os carros de antigamente eram mais resistentes. Os de hoje, segundo elas, "amassam com qualquer pancadinha".

O fato é que os veículos atuais contam com muitos sistemas de segurança, em parte porque as regras impostas pelos governos ficaram mais rígidas.

O material usado na lataria dos carros de hoje é menos resistente, de certo, mas isso tem uma razão. Em caso de colisão, esse material amassa e amortece o impacto, protegendo as pessoas em seu interior. A cabine tem reforços de ligas resistentes nos lugares mais expostos a impactos dianteiros, laterais, traseiros ou capotamentos.

REBECCA COOK/REUTERS/LATINSTOCK

A deformação do carro ajuda a reduzir o impacto sentido pelo ocupante do veículo. Na fotografia, carro em teste de impacto. Esse teste tem como objetivo avaliar a segurança dos automóveis.

BATE-PAPO

1. Pensando na segurança dos passageiros, é mais importante que o carro seja resistente ou se deforme em uma colisão? Explique.
2. Você sabe o que é um *airbag* e como ele protege a pessoa em caso de colisão?
3. A palavra "força" é usada pelas pessoas em diferentes contextos. Cite alguns deles.

CONCEITOS BÁSICOS NO ESTUDO DAS FORÇAS

No dia a dia, usamos a palavra "força" em diferentes situações.

CHRIS WHITEHEAD/GETTY IMAGES

Vai, time! Força!

THINKSTOCK/GETTY IMAGES

Os amigos nos dão força nas horas difíceis.

Entretanto, essas expressões não têm o mesmo sentido de **força** usado na Física. Em termos científicos, força é uma interação entre dois corpos. Por exemplo, quando empurramos uma caixa, chutamos uma bola, amassamos uma folha de papel ou puxamos um objeto, estamos aplicando uma força sobre esses corpos e **produzindo alterações de velocidade** ou **causando deformações neles**.

Embora a noção de força esteja associada a movimento e a contato, ela também pode estar presente quando não há movimento ou ser exercida a distância.

OPÇÃO BRASIL

Ao preparar a massa de pão, a pessoa aplica sobre ela uma força que a deforma.

ERNESTO REGHRAN/PULSAR IMAGENS

Ponte Juscelino Kubitschek, Brasília. O arco e os cabos exercem forças de sustentação. Fotografia de 2014.

Grandezas escalares e vetoriais

Quando informamos as horas, a temperatura, o comprimento ou a distância, um valor numérico e uma unidade de medida são suficientes para expressar essas grandezas. Por exemplo, dizemos que são 14 (número) horas (unidade). Grandezas medidas apenas por um número e uma unidade são **grandezas escalares**.

Quando informamos a velocidade, a aceleração e a força, elas só fazem sentido quando dizemos qual é a intensidade (o conjunto formado pelo número e a unidade, também chamado módulo), a direção e o sentido de cada uma.

CARACTERÍSTICAS DA VELOCIDADE DO CARRO

ILUSTRAÇÕES: LUIS MOURA

Direção: horizontal
Sentido: da esquerda para a direita
Intensidade: 20 m/s

CARACTERÍSTICAS DA FORÇA

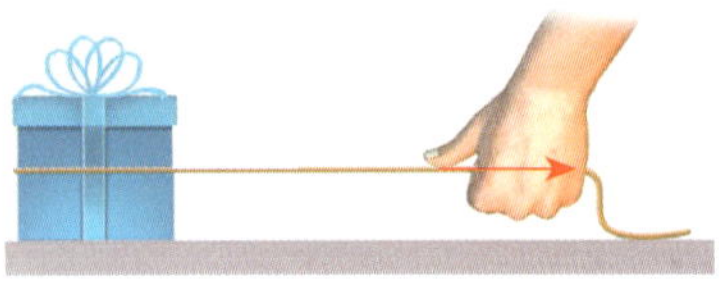

Direção: horizontal
Sentido: da esquerda para a direita
Intensidade: 2 N

CARACTERÍSTICAS DA FORÇA PESO

Direção: vertical
Sentido: para baixo
Intensidade: 9,6 N

Representações esquemáticas das características das grandezas velocidade, força e força peso. Elementos fora de escala de tamanho e de proporção.

Direção, sentido e intensidade

Embora seja muito comum empregar as palavras "direção" e "sentido" como sinônimos no dia a dia, em Física elas têm significados diferentes.

A **direção** determina a linha em que a força é aplicada, como, por exemplo, horizontal ou vertical. O **sentido** indica a orientação da força aplicada, por exemplo, da esquerda para a direita ou de cima para baixo. Veja o exemplo apresentado na fotografia.

A **intensidade** indica a quantidade de força que é aplicada sobre um corpo e deve, portanto, vir acompanhada de sua unidade, que no Sistema Internacional de Unidades (SI) é o newton (N).

Na brincadeira conhecida como cabo de guerra, por exemplo, as forças aplicadas na corda pelos dois grupos têm direção horizontal, mas têm sentidos opostos.

FERNANDO FAVORETTO/ CRIAR IMAGEM

FORÇA RESULTANTE

Muitas vezes, diferentes forças agem sobre um corpo ao mesmo tempo. Imagine, por exemplo, três pessoas empurrando um carro: três forças diferentes atuam sobre ele para deslocá-lo. Podemos substituir essas três forças por uma única, chamada **força resultante**, que representa o conjunto.

Forças com mesma direção e mesmo sentido

Quando pessoas se unem para empurrar um carro, elas aplicam forças na direção horizontal e no mesmo sentido. Podemos calcular a força resultante aplicada sobre o carro **somando** as três forças.

Assim, se cada pessoa da figura aplicar uma força de intensidade igual a 50 N, a força resultante aplicada sobre o carro terá direção horizontal, sentido para a direita e intensidade de 150 N.

Representação de três pessoas unindo forças para empurrar o carro na direção horizontal, no sentido da esquerda para a direita.

SOMANDO FORÇAS

PAULO CESAR PEREIRA

$$50\text{ N} + 50\text{ N} + 50\text{ N} = 150\text{ N}$$

Forças com mesma direção e sentidos contrários

Em um cabo de guerra, uma equipe aplica forças em uma corda para um sentido e a outra equipe, para o sentido contrário. Nesse caso, calculamos a força resultante **somando** as forças de mesmo sentido e **subtraindo** as forças de sentido contrário.

Observe a ilustração: vamos supor que a equipe da esquerda aplica forças de 10 N, 5 N e 4 N.

Somando essas forças temos:

$$F_e = 10\text{ N} + 5\text{ N} + 4\text{ N} = 19\text{ N}$$

Já as forças aplicadas pela equipe da direita são 8 N, 5 N e 12 N. Somando as forças:

$$F_d = 8\text{ N} + 5\text{ N} + 12\text{ N} = 25\text{ N}$$

SUBTRAINDO AS FORÇAS

PAULO CESAR PEREIRA

Representação do cabo de guerra. Ao subtrair as forças temos uma resultante de 6 N da esquerda para a direita.

A resultante das forças no cabo de guerra tem intensidade igual a: 25 N − 19 N = 6 N, direção horizontal e sentido para a direita.

Portanto, a equipe da direita ganhou!

LEIS DE NEWTON

Isaac Newton (1642-1727) foi um importante cientista inglês. Ele desenvolveu pesquisas nas áreas de Matemática, Astronomia e Física. Em 1687, publicou o livro *Philosophiae naturalis principia mathematica* (Princípios matemáticos da filosofia natural), escrito em latim. O livro contém as três leis (princípios) do movimento, chamadas de leis de Newton, que foram a base do desenvolvimento da área da Física denominada Mecânica, além da lei da gravitação universal.

NÃO DEIXE DE LER

- **Isaac Newton e sua maçã,** de K. Poskitt. Editora Companhia da Letras, 2001.
- **Newton e o triunfo do mecanicismo,** de Andreia Guerra e outros. Editora Atual, 2006.

MAURO SOUZA

Caricatura representando Newton.

Primeira lei de Newton – princípio da inércia

Um corpo em repouso ou em movimento retilíneo uniforme tende a permanecer nessas condições até que sobre ele atuem forças externas que as alterem.

A primeira lei de Newton descreve o comportamento dos corpos em repouso ou em movimento.

A tendência de manter o estado de repouso ou de movimento de um corpo recebe o nome de **inércia**. Para vencer a inércia, é preciso aplicar uma força sobre o corpo. A inércia é uma propriedade geral da matéria, relacionada à massa. Quanto maior a massa, maior a inércia.

Há forças que atuam no sentido contrário do sentido do movimento, como a força de atrito. Se não houvesse essas forças, um corpo em movimento manteria seu movimento constante, sem desacelerar, até que outra força agisse em sentido contrário. Por exemplo, uma bola de gude tende a ficar parada em uma superfície plana horizontal e lisa. Ao ser aplicada uma força sobre essa bola, ela tende a entrar em movimento.

PAULO CESAR PEREIRA

Representação esquemática do efeito do princípio da inércia. Enquanto o rapaz estava andando a cavalo, ambos se moviam com a mesma velocidade, até que o cavalo para bruscamente. Por inércia, o cavaleiro tende a manter seu movimento para a frente com a mesma velocidade anterior e cai. Cores fantasia. Elementos fora de escala de tamanho e de proporção.

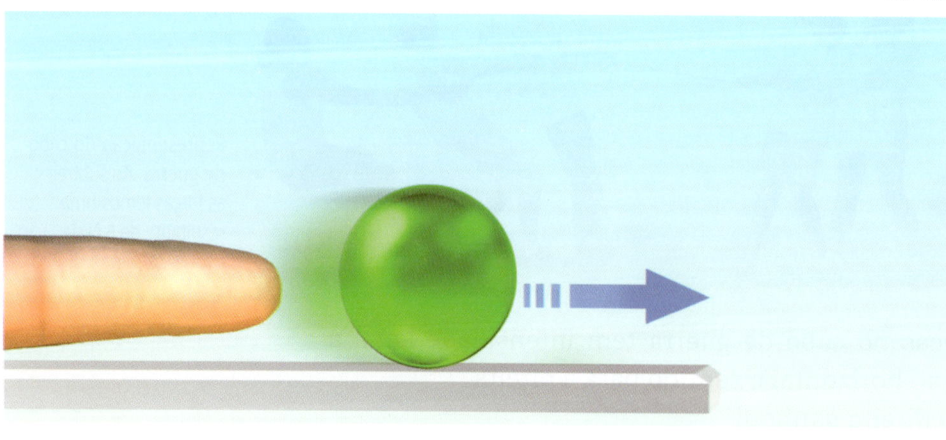

LUIS MOURA

Ao aplicar uma força, como um empurrão sobre uma bola de gude, ela se desloca e tende a entrar em movimento. Em razão do atrito com as partículas do ar e com a superfície, a velocidade tende a reduzir, até que ela pare. Cores fantasia. Elementos fora de escala de tamanho e de proporção.

Testando a inércia

Para pensar

Você estudou a primeira lei de Newton, também conhecida como Lei da Inércia. Ela diz que tudo que está em movimento tende a continuar em movimento e tudo que está em repouso tende a continuar em repouso, a não ser que uma força externa resultante atue sobre o objeto. Levando isso em consideração, será que você consegue vencer os dois desafios propostos a seguir?

Objetivo

- Analisar o princípio da inércia.

Materiais

- uma folha de papel
- uma garrafinha de água cheia e tampada
- um ovo cozido
- um ovo cru

Procedimentos

1ª Etapa: Manter a garrafa em pé

1. Coloque a garrafa de água sobre a folha de papel.
2. Retire a folha de papel debaixo da garrafa sem tocar na garrafa e sem deixá-la cair.

R2 EDITORIAL

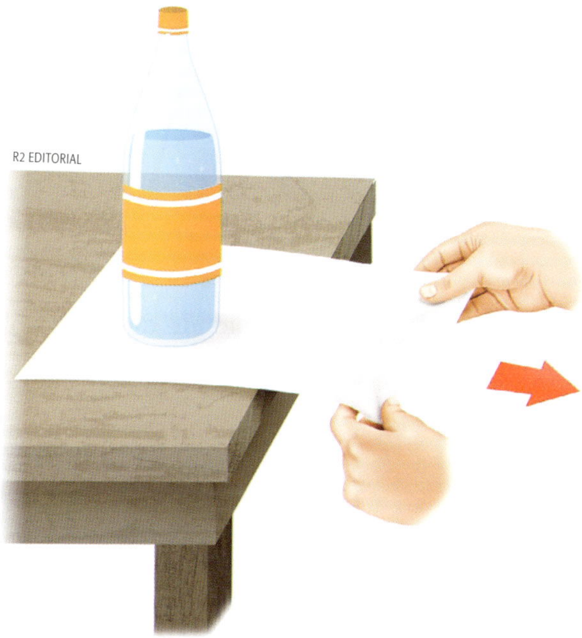

Representação esquemática do experimento (1ª etapa).

2ª Etapa: Descobrir qual é o ovo cozido

1. Pegue um dos ovos, coloque sobre a mesa e gire o ovo de modo que ele fique girando sobre si mesmo.
2. Logo em seguida, coloque a mão sobre o ovo e pare-o. Anote no caderno o que acontece com o ovo.
3. Repita o mesmo procedimento acima com o outro ovo. Anote o que acontece.

Resultados

1. Você conseguiu retirar a folha que estava debaixo da garrafa de água? O que ocorreu?
2. O que aconteceu com o primeiro ovo após você pará-lo? Você acha que ele estava cru ou cozido? Por quê?
3. E o que aconteceu com o segundo ovo após você pará-lo? Você acha que ele estava cru ou cozido? Por quê?

Segunda lei de Newton – princípio fundamental da dinâmica

MAURO SOUZA

Caricatura representando Newton.

A força resultante que atua sobre um corpo em determinado instante é diretamente proporcional à massa desse corpo e à sua aceleração nesse instante.

Essa lei pode ser percebida no cotidiano. Quanto maior for a massa a ser deslocada, maior será a intensidade da força necessária para deslocá-la.

Assim, a força a ser aplicada sobre um objeto dependerá da massa e da aceleração que desejamos aplicar.

RELAÇÃO ENTRE MASSA E FORÇA

PAULO CESAR PEREIRA

Quando aplicamos a mesma força sobre os carrinhos de diferentes massas, a aceleração deles será diferente, ou seja, o carrinho de menor massa aumentará sua velocidade mais rapidamente. Cores fantasia. Elementos fora de escala de tamanho e de proporção.

Analisando a razão entre a intensidade da força aplicada (F) e a aceleração (a) obtida, veremos que ela é igual à massa (m) do corpo: $\frac{F}{a} = m$.

A razão $\frac{F}{a} = m$ pode então ser escrita na sua forma mais conhecida:

$$F = m \cdot a$$

No SI a unidade de medida da massa é o quilograma (kg) e a da aceleração é o metro por segundo ao quadrado (m/s^2), assim, a força tem por unidade o kg · m/s^2: grandeza chamada de newton (símbolo N). Assim, 1 N é a força capaz de acelerar um objeto de massa igual a 1 kg com uma aceleração de 1 m/s^2.

Podemos perceber essas duas leis de Newton em uma cobrança de pênalti. O jogador põe a bola, parada, na marca de pênalti. Em seguida, corre e chuta a bola. O jogador tem de tirar a bola do repouso; quanto maior for o módulo (intensidade) da força aplicada pelo chute, maior será a aceleração produzida e maior a velocidade adquirida pela bola.

IMAGE SOURCE/LATINSTOCK

Para que o gol aconteça em uma cobrança de pênalti, a bola precisa ser acelerada pela ação de uma força, além, é claro, de acertar o gol e não ser defendida pelo goleiro.

Terceira lei de Newton – lei da ação e reação

Se um corpo A aplica uma força em um corpo B, este também aplica simultaneamente no corpo A uma força de mesma intensidade e direção, porém de sentido oposto.

MAURO SOUZA

Caricatura representando Newton.

Segundo essa lei, não existe uma força que aja isoladamente. Para cada força capaz de provocar uma ação, existe uma força contrária de reação e vice-versa. As forças de ação e reação ocorrem sempre em corpos diferentes.

De acordo com essa lei de Newton, as forças ocorrem aos pares e são resultado da interação entre os corpos. Essas forças atuam em corpos diferentes: o polvo e a água, o foguete e os gases da combustão, por exemplo.

Os efeitos das forças são diferentes. Quando uma bola de futebol atinge uma vidraça, tanto a bola quanto a vidraça interagem. A força que a vidraça aplica sobre a bola altera sua velocidade e a força que a bola aplica sobre a vidraça pode quebrar o vidro. Quando isso ocorre, nem sempre a bola muda o sentido do seu movimento. Entretanto, ao bater em uma parede, a bola quica, ou seja, bate na parede, e o movimento que ela executa pode ter direção e sentido alterados.

VISUALS UNLIMITED/CORBIS/LATINSTOCK

O polvo se move por jatopropulsão, ou seja, solta água pelo sifão localizado junto à cabeça, o jato de água vai para trás e o animal é empurrado para a frente.

ROGER RESSMEYER/SCIENCE FACTION/CORBIS /LATINSTOCK

O foguete também é lançado por propulsão: os resíduos da queima do combustível são expelidos para trás e o foguete é lançado para a frente.

INTERAÇÃO BOLA E VIDRAÇA

LUIS MOURA

INTERAÇÃO BOLA E PAREDE

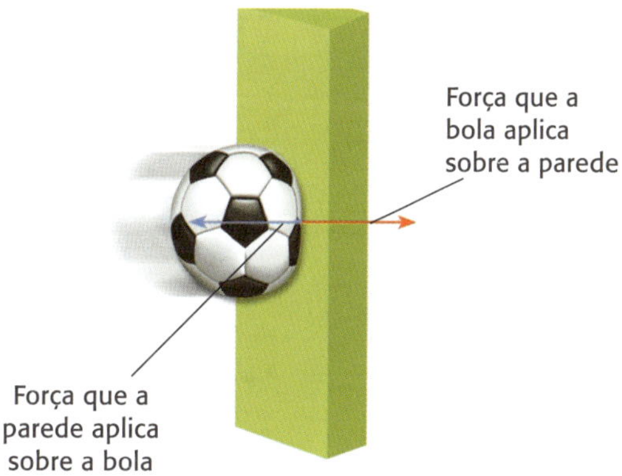

Representações esquemáticas de interação da bola com a vidraça e a parede. Cores fantasia. Elementos fora de escala de tamanho e de proporção.

FIQUE DE OLHO

A Terra gira em torno do eixo em uma velocidade de mais de 1 600 km/h. Pensando nisso, Mateus, um garoto de 10 anos, imaginou o seguinte: se desse um pulo muito alto, a Terra giraria enquanto ele estivesse no alto e ele cairia em um lugar diferente do lugar de onde havia pulado! Como você deve imaginar, depois de pular o menino caiu no mesmo lugar. Baseie-se nas leis de Newton para explicar por que isso aconteceu.

SAIBA MAIS

Como funcionam os cintos de segurança?

"[...] Embora eles colaborem ocasionalmente para a ocorrência de ferimentos graves e morte, quase todos os especialistas em segurança concordam que usá-los aumenta significativamente as chances de se sobreviver a um acidente. Segundo a NHTSA (*National Highway Traffic and Safety Administration*, em inglês), os cintos de segurança reduzem o risco de morte de quem ocupa o assento da frente em aproximadamente 50%.

Quando se pensa a respeito, parece inacreditável: como uma tira de pano pode fazer a diferença entre a vida e a morte? O que ela faz realmente? [...]

Inércia e colisão

A ideia básica de um cinto de segurança é bastante simples: ele impede que a pessoa voe pelo para-brisa ou vá de encontro ao painel quando o carro para abruptamente. Mas por que isso aconteceria? Em síntese, é devido à inércia.

Inércia é a tendência de um objeto em continuar se movendo até que encontre algo que interrompa seu deslocamento. Em outras palavras, inércia é a resistência do objeto à mudança de velocidade e direção de percurso. Os objetos tendem a continuar seu movimento naturalmente.

Em um veículo a 80 km/h, a inércia faz com que ele permaneça a 80 km/h e na mesma direção. A resistência do ar e o atrito com a estrada reduzem constantemente a velocidade, mas o motor compensa essa perda de energia.

Tudo que está dentro do carro, inclusive o motorista e os passageiros, possui sua própria inércia, que é independente da inércia do veículo. Imagine

Ocasionalmente: algumas vezes, de vez em quando.
Abruptamente: inesperadamente.

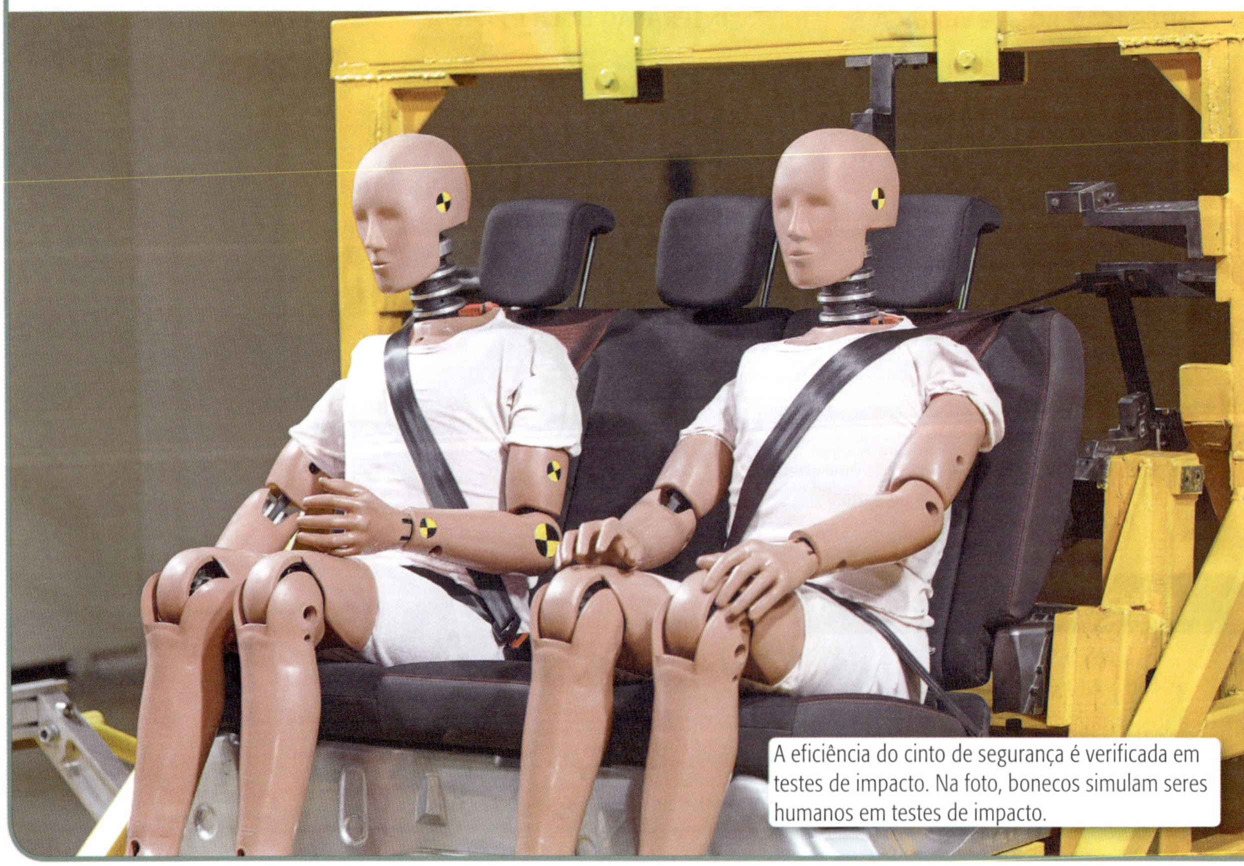
THINKSTOCK/GETTY IMAGES

A eficiência do cinto de segurança é verificada em testes de impacto. Na foto, bonecos simulam seres humanos em testes de impacto.

que você está andando a uma velocidade constante de 80 km/h. Sua velocidade e a do veículo são exatamente a mesma, logo, a sensação é que você e o veículo se movimentam como se fossem um único objeto.

Se o carro colidir com um poste, entretanto, é óbvio que a sua inércia e a do carro seriam completamente independentes. A força do poste induziria o carro a uma parada brusca, enquanto a sua velocidade permaneceria a mesma. Sem o cinto de segurança, você se chocaria com o volante a 80 km/h, ou atravessaria o para-brisa a essa mesma velocidade. Assim como o poste conteve o carro, o painel, o para-brisa ou a estrada também conteriam você, exercendo grande força.

Não importa o que aconteça em uma batida, algo teria que exercer uma força sobre você para freá-lo. Dependendo de onde e como a força é aplicada, você pode morrer instantaneamente ou sobreviver ao acidente sem nenhum arranhão.

Se você bate com a cabeça contra o para-brisa, a força de resistência concentra-se em uma das partes mais vulneráveis do corpo. O impacto também para você muito rápido, pois o vidro é uma superfície dura, o que pode facilmente matar ou ferir de forma grave uma pessoa.

Um cinto de segurança aplica uma força de resistência no corpo por um período de tempo maior. [...]

Aplicando resistência

[...] no momento em que um veículo para repentinamente, o passageiro também para. A tarefa de um cinto de segurança é espalhar a força de parada pelas partes mais firmes do corpo a fim de minimizar o dano.

Um cinto de segurança comum consiste em um cinto abdominal, que passa pela pélvis, e um cinto subabdominal, que se estende pelo tórax. As duas partes estão presas a uma estrutura do carro para que os cintos segurem os passageiros em seus assentos.

Quando o cinto é colocado de maneira correta, a maior parte de sua força de resistência é aplicada sobre a caixa torácica e a pélvis, que são partes do corpo relativamente resistentes. Uma vez que os cintos se estendem por uma boa parte do corpo, a força não fica concentrada em uma área pequena, assim, não há como causar muito dano. Além disso, o tecido do cinto de segurança é feito de um material flexível, permitindo que ele se estique um pouco, o que significa que a parada não é tão abrupta. Contudo, o cinto de segurança só pode esticar um pouco, caso contrário, você colidiria com o volante. Cintos de segurança seguros permitem que você movimente-se apenas um pouco para a frente. [...]

O tipo de cinto mais simples, encontrado em algumas montanhas-russas, consiste em uma extensão de tecido presa ao corpo do veículo. Esses cintos prendem a pessoa contra o assento, o que é bastante seguro mas pouco confortável.

Os cintos de segurança dos automóveis possuem a capacidade de extensão e retração. É possível se inclinar para frente enquanto o cinto se estica. Entretanto, em uma colisão, o cinto vai puxá-lo repentinamente e prendê-lo em seu assento.

[...] »

Como funcionam os cintos de segurança? Disponível em: <http://carros.hsw.uol.com.br/cintos-de-seguranca.htm>. Acesso em: 22 mar. 2015.

Minimizar: reduzir, diminuir.

Para pensar

1. Qual a importância de utilizar o cinto de segurança?
2. Relacione os princípios físicos citados no texto ao uso do cinto de segurança.

TIPOS DE FORÇA

Força de atrito

Atrito é uma força que está presente em nosso cotidiano. Ele afeta o movimento dos corpos que estão em contato.

Se lançarmos horizontalmente um objeto em um chão encerado e liso, ele deslizará até parar. Se jogarmos o mesmo objeto no asfalto, com a mesma força, ele deslizará por uma distância menor até parar. Isso ocorre por causa das imperfeições do asfalto, que são maiores do que as do chão encerado. Quando essas imperfeições entram em contato com o objeto, provocam atrito com ele e surgem forças que dificultam seu deslocamento.

Observe as figuras abaixo. Nelas, um bloco é colocado no alto de uma rampa e desliza até a posição A, em um piso de madeira.

Se lixarmos o piso e passarmos sobre ele uma camada de cera antes de abandonarmos o bloco na rampa, da mesma posição anterior, notaremos que ele alcança uma distância maior até parar completamente, na posição B. Isso acontece porque, ao lixar e passar cera no piso, o deixamos mais liso, diminuindo o **atrito** entre ele e o bloco.

RELAÇÃO ENTRE DESLOCAMENTO E ATRITO

LUIS MOURA

Representação esquemática do deslocamento de um bloco lançado de um plano inclinado em uma superfície com atrito. Na figura à direita o atrito foi reduzido, assim o bloco desliza por uma distância maior que na figura à esquerda, que tem atrito maior. Cores fantasia. Elementos fora de escala de tamanho, de proporção e de distância.

Se fosse possível eliminar completamente o atrito, o bloco iria continuar em seu movimento em linha reta com velocidade constante até alguma força contrária agir e pará-lo.

Superfícies com mais imperfeições, como lixa, provocam mais atrito do que superfícies lisas em contato com um objeto. O atrito causa desgaste nas peças mecânicas e, por causa dele, equipamentos, máquinas e veículos precisam de graxa e óleos lubrificantes. Sem o atrito, no entanto, não conseguiríamos sair do lugar: ao andar, correr e pular, empurramos o chão para trás com os pés. A força de atrito reage, evita que haja deslizamento e empurra o corpo no sentido oposto.

ATRITO E DESLOCAMENTO

PAULO CESAR PEREIRA

Representação esquemática das forças que atuam durante um deslocamento. A pessoa exerce uma força para trás, no chão. O chão reage exercendo uma força de atrito nos pés. Cores fantasia. Elementos fora de escala de tamanho e de proporção.

Força elástica

Alguns materiais apresentam a propriedade de retornar à forma inicial após sofrerem deformação. Chamamos essa propriedade de elasticidade.

Quando tentamos comprimir ou esticar um pedaço de borracha ou uma mola, por exemplo, eles resistem, aplicando uma força contrária à nossa. Essa força elástica depende das características do material e da intensidade da deformação que aplicamos no corpo. Quando deixamos de aplicar força, o corpo volta ao seu estado inicial.

KEVIN FLEMING/CORBIS/LATINSTOCK

Jovens saltando em cama elástica. Cada vez que alguém cai na lona elástica, ela se deforma, mas exerce uma força de resistência a essa deformação e volta ao seu estado inicial, por isso impulsiona a pessoa para cima.

Força gravitacional

A força da gravidade influencia diretamente a vida em nosso planeta. Nosso peso é em razão da gravidade, ela é que nos mantém na superfície da Terra. Além disso, a interação entre as forças gravitacionais também mantém os planetas em suas órbitas.

O Sol exerce uma força atrativa que mantém em sua órbita todos os corpos do Sistema Solar. Essa força foi denominada **força gravitacional**. Quanto maior a massa dos corpos, maior a força gravitacional entre eles. Porém, essa força diminui conforme aumenta a distância entre os corpos.

Além disso, os planetas exercem forças semelhantes sobre seus satélites e sobre outros planetas, influenciando seus movimentos. Todo corpo exerce uma força gravitacional sobre outro corpo e, pela terceira lei de Newton, sofre a ação de uma força de mesma intensidade e direção, mas de sentido contrário, ou seja, é uma força recíproca: se o Sol atrai os outros corpos celestes, ele também é atraído por esses corpos.

A força gravitacional é responsável por manter os movimentos dos planetas e satélites. As setas indicam a força de atração entre a Terra e a Lua. Cores fantasia. Elementos fora de escala de tamanho, de proporção e de distância.

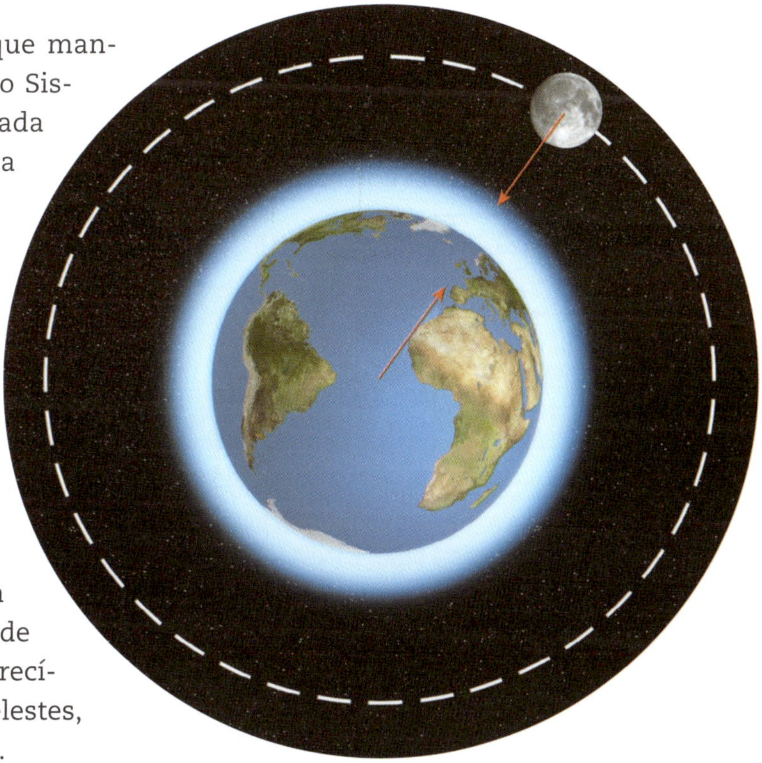

LUIS MOURA

Diferença entre massa e peso

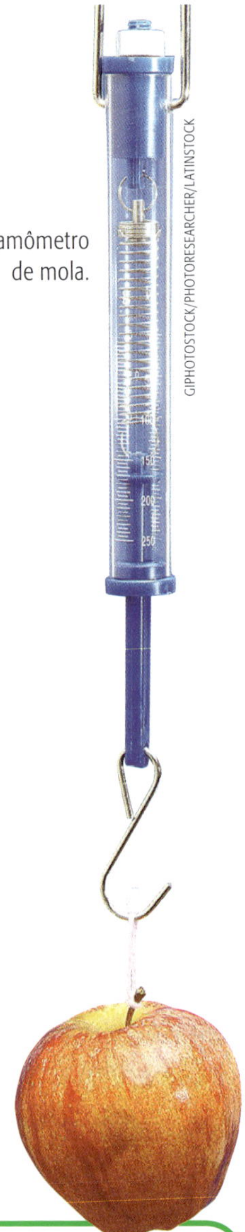
Dinamômetro de mola.

Todo corpo apresenta massa, que está relacionada com a quantidade de matéria que ele possui. A massa não se altera, independentemente do lugar em que o corpo esteja. O peso, no entanto, é uma força que resulta da atração da força gravitacional sobre o corpo.

Logo, nosso peso é uma grandeza vetorial, com direção sempre vertical e sentido para baixo. A segunda lei de Newton pode ser aplicada para determinarmos sua intensidade.

$$F = m \cdot a \Rightarrow P = m \cdot g$$

A força, nesse caso, é a força peso, que chamamos de **P**. A massa é simbolizada por ***m***.

A aceleração é resultante da queda dos corpos em queda livre (ou aceleração da gravidade, como é popularmente chamada), que chamamos de ***g***.

A aceleração da gravidade terrestre tem o valor de 9,8 m/s^2.

A aceleração é diferente em cada corpo celeste, pois depende da massa de cada um.

Na Lua, a aceleração da gravidade é de aproximadamente 1,7 m/s^2, cerca de $\frac{1}{6}$ da aceleração da gravidade na Terra. Isso está relacionado ao fato de a massa da Lua ser menor do que a da Terra. Logo, o peso de um objeto na Terra é diferente do peso do mesmo objeto na Lua.

Veja como é o valor da força peso na Terra e na Lua para um objeto de massa igual a 1 kg.

Terra	$P = m \cdot g$	$P = 1\ kg \cdot 10\ m/s^2$	$P = 10\ N$
Lua	$P = m \cdot g$	$P = 1\ kg \cdot 1{,}7\ m/s^2$	$P = 1{,}7\ N$

FIQUE DE OLHO

1. Leia a história em quadrinhos e depois responda à questão.

História em quadrinhos escrita pelo cartunista Jim Davis.

- Se o personagem Garfield (o gato) se mudar para um planeta em que a aceleração da gravidade seja inferior à da Terra, ele perderá peso? E massa? Justifique.

2. Para medir massa, o instrumento adequado é a balança de dois pratos. Já para medir forças (peso), também dispomos de um instrumento: o dinamômetro.

- Analise o dinamômetro mostrado na figura acima e procure compará-lo à montagem que será feita no experimento da página 177. O funcionamento é semelhante?

Construindo um dinamômetro

Para pensar

O dinamômetro é um instrumento usado para medir a força. Em que situações você usaria um dinamômetro?

Objetivo

- Construir um modelo de dinamômetro.

Materiais

- linha elástica fina
- clipe de papel
- fita adesiva
- barbante
- régua de 30 cm
- 3 caixas de fósforos vazias
- areia
- canetas vermelha e azul
- moedas de 10 centavos

Procedimentos

Etapa 1: Montagem do dinamômetro

1. Amarre a linha elástica no clipe e fixe a outra ponta no barbante.
2. Prenda o barbante em uma das extremidades da régua usando a fita adesiva.
3. Com as caixinhas de fósforo faça umas cestinhas, utilizando barbante, como indicado na ilustração.

Etapa 2: Teste do dinamômetro

1. Separe diversos pequenos objetos que você tenha disponíveis.
2. Faça uma tabela listando esses objetos em uma coluna e na outra coluna anote os valores marcados na régua.
3. Coloque os diferentes objetos dentro da cestinha e anote na tabela o valor correspondente.
4. Experimente colocar uma moeda de 10 centavos na caixinha, anote o valor marcado na régua. Depois coloque mais 10 centavos, anote o valor. E mais 10 centavos, anote o valor. Faça isso até chegar a 50 centavos (ou cinco moedas de igual valor).

ETAPAS DA MONTAGEM

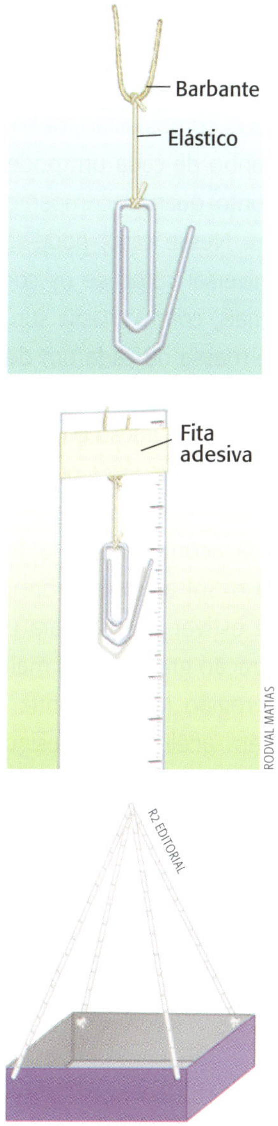

Representação esquemática das etapas da montagem do dinamômetro. Elementos fora de escala de tamanho e de proporção.

Resultados

1. Analisando os dados coletados na tabela, qual foi o objeto mais pesado? E o mais leve?
2. O que acontece com o elástico quando o objeto é mais pesado?
3. Quando você colocou as moedas, como foi a distensão no elástico?

Conclusão

Com base no experimento acima, como você explica o funcionamento do dinamômetro?

SAIBA MAIS

Marés

“Maré é o fenômeno da subida e da descida do nível das águas de uma região por causa dos efeitos gravitacionais criados pela Lua e pelo Sol [...].

Quando dois corpos estão muito afastados um do outro, o tamanho de cada um pode ser considerado como um ponto quando comparado com a distância entre eles. Nesse caso, pode-se aplicar a lei da gravitação universal como se os corpos fossem dois pontos materiais, com a massa suposta concentrada no centro de massa de cada um deles. Mas, se dois corpos estão suficientemente próximos para que seus tamanhos sejam uma fração considerável da distância entre eles, então não mais se pode supor forças agentes no centro de massa de cada um.

É isso que acontece com a força gravitacional que a Lua e o Sol aplicam sobre a Terra. A região da Terra que estiver voltada para um desses astros sofre uma atração gravitacional maior do que aquela sofrida pela região mais distante. Essas forças desiguais causam acelerações desiguais que acabam deformando, temporariamente, a distribuição de massas na Terra. Nas regiões que estão na direção da linha que une os centros dos corpos, teremos as marés altas, enquanto que nas regiões que estão a 90° dessa linha, teremos marés baixas.

Devido ao movimento de rotação da Terra, a cada instante regiões diferentes da Terra estarão submetidas às marés baixas e altas, fazendo com que o fenômeno seja cíclico em cada local.

Maré lunar

As maiores marés sobre a Terra são causadas pela Lua. Em regra geral, quando a Lua se encontra o mais próximo possível do zênite de um local, ou diametralmente oposta, temos a maré alta. Quando a Lua se encontra a cerca de 90° dessa região, temos as marés baixas. O intervalo de tempo entre duas marés altas causadas pela Lua é de cerca de 12 h 25 min. No mar, em locais afastados das costas, o desnível entre a maré alta e a maré baixa é de cerca de 1 m. Mas em baías fechadas esse desnível pode chegar a cerca de 20 m.

Zênite: ponto de referência utilizado por observadores. É o ponto mais alto do céu quando olhamos para cima.

VARIAÇÃO DAS MARÉS

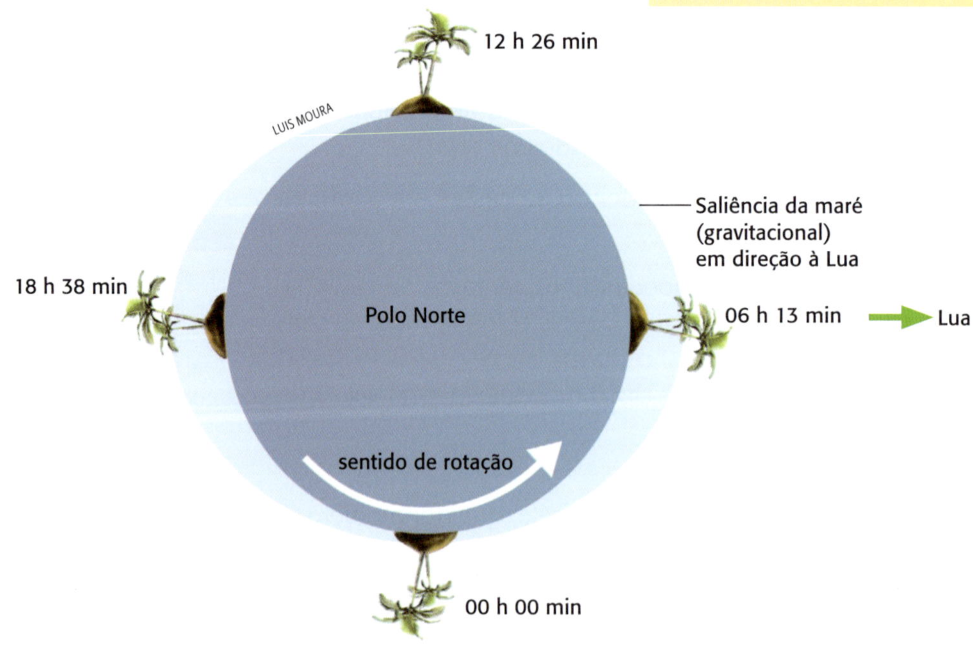

Representação esquemática de como as marés seriam vistas de um ponto acima do polo Norte, durante o período de um dia. Iniciando à meia-noite, podemos observar que uma região litorânea, representada pela ilha na ilustração, está em águas rasas ou maré baixa. Seis horas mais tarde, ocorre a maré alta. Às 12 h e 26 min, a ilha encontra-se novamente na região de maré baixa. Seis horas depois, aproximadamente, a ilha está submersa em uma região de maré alta e retorna à maré baixa por volta de uma da manhã. O ciclo das marés dura aproximadamente 24 horas e 50 minutos. Cores fantasia. Elementos fora de escala de tamanho e de proporção.

DELFIM MARTINS/TYBA

Maré alta na foz do rio Maragogi com a praia Camacho, Maragogi (AL), em 2013.

DELFIM MARTINS/TYBA

Maré baixa na foz do rio Maragogi com a praia Camacho, Maragogi (AL), em 2013.

Maré solar

Apesar de ter uma massa muito maior que a da Lua, o Sol exerce uma maré sobre a Terra cerca de 2,5 vezes menor do que aquela causada pela Lua. Isso se explica devido à grande distância entre o Sol e a Terra. Por causa do Sol, as marés altas de um local ocorrem por volta do meio-dia e da meia-noite. [...]

Maré terrestre

Apesar de o nome parecer paradoxal, ocorrem, de fato, marés terrestres, ou seja, o solo da Terra "sobe" e "desce" dependendo das posições do Sol e da Lua. Mas sobe e desce em relação a quê? E como se explica isso? Não podemos esquecer que boa parte do interior da Terra está na forma pastosa, e que os continentes "boiam" sobre essa pasta como se cada continente fosse um pequeno barco. Da mesma forma que as marés "marítimas" deformam a distribuição das águas, elas redistribuem também a parte pastosa da Terra. Com isso, os continentes parecem subir e descer com relação ao centro da Terra. É a esse movimento que chamamos de marés terrestres.

É um fenômeno difícil de ser medido, já que não temos um ponto fixo na superfície da Terra para poder ver o quanto o chão "subiu" ou "desceu" devido à maré terrestre. Cálculos mostram que o desnível chega a ser de cerca de 30 cm, ou seja, cerca de um terço do valor do desnível criado pela maré marítima longe das costas. [...] »

MARÉS. Disponível em: <http://www.iag.usp.br/siae98/fenomastro/mares.htm>. Acesso em: 22 mar. 2015.

Para pensar

1. O que influencia a mudança nas marés?

2. Se a massa do Sol é maior que a da Lua, por que a Lua exerce uma força gravitacional maior sobre a Terra?

3. Pesquise a influência das marés em atividades humanas, como *surf*, pesca e mergulho.

MICROGRAVIDADE

E SEUS EFEITOS

Imagens de astronautas que parecem flutuar no interior de suas naves ou no espaço certamente despertam a nossa curiosidade. Microgravidade é o nome dessa condição. Na microgravidade, os astronautas experimentam a sensação de ausência de peso, tanto enquanto flutuam no interior da nave como quando estão fora dela, no espaço.

EFEITOS DA MICROGRAVIDADE NO ORGANISMO

Muitos astronautas sentem náuseas, dores de cabeça, sudorese e falta de energia por cerca de três dias. Há diminuição no número de células disponíveis para combater infecções.

Os líquidos do corpo são redistribuídos e concentram-se mais nas regiões do tórax e do abdome. O rosto incha e o nariz entope. A sensação é parecida àquela que sentimos quando ficamos de cabeça para baixo.

O esforço para executar movimentos simples no espaço é menor do que na Terra. Assim, mesmo que os astronautas façam exercícios durante sua missão, seus músculos começam a atrofiar ao longo do tempo.

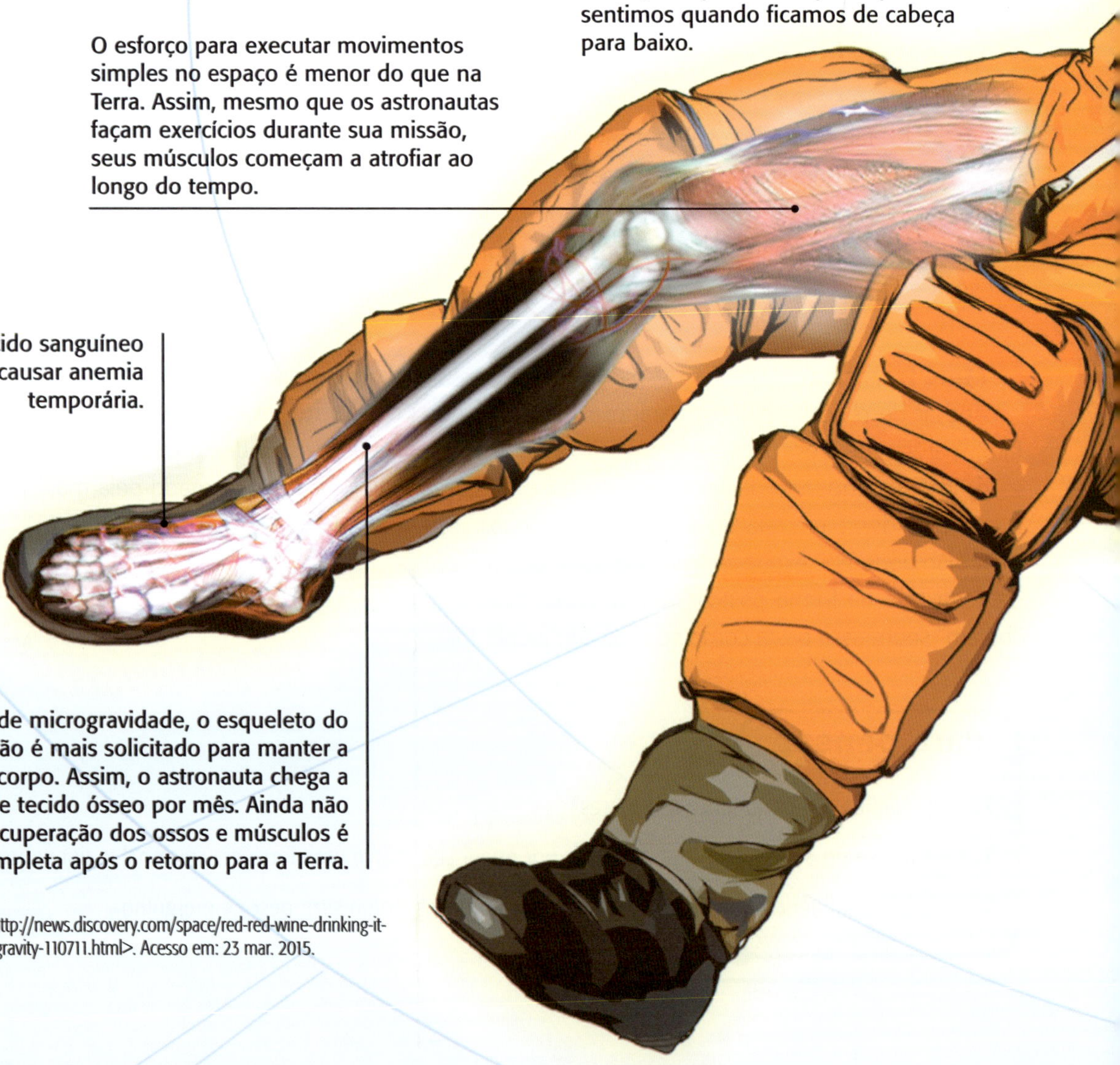

ALEXANDRE JUBRAN

Perdas de tecido sanguíneo podem causar anemia temporária.

No ambiente de microgravidade, o esqueleto do astronauta não é mais solicitado para manter a postura do corpo. Assim, o astronauta chega a perder 1,5% de tecido ósseo por mês. Ainda não se sabe se a recuperação dos ossos e músculos é completa após o retorno para a Terra.

Fonte de pesquisa: <http://news.discovery.com/space/red-red-wine-drinking-it-counters-effects-of-low-gravity-110711.html>. Acesso em: 23 mar. 2015.

O astronauta sente aquele frio na barriga, parecido com o que sentimos quando andamos de montanha-russa. Mudanças na percepção do ambiente confundem o cérebro e podem causar desorientação.

Atividades

1. O que é microgravidade?
2. Por que, no espaço, os astronautas perdem massa óssea?
3. Cite dois processos de conservação de alimentos utilizados na comida dos astronautas.

NASA/REUTERS/LATINSTOCK

Os candidatos a astronauta passam por exaustivos treinamentos na Terra, em situações que simulam microgravidade. Na espaçonave Columbia, um especialista submete um astronauta a um teste de pressão dos líquidos internos do corpo. Esse aparelho permite controlar a distribuição dos líquidos do corpo em direção à parte superior, uma consequência da microgravidade.

O nível de cálcio no sangue aumenta e exige que os rins trabalhem mais. Isso pode resultar na formação de pedras nos rins.

O QUE ELES COMEM?

Os astronautas se alimentam praticamente dos mesmos alimentos que comemos aqui na Terra, só que com uma diferença: esses alimentos são desidratados, para que se conservem em bom estado.

As espaçonaves possuem dispositivos para aquecer a água e preparar os alimentos. As bebidas são transformadas em pó, e também necessitam da adição de água para o consumo.

Alguns alimentos levados aos espaço, como as carnes, são tratados com radiação, que destrói bactérias ou vírus e ainda conserva os alimentos.

teia do saber

1. Para mover um móvel, o homem aplicou uma força de 50 N, horizontal, da direita para a esquerda. Com base nas informações fornecidas, qual é a intensidade, a direção e o sentido dessa força?

Representação de pessoa empurrando armário.

2. Um dinamômetro mede o peso. Entretanto, dispositivos como esses são comuns em feiras na venda de alimentos, onde são usados para medir massa. Como isso é possível? Converse com seus colegas, procurem chegar a uma conclusão e confiram a resposta com o professor.

3. No Brasil, o uso do cinto de segurança é obrigatório tanto nas vias urbanas quanto nas rodovias. Milhares de vidas são salvas anualmente por causa desse dispositivo simples, mas muito eficiente. Explique o funcionamento desse dispositivo de acordo com as leis de Newton.

Representação de carros em colisão em duas situações diferentes, sem cinto de segurança e com cinto de segurança.

4. Qual a aceleração adquirida por uma bola de futebol de 0,5 kg que recebeu a aplicação de uma força de 5 N?

5. Ao ser lançada do repouso, a bola de boliche de 2,5 kg acelerou até 5 m/s em 5 s. No caderno, calcule a força aplicada sobre ela.

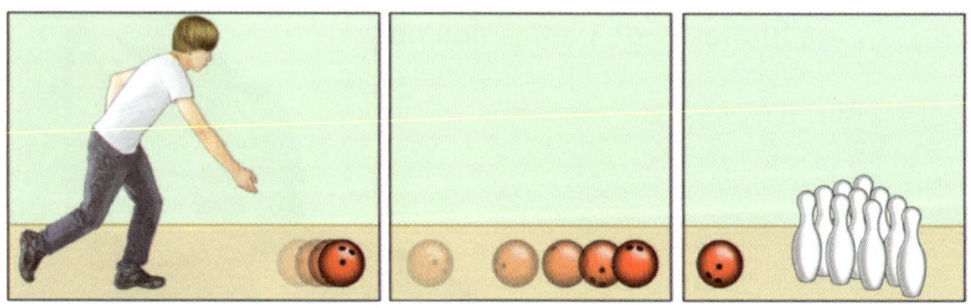

Representação de menino jogando boliche.

6. Desenhe em seu caderno uma situação que ilustre cada uma das três leis de Newton. Atenção: só valem exemplos diferentes dos já utilizados nesta unidade.

7. Faça uma comparação entre o ato de empurrar os dois blocos mostrados na ilustração. Eles são feitos do mesmo material e estão sendo arrastados pelo mesmo piso. Utilize uma das leis de Newton para fundamentar sua resposta.

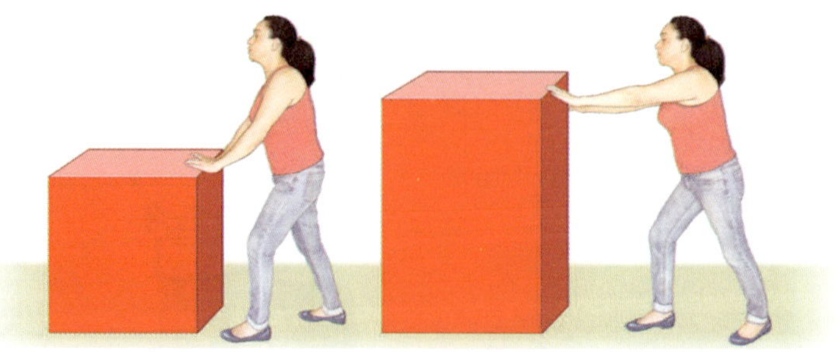

ILUSTRAÇÕES: PAULO CESAR PEREIRA

Representação de mulher empurrando blocos de tamanhos diferentes.

8. Por que, quando um ônibus freia, as pessoas que estão dentro dele se movem para a frente?

PAULO CESAR PEREIRA

Representação de ônibus freando.

9. Leia o texto e observe a imagem ao lado.

Mauro empilhou cinco caixas de mesmo tamanho, feitas do mesmo material. Então, deu uma pancada com um martelo na caixa que estava em contato com a mesa, que caiu.

- Agora, responda no caderno: O que você acha que aconteceu com as demais caixas? Justifique sua resposta.

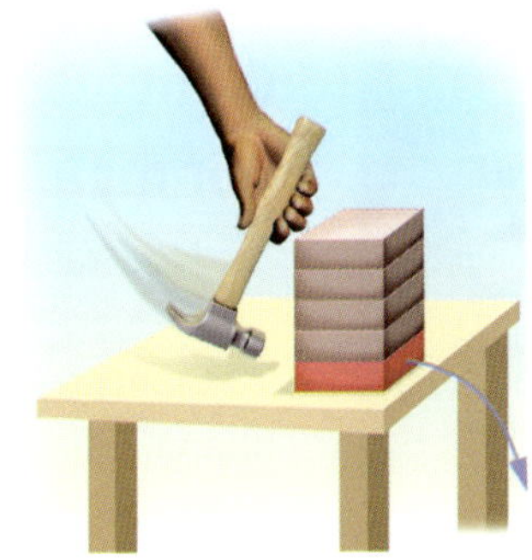
LUIS MOURA

Representação do experimento de Mauro.

10. Um cabo de guerra foi disputado entre as equipes *A* e *B*. Na equipe *A*, que ficou à esquerda, estavam Diego, Mônica e Juninho. Na equipe *B* estavam Paulo, Rebeca e Daniel.

QUADRO COMPARATIVO ENTRE AS EQUIPES A E B

Competidor (equipe A)	Força	Competidor (equipe B)	Força
Diego	22 N	Paulo	20 N
Mônica	25 N	Rebeca	25 N
Juninho	30 N	Daniel	35 N

- Com base nos dados fornecidos, determine no caderno qual equipe ganhou a prova.

11. Leia o texto a seguir e depois responda à questão.

Um homem fazia a mudança de móveis em sua casa. Ao tentar arrastar um móvel no piso de cimento do quintal, ele não conseguiu e pediu ajuda a um amigo. Dentro de casa, com piso encerado de madeira, o homem conseguiu arrastar facilmente o mesmo móvel, sozinho.

- Que conceito da Física explica o fato de o homem não conseguir deslocar o móvel no piso rugoso de cimento, mas conseguir fazer isso no piso liso de madeira? Explique.

12. Um corpo de massa igual a 5 kg recebeu a ação de duas forças horizontais, sendo a primeira para a direita, com intensidade de 8 N, e a segunda para a esquerda, com intensidade de 18 N. No caderno:

a. determine a força resultante sobre esse corpo.

b. determine a aceleração adquirida por esse corpo.

Encerrando a unidade

Nesta unidade, você estudou vários temas:

- **Referencial, trajetória, velocidade instantânea, velocidade média, aceleração.**
- **Queda dos corpos.**
- **O que é força, sua direção e sentido.**

Inspire-se na tirinha com o personagem Garfield da página 160 e escolha um desses temas para criar sua própria tirinha. Use o que você aprendeu e compartilhe o resultado com seus colegas.

Espaço para as mulheres

Iniciativa da Nasa visa despertar a paixão de meninas pelas ciências exatas, aproximando-as de suas jovens pesquisadoras por meio de vídeos e redes sociais.

Aspirar: querer, desejar.

Ciência, tecnologia, matemática, engenharia – há muito tempo essas áreas já vêm deixando de ser campos dominados exclusivamente pelos homens. E uma iniciativa da Agência Espacial Americana (Nasa, da sigla em inglês) quer promover ainda mais a entrada das mulheres no campo das ciências ditas mais "duras".

O *site Aspire 2 inspire*(Aspirar para inspirar, em tradução livre) tem como objetivo aproximar estudantes do ensino médio do sexo feminino de jovens pesquisadoras da Nasa, para mostrar as muitas oportunidades gratificantes que esses campos podem oferecer.

A iniciativa disponibiliza vídeos com depoimentos e imagens da rotina de jovens talentosas em início de carreira na Nasa, divididas em quatro áreas: ciência, tecnologia, engenharia e matemática.

Com a empolgação de quem vive um sonho realizado, as cientistas falam sobre suas carreiras e projetos de que participam na agência – como o desenvolvimento de sistemas para a Estação Espacial Internacional (ISS, na sigla em inglês), de protótipos de robôs humanoides e até de tecnologias que possibilitem viagens tripuladas a Marte.

Como definido no *site* do projeto, apenas "uma pequena ideia do que as meninas de ontem estão fazendo de memorável hoje".

Mais do que apresentar exemplos de sucesso, a iniciativa visa aproximar as potenciais pesquisadoras das jovens mulheres que podem servir como inspiração para suas carreiras. As estudantes são convidadas a interagir com as cientistas por meio do próprio *site*, integrando os debates dentro de cada área, ou através do Twitter. A ferramenta também recebe atualizações das pesquisadoras durante sua semana de trabalho.

Apesar do fato de que trabalhar na Nasa pode ser considerado um sonho comum para os estudantes dessas áreas, a iniciativa não deseja conquistar novas pesquisadoras apenas para a agência. O objetivo é mostrar que, independentemente da área escolhida pela jovem, há diversas oportunidades de trabalho gratificantes.

Além de ter como público-alvo as jovens estudantes, a iniciativa busca chamar a atenção de instituições ligadas ao ensino formal e informal – escolas, sociedades, clubes e demais organizações voltadas ao desenvolvimento de meninas nessa faixa etária – para as oportunidades existentes na área.

A ação integra o programa da agência espacial *Women in Nasa* (Mulheres na Nasa, em tradução livre), que também visa estimular uma maior participação feminina na engenharia, na matemática e nos campos afins da ciência, além de celebrar as importantes colaborações das mulheres à ciência e à exploração espacial.

Marcelo Garcia. Disponível em: <http://cienciahoje.uol.com.br/blogues/bussola/2011/11/espaco-para-as-mulheres/view>. Acesso em: 23 mar. 2015.

Tracy Caldwell Dyson, pesquisadora da Nasa, observa o planeta Terra do espaço.

Para explorar

1. O texto menciona as ciências mais "duras". Para você, quais são essas ciências? O que o autor quis dizer com essa expressão?
2. Na sua opinião, as meninas "gostam menos" de áreas como Matemática, Ciência e Tecnologia?
3. Façam uma pesquisa (com a turma ou com várias turmas: quanto maior o número de pessoas, melhor). Cada aluno deve responder à seguinte questão:
   Qual a disciplina em que você tem menos afinidade nos estudos: Línguas, Matemática, Ciências, História ou Geografia?
   - Anotem, ao lado da resposta, o sexo do aluno que respondeu. Reúnam as respostas da turma em uma tabela, onde vocês devem contabilizar quantos votos cada disciplina obteve.
   - Depois, separem os resultados em duas tabelas: uma para as respostas das meninas e outra para as respostas dos meninos. Os resultados foram semelhantes? Que disciplina recebeu mais votos em cada categoria?
4. Os resultados da sua pesquisa podem ser relacionados ao texto "Espaço para as mulheres"? De que maneira?
5. O texto apresenta um exemplo de programa feito nos Estados Unidos. É importante que programas como esse aconteçam no Brasil? O que a turma pensa sobre a igualdade de oportunidades profissionais para mulheres e homens? Que tipo de incentivo as meninas e as adolescentes poderiam receber na escola ou em casa?
   Divulguem as ideias da turma de acordo com as orientações do professor.

UNIDADE

6 Trabalho, energia e calor

A visão humana não consegue perceber algumas coisas que estão à nossa frente. A temperatura, por exemplo, é percebida pelo tato. Alguns equipamentos conseguem captar o calor, traduzindo-o em imagem. A termografia registra a temperatura dos objetos por meio do registro das ondas de calor.

Nesta unidade, você vai saber mais sobre:

- Trabalho e energia
- Tipos de energia
- Máquinas simples
- O que é calor e o que é temperatura
- As escalas termográficas mais usadas
- Como o calor é conduzido de um corpo para outro
- Dilatação e contração térmica

TONY MCCONNELL/SCIENCE PHOTO LIBRARY/LATINSTOCK

Nesta fotografia, a escala de cores varia do seguinte modo:

Mais fria — Mais quente

Na medicina, a termografia é uma técnica utilizada para identificar lesões, infecções e tumores. Na engenharia, a termografia é utilizada para detectar problemas estruturais em construções. Na segurança pública, a polícia utiliza esse método para localizar pessoas, animais e bombas no escuro.

TROCANDO IDEIAS

1. A termografia registra aspectos que nossos olhos não veem. O que percebemos nas imagens captadas por esses aparelhos?
2. Observando a termografia da bailarina, que áreas apresentam maior temperatura? Por que isso acontece?
3. O que é calor? É o mesmo que temperatura?

11 Trabalho e energia

Acessibilidade: um direito de todos!

LEI Nº 10.098, DE 19 DE DEZEMBRO DE 2000.

Essa Lei estabelece normas gerais e critérios básicos para a promoção da acessibilidade das pessoas portadoras de deficiências ou com mobilidade reduzida, mediante a supressão de barreiras e de obstáculos nas vias e espaços públicos, no mobiliário urbano, na construção e reforma de edifícios e nos meios de transporte e de comunicação.

ERNESTO REGHRAN/PULSAR IMAGENS

Rampas de acesso são essenciais para a locomoção de cadeirantes.

FERNANDO FAVORETTO/CRIAR IMAGEM

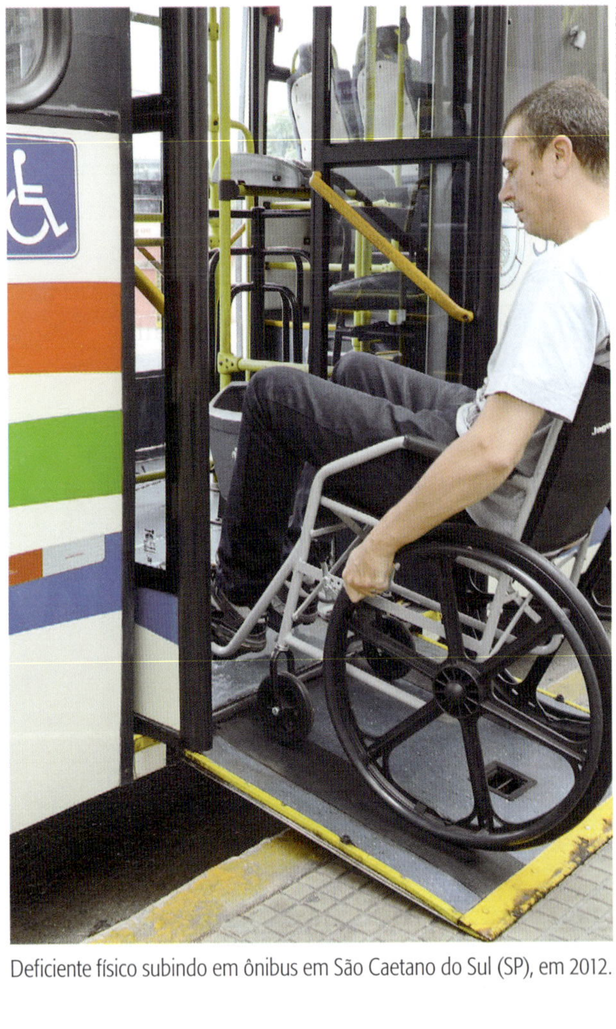

Deficiente físico subindo em ônibus em São Caetano do Sul (SP), em 2012.

BATE-PAPO

1. Observe ao redor da escola e nas ruas próximas. Que dificuldades um cadeirante encontraria para se locomover?
2. Em seu bairro, os espaços públicos estão adaptados para facilitar a locomoção das pessoas com mobilidade reduzida? Que adaptações são essas?
3. Por que é mais fácil empurrar uma cadeira de rodas em uma rampa inclinada do que em degraus de escada? Em que outras situações as rampas facilitam o trabalho das pessoas?

TRABALHO

Em Física, dizemos que a força ***F*** realiza trabalho quando a caixa é deslocada por uma distância ***d***, na mesma direção da força.

Assim como para força, o uso da palavra "trabalho" tem significados diferentes em nosso dia a dia e na Física.

Observe a imagem ao lado. O carregador aplica uma força na caixa e a desloca de uma posição para outra. Quando uma força provoca um deslocamento, dizemos que ela realizou um **trabalho**.

O trabalho realizado por uma força depende de sua intensidade, que chamaremos F, e do deslocamento provocado na direção da força, o qual chamaremos ***d***.

Assim, o trabalho de uma força constante F pode ser determinado por:

$$\tau = F \cdot d$$

Onde trabalho é representado pela letra grega minúscula τ (lê-se "tau") e d é o deslocamento na mesma direção da força.

A unidade do SI para a medida do trabalho é o **joule**, simbolizado por **J**.

Suponha que uma caixa recebeu a aplicação de uma força de 50 N e, como consequência, deslocou-se por 8 metros na mesma direção e sentido da força que foi aplicada. O trabalho realizado foi o seguinte:

$$\tau = F \cdot d \rightarrow \tau = 50 \cdot 8 \rightarrow \tau = 400 \text{ J}$$

Quando a força aplicada ao corpo e o deslocamento que ela produz estão na mesma direção, dizemos que há realização de trabalho. No entanto, se a direção da força e a direção do deslocamento são perpendiculares entre si, não há realização de trabalho.

RELAÇÃO ENTRE FORÇA E TRABALHO

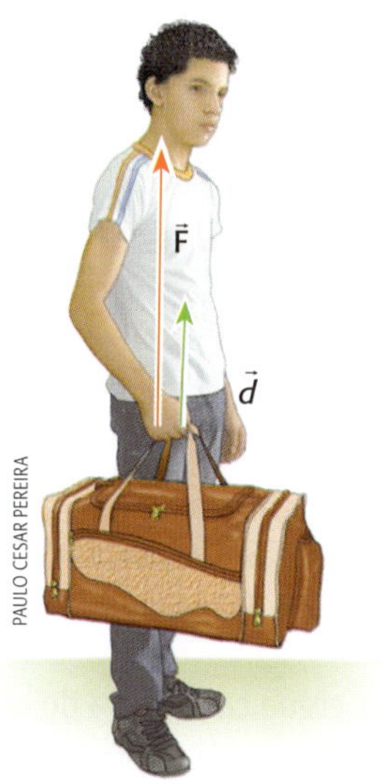

O rapaz levanta a mala do chão até uma altura d. Nesse caso, a força aplicada por ele ao suspender a mala realiza trabalho.

O rapaz caminha segurando a mala. Nesse caso, a direção da força e a do deslocamento são perpendiculares entre si. Logo, a força não realiza trabalho.

POTÊNCIA

As revistas especializadas em automóveis costumam publicar tabelas comparativas mostrando o tempo que os veículos gastam para acelerar de 0 a 100 km/h. Quanto menor o tempo gasto, mais potente é o motor do veículo. Na Física, a **potência** está relacionada à rapidez com que um trabalho é realizado. Quanto mais rapidamente ele é realizado, maior a potência.

Se chamarmos o tempo gasto de Δt, o trabalho de τ e a potência de P, teremos:

$$P = \frac{\tau}{\Delta t}$$

A unidade empregada para medir a potência é o **watt** (W), que corresponde a 1 joule por segundo (J/s).

Vamos exemplificar: considere um bloco no qual se aplica uma força de 200 N, resultando em um deslocamento de 5 m em 2 s, ao longo da direção da força. Qual a potência dessa força?

Primeiro, calculamos o trabalho:

$$\tau = F \cdot d \rightarrow \tau = 200 \cdot 5 \rightarrow \tau = 1000 \text{ J}$$

Depois, calculamos a potência:

$$P = \frac{\tau}{\Delta t} \rightarrow P = \frac{1000}{2} \rightarrow P = 500 \text{ W}$$

Representação esquemática de um operário erguendo um balde de 200 N de peso por uma altura de 5 metros. Cores fantasia. Elementos fora de escala de tamanho e de proporção.

FIQUE DE OLHO

Veja a comparação entre a potência de dois guindastes.

Guindaste **1** empilhando blocos de pedra.

Guindaste **2** empilhando blocos de pedra.

Os dois guindastes estão carregando pedras de mesma massa. O guindaste **1** ergue cada pedra do chão e a coloca sobre o caminhão em 10 segundos. O guindaste **2** leva 20 segundos para realizar a mesma tarefa.

- Compare os guindastes em relação à potência, usando para isso os conceitos aprendidos até aqui.

ENERGIA

A palavra "energia" tem origem na palavra grega *enérgeia*, que significa ação. Em Física, ela deve ser entendida como a capacidade que um corpo possui de realizar trabalho. A unidade de medida de energia no SI também é o joule (*J*). A energia pode ser luminosa, térmica, química, elétrica, cinética (do movimento), sonora, entre outras.

Embora a energia possa ser transformada, ela não pode ser criada nem destruída. Esta é uma das leis físicas fundamentais, conhecida como princípio da conservação da energia. As usinas hidrelétricas, termelétricas ou de qualquer outro tipo não *produzem* energia; embora essa expressão seja comumente utilizada, elas apenas transformam outros tipos de energia em energia elétrica.

PRISCILA ZAMBOTTO/ARGOS FOTO

Energia luminosa emitida por luzes em postes de iluminação pública, percebida com a visão. Vista noturna do centro da cidade de São Paulo (SP), 2013.

Energia cinética

Um pássaro voando, uma bola rolando ou um carro que passa têm algo em comum: eles estão em movimento. Todos os corpos em movimento apresentam **energia cinética** (E_c) que depende da massa do corpo e de sua velocidade.

$$E_c = \frac{m \cdot v^2}{2}$$

Na equação acima, E_c é a energia cinética, em joules (*J*), m é a massa do corpo (em kg), v é a sua velocidade (em m/s).

CESAR DINIZ/PULSAR IMAGENS

Energia sonora emitida pelas cordas da viola, percebida com a audição. Orquestra Piraquara de Viola Caipira da Fundação Cultural Cassiano Ricardo, São Luiz do Paraitinga (SP), em 2012.

Energia potencial

A energia potencial é a energia armazenada em um corpo e tem relação com sua posição. De forma simplificada, podemos dizer que a energia potencial está pronta para gerar movimento, ou seja, está "guardada" em um corpo. A energia potencial pode ser, por exemplo, gravitacional ou elástica.

Energia potencial gravitacional

Um atleta pula de um trampolim para uma piscina. Ele apresenta energia potencial gravitacional (E_{pg}), pois está a determinada altura em relação ao solo ou a outro referencial.

A quantidade de energia potencial gravitacional depende da massa do corpo, da altura em que ele se encontra e da aceleração da gravidade no local. Assim, temos:

$$E_{\text{pg}} = m \cdot g \cdot h$$

Na equação acima, E_{pg} é a energia potencial gravitacional (em *J*), m é a massa do corpo (em kg), g é a aceleração da gravidade (na Terra, cerca de 10 m/s^2), h é a altura em relação ao referencial (em m).

FENG LI/GETTY IMAGES SPORT/GETTY IMAGES

Um corpo a determinada altura acima de um referencial possui energia potencial gravitacional. Quando o corpo cai, a energia potencial gravitacional é convertida em energia cinética (movimento). Hugo Parisi e Rui Marinho, atletas de salto ornamental no Campeonato Mundial de Esportes Aquáticos em Shangai, China, 2011.

Energia potencial elástica

Um elástico de borracha esticado tem energia potencial elástica (E_{pe}). Esse tipo de energia só existe em materiais que possuem elasticidade, ou seja, que podem sofrer deformações sob a ação de uma força externa e voltar à posição inicial depois. Quando o elástico é solto, adquire energia cinética, ou seja, movimento, e volta à sua configuração inicial.

IMAGE SOURCE/LATINSTOCK

O elástico de borracha esticado apresenta energia potencial. Quando é solto, adquire energia cinética e volta à sua forma inicial.

Energia mecânica e suas transformações

Vamos imaginar uma montanha-russa em um parque de diversões. Quando o carrinho está em sua posição mais elevada, ele possui energia potencial gravitacional. Na descida, o carrinho perde altura ao passo que ganha velocidade: a energia potencial gravitacional se transforma em energia cinética.

Ao passar pelo ponto mais baixo, sua energia potencial gravitacional é mínima e a energia cinética assume o máximo valor. Durante a próxima subida, parte dessa energia cinética será novamente transformada em energia potencial. A soma das energias potencial e cinética é a energia mecânica do sistema.

Durante um trajeto na montanha-russa, ocorrem diversas transformações de energia.

THINKSTOCK/GETTY IMAGES

Energia química

A energia química está armazenada nas ligações químicas das substâncias. Nos alimentos, por exemplo, existe energia química, a partir da qual obtemos a energia de que precisamos para viver.

Cada tipo de alimento apresenta quantidades diferentes de energia química armazenada.

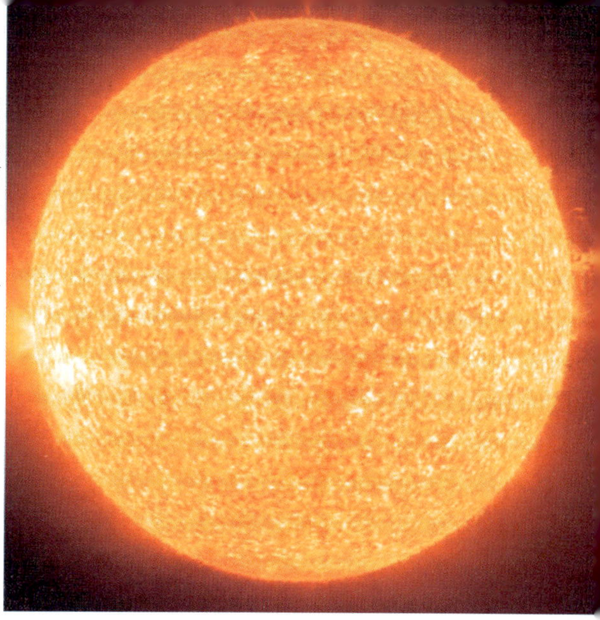

NASA/THE NEW YORK TIMES/LATINSTOCK

A potência do Sol é muito maior que a de uma usina hidroelétrica. Seriam necessárias mais de 10 trilhões de usinas de Itaipu (a maior hidrelétrica do mundo) para produzir energia equivalente no mesmo intervalo de tempo.

Energia nuclear

A energia nuclear é a energia armazenada no núcleo dos átomos. Ela é liberada nas reações nucleares. A energia nuclear pode ser obtida por meio da fissão nuclear e da fusão nuclear.

As bombas atômicas usam a fissão nuclear, os núcleos se dividem e geram esse tipo de energia. A explosão de uma bomba atômica libera grande quantidade de energia nuclear.

A energia produzida pelo Sol é devida a fusões nucleares, os núcleos dos átomos se combinam formando outros elementos químicos.

Quando os átomos se combinam, a energia é bem maior do que quando se dividem, portanto, a energia liberada na fusão nuclear é maior do que a energia liberada na fissão do núcleo.

NÃO DEIXE DE ACESSAR

- **Apostila educativa sobre energia nuclear**
  Disponível em: <http://www.cnen.gov.br/ensino/apostilas/energia.pdf>. Acesso em: 23 mar. 2015.

FIQUE DE OLHO

No Brasil, há duas usinas nucleares: Angra 1 e Angra 2; em 2018 entrará em operação comercial a terceira usina, Angra 3.

Faça uma pesquisa que contemple os seguintes itens:

- que usinas são essas e em que estado (e cidade) estão instaladas;
- que tipo de energia é gerada;
- exemplos de críticas a favor e contra a instalação desse tipo de usina no país.

ALEX LARBAC/TYBA

Usinas Nucleares Angra 1 e 2, em 2013.

Pista 1

São exemplos de transformações de energia mecânica o que acontece nos movimentos de um carrinho em uma montanha-russa e o som produzido ao tocarmos um violão. Na montanha-russa há transformações de energia cinética em potencial gravitacional e vice-versa; no caso do violão, a energia potencial elástica das suas cordas é transformada em som, ou seja, em energia cinética das partículas de ar ao seu redor. Que outros tipos de transformação de energia você conhece?

SAIBA MAIS

Energia solar

"Vivemos rotineiramente em contato com a fonte mais expressiva de energia de nosso planeta, e quase nunca consideramos sua importância como solução para nossos problemas de suprimento energético, sem poluir nem ameaçar nosso meio socioambiental. A energia solar é a fonte alternativa ideal, especialmente por algumas características básicas: é abundante, permanente, renovável a cada dia, não polui nem prejudica o ecossistema e é gratuita.

A ideia de utilizar a energia solar remonta aos tempos antigos. Alguns historiadores acreditam que Arquimedes incendiou navios romanos concentrando sobre eles raios solares refletidos por espelhos. Em 1774, Lavoisier, famoso químico francês, construiu um forno solar com uma lente de aproximadamente 1,5 m de diâmetro e conseguiu obter a temperatura de 1700 °C. [...]

A pesquisa moderna sobre o uso da energia solar teve início durante a década de 1930. É dessa época a invenção de uma caldeira movida a energia solar, criação do físico norte-americano [estadunidense] Charles G. Aboot, e o início dos programas solares Godfrey Cabot, na Universidade de Harvard e no Instituto de Tecnologia de Massachusetts, ambos nos Estados Unidos. Em 1954, os Laboratórios Bell Telephone criaram a bateria solar. Nesse mesmo ano, cientistas especializados em energia solar construíram, ainda nos EUA, a Associação para Aplicação da Energia Solar, com o objetivo de pesquisar meios de aproveitar a energia do Sol.

As placas solares utilizam energia do Sol para o aquecimento de água.

FABIO COLOMBINI

Em meados da década de 1970, a escassez de petróleo e gás natural estimulou nos EUA esforços para obter, com a energia solar, uma fonte produtora de força realmente funcional. Em 1974, o Congresso norte-americano [estadunidense] aprovou a lei sobre pesquisa e desenvolvimento da energia solar. A lei autorizava um programa nacional de pesquisa da energia solar, a fim de desenvolver sistemas mais efetivos para captar, concentrar e armazenar a energia do Sol. Esses sistemas deveriam assegurar o uso econômico da energia solar na calefação e refrigeração das habitações e edifícios de escritórios e facilitar aos engenheiros a construção de usinas destinadas a converter a energia solar em eletricidade para uso industrial.

No Brasil, embora a geração de energia solar ainda seja pequena, estima-se que a produção gere anualmente cerca de 20 milhões de megawatts-hora de eletricidade, o suficiente para abastecer 15 mil residências de dois cômodos. Ainda é pouco, visto que o nosso país é um dos mais ricos no mundo em incidência de raios solares. Alguns municípios do Nordeste, como Petrolina (PE), Floriano (PI) e Bom Jesus da Lapa (BA), por exemplo, recebem intensidade de luz solar comparável à registrada em Dongola, no Sudão, o ponto do planeta onde o Sol incide com maior potência.

Segundo alguns pesquisadores, falta ainda uma política para tornar esse potencial acessível à população. Ampliar a utilização da energia solar é um dos objetivos do Programa de Desenvolvimento Energético de Estados e Municípios, dirigido pelo governo federal, e que já instalou mais de 2 mil sistemas de captação em comunidades espalhadas pelo país. O projeto prioriza setores como eletrificação de escolas, iluminação pública, postos de saúde e sistemas de bombeamento de água. Antes, muitos deles eram abastecidos com geradores a óleo diesel.

[...] consciência ecológica para o consumo de energias limpas e necessidade de abastecer locais remotos, distantes das redes de eletricidade convencionais, não são os únicos fatores de incentivo à energia solar. A descoberta de novas tecnologias, mais racionais e baratas, está fazendo despencar o custo destes sistemas. Enquanto em 1984 era preciso gastar 10 dólares para gerar 1 watt de potência elétrica a partir de energia solar, hoje gastam-se cerca de 3 dólares. Para uma residência média de dois dormitórios, por exemplo, situada a 3 km da rede elétrica convencional, é mais barato instalar painéis solares do que puxar a linha elétrica. A energia solar está se tornando cada vez mais competitiva em relação às hidrelétricas e a tendência é que esse custo de produção diminua ainda mais. [...]

Limpa e ecologicamente correta, a energia solar também pode fazer uma boa diferença no bolso do consumidor. [...] O aparelho [chuveiro elétrico], que consome muita energia e aumenta o preço da conta no fim do mês, está sendo trocado por água aquecida pelo calor da luz solar. Na capital mineira [Belo Horizonte], 250 sistemas coletivos de médio e grande porte, capazes de aquecer acima de 2 mil litros de água por dia, instalados em condomínios de luxo, hotéis e hospitais, somam-se às cerca de mil residências que adotaram o sistema de aquecimento individual. As contas de luz caíram entre 30% e 40%. [...]

[...] até o ano de 2050, metade da energia usada no mundo virá de fontes renováveis, como luz solar, ventos, biomassa e água corrente. Entre essas alternativas ao petróleo, ao gás, ao carvão (fontes esgotáveis) e à energia nuclear, a energia solar está entre as mais promissoras. Os números indicam que esse mercado cresce 14% [ao ano] [...].

Os números são realmente impressionantes! No estágio atual de desenvolvimento, cada metro quadrado de coletor solar instalado permite economizar 55 kg de gás liquefeito de petróleo (GLP) por ano ou 66 litros de diesel por ano ou evitar a inundação de cerca de 56 m² para a geração de energia elétrica ou ainda eliminar o consumo anual de 215 kg de lenha. A natureza agradece. »

Sérgio Gasques Rodrigues. *Energia solar*. Disponível em: <http://cdcc.sc.usp.br/ciencia/artigos/art_08/energiasolar.html>. Acesso em: 23 mar. 2015.

Para pensar

1. No caderno, liste a vantagem de se investir em pesquisas para aprimorar o uso da energia solar no Brasil.

2. Por que o Brasil tem grande potencial para a captação de energia solar?

MÁQUINAS SIMPLES

As pirâmides do Egito são construções feitas com gigantescos blocos de pedra, que foram erguidos em uma época na qual caminhões e guindastes motorizados não tinham sequer sido inventados.

Os egípcios, entretanto, erguiam pedras de até 15 toneladas cada uma! Para isso, além da força humana, acredita-se que contavam com a ajuda de uma máquina simples, que hoje chamamos de **plano inclinado**.

BOB KRIST/CORBIS/LATINSTOCK

A pirâmide de Quéops, no Egito, tem mais de 2 milhões de blocos de pedra, cada um com massa de até 15 toneladas. A construção chega a quase 150 m de altura e calcula-se que nela trabalharam mais de 80 mil homens.

NATIONAL GEOGRAPHIC SOCIETY/CORBIS/LATINSTOCK

Os blocos de pedra eram transportados das pedreiras até o local da construção por meio de placas de madeira dispostas em sequência, cada uma um pouco mais elevada que a anterior. Dessa forma, uma subida íngreme era suavemente vencida. Cores fantasia. Elementos fora de escala de tamanho e de proporção.

Quando pensamos em máquinas, geralmente imaginamos equipamentos sofisticados. Antes da invenção das máquinas modernas, no entanto, as pessoas já haviam criado muitas outras máquinas simples, como a tesoura, o alicate, o martelo, a chave de fenda e o plano inclinado, usadas até hoje. Essas máquinas ajudaram no desenvolvimento humano de diversas maneiras.

Plano inclinado

As pedras necessárias para a construção das pirâmides foram movidas por meio do trabalho árduo de milhares de pessoas, com a ajuda de pranchas e troncos de madeira formando o chamado plano inclinado.

Ao erguermos um corpo ao longo de um plano inclinado (uma rampa), aplicamos uma força menor no objeto a ser movido, mas o movemos por uma distância maior. Os planos inclinados estão até onde não imaginamos. Os machados e as facas são cunhas, tipos de plano inclinado usados para rachar a lenha ou cortar os alimentos.

FERNANDO FAVORETTO/CRIAR IMAGEM

As rampas de acesso são planos inclinados e facilitam o deslocamento de cadeirantes e pessoas com dificuldades de locomoção.

Alavancas

Supõe-se que Arquimedes, grande sábio da Antiguidade, nascido em 287 a.C., um dia tenha dito:

"Dê-me uma alavanca e um ponto de apoio e eu moverei o mundo".

Uma alavanca é um objeto rígido, como uma barra, que se movimenta sobre um ponto de apoio. Seu funcionamento é baseado na aplicação de uma **força potente** em uma das extremidades da barra que supere a **força resistente**, que é aplicada na outra extremidade da barra.

As alavancas podem ser do tipo **interfixas**, **inter-resistentes** ou **interpotentes**.

THINKSTOCK/GETTY IMAGES

Reprodução de gravura da *Mechanics Magazine*, publicada em Londres em 1824. Ela representa Arquimedes movendo o planeta Terra com uma alavanca. Observe que ele utiliza uma montanha como ponto de apoio de sua alavanca.

Alavancas interfixas

Nas alavancas interfixas, o ponto de apoio fica entre os pontos de aplicação da força potente (F_P) e da força resistente (F_R). Quanto maior a distância entre a aplicação da força potente e o ponto de apoio, maior a facilidade para mover um objeto.

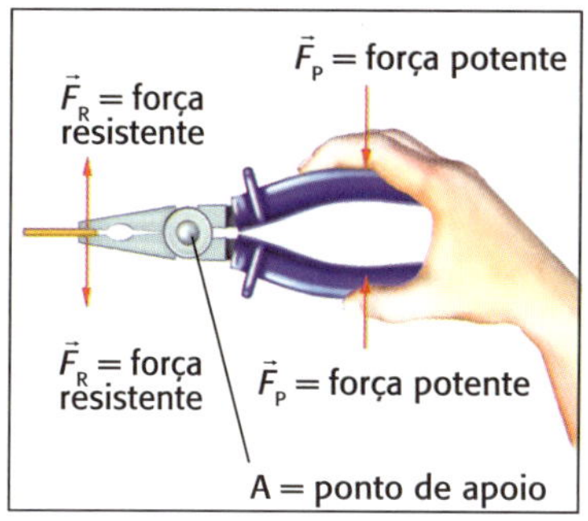

LUIS MOURA

O alicate é um exemplo de alavanca interfixa. Cores fantasia. Elementos fora de escala de tamanho e de proporção.

PONTO DE APOIO DISTANTE DO PONTO DE APLICAÇÃO DA FORÇA POTENTE

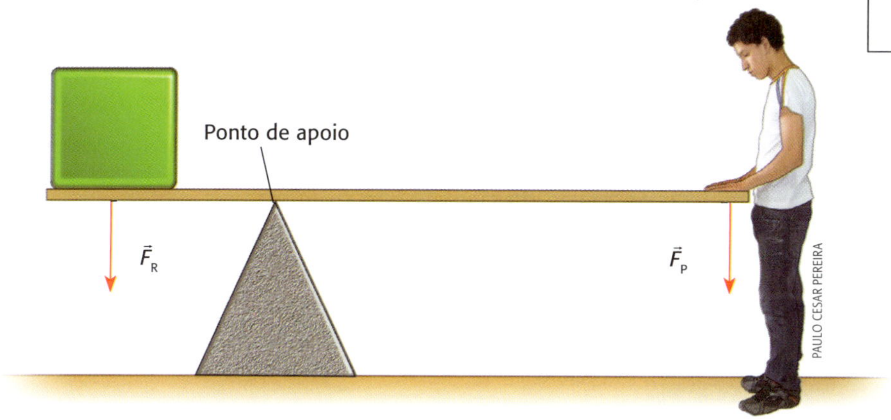

PAULO CESAR PEREIRA

Representação esquemática de alavanca interfixa. Cores fantasia. Elementos fora de escala de tamanho e de proporção.

PONTO DE APOIO EQUIDISTANTE DO PONTO DE APLICAÇÃO DAS FORÇAS POTENTE E RESISTENTE

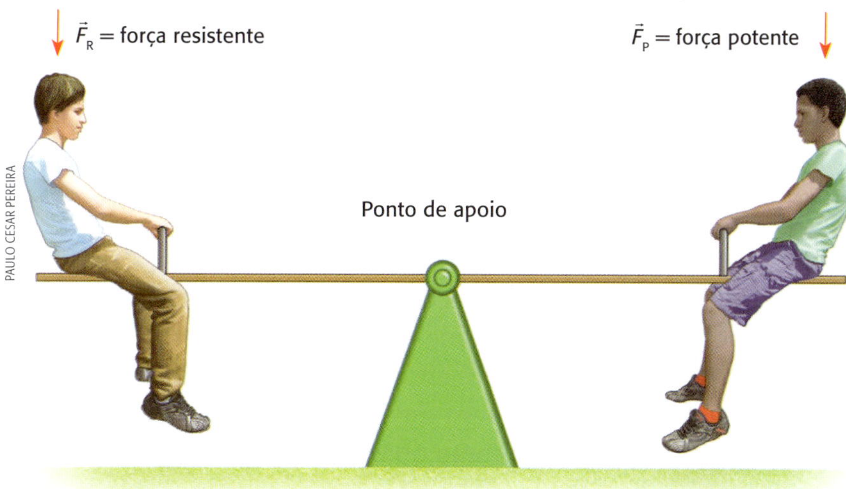

PAULO CESAR PEREIRA

Representação esquemática de forças agindo na gangorra, um tipo de alavanca interfixa. Cores fantasia. Elementos fora de escala de tamanho e de proporção.

Alavancas inter-resistentes

Nas alavancas inter-resistentes, a força resistente fica entre o ponto de apoio e a força potente. No abridor de garrafa, por exemplo, o ponto de apoio está na tampa da garrafa, a força potente é aplicada pela nossa mão, e a força resistente surge entre esses dois pontos.

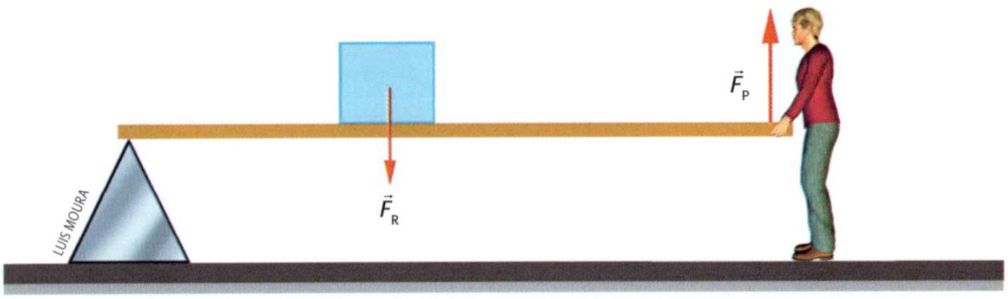

Representação esquemática de alavanca inter-resistente. Cores fantasia. Elementos fora de escala de tamanho e de proporção.

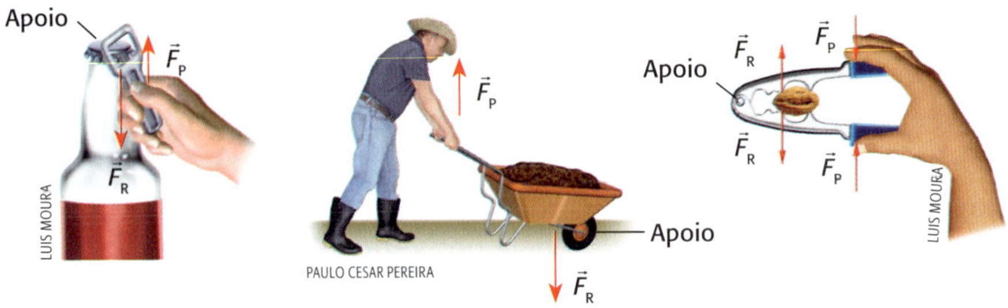

O abridor de garrafa, o carrinho de mão e o quebra-nozes são exemplos de alavanca inter-resistente. Cores fantasia. Elementos fora de escala de tamanho e de proporção.

Alavancas interpotentes

Nas alavancas interpotentes a força potente está entre o apoio e a força de resistência. Os pegadores de gelo e as varas de pescar são dois exemplos conhecidos desse tipo de alavanca.

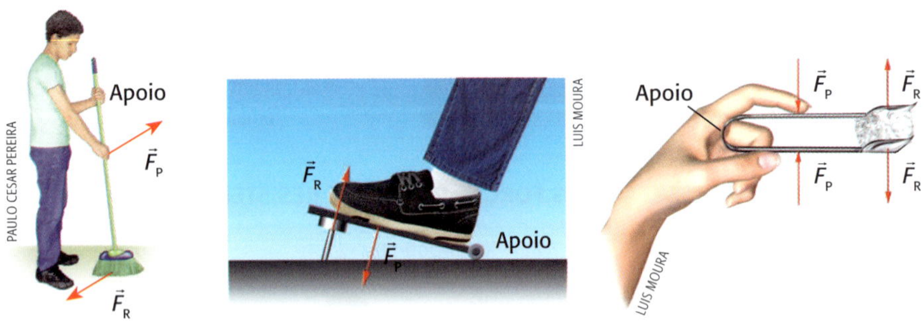

A vassoura, o pedal de um carro e o pegador de gelo são exemplos de alavanca interpotente. Cores fantasia. Elementos fora de escala de tamanho e de proporção.

Pista 2

Ao longo do desenvolvimento das civilizações, muitas máquinas foram desenvolvidas para facilitar a realização das atividades. São exemplos as roldanas, o plano inclinado, a alavanca, entre outras. Onde você encontra essas máquinas nos dias atuais? Explique como as máquinas simples podem auxiliar na realização de um trabalho, mesmo que seja necessário o gasto da mesma quantidade de energia.

Rodas, roldanas e engrenagens

É impossível pensar na civilização humana sem a **roda**, uma das máquinas simples de maior impacto sobre nosso modo de vida. Em apenas um minuto, com certeza você será capaz de se lembrar de dezenas de equipamentos atuais que fazem uso da roda. De bicicletas, automóveis, aparelhagem de ginástica a modernas aeronaves, elas estão em todos os lugares. As rodas são usadas desde a Antiguidade para facilitar o deslocamento de cargas e de pessoas, já que diminuem o atrito com o solo e reduzem a força de tração necessária.

THINKSTOCK/GETTY IMAGES

Fotografia de roda de madeira, utilizada para facilitar o deslocamento.

As **roldanas** ou **polias** são rodas com um sulco (ou mancal) ao longo de seu comprimento, por onde podemos acoplar uma corda com a qual é possível deslocar objetos, por exemplo, içando-os até certa altura.

Podemos associar roldanas de maneira a diminuir a força potente necessária para equilibrar a força resistente.

Na **talha exponencial** ao lado, reduzimos em oito vezes a força necessária para erguer um objeto. Esse sistema foi montado acoplando-se três polias móveis a uma polia fixa: cada polia móvel diminui pela metade a força potente a ser aplicada.

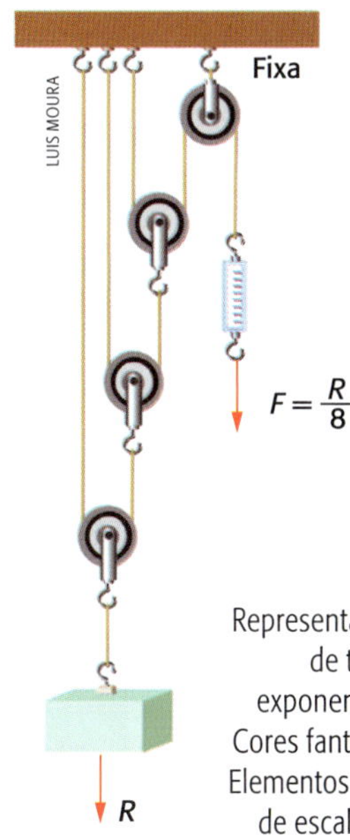

LUIS MOURA

Representação de talha exponencial. Cores fantasia. Elementos fora de escala de tamanho e de proporção.

As **engrenagens** são também aplicações da roda, e estão presentes em veículos e em diversos maquinários. Os relojoeiros do século XVIII desenvolveram a arte de acoplar diferentes engrenagens e obtiveram os complexos mecanismos dos relógios a corda. As bicicletas modernas funcionam com base no mecanismo das engrenagens, que transmitem os movimentos do pedal até a roda traseira: veja na figura a seguir.

FUNCIONAMENTO DAS ENGRENAGENS DA BICICLETA

LUIS MOURA

Como a coroa é maior do que a catraca, cada pedalada completa faz a roda traseira girar mais do que uma volta, facilitando o deslocamento em uma pista plana. Já em uma subida, é conveniente diminuir a diferença de tamanho entre a coroa e a catraca, de modo que seja preciso pedalar mais vezes para cada volta da roda traseira: assim, o esforço de pedalar é menor. Por isso foi inventado o sistema de marchas da bicicleta, que permite alterar a proporção entre os raios da coroa e da catraca. Cores fantasia. Elementos fora de escala de tamanho e de proporção.

FIQUE DE OLHO

O parafuso de Arquimedes é uma máquina construída no interior de um cilindro oco. Ao girar, o parafuso permite o transporte de água de um local mais baixo para um local mais alto.

- Analise as máquinas simples estudadas e responda: que tipo de máquina é o parafuso de Arquimedes?

Na fotografia, um exemplo do parafuso criado por Arquimedes. Ele foi implementado na estação de tratamento de água em Manchester, na Inglaterra, para transportar água de um nível para outro.

MARTIN BOND/SPL/LATINSTOCK

1. Analise a pintura. Ela mostra um indígena armando seu arco para atirar uma flecha.

   a. Que tipo de energia está acumulada no arco esticado pelo indígena?

   b. Quando ele soltar a flecha, que transformação de energia ocorrerá?

   c. Para armar o arco, que energia o indígena utilizou?

JEAN BAPTISTE DEBRET, 1834/PINACOTECA DO ESTADO DE SÃO PAULO

Caboclo, de Jean Baptiste Debret. Aquarela sobre papel. Rio de Janeiro, 1834.

2. Observe os quadrinhos.

MAURICIO DE SOUSA PRODUÇÕES

- Considerando o conceito de trabalho na Física, Cebolinha realizou trabalho? Justifique.

3. As bicicletas têm mecanismos de troca de marchas para vencer terrenos inclinados ou aumentar a velocidade. Em uma subida, qual deve ser a relação entre o tamanho da coroa e o da catraca para facilitar o deslocamento? E em uma descida? Justifique.

4. Observe a fotografia. Qual é o trabalho necessário para segurar essa letra de madeira de 1 kg a 10 cm acima da cabeça?

THINKSTOCK/GETTY IMAGES

5. Uma formiga aplica uma força de 0,02 N em um pedaço de folha e, como resultado, consegue deslocá-la 2 mm na direção da aplicação da força. Qual o trabalho realizado pela formiga? Lembre-se de converter a distância para metros.

6. Determine a potência de uma força de 40 N que provocou um deslocamento de 2 m em 5 s.

7. O HP (*horse-power*) é uma unidade de medida de potência criada por James Watt com o intuito de mostrar a equivalência entre a máquina a vapor e o cavalo, animal de carga de seu tempo. Ao medir a potência de uma força de 1492 N, que produziu um deslocamento de 2 m em 2 s, viu-se que seu valor era de 2 HP. Determine quanto vale, em watts, 1 HP.

8. Em razão do baixo rendimento energético, as lâmpadas incandescentes tiveram sua fabricação proibida no Brasil, devendo ser substituídas por lâmpadas fluorescentes ou LED. Compare a diferença entre a eficiência das lâmpadas fluorescentes compactas e das incandescentes. Uma lâmpada fluorescente de potência igual a 15 W produz luminosidade equivalente a uma incandescente de 60 W. Quanto tempo deveríamos manter ligada uma lâmpada fluorescente para que ela consumisse a mesma quantidade de energia que uma incandescente emite em 1 minuto?

THINKSTOCK/GETTY IMAGES

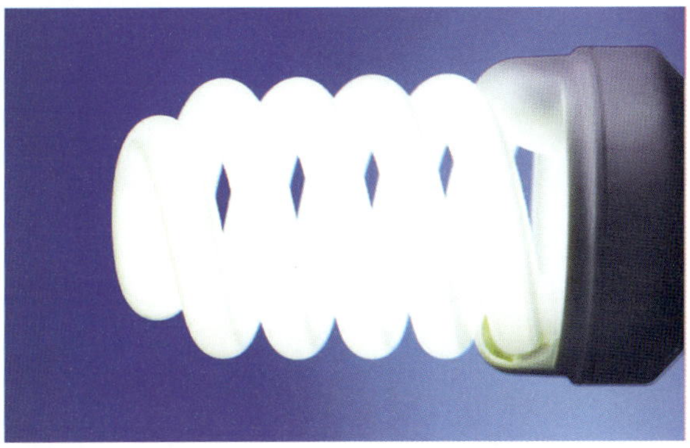

Lâmpada fluorescente.

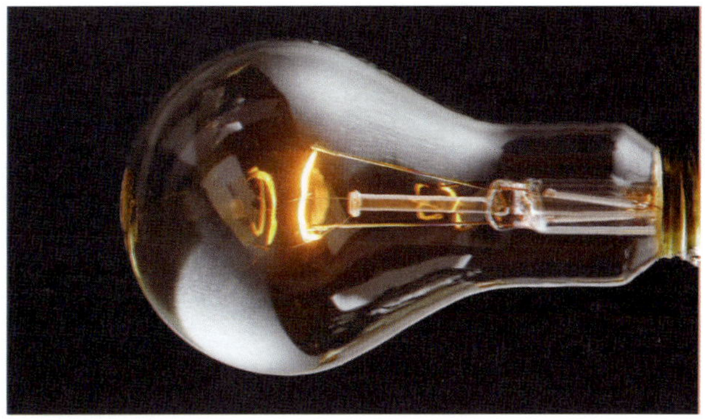

THINKSTOCK/GETTY IMAGES

Lâmpada incandescente.

9. Calcule o trabalho realizado por uma força de 30 N ao produzir um deslocamento de 50 cm na direção da aplicação da força.

10. Ao deslocar um caixote por 8 m, um jovem aplicou uma força de 80 N na horizontal. Qual o trabalho que ele realizou?

11. Leia o texto e depois responda às questões.

Acidentes radioativos marcam a história recente do mundo

[...] A história recente do mundo registra vários acidentes nucleares que deixaram marcas e ainda causam medos. Um dos mais lembrados é o de Chernobyl, na Ucrânia, em 1986. Na ocasião, houve uma explosão seguida por um incêndio em um reator, que emitiu partículas radioativas que se espalharam por milhares de quilômetros quadrados. O episódio foi classificado com nível 7 e é apontado como o responsável por gerar mais de 4 mil casos de câncer.

Outro acidente nuclear classificado com nível 7 foi o ocorrido recentemente, no Nordeste do Japão, na Usina de Fukushima Daiichi. Após o terremoto seguido por *tsunami*, no dia 11 de março [de 2011], a estrutura da usina foi abalada e houve explosões e vazamentos. A água e o ar foram contaminados por partículas oriundas da usina. [...]

Disponível em: <http://memoria.ebc.com.br/agenciabrasil/noticia/2011-04-12/acidentes-radioativos-marcam-historia-recente-do-mundo>. Acesso em: 23 mar. 2015.

a. Reúnam-se em grupos. Pesquisem notícias sobre o acidente nuclear no Japão mencionado no texto.

b. Pesquisem também por que a geração de energia nuclear pode ser perigosa e quais são os benefícios que esse tipo de geração de energia pode trazer para a vida das pessoas. Disponham as informações na forma de um painel para ser exposto no mural da classe.

12. Uma força realizou um trabalho de 400 J em 5 s. Qual a sua potência?

13. Uma furadeira apresenta potência de 400 W. Após quanto tempo de funcionamento ela terá consumido 5 000 J de energia?

14. Um forno de microondas, com 700 W de potência, foi colocado para funcionar durante 25 s. Quanta energia ele consumiu?

15. Calcule a energia cinética, a potencial gravitacional e a mecânica de uma ave de massa igual a 2 kg voando a 20 m de altura com velocidade de 3 m/s.

16. Se você soltar uma bola de tênis de certa altura, ela vai quicar no solo várias vezes até parar. Quais são as tranformações de energia envolvidas nesse fenômeno?

ADAM HART-DAVIS/SPL/LATINSTOCK

Montagem representando uma bola de tênis quicando. Cores fantasia.

17. Um carrinho de 2 kg de massa está a uma altura de 5 m em uma montanha-russa. Determine a velocidade do carrinho quando ele chegar ao ponto mais baixo (chão). Utilize $g = 10$ m/s^2.

18. Uma pedra de 50 kg está em repouso no alto de um morro onde a aceleração da gravidade vale 10 m/s^2. Sabendo que a pedra apresenta 20 000 J de energia potencial gravitacional, calcule a altura do morro.

19. Um corpo colocado a certa altura em relação ao solo possui energia potencial gravitacional. Se o soltarmos, seu próprio peso o coloca em movimento.
Descreva, à medida que o corpo vai caindo, o que ocorrerá com sua energia cinética, com sua energia potencial gravitacional e com sua energia mecânica, desprezando a resistência do ar.

20. Em uma construção, o pedreiro precisa levar uma lata de concreto até um ponto que está a 3 m do chão. Que sugestões você apresentaria a ele para facilitar seu trabalho?

21. Ao levantar uma bola, nosso braço se comporta como uma máquina simples.
De que tipo é essa máquina? Como ocorre o movimento?

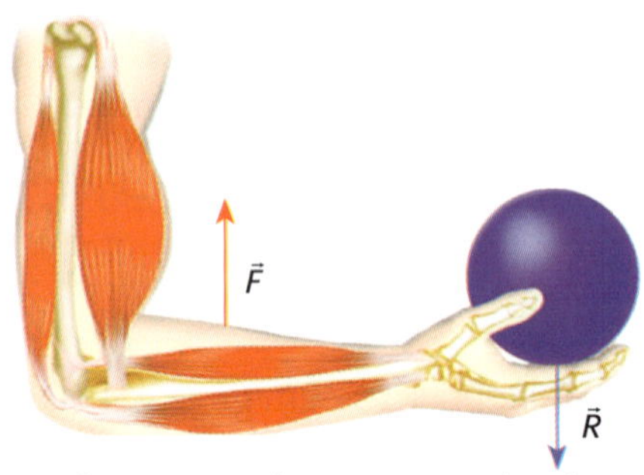

LUIS MOURA

Representação da estrutura muscular e óssea de um braço levantando uma bola. Cores fantasia. Elementos fora de escala de tamanho e de proporção.

22. Imagine que o homem representado na ilustração tem 80 kg e a mulher, 60 kg. Sabendo que o ponto de apoio da gangorra pode ser deslocado, o que eles podem fazer para facilitar o uso do equipamento de forma que a mulher também possa levantar o homem?

THINKSTOCK/GETTY IMAGES

Representação esquemática de gangorra com um homem em uma extremidade e uma mulher em outra.

23. A tesoura apresentada é uma alavanca. No caderno, explique qual tipo de alavanca é essa e diferencie-o dos outros tipos de alavanca.

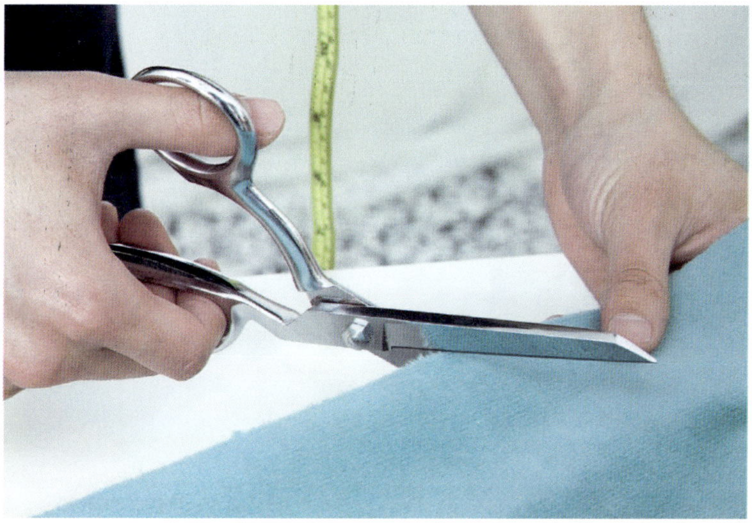

THINKSTOCK/GETTY IMAGES

A tesoura de costura é um tipo de alavanca.

24. As rampas para deficientes físicos nas calçadas são hoje obrigatórias nos projetos urbanísticos de uma cidade. Que tipo de máquina simples ela é e qual a sua vantagem em relação a uma escada?

G. EVANGELISTA/OPÇÃO BRASIL IMAGENS

Rampa de acesso para portadores de necessidades especiais, no Aeroporto Internacional de Brasilia (DF), em 2014.

12 Calor e temperatura

Carmem fez uma experiência na escola sobre calor e temperatura. Mergulhou a mão direita na água gelada e a esquerda na água morna. Esperou alguns minutos. Depois mergulhou as duas mãos em uma bacia com água da torneira, em temperatura ambiente. O que você acha que ela sentiu?

Representação esquemática do experimento realizado por Carmem. Cores fantasia. Elementos fora de escala de tamanho e de proporção.

Carmem ficou surpresa! A sensação da mão direita, que ficou na água gelada, era de que a água da torneira estava morna e a sensação da mão esquerda, que ficou na água quente, era de que a água da torneira estava fria.

Refaça os procedimetos seguidos por Carmem para perceber o que ela sentiu realizando o experimento.

BATE-PAPO

1. Medir a temperatura da água usando as mãos como sensores é confiável? Responda usando elementos do experimento descrito.
2. Para saber se alguém está com febre, é comum colocar a mão sobre a testa da pessoa, na intenção de sentir a temperatura. Você acha que essa é uma forma confiável de dizer se alguém está febril?
3. Qual é a maneira mais confiável de medir a temperatura tanto da água quanto de uma pessoa?

CALOR E TEMPERATURA

Em uma conversa informal, é comum dizermos: "Puxa, como está calor!", ou então "Feche a geladeira para o frio não escapar!". Embora sirvam para nossa comunicação, frases como essas têm significados diferentes no meio científico. Muitas concepções usadas no dia a dia fazem sentido nos diversos contextos que fazem parte da nossa vivência. Em termos científicos, as palavras calor e temperatura têm significados diferentes.

Os átomos e as moléculas que compõem a matéria estão em constante movimento vibratório. Essa vibração determina a **energia térmica** que o corpo possui.

Vibratório: que se agita para todos os lados.

A **temperatura** é uma medida da intensidade da agitação das partículas que compõem o corpo, quanto maior a vibração das partículas, maior sua temperatura e também maior sua energia térmica; e, quanto menor for a vibração, menor serão sua energia térmica e sua temperatura.

Se houver aquecimento ou resfriamento do corpo, sua energia térmica se altera. Chamamos de **calor** a energia térmica que se transfere de um corpo para outro. **Essa transferência ocorre sempre do corpo mais quente (de maior temperatura) para o corpo menos quente (de menor temperatura)**.

MOLÉCULAS DA ÁGUA DURANTE A MUDANÇA DE ESTADO FÍSICO

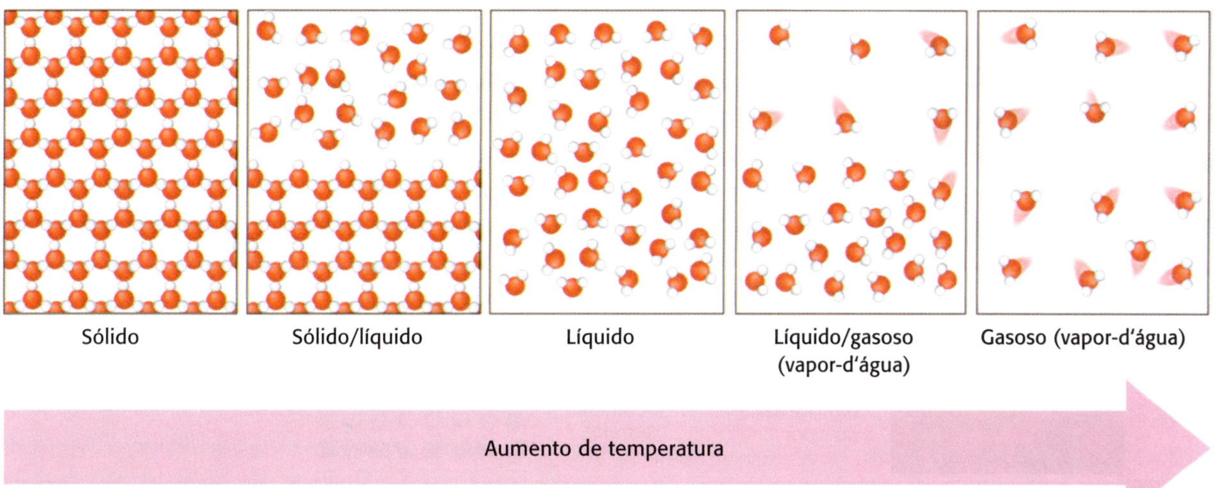

Representação esquemática das moléculas de água nos três estados físicos e durante a transição entre esses estados. No gelo, a agitação das moléculas de água é muito menor do que no vapor de água. Quanto maior a velocidade média de vibração, maior é a energia associada ao movimento das partículas. Quanto menor a velocidade média de vibração, menor é a energia associada a esse movimento. Cores fantasia. Elementos fora de escala de tamanho e de proporção.

Energia não é apenas aquela utilizada por equipamentos elétricos. A energia térmica, por exemplo, é a energia de vibração das partículas.

Os nutrientes, como a glicose, liberam energia química durante o processo de respiração das células. A energia eólica é a energia do vento, que move os moinhos de vento e pode ser transformada em energia elétrica.

Equilíbrio térmico

Quando dois corpos com temperaturas diferentes estão em contato físico, o corpo mais quente transfere energia para o mais frio até que os dois atinjam a mesma temperatura, ou seja, até que estejam em **equilíbrio térmico**. Quando os corpos entram em equilíbrio, não ocorre mais calor (trânsito de energia térmica).

Observe a ilustração a seguir em que dois blocos de mesmo material apresentam diferentes temperaturas, ou seja, suas moléculas apresentam diferentes energias cinéticas de vibração. Os blocos estão representados nas cores vermelho (quente) e azul (frio).

EQUILÍBRIO TÉRMICO ENTRE DOIS BLOCOS DE TEMPERATURAS DIFERENTES

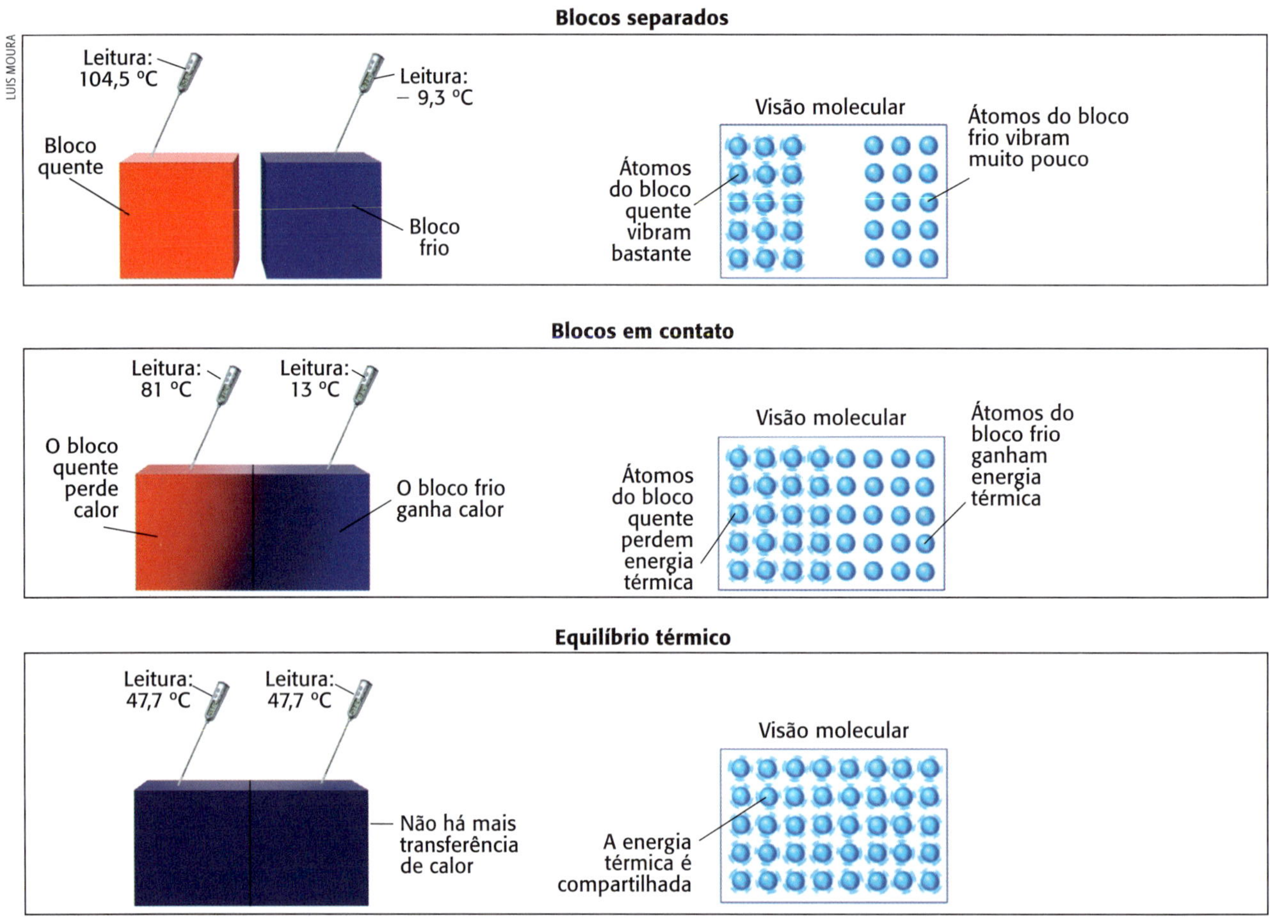

Representação esquemática de trocas de calor entre dois blocos até atingirem o equilíbrio térmico (visão geral e visão da agitação das partículas dos blocos). Cores fantasia. Elementos fora de escala de tamanho e de proporção.

Fonte: CHALLONER, Jack. *Física*. Série Atlas Visuais. São Paulo: Ática, 1997.

Assim, quando colocamos um cubo de gelo em um copo com água, o gelo derrete após algum tempo. O gelo (água sólida) e a água líquida trocam calor, e a energia térmica se transfere do mais quente (água líquida) para o mais frio (gelo); como consequência desse ganho de energia térmica que recebe, o gelo derrete.

NÃO DEIXE DE ACESSAR

- **Animação a respeito das trocas de calor entre os corpos.** http://wiki.sj.ifsc.edu.br/wiki/images/4/4a/Troca_calor2.swf Acesso em: 24 mar. 2015.

NÃO DEIXE DE LER

- ***Calor e temperatura,*** de Aníbal Figueiredo e Maurício Pietrocola. Editora FTD, 1998.

A teoria cinético-molecular

Temperatura, energia interna e equilíbrio térmico são conceitos que fazem parte da **teoria cinético-molecular** da matéria, segundo a qual o grau de agitação (energia cinética média) das moléculas de determinada substância está associado à sua temperatura. A soma da energia das moléculas é a energia interna. O equilíbrio térmico entre dois corpos ocorre quando a energia cinética média das moléculas de ambos é a mesma, ou seja, a temperatura é a mesma.

Essa teoria foi elaborada no século XIX pelo físico inglês Benjamin Thompson (1753-1814) e aprimorada pelo físico alemão Rudolf Clausius e pelo escocês James Clerk Maxwell (1831-1879). Como em geral acontece na Ciência, as descobertas que embasaram essa teoria foram feitas ao longo do tempo e por vários cientistas.

Os físicos que elaboraram a teoria cinético-molecular basearam-se no modelo atômico e consideraram que partículas, moléculas ou átomos estão em movimento desordenado. Antes dessa teoria, os cientistas explicavam o equilíbrio térmico afirmando que uma substância – chamada "calórico" – passava do material mais quente para o mais frio, ou seja, os corpos quentes teriam maior "quantidade de calor" do que os corpos frios.

Termômetros

GIPHOTOSTOCK/SCIENCE SOURCE/GETTY IMAGES

Alguns termômetros clínicos têm em seu interior substâncias termométricas como índio, gálio e estanho em vez do mercúrio (que é tóxico).

Para medir a energia de agitação das partículas dos corpos usamos o termômetro. Esse intrumento tem em seu interior uma substância termométrica que se dilata ou se contrai conforme recebe ou cede calor.

O **termômetro clínico** é usado para medir a temperatura do corpo humano. Ele está graduado na escala Celsius de 35 °C a 42 °C.

THINKSTOCK/GETTY IMAGES

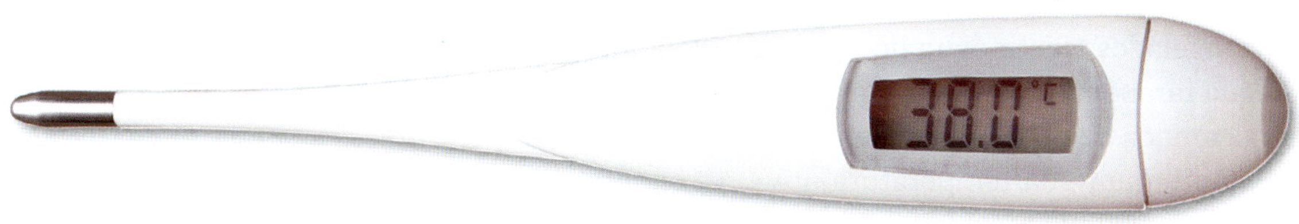

O termômetro digital é o modelo mais usado atualmente. Ele possui um sensor térmico e mostra o valor da temperatura em um visor digital. Ele é colocado debaixo do braço da pessoa e, depois de alguns minutos, o aparelho emite um sinal, para indicar que terminou a leitura da temperatura.

Dilatação e contração térmicas

Quando um corpo recebe calor, sua temperatura aumenta, suas partículas se agitam mais, distanciando-se umas das outras e provocando sua **dilatação**. A dilatação é um fenômeno térmico no qual um corpo tem suas dimensões (tamanho) aumentadas em razão do aumento da agitação, e não pelo aumento, de suas partículas.

Quando um corpo cede calor, sua temperatura diminui, suas partículas se agitam menos e se aproximam, ocorrendo, então, a **contração** do corpo. Na contração térmica, as dimensões do corpo são reduzidas (ficam menores) por causa da menor agitação das partículas.

Juntas de dilatação

Em decorrência da contração e da dilatação dos corpos, nas construções de edifícios e viadutos é comum percebermos vãos entre os materiais. São as chamadas juntas de dilatação. A função dessas juntas é evitar que a dilatação térmica, em dias quentes, provoque rachaduras e danos à construção.

Outra medida tomada por causa da dilatação e da contração térmicas, é deixar um espaço entre os segmentos dos trilhos ferroviários. Se não houvesse esse espaço, a dilatação poderia entortar os trilhos em dias quentes.

Conhecer as propriedades dos materiais e a maneira como eles se comportam em diferentes condições é muito importante para diversos profissionais. Os engenheiros, por exemplo, levam em consideração essas características ao criar seus projetos.

SPENCER GRANT/ALAMY/OTHER IMAGES

Junta de dilatação em viaduto. As juntas, que medem alguns centímetros de largura, evitam a ação de forças pela dilatação do material da estrutura do viaduto.

Contração e dilatação da água

A água tem comportamento diferente das outras substâncias: ao ser aquecida de 0 °C até 4 °C, ela se contrai em vez de se dilatar. Só a partir de 4 °C é que ela aumenta de volume.

Esse comportamento explica o fato de abaixo da camada de gelo dos rios e lagos congelados existir água líquida. Quando a temperatura do ar diminui, a água também esfria; ao chegar a 0 °C, ela congela. A água logo abaixo dessa camada de gelo tende a resfriar e atingir essa temperatura. Entretanto, ao diminuir sua temperatura até 4 °C, ela atinge seu menor volume. Em sua densidade máxima, a água afunda enquanto a água com temperatura mais baixa fica na superfície.

Por esse motivo, sob baixas temperaturas, os lagos costumam congelar apenas na superfície, mantendo temperaturas razoáveis para a vida de animais nas camadas mais profundas.

POR QUE A SUPERFÍCIE DOS LAGOS CONGELA?

Esquema representando um lago coberto de gelo e a temperatura da água em diferentes profundidades. Cores fantasia. Elementos fora de escala de tamanho e de proporção.

LUIS MOURA

ESCALAS TERMOMÉTRICAS

Existem diversas escalas para medição da temperatura. No Brasil normalmente usamos a escala Celsius, já em alguns países como os Estados Unidos usa-se a escala Fahrenheit. Em ciência a escala mais utilizada é a kelvin, que é chamada de escala absoluta.

Escala Fahrenheit

Esta escala foi criada por Daniel Gabriel Fahrenheit (1686-1736), em 1724, que estabeleceu que a temperatura de fusão do gelo é de 32 °F, e a de ebulição da água é de 212 °F, com pressão atmosférica de 1 atm (nível do mar). Entre a fusão e a ebulição da água haveria 180 divisões.

Para definir essa escala, ele mergulhou o termômetro em uma mistura de água, gelo e sal e fez uma marca na posição do termômetro de mercúrio, chamando-a de zero. Depois, usou o termômetro para medir a temperatura do corpo humano, a qual ele chamou originalmente de 100 °F.

Essa escala é utilizada em alguns países de língua inglesa.

ESCALA FAHRENHEIT

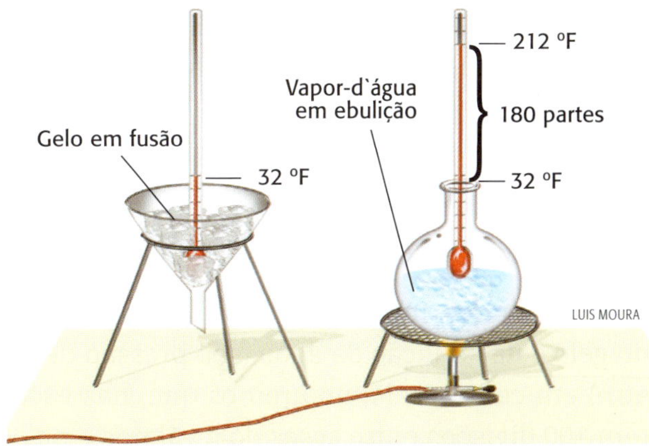

Representação esquemática da determinação dos pontos de fusão e ebulição na escala Fahrenheit ao nível do mar. Cores fantasia. Elementos fora de escala de tamanho e de proporção.

Escala Celsius

Essa é a escala termométrica mais utilizada no mundo e é adotada no Brasil. Criada por Anders Celsius (1701-1744), em 1742.

Atribui a temperatura de fusão do gelo a 0 °C e a ebulição da água a 100 °C, com pressão atmosférica de 1 atm (nível do mar).

O intervalo entre os pontos de fusão do gelo e ebulição da água foi dividido em cem partes iguais, ou seja, cem graus Celsius.

ESCALA CELSIUS

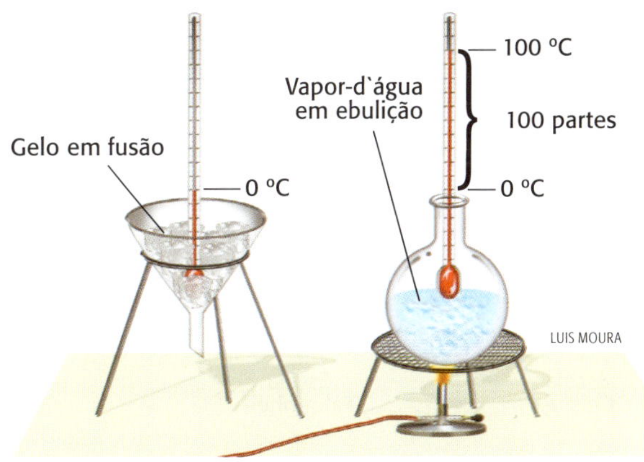

Representação esquemática da determinação dos pontos de fusão e ebulição na escala Celsius ao nível do mar. Cores fantasia. Elementos fora de escala de tamanho e de proporção.

Escala kelvin

A escala kelvin foi desenvolvida pelo físico britânico William Thomson Kelvin em 1848, e também é chamada de **escala absoluta**, por se relacionar diretamente com o estado de agitação das partículas, sem necessitar de referências (gelo e vapor de água).

A temperatura de fusão do gelo é 273 K e a ebulição da água (ao nível do mar) ocorre a 373 K. Observe que nessa escala não empregamos o símbolo nem a palavra grau: para 1 °C diz-se um grau Celsius, para 1 °F diz-se um grau Fahrenheit, mas para 1 K diz-se um kelvin e não “um grau kelvin”.

O estado em que as partículas apresentam a menor energia possível é chamado de zero absoluto. Esse estado, impossível de ser atingido, equivale ao zero da escala kelvin e a –273 °C.

Conversões entre as escalas termométricas

Convertidas: transformadas.

Para entender como são convertidas as temperaturas entre as três escalas estudadas, vamos, inicialmente, observar a proporção entre os valores assinalados em cada uma e seus parâmetros, considerando pressão atmosférica de 1 atm (nível do mar).

- **Escala Celsius**

  Fusão do gelo: 0 °C, ebulição da água: 100 °C.

- **Escala Fahrenheit**

  Fusão do gelo: 32 °F, ebulição da água: 212 °F.

- **Escala kelvin**

  Fusão do gelo: 273 K, ebulição da água: 373 K.

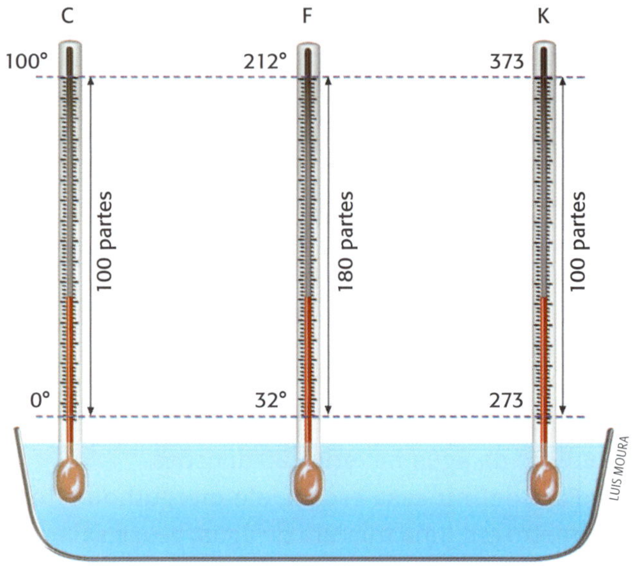

Representação esquemática dos parâmetros das escalas termométricas Celsius, Fahrenheit e kelvin. Cores fantasia.

Se considerarmos as temperaturas de fusão do gelo e de ebulição da água (sob pressão de 1 atm) em cada escala, notaremos que, nas escalas Celsius e kelvin, existem 100 divisões entre esses dois valores e na escala Fahrenheit, 180.

COMPARAÇÃO ENTRE AS ESCALAS TERMOMÉTRICAS

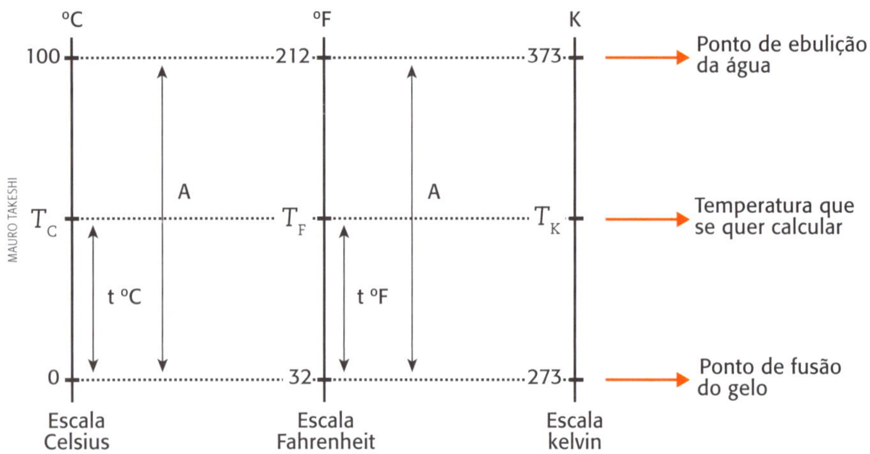

Representação esquemática da comparação entre as escalas termométricas para elaboração das equações de conversão entre as escalas.

Conhecendo esses pontos, se chamarmos de T_C, T_F e T_K as graduações desconhecidas nas escalas Celsius, Fahrenheit e kelvin correspondentes a uma mesma temperatura, respectivamente, poderemos escrever a seguinte relação:

$$\frac{T_C - 0}{100 - 0} = \frac{T_F}{212 - 32} = \frac{T_K - 273}{373 - 273}$$

Simplificando, temos:

$$\frac{T_C}{100} = \frac{T_F - 32}{9} = \frac{T_K - 273}{5}$$

Se quisermos converter entre T_C e T_F, basta usarmos a primeira parte da igualdade. Se quisermos converter entre T_F e T_K, usamos a segunda parte. E se quisermos converter entre T_C e T_K, usamos a igualdade entre a fração da esquerda e a da direita.

TRANSFERÊNCIA DE CALOR

Como vimos, corpos em contato tendem a atingir o equilíbrio térmico, ou seja, após um tempo ficam com a mesma temperatura. O mesmo ocorre com objetos em um mesmo ambiente. Entretanto, você já notou que uma peça metálica parece sempre estar mais "fria" ou mais "quente" do que outra de madeira, mesmo estando à mesma temperatura? Esse fenômeno está relacionado à transferência de calor.

A facilidade em variar a temperatura é em razão do **calor específico** (c), que é a quantidade de calor necessária para que 1 g de determinada substância tenha sua temperatura aumentada em 1 °C.

Quanto menor o calor específico de uma substância, mais fácil é alterar sua temperatura. Os metais, em geral, têm calor específico mais baixo do que a água, por isso é mais fácil aquecê-los ou esfriá-los.

O calor trocado entre dois corpos pode provocar mudança no estado de agitação das partículas, alterando sua temperatura, ou modificar o estado físico dos corpos. As mudanças de temperatura envolvem **calor sensível**. As mudanças de estado físico envolvem **calor latente**.

Para determinar a quantidade de calor sensível usamos a equação:

$$Q = m \cdot c \cdot (T_2 - T_1)$$

Onde **Q** é a quantidade de calor transferido, ***m*** é a massa, **c** é o calor específico da substância, T_2 é a temperatura final e T_1, a temperatura inicial. A quantidade de calor latente é dada por:

$$Q = m \cdot L$$

Onde **Q** é a quantidade de calor, ***m*** é a massa e ***L*** é o calor latente, ou seja, a quantidade de calor que devemos fornecer a 1 g da substância para que ela sofra mudança de estado físico.

Uma unidade muito usada para medir quantidade de calor é a **caloria** (cal). Tanto o calor sensível como o calor latente dependem da massa do corpo: quanto maior a massa, maior a quantidade de energia necessária para mudar sua temperatura ou seu estado físico. O calor sensível também depende da variação de temperatura: o calor necessário para aumentar em 90 °C a temperatura de um copo com água é maior do que o calor necessário para aumentar a temperatura dessa água em apenas 10 °C.

ÁGUA

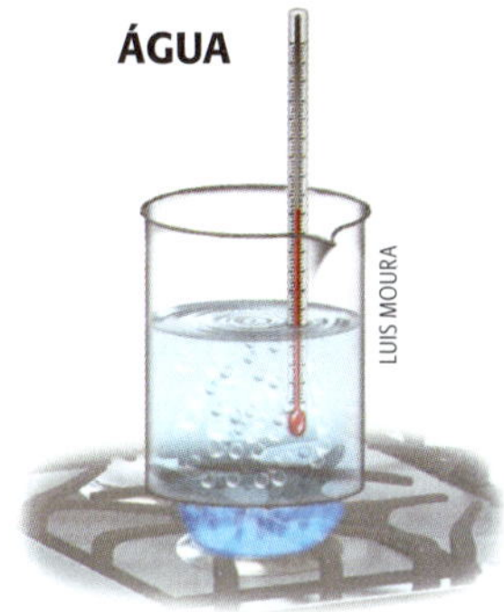

ÓLEO

Representação esquemática da variação de temperatura da água. Massas iguais de água e de óleo sofrem variações diferentes de temperatura quando recebem a mesma quantidade de calor. Cores fantasia. Elementos fora de escala de tamanho e de proporção.

CALOR LATENTE DE FUSÃO E DE VAPORIZAÇÃO DE ALGUMAS SUBSTÂNCIAS

Substância	Calor latente de fusão (cal/g)	Calor latente de vaporização (cal/g)
Água	80	540
Ferro	70	1 507

Fonte: COPELLI, A. C. et. al. *Física térmica*. Leituras de Física. São Paulo: Edusp, 2006. Valores aproximados.

CALOR ESPECÍFICO DE ALGUMAS SUBSTÂNCIAS

Substância	Calor específico (cal/g · °C)
Mercúrio	0,033
Álcool	0,60
Água líquida	1,0
Vapor d'água	0,48
Gelo	0,55

Fonte: LIDE, D. R. *CRC Handbook of Chemistry and Physics*. Flórida: CRC Press LLC, 2009.

PROCESSOS DE PROPAGAÇÃO DE CALOR

O calor propaga-se por três diferentes processos: por **condução**, por **convecção** ou por **irradiação**.

Condução

Na transferência de calor por condução, as moléculas com maior temperatura vibram mais e transmitem essa vibração para as partículas com menor temperatura que estão em contato com elas. Por isso, se deixarmos um talher de metal em contato com um alimento quente, é necessário algum tempo até que a vibração das partículas em contato com a fonte de calor se transmita de um ponto a outro do talher.

A rapidez com que a condução das vibrações ocorre depende da condutibilidade térmica do material. Há materiais que são bons condutores de calor. A prata, por exemplo, tem condutibilidade térmica cerca de oito vezes maior que o ferro. Há materiais que são maus condutores de calor, como o ar, por causa do distanciamento de suas moléculas, que estão no estado gasoso.

NÃO DEIXE DE ACESSAR

- *Site* com tirinha de vários assuntos de Física. Disponível em: <http://www.cbpf.br/~caruso/tirinhas>. Acesso em: 16 mar. 2015.

Convecção

Ao aquecermos água dentro de um recipiente, o primeiro fenômeno que ocorre é o de condução. O calor transferido pelo fogo é conduzido através do material do recipiente até as partículas de líquido que estão em sua parte inferior. Sob aquecimento, a densidade dessa região torna-se menor (pelo efeito da dilatação) e tende a subir. A parte superior, mais fria e mais densa, desce para ocupar o lugar da água que foi aquecida. A água que desceu se torna mais quente do que a água que subiu e novamente há uma troca de posições. Essa movimentação recebe o nome de **corrente de convecção**.

ÁGUA EM AQUECIMENTO NA PANELA

Representação esquemática das correntes de convecção devido ao aquecimento da água. Cores fantasia. Elementos fora de escala de tamanho e de proporção.

AR COM AQUECEDOR

AR NO REFRIGERADOR

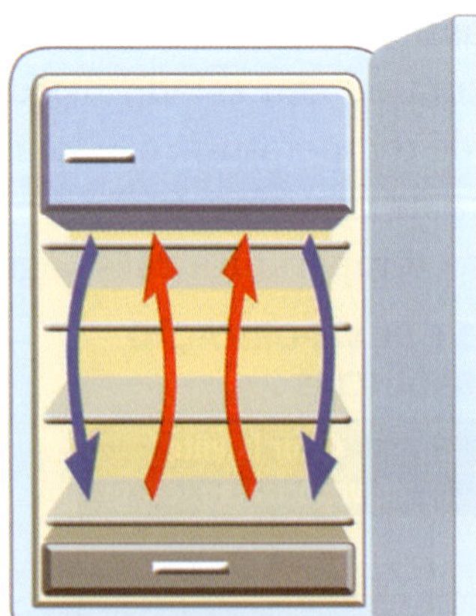

A convecção não ocorre apenas nos líquidos, mas também nos gases, como no ar que circula no quarto ao se ligar um aquecedor e o ar dentro de um refrigerador. Cores fantasia. Elementos fora de escala de tamanho e de proporção.

Irradiação

O Sol está a cerca de 150 milhões de quilômetros da Terra. O calor emitido por ele atravessa a atmosfera terrestre e aquece o planeta. Esse calor chega até a Terra por irradiação, processo em que a energia é transferida por meio de ondas eletromagnéticas do tipo infravermelho.

O processo da irradiação é o único processo de transferência de calor que ocorre mesmo na ausência de meio material.

Quando estamos próximos a uma fogueira, também percebemos os efeitos do aquecimento por irradiação.

T-SERVICE/SPL/LATINSTOCK

Termografia de um urso-polar com a boca aberta. O termógrafo mostra as temperaturas do corpo do urso ao captar as ondas eletromagnéticas infravermelhas. A cor branca corresponde a 0 °C, seguida das cores verde, amarelo, vermelho e preto (34,5 °C). O urso-polar vive em ambientes com temperaturas abaixo de 0 °C. A perda de calor por seu corpo é pequena porque sua gordura e o ar entre os pelos são ótimos isolantes térmicos.

FIQUE DE OLHO — A GARRAFA TÉRMICA

Foi originalmente desenvolvida por volta de 1890 por James Dewar para armazenar gases liquefeitos mantidos em temperaturas muito baixas. Em virtude da simplicidade com que são construídas e facilidade de manejo que oferecem, passaram a ter um amplo emprego; as mais conhecidas são as de uso doméstico, que servem para manter os líquidos quentes ou frios por longos períodos de tempo.

[...]

Disponível em: < http://www.mundofisico.joinville.udesc.br/index.php?idSecao=8&idSubSecao=&idTexto=201>. Acesso em: 30 mar. 2015.

1. A garrafa térmica possui algumas partes, como tampa e região de vácuo entre as paredes espelhadas, que evitam propagação de calor do ambiente para o interior da garrafa e vice-versa. A propagação de calor pode ser por condução, convecção e irradiação. Com base nisso, como a tampa, o vácuo e as paredes espelhadas atenuam a troca de calor?

2. Você utiliza garrafa térmica na sua casa? De que forma ela é utilizada?

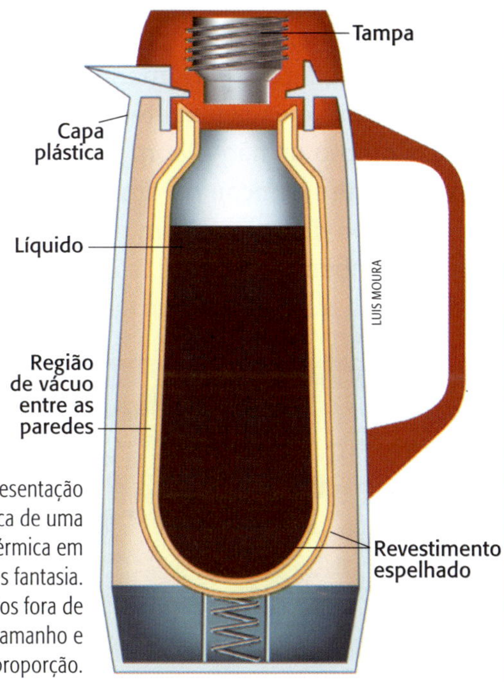

Representação esquemática de uma garrafa térmica em corte. Cores fantasia. Elementos fora de escala de tamanho e de proporção.

Pista 3

Uma das formas mais comuns de energia no nosso cotidiano é a energia térmica e a percebemos quando é transferida, ou seja, quando ocorre calor. O calor transmitido por radiação pode ser detectado pelo tato, mas é visualizado por meio de imagens geradas por um termógrafo. Observe a imagem do urso desta página e responda: O que é possível dizer sobre a irradiação de energia térmica?

A TEMPERATURA DO CORPO DOS ANIMAIS

Répteis, anfíbios e peixes são animais **ectotérmicos**, isto é, utilizam fontes externas de calor, como o Sol ou mesmo rochas aquecidas, para aquecer o corpo.

Os peixes são muito sensíveis às variações de temperatura. Por isso, quem cria esses animais em aquário sabe da importância de equipamentos para manter constante a temperatura da água.

Já os animais **endotérmicos** (mamíferos e aves) utilizam fontes internas de calor, ou seja, energia térmica gerada pelo metabolismo do corpo, na regulação da temperatura corporal.

A temperatura do corpo de uma ave ou de um mamífero se mantém quase sempre constante. A temperatura de um ser humano saudável é de 37 °C. A de um camundongo, 36,5 °C. As aves têm temperatura corporal de cerca de 40 °C. Os animais endotérmicos usam a energia dos alimentos para produzir energia térmica.

Há outros recursos para manter a temperatura do corpo. As penas e os pelos retêm ar junto ao corpo do animal. Como o ar não é bom condutor de calor (ou seja, é isolante térmico), há diminuição das trocas de calor do corpo do animal com o ambiente. A gordura do corpo também é um bom isolante térmico, contribuindo para a manutenção do calor corporal.

ECTOTERMIA

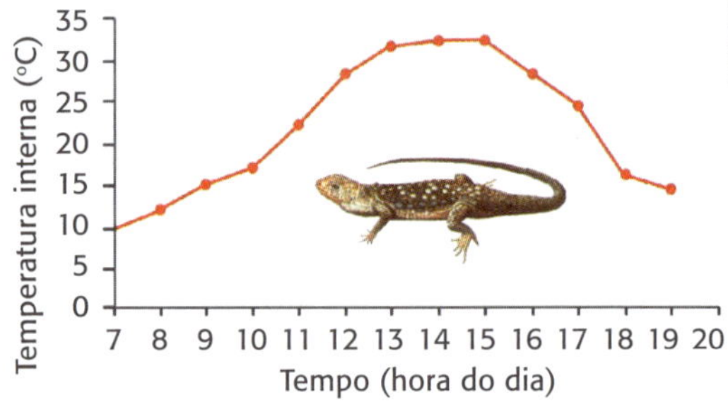

LUIS MOURA

Gráfico da variação da temperatura de um lagarto no decorrer do dia. Cores fantasia. Elementos fora de escala de tamanho.

ENDOTERMIA

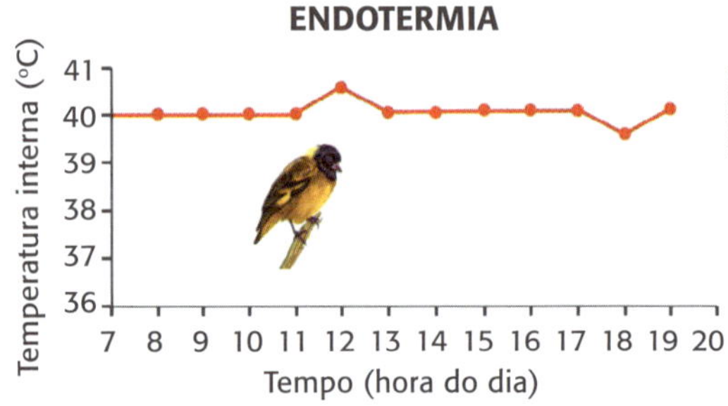

LUIS MOURA

Gráfico da variação da temperatura interna de uma ave no decorrer do dia. Cores fantasia. Elementos fora da escala de tamanho.

Fonte: HICKMAN, C.P. et al. *Integrated Principles Of Zoology*, 14. ed. New York: McGraw-Hill, 2008.

FABIO COLOMBINI

As penas do pintassilgo retêm o ar, que forma uma camada isolante térmica entre o corpo do pássaro e o ambiente. Esse animal tem até 13 cm de envergadura.

THINKSTOCK/GETTY IMAGES

A camada de gordura no corpo do urso e também seus pelos reduzem a perda de calor do corpo para o ambiente. Esse animal mede até 2,5 m de comprimento.

Hibernação

Há períodos em que a disponibilidade de alimento torna-se escassa. Nesses períodos, geralmente no inverno, algumas espécies de animais, como répteis, peixes, aves e mamíferos reduzem sua taxa de atividade para sobreviver.

Estado letárgico: estado de inconsciência profunda e prolongada.

Certos mamíferos, como morcegos, *hamsters*, esquilos e ursos, refugiam-se em algum lugar seguro e ficam em um estado letárgico, semelhante ao sono, por um longo tempo. Esse estado é chamado **hibernação**. Durante a hibernação, a respiração diminui e o coração bate mais devagar. Enquanto estão hibernando, esses animais usam a gordura que armazenaram no corpo durante o verão como fonte de energia.

A hibernação pode durar desde poucos dias a alguns meses, dependendo da espécie.

JAMES SIMON/PHOTORESEARCHERS/LATINSTOCK

Certas espécies de marmotas cavam buracos no solo, onde fazem os ninhos de hibernação. Eles hibernam de setembro (outono no Hemisfério Norte) até março. A espécie da foto (*Spermophilus armatus*) mede cerca de 30 centímetros.

FIQUE DE OLHO — Comportamento de um lagarto

A expressão "lagartear" quer dizer ficar ao sol, aquecendo-se, como fazem os lagartos durante as primeiras horas da manhã e no fim da tarde. Os lagartos são animais ectotérmicos, por isso muitos deles, quando já estão bem aquecidos, escondem-se sob uma pedra ou entram em uma toca para não ficarem quentes demais.

1. Se imperdirmos que um lagarto se proteja do sol, o que pode acontecer com sua temperatura corporal?

2. Quando faz frio, muitas aves arrepiam as penas. Qual é o efeito dessa reação do corpo da ave às baixas temperaturas?

3. A hibernação contribui para a sobrevivência dos animais que têm esse comportamento. Explique como a hibernação ajuda o animal a sobreviver.

LUIS MOURA

Representação esquemática de um lagarto se protegendo à sombra durante período quente do dia e "lagarteando" no final da tarde. Cores fantasia. Elementos fora de escala de tamanho e de proporção.

teia do saber

1. Do ponto de vista molecular, o que ocorre com um pedaço de ferro:

a. quando o aquecemos ligeiramente?

b. quando o aquecemos até o ponto de fusão?

2. Observe ao lado uma termografia que mostra mãos sendo esfregadas uma na outra. Elabore uma legenda explicando as diferentes cores observadas na imagem.

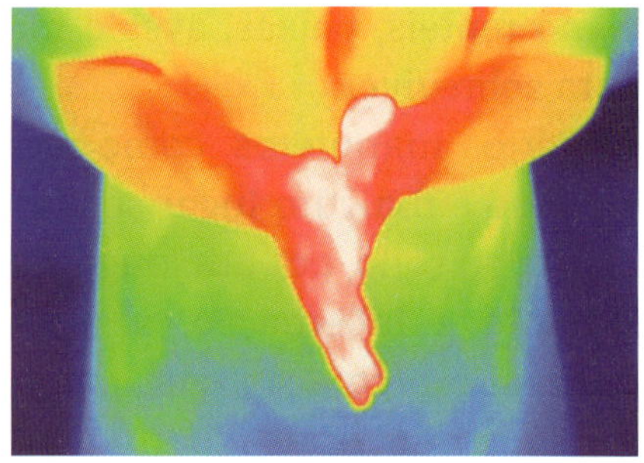

SCIENTIFICA/VISUALS UNLIMITED, INC./LATINSTOCK

Termografia.

3. Qual a relação entre a temperatura de um corpo e a velocidade de agitação de suas partículas?

4. Um objeto com temperatura de 20 °C foi colocado em contato com outro a 60 °C. Descreva o que ocorrerá com esses objetos.

5. Observe o experimento. Na primeira figura, a bola passou justa pelo aro, mas na terceira, ela ficou presa. Explique o que ocorreu.

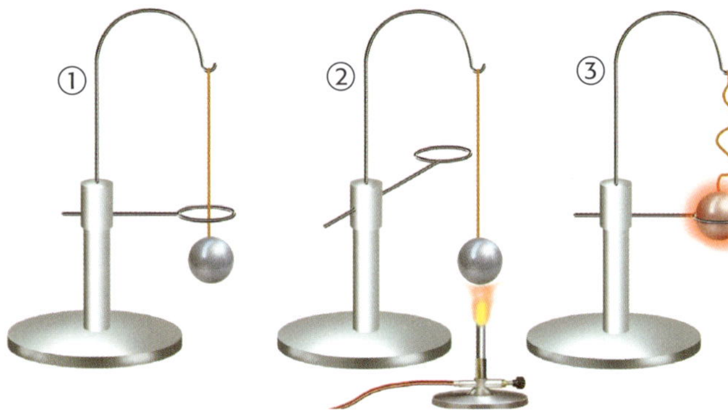

Representação esquemática de experimento envolvendo calor. Cores fantasia. Elementos fora de escala de tamanho e de proporção.

LUIS MOURA

6. Analise as imagens. Com base no que você aprendeu sobre calor e suas formas de transmissão, explique o que aconteceu com o café depois de alguns minutos.

LUIS MOURA

Representação esquemática de medidas de temperatura do café em dois momentos. Cores fantasia. Elementos fora de escala de tamanho e de proporção.

7. Durante um voo do Brasil para os Estados Unidos, uma garota brasileira ouviu o comandante falar: *Senhoras e senhores, em 20 minutos aterrissaremos em Nova York. O clima está ensolarado e a temperatura é de 32 graus Fahrenheit.* A garota já se imaginou passeando pelas ruas da cidade usando bermuda e camiseta. Ao sair do avião, no entanto, sentiu um frio terrível! Por que ela se enganou?

8. Observe as imagens, leia o texto e depois responda às questões.

Em algumas casas, para medir a temperatura do ambiente, há dois termômetros: um que registra a temperatura máxima e outro que registra a temperatura mínima. São os chamados termômetros ambientais. Geralmente, o líquido termométrico é o álcool e eles utilizam corantes, sendo a cor azul para o termômetro que registra a temperatura mínima e a cor vermelha para o termômetro que registra a temperatura máxima.

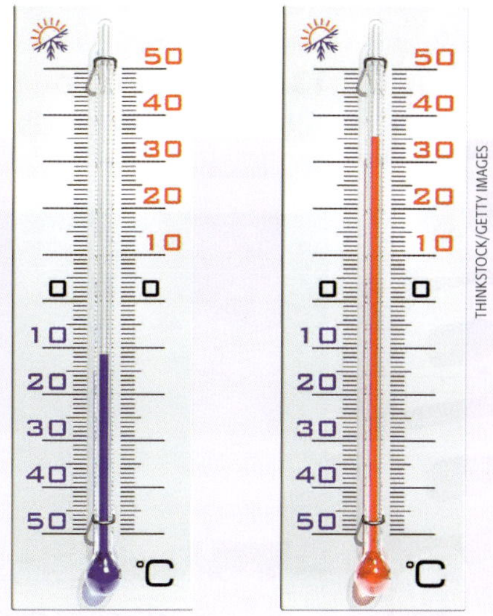

THINKSTOCK/GETTY IMAGES

Exemplos de termômetros ambientais, apresentando temperaturas fictícias.

a. Que temperatura foi registrada em cada termômetro?

b. O que acontece com o líquido termométrico quando a temperatura aumenta?

c. E quando ela diminui?

9. O mapa mostra as temperaturas médias anuais nos diversos estados brasileiros.

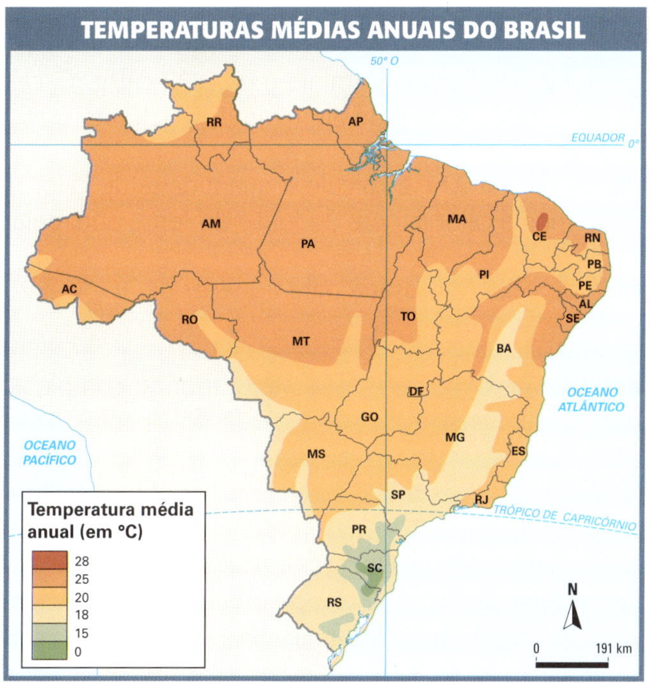

DACOSTA MAPAS

Fonte: CALDINI, V.; ÍSOLA, L. *Atlas geográfico Saraiva*. São Paulo: Saraiva, 2013.

a. Com a ajuda do professor, localize, de maneira aproximada, sua cidade no mapa. Use a legenda de temperatura e cores do mapa para informar a faixa de temperatura média anual.

b. Converta a faixa de temperatura média anual de sua cidade para as escalas Fahrenheit e kelvin.

10. Existe uma temperatura na qual as escalas Celsius e Fahrenheit marcam exatamente o mesmo valor. Qual é essa temperatura?

11. É adequado usar um termômetro de mercúrio para medir a temperatura de uma caldeira industrial operando a 1200 °C? Justifique.

teia do saber

12. A estação Vostok, na Antártida, atingiu, em 1983, a temperatura de −89,2 °C, enquanto uma região da Líbia apresentou, em 1922, 58 °C. Converta essas temperaturas para a escala kelvin.

RIA NOVOSTI/SPL/LATINSTOCK

Estação de pesquisa Vostok, na Antártica, local em que a mais baixa temperatura da Terra foi registrada, em 1983.

THINKSTOCK/GETTY IMAGES

Ruínas de um antigo teatro na Líbia, local que, em 1922, a mais alta temperatura da Terra foi registrada.

13. Sabendo que o calor específico do alumínio é de 0,22 cal/g °C, calcule a quantidade de calor necessária para aquecer 20 g de alumínio de 36 °C até 60 °C.

14. Observe a tabela da página 211 e calcule a quantidade de calor necessária para fundir 10 g de ferro. Usaremos o calor latente de fusão do ferro, que, pela tabela, vale 70 cal/g.

15. Qual a quantidade de calor necessária para aquecer de 10 °C a 20 °C uma amostra de 5 g de água?

16. Compare a quantidade de calor necessária para vaporizar completamente 100 g de água e 100 g de álcool. O calor latente de vaporização do álcool é 202,4 cal/g.

17. Leia o texto a seguir e depois responda à questão.

> Abrir um vidro de alimento em conserva nem sempre é tarefa fácil. Muitas vezes, a tampa metálica só sai após um esforço considerável. A Física, porém, pode deixar essa tarefa mais fácil: uma opção é mergulhar o vidro de cabeça para baixo em um pouco de água quente, de forma que apenas a tampa fique em contato com a água. Deixe a tampa em contato com a água por um tempo e ela abrirá com mais facilidade.

- Por que você acha que isso ocontece?

18. Sabendo que foram necessárias 50 cal para elevar em 10 °C a temperatura de 50 g de certo metal, calcule seu calor específico.

19. O calor específico do cobre é 0,092 cal/g °C. Calcule a quantidade de calor necessária para aumentar de 20 °C para 50 °C a temperatura de 25 g de cobre.

20. Nos refrigeradores, o congelador é posicionado na parte superior. O que ocorreria se ele fosse colocado na parte inferior da geladeira?

21. Observe a montagem do experimento ilustrada a seguir e depois responda às questões.

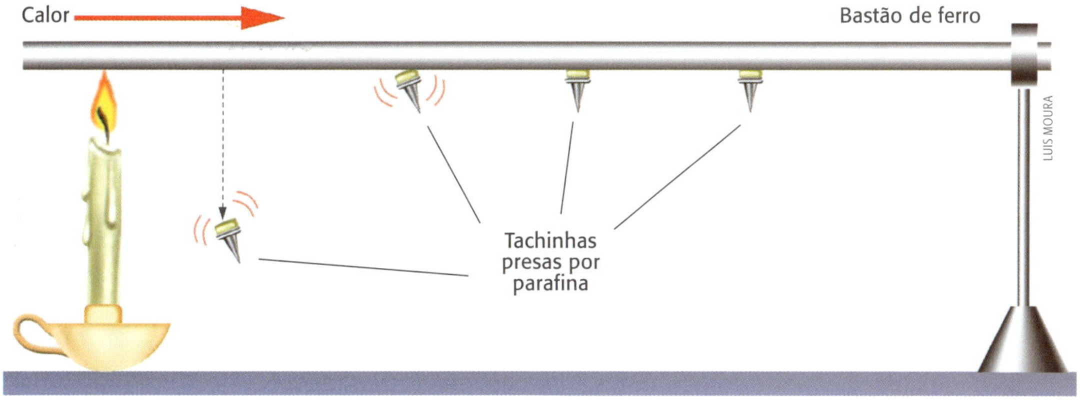

Cores fantasia. Elementos fora de escala de tamanho e de proporção.

a. Descreva como a montagem foi feita e o que ela representa.

b. Que tipo de transferência de calor foi observada?

c. Se o bastão fosse de madeira, e supondo que ele recebesse calor sem pegar fogo, o efeito seria o mesmo? Explique.

22. Geralmente, ao segurarmos um objeto metálico, temos a sensação de que ele está mais frio que outro objeto não metálico no mesmo ambiente. Por que isso ocorre?

23. Nos países de clima frio, é bastante comum a construção de janelas formadas por duas placas de vidro separadas por uma camada de ar. Qual a finalidade desse procedimento?

24. Analise a fotografia ao lado. Observe que os fios elétricos não estão esticados nos postes. Há neles uma folga, formando uma "barriga". Deve haver um motivo para que eles estejam dispostos dessa maneira. Procure explicar a existência dessa "barriga" nos fios utilizando o que aprendeu sobre dilatação e contração térmicas.

ISMAR INGBER/PULSAR IMAGENS

Folga nos fios da rede elétrica.

Desfecho

Neste desafio analisamos várias situações nas quais a energia está presente. Seus tipos, transformações, usos na realização de trabalho mecânico e transmissão de energia térmica (calor). Agora responda: Na sua opinião, é possível criar ou destruir energia? Por quê? Aquela ideia inicial sobre energia continua a mesma depois das discussões nesta seção? Explique o que mudou.

Encerrando a unidade

Imagine que você vai a um parque de diversões onde há carrossel, montanha-russa e outros brinquedos. Tente relacionar cada um dos conceitos que você estudou a uma situação ou a um equipamento que poderia estar nesse parque. Se quiser, faça desenhos para ilustrar as respostas.

- **Trabalho**
- **Tipos de energia**
- **Máquinas simples**

Em seguida, elabore um pequeno texto relacionando os conceitos: calor, temperatura, escalas termográficas e condução de calor.

O aquecimento global

Medir a temperatura do ambiente não é importante apenas para decidir que roupa vamos vestir. Infelizmente, a temperatura do planeta vem ganhando destaque nos meios de comunicação por um motivo bem mais preocupante: o aquecimento global. Esse é o termo usado para indicar o aumento da temperatura média da superfície da Terra que vem ocorrendo nos últimos 150 anos.

O degelo está causando problemas às pessoas que dependem das geleiras para o fornecimento de água potável. Em outros locais da Terra, essa situação pode causar problemas maiores, já que o abastecimento de água potável de quase um terço da população do planeta – cerca de 2 bilhões de pessoas – depende apenas dos rios que nascem das geleiras do Himalaia.

Causas do aquecimento global

Quais são as causas do aquecimento global? Os cientistas estão divididos entre as causas naturais e as alterações humanas na natureza.

Causas naturais

- **Tectônica de placas:** as placas tectônicas que formam a litosfera terrestre estão se movendo com maior intensidade e causando erupções vulcânicas. Essas erupções estão provocando o derretimento do gelo nos polos e contribuindo para o aumento da temperatura da Terra.
- **Ciclos solares:** a cada 11 anos, o Sol muda o ritmo de suas atividades. Os períodos de atividade mais elevada são conhecidos por máximos solares. Nessas situações, as radiações solares aumentam, incluindo o infravermelho (radiação de calor).

GERSON GERLOFF/PULSAR IMAGENS

O gás metano, produzido na criação de gado, é uma das causas artificiais para o aquecimento global.

- **Variações orbitais:** a Terra está mudando a inclinação do seu eixo de rotação, fato que acontece de tempos em tempos. Além disso, sua órbita está se alterando, contribuindo para as mudanças climáticas.
- **Aquecimento do núcleo terrestre:** alguns cientistas estão levantando a hipótese de que o interior da Terra esteja se aquecendo cada vez mais, o que refletiria em sua superfície.

Causas artificiais, provocadas pelo ser humano

Os pesquisadores que defendem esse ponto de vista afirmam que o aumento de concentração de gases poluentes na atmosfera, produzidos pelas atividades humanas, é a causa do aquecimento global. Gás carbônico proveniente da queima de combustíveis orgânicos e de madeira, metano produzido na criação de gado, entre outros gases, formam uma camada ao redor da Terra que funciona como uma estufa. Em outras palavras, os poluentes atmosféricos estão retendo na atmosfera uma parte da radiação infravermelha que seria refletida para o espaço se não houvesse esse "escudo" de poluentes.

DANIEL BELTRÁ/ARCHIVO MUSEO SALESIANO/GREENPEACE

Fotografia da geleira Upsala, na Patagônia, Argentina, em 1928.

BERND BIEDER/ALAMY/LATINSTOCK

Fotografia da geleira Upsala, na Patagônia, em 2012.

Para explorar

1. Embora a opinião dos cientistas esteja dividida, é fato que as alterações humanas no ambiente podem prejudicá-lo. Com seus colegas, **listem argumentos** a favor da diminuição da emissão de gases poluentes provenientes de atividades humanas.
2. Com base nessa listagem, elaborem materiais para divulgação das suas ideias. A classe pode criar cartazes, folhetos, textos para serem publicados no jornal, *blog* ou *site* da escola, entre outros.

UNIDADE

7 Ondas, som e luz

Até pouco tempo atrás, a projeção dos filmes em cinemas era feita somente de modo analógico. Nessa técnica, rolos de filme são colocados em um projetor que reproduz sequências de imagens de forma rápida, o que dá a impressão de movimento. Isso acontece por causa de um fenômeno chamado persistência da visão: o olho humano retém uma imagem por uma fração de segundo após ela ter desaparecido.

No filme também são gravados os sons, como a fala dos atores e a trilha sonora.

Hoje, alguns filmes são feitos com tecnologia digital.

Os rolos de filme são usados em cinemas com projeção analógica. Os furos nas laterais do filme se encaixam nas rodas dentadas, que movimentam o rolo no projetor.

OLIVER CLEVE/PHOTOGRAPHER'S CHOICE/GETTY IMAGES

Nesta unidade, você vai saber mais sobre:

- O que são ondas
- O que é som
- O que são radiações eletromagnéticas
- Luz e suas propriedades
- Óptica geométrica
- Óptica da visão

TROCANDO IDEIAS

1. Qual é a relação entre o cinema, o som e a luz?
2. Como os sons de uma sala de cinema são percebidos e interpretados por nós? E as imagens?
3. Releia o título desta unidade. Você sabe o que são ondas e qual a relação delas com a luz e o som?

THINKSTOCK/GETTY IMAGES

Projetor de cinema.

13 Ondas e som

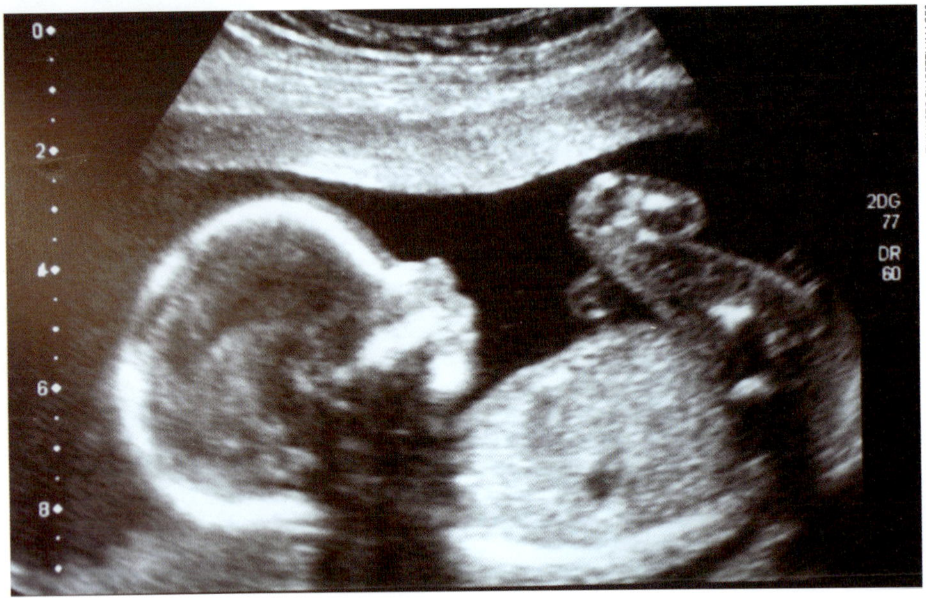

THINKSTOCK/GETTY IMAGES

Imagem de um bebê no interior do útero em um exame de ultrassonografia.

Você sabia que existem sons que nós não podemos ouvir? O ser humano tem um limite de audição. Sons acima dessa capacidade de audição são chamados de ultrassons. A ciência desenvolveu uma tecnologia capaz de usar o ultrassom para "enxergar" dentro do nosso corpo. Um dos exames mais importantes durante a gestação é justamente a ultrassonografia, que consiste em um aparelho que emite ondas ultrassônicas pelo útero que depois são detectadas e transformadas em imagem e ajudam a mapear as estruturas internas do corpo da mãe e do bebê. Além de não oferecer riscos à saúde dos pacientes, as imagens obtidas nesse exame ajudam os médicos a identificar e até prevenir doenças, antes mesmo que o bebê nasça.

BATE-PAPO

1. Os exames de ultrassom não são utilizados apenas para examinar os bebês no útero da mãe. Você conhece alguma outra aplicação na medicina que também usa a técnica do ultrassom?
2. Qual a grande vantagem da utilização do ultrassom na medicina?
3. Você conhece alguma outra aplicação do ultrassom fora da medicina?

Novas tecnologias

Podemos perceber a ciência por toda parte: de medicamentos a edificações, aparelhos eletrodomésticos, *smartphones*, computadores, meios de transporte etc. Toda essa tecnologia é fruto de aplicações e estudos da ciência.

Você já imaginou como as pessoas faziam para se comunicar quando não existia o celular? E para se deslocarem por longas distâncias, quando não havia veículos como ônibus, carros e aviões?

ONDAS

ROSE MARY BUSH/ISTOCK/GETTY IMAGES

Ave em um lago, formando ondas que se afastam cada vez mais do ponto de origem.

Uma onda é uma perturbação ou oscilação que se propaga no espaço. As ondas podem tanto se propagar em meios materiais (ar, água, sólidos) como no vácuo (espaço).

São exemplos de ondas os abalos sísmicos (terremotos), as ondas na água, as ondas de rádio, a luz e o som etc.

Podemos produzir ondas se prendermos uma corda em um ponto fixo e, com uma mão, agitarmos sua outra extremidade para cima e para baixo de forma ritmada. Dessa maneira, produzimos um **pulso**, ou seja, uma perturbação.

Se repetirmos esses pulsos de modo constante, a energia que transferimos para a corda se propaga por toda sua extensão, formando uma **onda periódica**, na qual os pulsos são regulares.

LUIS MOURA

Representação esquemática de ondas produzidas em uma corda. Cores fantasia. Elementos fora de escala de tamanho e de proporção.

Características das ondas

Todas as ondas têm características que permitem diferenciar umas das outras: amplitude, comprimento de onda, período e frequência.

- **Comprimento de onda** (λ, letra grega, pronuncia-se lambda): distância entre dois vales ou duas cristas consecutivas.
- **Amplitude da onda**: altura da crista em relação ao eixo de oscilação.
- **Período** (*T*): tempo necessário para que duas cristas ou dois vales consecutivos passem pelo mesmo ponto. Em outras palavras, é o tempo necessário para que ocorra uma oscilação completa.
- **Frequência** (*f*): número de oscilações completas que uma onda realiza em certo intervalo de tempo. Quando medimos essa quantidade de oscilações no período de um segundo, estamos medindo sua frequência em **hertz** (Hz). Assim, uma onda cuja frequência seja 60 Hz realiza 60 oscilações a cada segundo.

COMPRIMENTO E AMPLITUDE DE ONDA

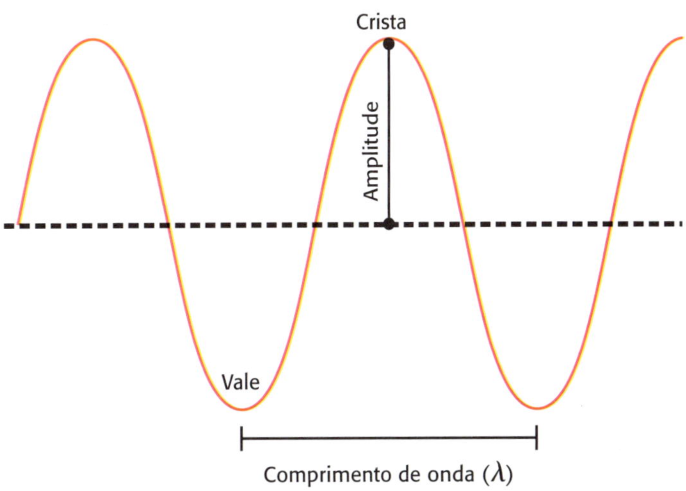

MAURO TAKESHI

Representação gráfica do comprimento de onda e amplitude.

Natureza das ondas

Imagine uma caixa boiando no mar em um dia de ondas suaves. Quando uma onda passa pela caixa, ela sobe e desce acompanhando o movimento da água, mas não é transportada horizontalmente pela onda. Isso é uma característica das ondas: **elas transportam energia, e não matéria**.

Representação esquemática de caixa boiando no mar. Cores fantasia. Elementos fora de escala de tamanho e de proporção.

As ondas podem se propagar através do ar, da água ou de um sólido. Alguns tipos de onda se propagam no vácuo.

Ondas mecânicas

As **ondas mecânicas** propagam-se apenas em meio material. Elas não se propagam no vácuo. As ondas sonoras são exemplos de ondas mecânicas. Por isso o som não se propaga no vácuo. O tremor e o som produzidos por uma britadeira são ondas mecânicas.

A energia propagada por uma onda mecânica está relacionada à sua amplitude: quanto maior a amplitude, mais energia é transportada.

Ondas eletromagnéticas

As **ondas eletromagnéticas** não precisam de um meio material para se propagar, elas se propagam até mesmo no vácuo. Um exemplo de onda eletromagnética é a luz. Essas ondas apresentam sempre a mesma velocidade, aproximadamente 300 000 km/s, que é a velocidade da luz no vácuo.

O Sol emite radiações, que são ondas eletromagnéticas que atravessam o vácuo do espaço até chegarem à Terra. Dessas ondas, nós só vemos a parte chamada **luz visível**. O olho humano não percebe as radiações infravermelhas e ultravioleta, por exemplo. A luz visível emitida pelo Sol propaga-se pelo vácuo, e também por alguns meios materiais, como o ar e a água.

Recebemos, diariamente, uma quantidade enorme de radiações na forma de ondas eletromagnéticas, de maior ou menor energia. A energia da onda eletromagnética é mais alta quanto maior for sua frequência e menor seu comprimento. É pela frequência que classificamos os tipos de onda eletromagnética: luz visível, ondas de rádio, raios X etc. são exemplos dessas ondas, com diferentes frequências.

Podemos representar as ondas eletromagnéticas de acordo com suas frequências por meio de espectro eletromagnético.

REPRESENTAÇÃO DO ESPECTRO ELETROMAGNÉTICO E SUAS APLICAÇÕES

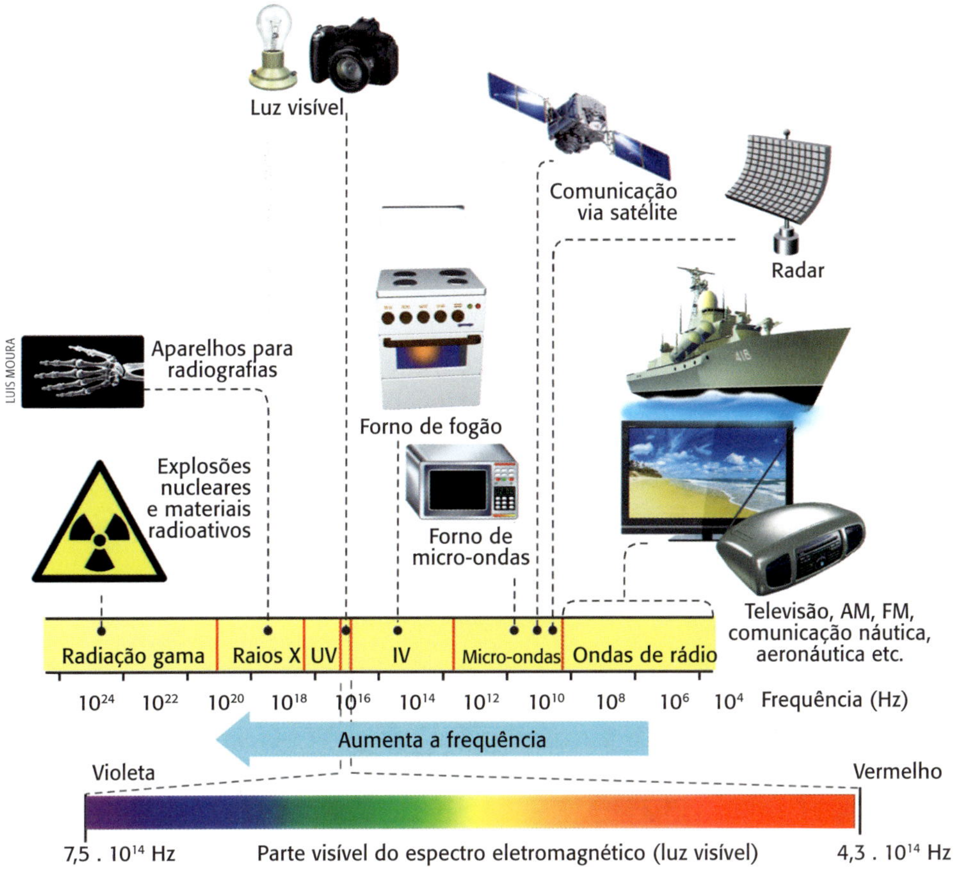

Representação esquemática do espectro eletromagnético, que relaciona as frequências às radiações. Cores fantasia. Elementos fora de escala de tamanho e de proporção.

UV = ultravioleta

IV = infravermelha

Fonte: HALLIDAY, D.; RENSNICK, R.; WALKER, J. *Fundamentos de Física*. v. 4. 7. ed. Rio de Janeiro: LTC, 2007.

Direção de vibração

Quanto à direção de vibração, as ondas podem ser classificadas em transversais ou longitudinais.

- **Ondas transversais**: a direção de vibração é perpendicular à direção de propagação em ondas que se propagam em uma mola que recebe pulsos para cima e para baixo. Note que, nesse caso, o movimento do ponto *P* é de sobe e desce. As ondas eletromagnéticas são transversais.
- **Ondas longitudinais**: a direção de vibração coincide com a direção de propagação. Note que, nesse caso, o movimento do ponto *P* é de vaivém. As ondas sonoras são ondas longitudinais.

ONDAS TRANSVERSAL E LONGITUDINAL

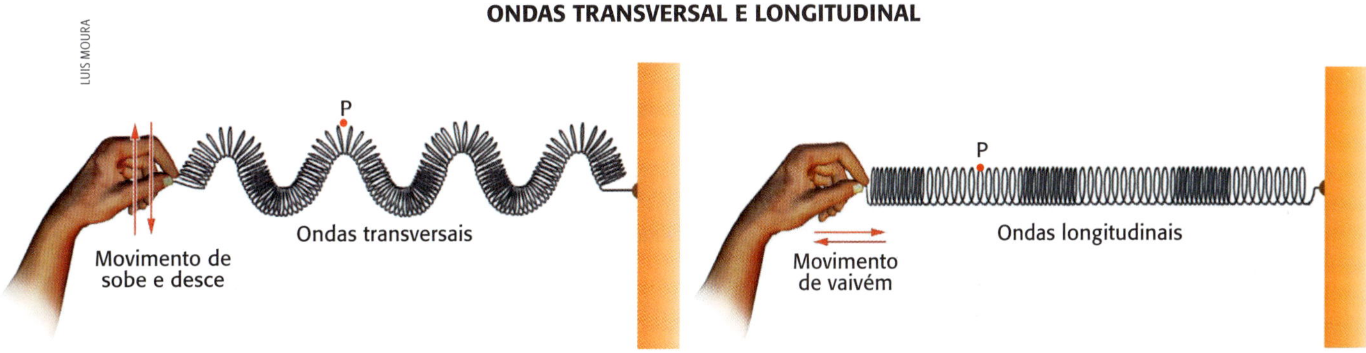

Representação esquemática de onda transversal e de longitudinal. Cores fantasia. Elementos fora de escala de tamanho e de proporção.

Estudo das ondas

Frequência e período são grandezas inversamente proporcionais: $f = \frac{1}{T}$.

Uma onda com baixa frequência tem comprimento de onda maior do que uma onda com alta frequência.

ONDA DE BAIXA FREQUÊNCIA **ONDA DE ALTA FREQUÊNCIA**

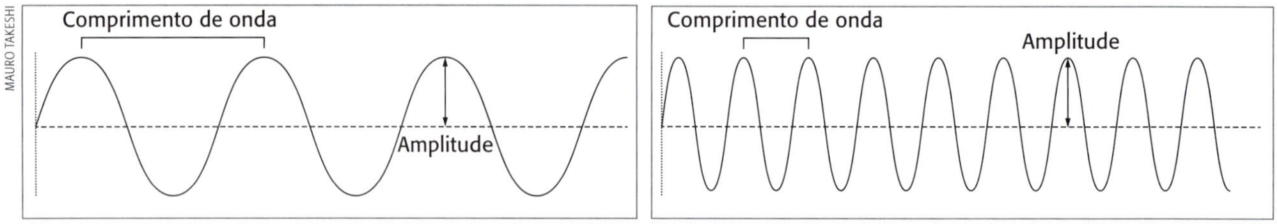

Representação esquemática de comprimentos de ondas de baixa frequência e de alta frequência.

O comprimento de onda está relacionado à velocidade de propagação (v) da onda, conforme mostrado a seguir:

$$f = \frac{1}{T} \qquad v = \lambda \cdot f$$

$$\lambda = \frac{v}{f}$$

Em que:

- f = frequência (Hz)
- T = período (s)
- λ = comprimento de onda (m)
- v = velocidade da onda (m/s)

Veja no exemplo que segue como determinar a frequência e a velocidade de uma onda periódica cujo comprimento de onda vale 5 m e o período é igual a 4 s.

$\lambda = 5\ m;\ T = 4\ s \rightarrow f = \frac{1}{T} \rightarrow f = \frac{1}{4} \rightarrow f = 0{,}25\ Hz$

$v = \lambda \cdot f \rightarrow v = 5 \cdot (0{,}25) \rightarrow v = 1{,}25\ m/s$

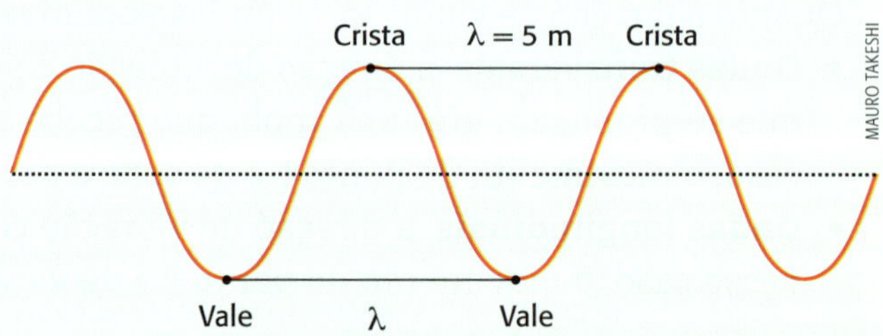

Representação esquemática do comprimento da onda. Cores fantasia. Elementos fora de escala de tamanho e de proporção.

NÃO DEIXE DE ACESSAR

- **Veja as diferenças entre as ondas longitudinal e transversal.**
  http://www.phy.ntnu.edu.tw/oldjava/portuguese/ondas/waveType/waveType.html
- ***Site* sobre as ondas transversais e longitudinais.**
  http://www.rc.unesp.br/showdefisica/99_Explor_Eletrizacao/paginas%20htmls/Ondas.htm#Ondas_transversais_e_longidutinais._0
- **Animação sobre ondas longitudinais.**
  http://pion.sbfisica.org.br/pdc/index.php/por/Multimidia/Simulacoes/Ondas-mecanicas/Ondas-longitudinais

Acessos em: 25 mar. 2015.

SOM

O som é uma onda mecânica, pois precisa de um meio material para se propagar (não se propaga no vácuo). É também uma onda longitudinal, pois se propaga paralelamente ao sentido da oscilação da onda.

Para entender como a onda sonora se propaga, vamos considerar uma pessoa tocando saxofone. A vibração resultante é transmitida às moléculas do ar que estão em volta, criando regiões de compressão (nas quais as moléculas do ar se aproximam) e regiões rarefeitas (nas quais as moléculas do ar se distanciam).

O comprimento de onda é dado pela distância entre duas regiões consecutivas de compressão ou entre duas regiões consecutivas de rarefação.

THINKSTOCK/GETTY IMAGES

As linhas representam as áreas de compressão do ar. As regiões entre elas representam as áreas de rarefação do ar. Cores fantasia. Elementos fora de escala de tamanho e de proporção.

A propagação do som ocorre em qualquer meio material sólido, líquido ou gasoso, mas sua velocidade depende do tipo de substância que compõe o meio onde o som se propaga e a densidade deste meio. Quanto mais denso o meio, maior a velocidade de propagação. Você já tentou gritar dentro da água, em uma piscina, por exemplo? Tente fazer isso e perceba como você ouve sua voz de um jeito diferente.

- No ar, a velocidade de propagação do som é de cerca de 340 m/s.
- Na água, o som se propaga com velocidade de aproximadamente 1 450 m/s.
- No aço, a velocidade de propagação do som é maior que 5 000 m/s.

Ecolocalização

Os morcegos praticamente não têm visão, no entanto, conseguem se localizar usando a **ecolocalização**. Eles emitem ondas sonoras com frequências que podem chegar a 200 000 Hz. As ondas que emitem batem em obstáculos e voltam, sendo captadas por eles. Dessa forma, os morcegos são capazes de perceber a posição de um obstáculo ou uma presa.

Os morcegos utilizam a ecolocalização para se situarem. Esses animais têm cerca de 30 cm de envergadura das asas, mas existem espécies que chegam a 1,5 m.

A audição humana

A audição humana é capaz de perceber sons nas frequências entre 20 Hz e 20 000 Hz. Não ouvimos sons abaixo de 20 Hz (os chamados **infrassons**) nem acima de 20 000 Hz (os chamados **ultrassons**).

LIMITES DE AUDIÇÃO HUMANA E DE ALGUNS OUTROS ANIMAIS

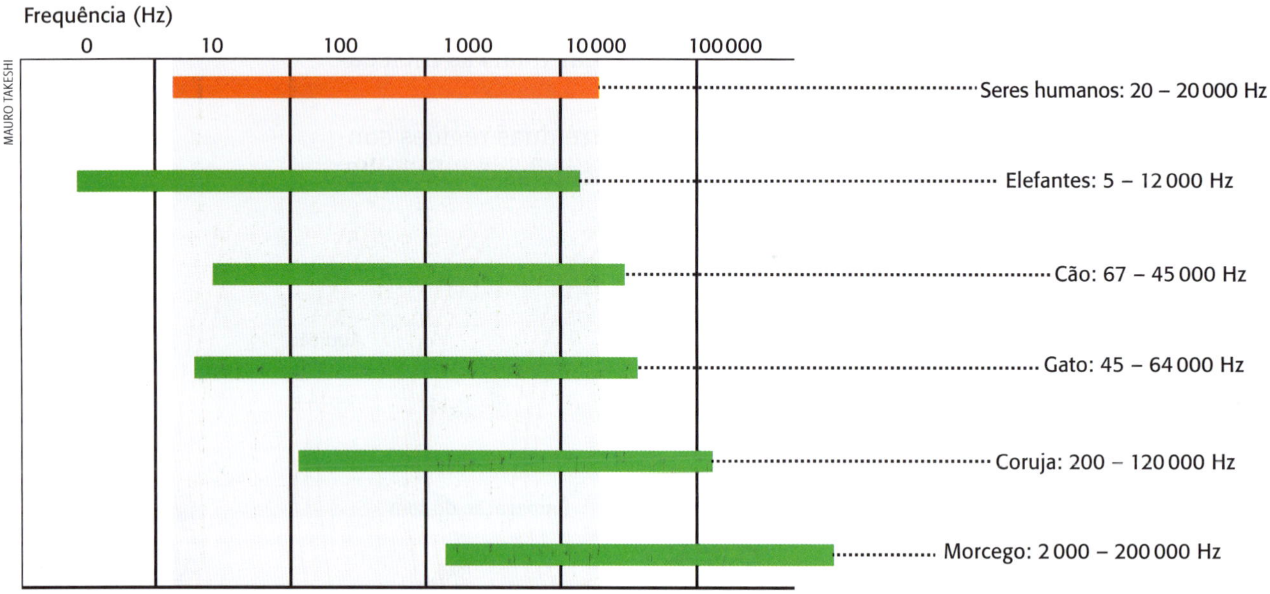

MAURO TAKESHI

Representação gráfica dos limites de audição humana e de outros animais. A faixa cinza representa os limites da audição humana.
Fonte dos dados: <http://www.nature.com/scitable/knowledge/library/perceptual-worlds-and-sensory-ecology-22141730>. Acesso em: 24 mar. 2015.

O eco

A audição humana só distingue um som de outro se houver entre eles um intervalo de tempo maior do que um décimo de segundo. Nesse curto intervalo de tempo, o som se propaga por cerca de 34 metros de distância. Se houver um obstáculo a 17 metros e emitirmos um som, ele levará cerca de um décimo de segundo no percurso de ida e volta, que totaliza 34 metros, sendo novamente recebido pelos nossos ouvidos. Assim, ouviremos dois sons: o som emitido por nós e o som refletido do obstáculo, ou seja, teremos o efeito de **eco**.

FIQUE DE OLHO

Quando um avião está voando a uma velocidade de 1 226 km/h, o equivalente a 340 m/s, ou à velocidade do som no ar, dizemos que ele atingiu Mach 1. Essa medida de velocidade é uma homenagem a Ernst Mach, cientista austríaco que realizou de forma pioneira a medida da velocidade do som.

Em 1947, o major da força aérea norte-americana Chuck Yeager tornou-se o primeiro aviador a atingir Mach 1 em um voo horizontal.

Os ônibus espaciais atingiam, quando em órbita, Mach 25! Calcule, com seus colegas de grupo, a que velocidade corresponde Mach 25.

NASA IMAGES

Ônibus espacial Atlantis realizou sua última viagem em 2011. Este ônibus, quando em órbita, atingia Mach 25.

Características do som

Intensidade

Se você gosta de ouvir música, já deve ter passado por essa situação: seu aparelho de som está ligado e alguém reclama que "o som está muito alto". Embora você entenda perfeitamente, para a Física o que deveria ser dito é que o som está muito intenso, pois é isso que incomoda a audição das pessoas. A intensidade do som é controlada pelo botão de volume em um aparelho de som.

A intensidade sonora está relacionada à quantidade de energia transportada pela onda sonora, que, por sua vez, está ligada à sua **amplitude**. Quanto maior a amplitude da onda, maior a intensidade do som.

A intensidade sonora é frequentemente medida em decibels (dB). O equipamento usado para medir a intensidade sonora é o decibelímetro.

Quanto maior a intensidade sonora, maior o risco de lesão auditiva pela exposição prolongada ao ruído.

INTENSIDADE SONORA: ENTRE O LIMITE E A DOR DE ORELHA

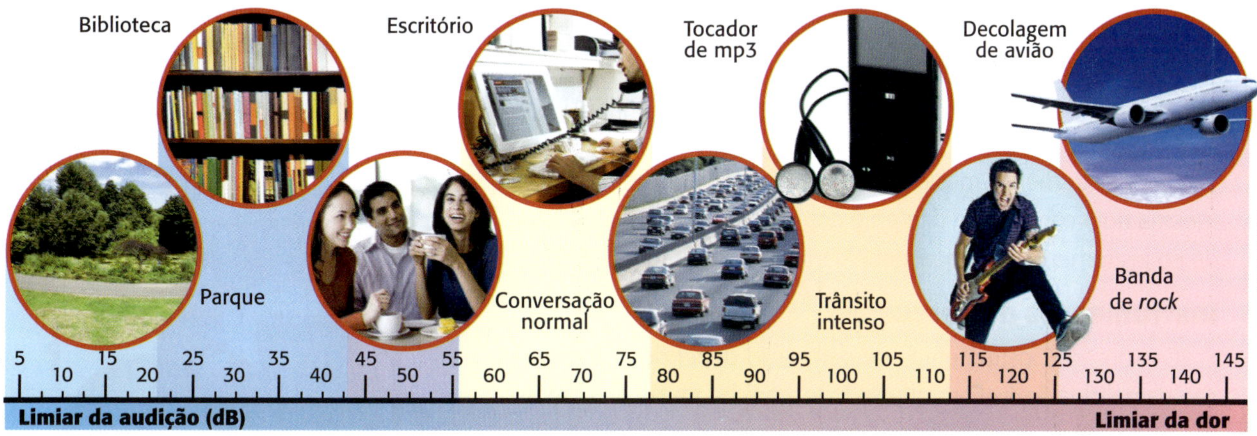

THINKSTOCK/GETTY IMAGES

MAURO TAKESHI

Representação esquemática da intensidade sonora. Cores fantasia. Elementos fora de escala de tamanho e de proporção.

Fonte dos dados: Disponível em: <http://physics.nayland.school.nz/VisualPhysics/NZ-physics%20HTML/09_Sound/Chapter9e.html>. Acesso em: 4 maio 2015.

Altura

A altura do som é determinada, no aparelho de som, pelos botões de controle de graves e agudos. Portanto, a altura do som está relacionada à **frequência**: sons graves (ou baixos) têm frequências menores e sons agudos (ou altos) têm frequências maiores.

A voz dos homens é, em geral, baixa (grave), com frequências entre 100 e 200 Hz. Já a voz das mulheres é alta (aguda), e a sua frequência varia entre 200 e 400 Hz.

Timbre

O timbre é a qualidade que nos permite diferenciar os instrumentos que estão sendo tocados em uma orquestra, por exemplo. Mesmo se tocados numa mesma altura (na mesma frequência, ou seja, a mesma nota musical) e na mesma intensidade, o som de um violino é diferente do som de um piano por causa do timbre de cada um.

NÃO DEIXE DE LER

- **Física, música e outras artes,** de J. A. Silva e outros. Editora do Brasil, 2000.
- **Barulho e silêncio,** de Jack Challoner. Editora Moderna, 2000.
- **Nas ondas do som,** de Valdir Montanari e Paulo Cunha. Editora Moderna, 2000.

SAIBA MAIS

A física da música

“O som é medido fisicamente por três grandezas; a intensidade, a frequência e o timbre. Intensidade refere-se à amplitude das oscilações da pressão do ar. Frequência é o número de vezes que a oscilação ocorre por unidade de tempo. E timbre é relativo à presença de harmônicos no som.

Cada tipo de instrumento musical tem uma espécie de 'assinatura': um conjunto de características sonoras associadas que têm uma descrição matemática extremamente precisa, embora possam parecer subjetivas. [...].

[...]

Outras caracterizações da música envolvem harmonia e ritmo. A harmonia é a relação que se estabelece entre notas musicais, de maneira a criar uma sensação agradável. [...]

Ritmo relaciona sucessões de tempos musicais tônicos e átonos, isto é, 'fortes' e 'fracos'. Pode se definir o ritmo como algo que se aproxima das batidas cardíacas, ou seja, varia de acordo com a emoção que se deseja expor: mais acelerado e frenético ou calmo e suave. [...]

Cada instrumento musical tem a característica de emitir uma mesma nota com timbre diferente dos demais instrumentos. Isso dá ao instrumento uma qualidade particular, que o torna único.

Instrumentos de percussão

Os sons dos instrumentos de percussão dependem da vibração da película flexível em que se bate, com baquetas ou com as mãos. A pele do tambor, por exemplo, é extremamente esticada nas bases de uma superfície cilíndrica de madeira ou de metal. As vibrações da pele e do corpo do tambor produzem o som. Em alguns tipos de tambor pode-se alterar a frequência do som variando-se previamente a tensão da pele. No timbale, o músico consegue alterar a tensão que a pele é presa ao tambor durante a execução sinfônica.

[...]

Instrumentos de corda

Os instrumentos de corda têm uma caixa acústica que amplifica o som produzido pela vibração das cordas, como o caso do violino, da viola, do violoncelo, do contrabaixo e do violão.

[...]

A maioria dos instrumentos possui cordas presas a um braço e sobre uma caixa acústica de madeira (utilizada para amplificar o som). A madeira e os espaços de ar no corpo de um violino, por exemplo, são essenciais na produção de um som com qualidade. Um bom violino tem a virtude especial de vibrar fielmente com

FOTOGRAFIAS: THINKSTOCK/GETTY IMAGES

Exemplos de instrumentos de percussão: bateria e pandeiro.

THINKSTOCK/GETTY IMAGES

O piano é um instrumento de corda.

cada corda e nas diversas alturas, mesmo nas mais agudas. Um violino deficiente altera as vibrações, aumentando algumas e omitindo outras.

O estudo dos instrumentos de corda está baseado na teoria das ondas estacionárias, ou seja, na frequência das ondas sonoras que as cordas emitem. [...]

Nos instrumentos de corda, os músicos vibram tais cordas e esta vibração se transmite ao instrumento, que vibra o ar, produzindo o som que chega a nossos ouvidos. [...]

[...]

Instrumentos de sopro

Na maioria dos instrumentos de sopro, da flauta ao órgão, muda-se a frequência do som alterando-se o comprimento da coluna de ar. Em instrumentos onde o ar é movimentado pela boca do instrumentista, o músico aumenta a coluna de ar cobrindo os orifícios do instrumento e a diminui os descobrindo. Isso é feito com as pontas dos dedos diretamente ou com auxílio de teclas ou chaves. [...]

O bocal de uma clarineta, por exemplo, tem uma lâmina fina de bambu, conhecida como "palheta". Soprando no bocal, a palheta vibra, produzindo, deste modo, uma onda sonora que se propaga para a extremidade aberta do instrumento, onde é parcialmente refletida. A onda refletida volta para o bocal, reflete-se de novo, e assim por diante. As ondas, viajando de uma extremidade para outra do tubo, fazem a palheta vibrar com uma certa frequência. Se encurtássemos o tubo, as ondas viajariam uma distância menor, voltando ao ponto de partida em menos tempo; a frequência seria assim aumentada e o som se tornaria mais agudo. Em vez de cortar o tubo, pressionamos teclas de modo a abrir os orifícios existentes nos lados. Isto tem o mesmo efeito que encurtar o tubo, formando uma escala.

[...] »

Naylor Oliveira. A física da música. Disponível em: <http://www.cdcc.sc.usp.br/ciencia/artigos/art_25/musica.html>. Acesso em: 6 abr. 2015.

THINKSTOCK/GETTY IMAGES
DORLING KINDERSLEY/GETTY IMAGES

Violão e berimbau são exemplos de instrumentos de corda.

FOTOGRAFIAS: THINKSTOCK/GETTY IMAGES

Exemplos de instrumentos de sopro: clarineta e sax.

Para pensar

1. Compare os instrumentos de corda, de sopro e de percussão. O que eles têm de diferenças?
2. Você toca ou gostaria de tocar algum instrumento? Qual?

EXPERIMENTE **FAZER**

Movendo com o som

Para pensar

O som é uma onda mecânica que se propaga através de perturbações de um meio material. Você já viu o som? Você acha que é possível empurrar ou movimentar algo apenas usando o som?

Materiais

- pote de vidro sem tampa
- elástico
- filme plástico
- água
- corante comestível (anilina comestível)
- copo
- colher pequena
- colher grande de pau
- assadeira de metal

Representação do experimento (etapa 3). O corante na água ajuda a perceber melhor as ondas sonoras se propagarem.

Procedimentos

1. Coloque o filme plástico esticado sobre a abertura do pote de vidro e prenda com o elástico.
2. Num copo com água, pingue umas gotas do corante.
3. Com a colher pequena, coloque um pouco da água colorida sobre o filme plástico no pote.
4. Com a colher de pau, bata na assadeira de metal, fazendo barulho, próximo ao pote com a água colorida, mas sem encostar no pote.

ILUSTRAÇÕES: RODVAL MATIAS

Representação do experimento (etapa 4). Observe o que ocorre no pote.

Resultados e discussão

1. O que você observou na água colorida quando bateu com a colher na assadeira?

2. Por que você acha que isso aconteceu?

Experimento adaptado da atividade *A força do som*, disponível em: <http://chc.cienciahoje.uol.com.br/a-forca-do-som>. Acesso em: 6 abr. 2015.

1. As ondas transportam energia, mas não matéria. No entanto, quando estamos em um barco no mar, percebemos que ele é arrastado. Como você explica esse fenômeno?

2. A corda se movimenta enquanto a criança pula. Esse é um exemplo de fenômeno ondulatório. O que ocorre com a frequência, o período e a amplitude desse fenômeno se aumentarmos a velocidade da corda?

THINKSTOCK/GETTY IMAGES

Criança pula corda em parque. Quando a corda é movimentada, ocorre um fenômeno ondulatório.

3. O físico alemão Heinrich Hertz (1857-1894) descobriu as ondas de rádio em 1887. Em 1900, o estadunidense Reginald Fessenden (1866-1932) conseguiu transmitir voz através das ondas de rádio, o que hoje observamos com facilidade ao sintonizarmos estações.

    - Considere uma estação de rádio com frequência de 600 kHz. No caderno, calcule o comprimento de onda dessas ondas eletromagnéticas. (Observação: 1 kHz = 1 000 Hz)

4. No caderno, determine o comprimento de onda, a frequência, a velocidade de propagação e a amplitude da onda representada na ilustração cujo período é de 0,5 s.

MAURO TAKESHI

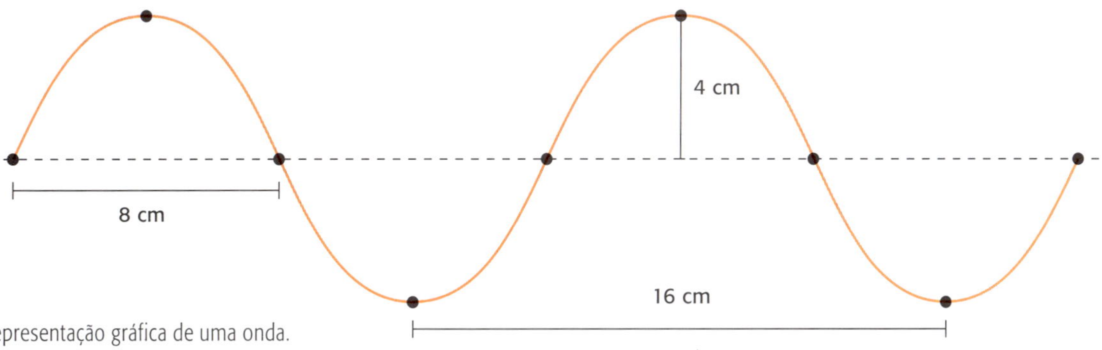

Representação gráfica de uma onda.

5. Calcule no caderno a velocidade com que se propaga uma onda que tem frequência de 50 Hz e comprimento de onda de 2 m.

6. Determinada onda propaga-se com velocidade de 200 m/s e frequência igual a 10 Hz. Qual seu período e seu comprimento de onda?

7. Duas crianças brincando de pular corda conseguem executar 3 oscilações a cada 2 segundos. Qual a frequência e o período desse movimento?

8. Ao fazer um experimento sobre a propagação do som, dois pesquisadores perceberam que o som se propaga com maior facilidade à beira-mar do que no alto de uma montanha. Apresente uma justificativa para essa observação.

9. Em um filme de ficção científica, uma das cenas mostrava explosões ocorrendo no espaço sideral, onde há vácuo. O barulho das explosões era fenomenal. Comente o erro conceitual de Física apresentado nesse filme.

10. O sonar, desenvolvido em 1917 pelo francês Paul Langevin, emite ultrassons debaixo d'água e capta as ondas refletidas por um obstáculo, calculando dessa forma a distância do objeto que as refletiu. Que fenômeno natural deve ter inspirado os inventores desses aparelhos?

LUIS MOURA

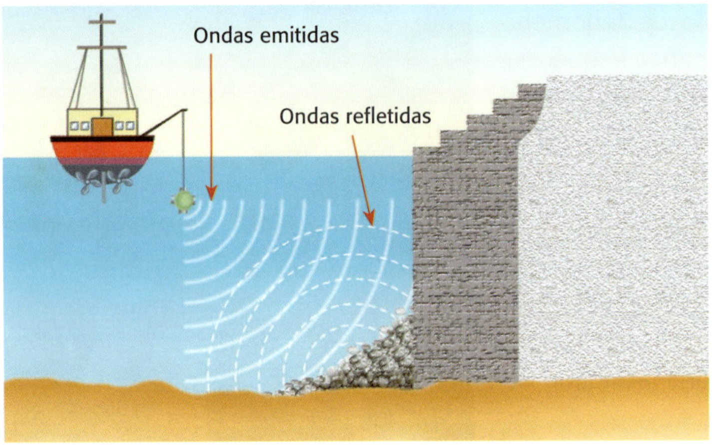

Representação esquemática de sonar. Cores fantasia. Elementos fora de escala de tamanho e de proporção.

11. Os morcegos emitem ondas com frequência de 100 kHz e comprimento de onda de 0,0035 m. Esses ultrassons são refletidos por objetos e recebidos de volta pelo animal, que assim detecta a presença e a distância do obstáculo. Esses animais ficam bastante perturbados quando alguém agita uma vara de madeira próximo de onde eles estão.

a. Apresente uma explicação para esse fato.

b. Com os dados do enunciado, calcule a velocidade de propagação das ondas emitidas pelos morcegos.

THINKSTOCK/GETTY IMAGES

A ecolocalização é utilizada por morcegos para perceber obstáculos.

12. A figura abaixo representa uma onda periódica propagando-se na água (a onda está representada de perfil). A velocidade de propagação desta onda é de 40 m/s; cada quadradinho representa 1 m.
Com esses dados, no caderno, determine a frequência e o período dessa onda.
Dados: $\lambda = 8$ m (8 quadradinhos entre uma crista e outra consecutiva); amplitude (2 quadradinhos) = 2 m.

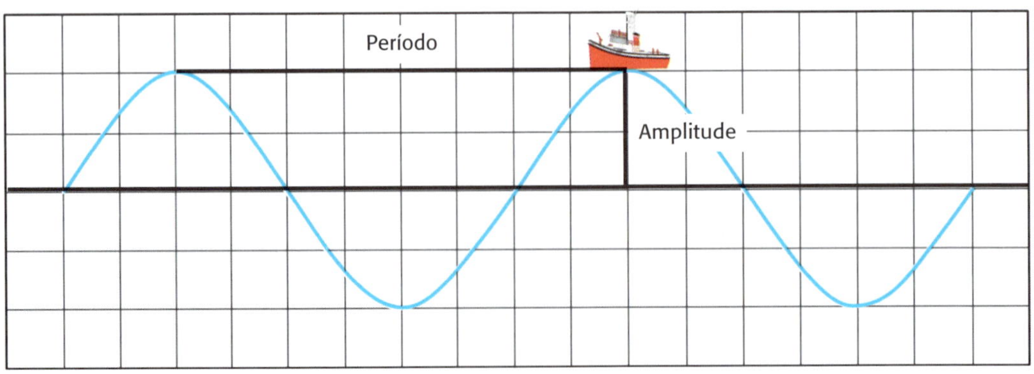

LUIS MOURA

Representação gráfica de onda periódica propagando-se na água. Cores fantasia. Elementos fora de escala de tamanho e de proporção.

13. As mariposas ouvem sons que nós não ouvimos: os ultrassons. Converse com seus colegas e procurem explicar quais as utilidades dessa característica das mariposas.

THINKSTOCK/GETTY IMAGES

Mariposas podem se comunicar por ultrassons. Essas mariposas medem cerca de 7 cm de envergadura.

14. Os indígenas norte-americanos tinham o costume de encostar uma orelha no chão para ouvir se um animal de grande porte ou uma pessoa a cavalo se aproximava. Relacione esse costume a seus conhecimentos de acústica.

15. Os aparelhos de ultrassonografia podem ser empregados para obter imagens de órgãos internos ou de fetos em desenvolvimento. Para isso, utilizam-se ondas sonoras com frequências entre 1 e 10 MHz (1 MHz = 1 000 000 Hz). Entre quais comprimentos de onda esses aparelhos operam?
(Observação: Considere a velocidade do som como 340 m/s.)

16. Leia a notícia e responda às questões.

Excesso de barulho nas escolas pode gerar estresse, problemas de aprendizagem e até danos à audição

O barulho em sala de aula, reclamação de muitos professores, pode no entanto esconder um sério problema: os danos à audição, que podem ser sentidos somente na idade adulta, mas que têm início nos primeiros anos de escola, em meio ao ruído excessivo nas salas de aula.

Estudo realizado pela Universidade de Oldenburg, na Alemanha, confirmou que em muitos colégios o barulho nas salas de aula passa do tolerável. No Brasil, alguns colégios particulares já se preocupam com o tema. É o caso do paulistano Santo Américo, no Morumbi, que conscientiza alunos do 1º ao 9º ano com os chamados ruidômetros – cartazes que trazem uma escala subjetiva de barulho que vai de 0 a 10. Quando professor ou aluno fica incomodado com a barulheira, muda o prendedor para os números mais altos para chamar a atenção de todos. [...]

Disponível em: <http://oglobo.globo.com/educacao/mat/2010/02/22/excesso-de-barulho-nas-escolas-pode-gerar-estresse-problemas-de-aprendizagem-ate-danos-audicao-915907009.asp>. Acesso em: 24 mar. 2015.

a. O ruidômetro mencionado no texto tem uma escala subjetiva de barulho. Por que o texto afirma que essa escala é subjetiva?

b. Que tipo de instrumento poderia ser usado para que a medida do ruído na escola fosse considerada objetiva?

14 Luz

O artista gráfico holandês Maurits Cornelis Escher, conhecido como M. C. Escher, foi um excelente desenhista. Ele interessava-se não apenas pelas imagens conforme nossos olhos a percebiam, mas gostava de criar ilusões de óptica, desenhar construções impossíveis de serem feitas na realidade e também de desenhar as imagens refletidas em poças d'água e espelhos. Entre as imagens que ele produziu estudando superfícies que refletiam imagens está essa, mostrada ao lado, que é um autorretrato. Observe a imagem de Escher no centro, a mão dele segurando uma esfera e, representado no reflexo da esfera, o ambiente onde ele estava.

Mão com esfera refletora (1935), do artista gráfico holandês M.C. Escher (1898-1972).

BATE-PAPO

1. A esfera representada está funcionando como um espelho. Ela reflete exatamente o ambiente em volta?
2. Você já viu algum espelho semelhante ao espelho esférico desenhado pelo artista?

Pista 1

A primeira câmera fotográfica digital foi criada em 1975. Mas, e antes das câmeras digitais, quais eram os instrumentos ópticos utilizados? Como eram registrados os momentos especiais?

A primeira fotografia foi feita por Nicéphore Niépce (1765-1833), em 1826. A câmera fotográfica baseava-se apenas nos princípios da óptica geométrica e as imagens eram em preto e branco. Faça uma pesquisa e compare registros fotográficos e as câmeras do século XIX com as que usamos atualmente.

Reprodução da primeira fotografia de Nicéphore Niépce, 1826.

CARACTERÍSTICAS DA LUZ

As ondas eletromagnéticas, incluindo a luz, propagam-se no vácuo com a mesma velocidade: aproximadamente 300 000 km/s. Em teoria, essa é a maior velocidade possível em nosso Universo.

A velocidade das ondas eletromagnéticas torna-se menor quando elas se propagam por algum meio material, como o ar ou a água.

As grandes distâncias astronômicas são medidas em anos-luz, unidade de medida que equivale à distância percorrida pela luz em um ano. Para se ter ideia de como essa distância é grande, a luz solar leva apenas oito minutos para percorrer a distância de 150 milhões de quilômetros entre o Sol e a Terra. Depois do Sol, a estrela mais próxima da Terra encontra-se a mais de quatro anos-luz do Sol. É a estrela Próxima Centauri, da constelação Alfa Centauri.

THINKSTOCK/GETTY IMAGES

O Sol emite luz própria, é uma fonte primária.

THINKSTOCK/GETTY IMAGES

A Lua reflete a luz do Sol, é uma fonte secundária.

Fontes de luz

Podemos classificar as fontes de luz em duas categorias.

- **Fontes de luz primárias**: emitem luz própria, como o Sol, uma lâmpada acesa ou um metal aquecido a ponto de ficar vermelho (aquecido ao rubro).
- **Fontes de luz secundárias**: refletem a luz que recebem de outro corpo, como os planetas, a Lua e a maioria dos objetos que estão ao nosso redor.

Meios de propagação da luz

A luz pode se propagar através de dois dos três tipos de meios materiais:

- **Meios transparentes**: permitem a passagem dos raios luminosos possibilitando a visualização nítida de um objeto que esteja atrás do meio, por exemplo: um vidro transparente, o ar puro e a água limpa.
- **Meios translúcidos**: permitem a passagem dos raios de luz, porém de forma irregular. Com isso não ocorre a visualização nítida de um objeto atrás do meio, por exemplo: os vidros usados em vitrais coloridos e vidros jateados.
- **Meios opacos**: impedem a passagem dos raios de luz. O concreto, a madeira e os metais são exemplos de meios opacos.

THINKSTOCK/GETTY IMAGES

Janela feita com vidro translúcido, por onde passa parte da luz. Este material não permite que se veja com nitidez através dele.

Decomposição da luz

Isaac Newton, em uma de suas experiências, fez com que um raio de luz atravessasse um prisma (instrumento óptico de plástico ou vidro transparente) e observou que a luz foi decomposta em várias cores. Dessa forma, ele descobriu que a luz branca é formada pela mistura de ondas de diversas frequências (responsáveis pelas diversas cores), separadas ao atravessar o prisma, graças à **dispersão da luz** (separação da luz branca nas cores que a compõem).

Esse fenômeno também acontece quando a luz passa pelas gotículas de água na atmosfera, logo após uma chuva. Cada gota funciona como um minúsculo prisma, desviando as diferentes cores e criando o efeito que conhecemos como arco-íris.

DAVID PARKER/SPL/LATINSTOCK

Newton demonstrou que é possível decompor a luz branca, fazendo-a passar através de um prisma. A separação é possível porque cada cor apresenta um desvio diferente quando passa de um meio para outro.

Como vemos as cores

Ao incidir sobre uma superfície, a luz pode atravessá-la diretamente (se o meio não for opaco), ser absorvida ou refletida. Uma fonte de luz secundária (como uma cadeira iluminada por uma lâmpada, por exemplo) pode ser observada pela luz refletida, que é recebida pelos nossos olhos e interpretada pelo cérebro. Um vidro perfeitamente transparente seria invisível para nós, já que não haveria luz refletida. Da mesma forma, um corpo que absorvesse toda a luz seria preto.

NÃO DEIXE DE LER

- **As cores da luz: uma história sobre Isaac Newton,** de Meredith Hooper. Editora Moderna, 1999.

Como sabemos, por exemplo, que a flor da fotografia é amarela? Como já vimos, a flor só pode ser observada porque uma parte da luz que incide sobre ela está sendo refletida e atinge nossos olhos. Vimos também que a luz branca é formada pelas demais cores.

Se incide uma luz branca sobre a flor e observamos apenas a cor amarela, isso significa que essa é a cor que ela reflete para nós, absorvendo as outras frequências luminosas.

Caso um objeto azul fosse iluminado com luz vermelha, por exemplo, ele nos pareceria negro, já que absorveria a luz vermelha e não nos refletiria nada (lembre-se de que ele só reflete o azul).

THINKSTOCK/GETTY IMAGES

A cor que vemos é determinada pela luz que um objeto reflete. No caso das pétalas desta planta, ela absorve as outras cores e reflete o amarelo.

Por que o céu é azul?

THINKSTOCK/GETTY IMAGES

A quantidade de vapor-d'água determina se o céu é mais ou menos azul.

Ao atravessar a atmosfera, a luz visível sofre espalhamento seletivo, isto é, a luz é reemitida em todas as direções possíveis.

A luz solar é espalhada principalmente pelas moléculas de nitrogênio e de oxigênio existentes na atmosfera. Das cores que formam a luz solar, a violeta é a mais espalhada, seguida da luz azul. Como a luz violeta é pouco sensível aos nossos olhos, a luz azul é a predominante em nossa visão.

O azul que vemos no céu pode variar, a quantidade de vapor-d'água existente na atmosfera é a responsável por essa variação. O céu é mais azul quando há menos partículas de água na atmosfera.

Quando há na atmosfera uma grande quantidade de partículas de poeira, outras cores, como a vermelha, a verde e a amarela são espalhadas, tornando o céu menos azul. A isso se deve o pôr do sol avermelhado.

Ressonância: mesma frequência de vibração.

Por que as nuvens são brancas?

As nuvens que vemos no céu são formadas, em boa parte, por gotículas de água de vários tamanhos. O tamanho das gotículas espalha todas as diferentes frequências de ondas luminosas. As gotículas menores espalham a luz azul, e as maiores espalham as cores verde, amarela e vermelha; vemos então uma nuvem branca.

Por que a água do oceano é azul-esverdeada?

THINKSTOCK/GETTY IMAGES

Vemos a cor azul-esverdeada no oceano porque a luz vermelha é absorvida.

Quando olhamos para a superfície de um oceano enxergamos o azul, porém, essa não é a cor da água, é apenas a cor do céu refletida em sua superfície.

A água pura é transparente a todas as frequências de luz visível, exceto às ondas de infravermelho, que são absorvidas e esquentam a água quando expostas à luz solar.

As moléculas de água entram em ressonância com a luz vermelha. Pela absorção, a intensidade da luz vermelha é reduzida, e pouca luz vermelha penetra na água além dos 30 m de profundidade. Deste modo, quando se retira a cor vermelha da luz branca, predomina a cor azul-esverdeada.

A espuma das ondas é branca porque, assim como as nuvens do céu, as gotículas de água espalham todas as frequências de luz visível.

Ilusão de óptica

PARA PENSAR

A palavra cinema vem da palavra grega *kinema* que significa "movimento". Como visto na abertura da unidade, o cinema consiste na projeção rápida de imagens estáticas que dão a impressão de movimento. Você consegue imaginar como isso ocorre?

OBJETIVO

- Produzir uma imagem a partir de outras duas por meio de ilusão de óptica.

MATERIAIS

- cartolina
- canetinhas coloridas
- cola
- tesoura com ponta arredondada
- fio de elástico

PROCEDIMENTOS

1. Reproduza a figura ao lado na cartolina. Tenha o cuidado de manter os pontos pretos na lateral dos círculos.

Representação esquemática da figura utilizada no experimento. Cores fantasia. Elementos fora de escala de tamanho e de proporção.

2. Recorte os círculos e cole-os, de modo que de um lado fique a figura da árvore, e do outro a figura dos pontos coloridos. Alinhe as figuras usando os pontos pretos como guias, mas deixe uma "de cabeça para baixo" em relação à outra: a ponta da estrela deve ficar na direção da base da árvore.
3. Com a ponta de uma caneta, faça dois furinhos próximos de cada um dos pontos pretos do círculo.

ILUSTRAÇÕES: RODVAL MATIAS

Representação esquemática dos procedimentos do experimento. Cores fantasia. Elementos fora de escala de tamanho e de proporção.

4. Corte os fios de elásticos e amarre um em cada furinho, dando um nó.
5. Segure um elástico em cada mão e faça movimentos circulares com os braços, de forma a deixar os elásticos torcidos.
6. Quando parar os movimentos, observe o círculo girar e veja o que acontece com as figuras.

RESULTADOS E CONCLUSÕES

Analise o resultado da atividade e procure explicar por que você vê as duas figuras combinadas, como se a árvore de natal estivesse enfeitada com as bolinhas. Uma dica: leia o título deste experimento e relacione o resultado ao que é explicado sobre cinema na página de abertura desta unidade.

SAIBA MAIS

Quantas cores tem o arco-íris

"Você já deve ter se perguntado se o arco-íris tem cinco, seis ou sete cores. Alguns afirmam que são: violeta, azul, verde, amarela, alaranjada e vermelha. Alguns não consideram algumas dessas cores e outros acrescentam o ciano (azul-esverdado, anil ou índigo).

Sendo totalmente indiferentes a convenções, deveríamos dizer que o arco-íris é composto de infinitas cores. Na verdade, cada pequena porção do espectro criado pelo prisma ou por qualquer outro material dispersivo constitui-se de uma cor. Como podemos sempre tomar porções muito reduzidas do espectro, é possível determinar uma infinidade de cores. Assim, dentro da faixa do amarelo, por exemplo, existe uma infinidade de tonalidades diferentes.

Porém, [costumamos] utilizar deteminadas convenções para facilitar a comunicação e as atividades do dia a dia. Dessa forma, Newton, o proponente da atual teoria das cores, ao observar o espectro formado pelo prisma, definiu sete cores, em analogia com as sete notas musicais. São elas: violeta, anil (índigo), azul, verde, amarela, alaranjada e vermelha. Outros estudiosos, face ao mesmo espectro, dividiram-no em um número diferente de cores.

Essa divisão do espectro luminoso em cores é também influenciada pela sensibilidade do nosso olho às diferentes tonalidades. Em média, distinguimos 128 tonalidades de cores. Algumas pessoas possuem mais acuidade visual para determinadas cores do que para outras. Isso dá a essa divisão em cores certa dose de individualidade. Alguns indivíduos terão mais facilidade em distinguir cores num espectro do que outros. Assim, não há uma escala absoluta de cores. Apenas convenções mais ou menos adequadas às pessoas em geral.

Faça um teste e veja quantas cores você consegue diferenciar neste espectro."

Aníbal Figueiredo e Maurício Pietrocola. *Luz e cores*. Col. Física, um outro lado. São Paulo: FTD, 1997.

FLIRT BY CORBIS/LATINSTOCK

Representação do espectro de cores visíveis.

Espectro: registro de uma distribuição de quantidades ou propriedades dispostas de acordo com sua magnitude.

Para pensar

1. No caderno, anote as cores que você conseguiu distinguir no espectro apresentado na fotografia. Veja se são as mesmas cores que seus colegas de classe conseguiram distinguir.
2. A partir do exercício anterior, procure explicar o sentido da palavra convenção usada pelos autores em três momentos do texto.

ÓPTICA GEOMÉTRICA

Os fenômenos luminosos, objetos de estudo da **óptica**, são estudados com o auxílio da geometria.

A **trajetória da luz** é representada por um traço orientado por uma seta, chamado de raio de luz. É importante dizer que não podemos isolar somente um raio de luz. Esse é apenas um modelo teórico, uma representação.

Representação da trajetória da luz. Cores fantasia.

Podemos reunir dois ou mais raios de luz para formar um feixe de luz. Observe:

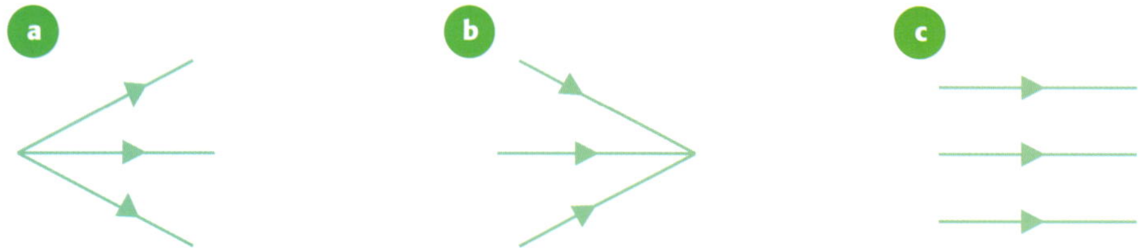

MAURO TAKESHI

Feixe cônico divergente | **Feixe cônico convergente** | **Feixe paralelo**

Representação esquemática dos raios de luz para formar um feixe de luz. Cores fantasia. Elementos fora de escala de tamanho.

O estudo da óptica geométrica baseia-se em três princípios fundamentais:

- **Propagação retilínea dos raios luminosos:** a luz propaga-se em linha reta nos meios transparentes e homogêneos.
  As sombras se formam porque a luz se propaga em linha reta. É refletida (ou absorvida) ao encontrar objetos opacos, que não deixam os raios luminosos passarem. A região que fica atrás do objeto não recebe luz, fica escura – é a sombra do objeto opaco.
- **Independência dos raios luminosos:** a propagação de um raio de luz não interfere na propagação de outro, mesmo que haja cruzamento entre eles.
- **Reversibilidade dos raios luminosos:** os caminhos de ida e de volta de um raio de luz são idênticos. Se um raio de luz viajando em um sentido descreve uma trajetória, um raio viajando no sentido oposto volta pela mesma trajetória.

LUIS MOURA

Representação esquemática da reversibilidade dos raios luminosos. Cores fantasia. Elementos fora de escala de tamanho e de proporção.

Quando a luz incide nas árvores encontra um objeto opaco, formando sombra atrás delas.

THINKSTOCK/GETTY IMAGES

Mesmo que os raios de luz se cruzem, um não interfere na trajetória do outro.

THINKSTOCK/GETTY IMAGES

A reflexão da luz

O fenômeno da reflexão luminosa ocorre quando os raios de luz que chegam a uma superfície retornam ao meio de onde vieram. Se os raios de luz retornarem paralelos, ocorrerá **reflexão regular**, como em um espelho plano. Entretanto, se o corpo no qual a luz incidiu for rugoso, ocorrerá **reflexão difusa**. Nós enxergamos os objetos que nos rodeiam por causa da reflexão difusa da luz.

REFLEXÃO REGULAR

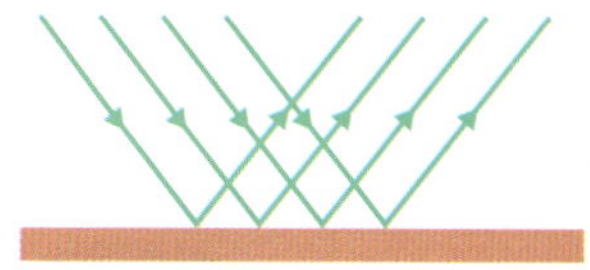

MAURO TAKESHI

REFLEXÃO DIFUSA

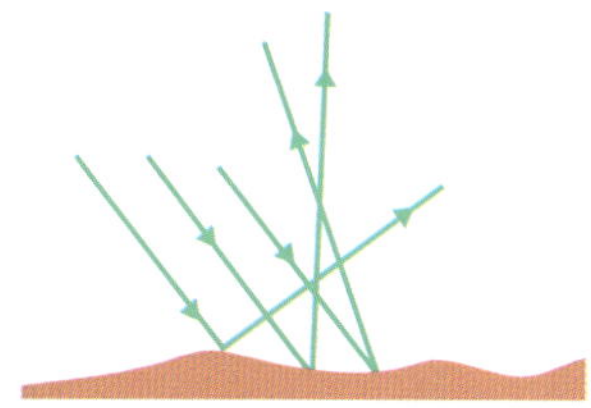

Representação esquemática da reflexão luminosa. Cores fantasia. Elementos fora de escala de tamanho.

Leis da reflexão

O fenômeno da reflexão pode ser estudado por meio de duas leis bastante simples.

- **Primeira lei da reflexão:** o **raio de luz incidente** (*RI*), a reta normal (*N*) e o **raio de luz refletido** (*RR*) estão em um mesmo plano (ou seja, são coplanares). A **reta normal** (representada como N) é uma reta imaginária traçada no ponto de incidência (*P*) do raio de luz, formando sempre 90° com a superfície. É em relação a essa reta imaginária que medimos os ângulos de incidência ($\hat{\imath}$) e de reflexão ($\hat{r}$).
- **Segunda lei da reflexão:** as medidas dos ângulos de incidência e de reflexão são iguais, ou seja:

$$\hat{\imath} = \hat{r}$$

MAURO TAKESHI

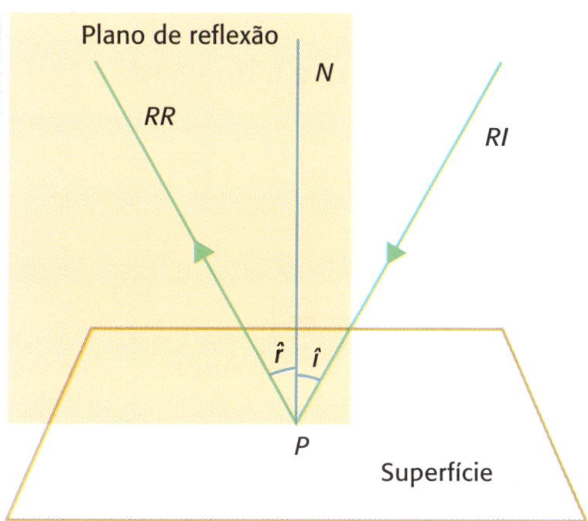

Representação esquemática dos elementos da reflexão. Cores fantasia. Elementos fora de escala de tamanho e de proporção.

Espelho plano

Quando nos olhamos em um espelho plano, temos a sensação de que a nossa imagem se encontra "atrás" do espelho. Imagens que apresentam essa característica são chamadas de **virtuais**, e as que se formam na frente do espelho (e podem, portanto, ser projetadas em uma tela ou em um anteparo) são chamadas de **imagens reais**. Se nos aproximamos do espelho, nossa imagem se aproxima também, de maneira idêntica. E se levantamos o braço direito? Nossa imagem levanta o braço esquerdo! Isso ocorre porque a imagem e o objeto são idênticos, mas não podem ser superpostos. Para entender melhor, olhe para suas mãos. Embora quase idênticas, elas não podem ser superpostas.

THINKSTOCK/GETTY IMAGES

Em um espelho plano, o lado esquerdo é trocado pelo lado direito.

Formação de imagens no espelho plano

As duas leis da reflexão podem ser empregadas para identificar as imagens formadas pelos espelhos planos. Basta fazer o prolongamento do raio refletido do outro lado do espelho. Observe a figura abaixo.

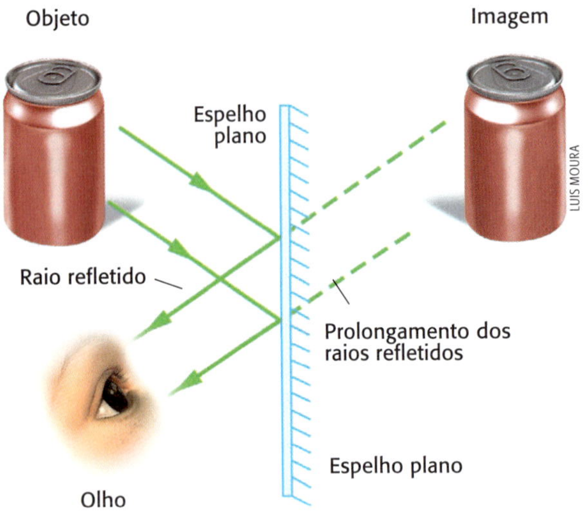

Representação esquemática de imagens simétricas no espelho plano. Cores fantasia. Elementos fora de escala de tamanho e de proporção.

Uma característica muito importante dos espelhos planos é que eles fornecem imagens simétricas dos objetos em relação ao plano do espelho. Assim, se o objeto estiver a 2 metros do espelho, sua imagem se formará a 2 metros do espelho. A imagem formada é virtual, ou seja, a distância entre o objeto e o espelho é igual à distância entre o espelho e a imagem do objeto como se estivesse do outro lado.

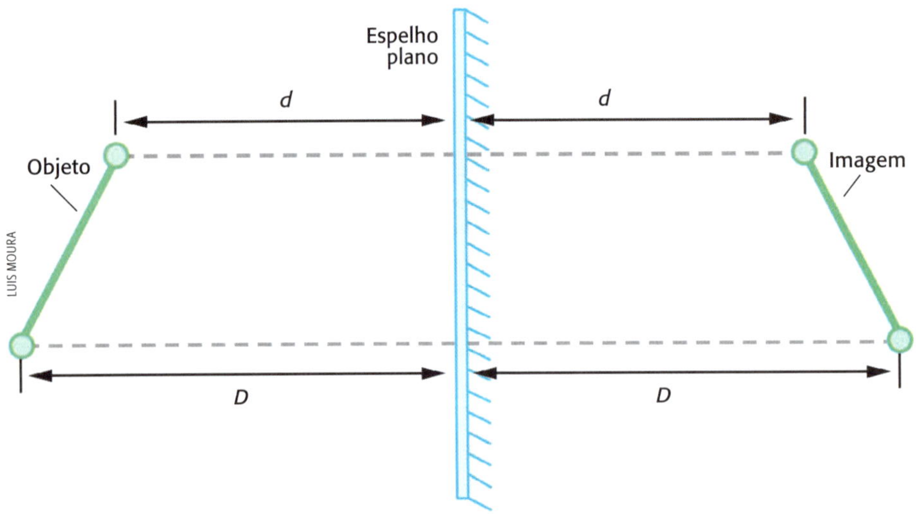

Representação esquemática da formação de imagens no espelho plano. A distância da imagem ao espelho é igual à distância do objeto ao espelho; a imagem é simétrica em relação ao objeto. Cores fantasia. Elementos fora de escala de tamanho e de proporção.

Espelhos esféricos

Os espelhos esféricos são resultantes do corte de uma esfera. Podem ser côncavos ou convexos, dependendo de a superfície refletora ser interna ou externa. Diferente dos espelhos planos, as imagens formadas por espelhos esféricos têm forma e dimensão modificadas.

Veja no esquema a seguir onde se forma a imagem em cada um desses espelhos.

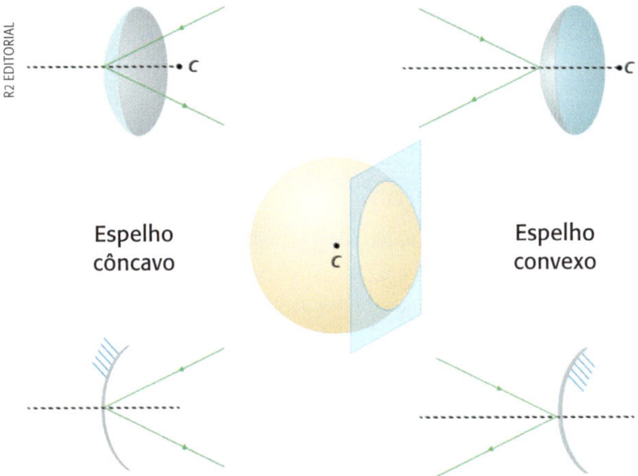

Representação esquemática de espelhos esféricos. Nos espelhos côncavos, a luz incide na superfície interna da esfera; nos espelhos convexos, a luz incide na superfície externa. Cores fantasia. Elementos fora de escala de tamanho e de proporção.

Espelhos côncavos

Os **espelhos côncavos** produzem imagens invertidas em relação ao objeto, porém se os objetos estão próximos ao espelho, as imagens são maiores e direitas (não são invertidas). Nesse tipo de espelho, a imagem varia de acordo com a distância do objeto. Para aplicar maquiagem no rosto, a tarefa pode ser mais simples se for usado um espelho côncavo. Por ser maior, a imagem fornecida permite que pequenos detalhes sejam vistos com nitidez. Esse tipo de espelho também é usado por dentistas, e em instrumentos ópticos.

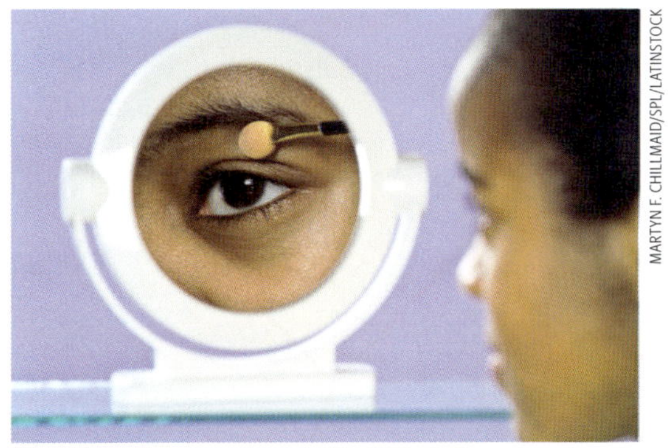

Em espelhos côncavos, ou seja, encurvados para dentro, as imagens são maiores do que os objetos e parecem estar mais perto. Isso permite ver os detalhes com nitidez.

Espelhos convexos

Os **espelhos convexos** produzem imagens menores dos objetos observados. O campo de visão deste tipo de espelho é maior, e por esse motivo os supermercados e lojas costumam instalar este tipo de espelho. Também são usados em ônibus, elevadores e retrovisores.

Em espelhos convexos, ou seja, encurvados para fora, as imagens são menores do que os objetos, e também parecem estar mais longe. Isso permite ter uma visão mais ampla da paisagem.

FIQUE DE OLHO

Uma colher de metal é um exemplo de espelho esférico. Nela pode-se observar tanto o espelho côncavo quanto o convexo.

- Observe as superfícies de uma colher de metal polida e discuta com os seus colegas qual é o lado côncavo e qual é o lado convexo.

A colher é um espelho esférico.

Refração da luz

Você já reparou que um lápis mergulhado em um copo com água parece estar quebrado? Esse exemplo pode ser explicado pelo fenômeno da refração da luz.

A velocidade da luz no vácuo é a maior já registrada pela ciência, mas, ao se propagar em meios materiais, como o ar ou a água, ela se torna menor. Um raio luminoso que se propaga no ar é, em parte, refletido pela água, voltando para o ar. Outra parte do raio de luz penetra na água e sofre **refração**; ou seja, sofre um desvio na sua direção de propagação, como no esquema a seguir.

MAURO TAKESHI

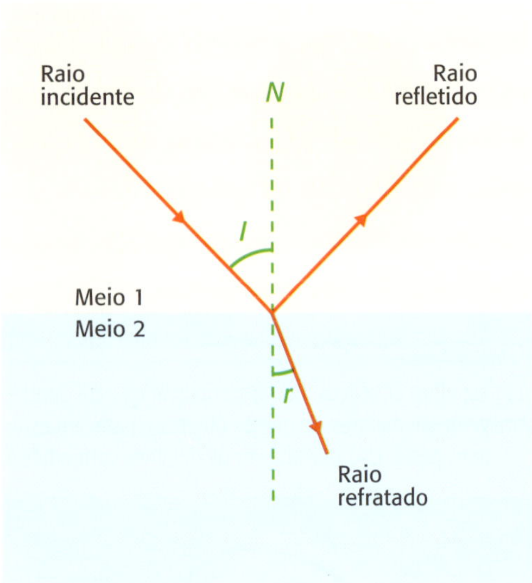

Representação esquemática da refração. O raio incidente passa do meio 1 para o meio 2 e sofre um desvio na sua direção de propagação, aproximando-se da reta normal. Cores fantasia. Elementos fora de escala de tamanho e de proporção.

SOUTHERN ILLINOIS UNIVERSITY/PHOTORESEARCHERS/LATINSTOCK

O lápis mergulhado na água parece partido. Este fenômeno é chamado refração da luz.

Índice de refração

O índice de refração (representado pela letra *n*) indica quanto um meio altera a velocidade da luz.

No vácuo, a luz desloca-se a 300 000 km/s, valor representado pela letra **c**. Ao incidir em outros meios, como o ar, a água ou o vidro, a luz passa a se propagar com menor velocidade, representada pela letra ***v***. Determinamos o índice de refração pela razão entre a velocidade da luz no vácuo e a velocidade da luz no meio em questão, ou seja:

$$n = \frac{c}{v}$$

Quanto maior o índice de refração, mais **refringente** é o meio, ou seja, menor é a velocidade da luz que o atravessa. O índice de refração não tem unidade de medida: é adimensional.

Índices de refração de alguns meios materiais

Meio material	Índices de refração (*n*)
Ar	1,00
Água	1,33
Álcool etílico	1,36
Acrílico	1,49
Vidro	1,50
Glicerina	1,90
Diamante	2,42

Fonte: LIDE, D.R. *Handbook of Chemistry and Physics*. 87. ed. Boca Raton: CRC Press, 2007.

Lentes esféricas

Uma das principais aplicações do fenômeno da refração é a construção de lentes, sistemas ópticos feitos de vidro ou materiais sintéticos.

Neste momento, vamos estudar as lentes esféricas, que têm uma ou as duas superfícies com formato "arredondado".

Considerando sua superfície, podemos classificar as lentes em dois grupos: de bordos finos e de bordos grossos. Dentro de cada um desses grupos, as lentes são nomeadas de acordo com suas duas superfícies: se são planas, côncavas ou convexas.

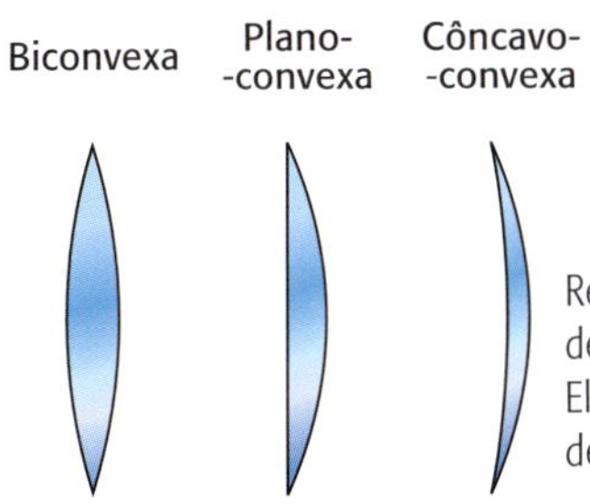

Representação esquemática de bordos finos. Cores fantasia. Elementos fora de escala de tamanho e de proporção.

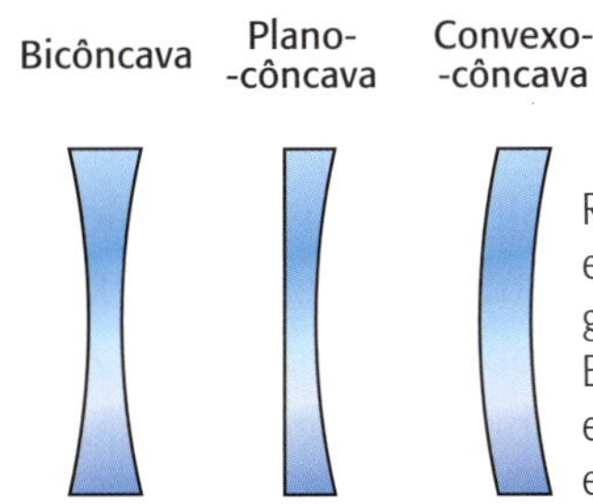

Representação esquemática de bordos grossos. Cores fantasia. Elementos fora de escala de tamanho e de proporção.

Com relação ao seu comportamento, as lentes podem ser convergentes ou divergentes. As lentes de bordos finos apresentam-se como lentes convergentes e as lentes de bordos grossos, como lentes divergentes.

LENTE CONVERGENTE

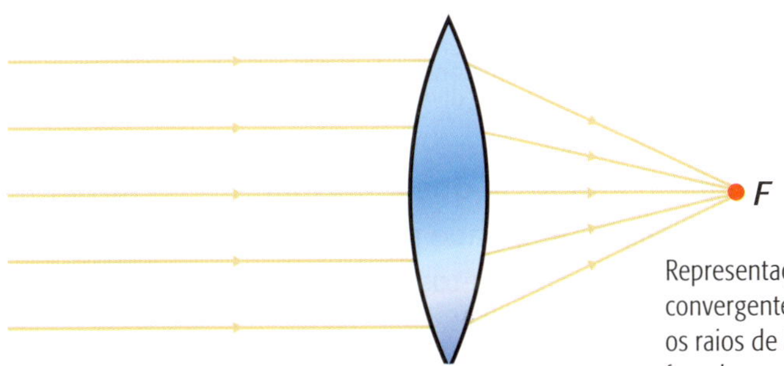

Representação esquemática das lentes convergentes, de bordos finos, que concentram os raios de luz. Cores fantasia. Elementos fora de escala de tamanho e de proporção.

LENTE DIVERGENTE

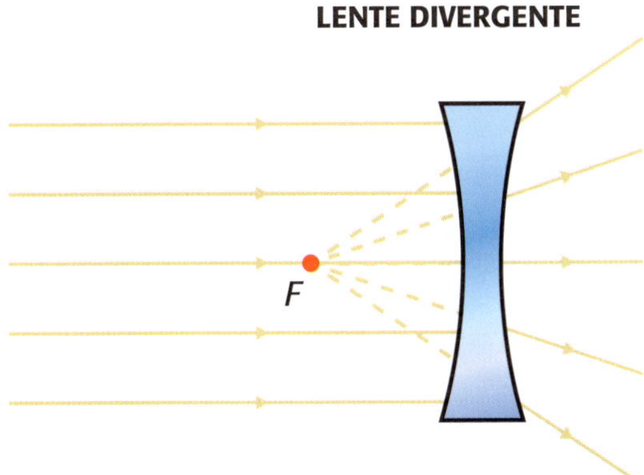

Representação esquemática das lentes divergentes, de bordo grosso, que espalham os raios de luz. Cores fantasia. Elementos fora de escala de tamanho e de proporção.

ILUSTRAÇÕES: MAURO TAKESHI

No século XIII, surgiram registros do uso de lentes para a correção de defeitos da visão. Foi também com o auxílio de lentes que Galileu Galilei vislumbrou as crateras lunares e os satélites de Júpiter, em 1609. Atualmente, as lentes são usadas para a construção de diversos equipamentos como óculos, microscópios, telescópios e projetores de cinema.

VISÃO HUMANA

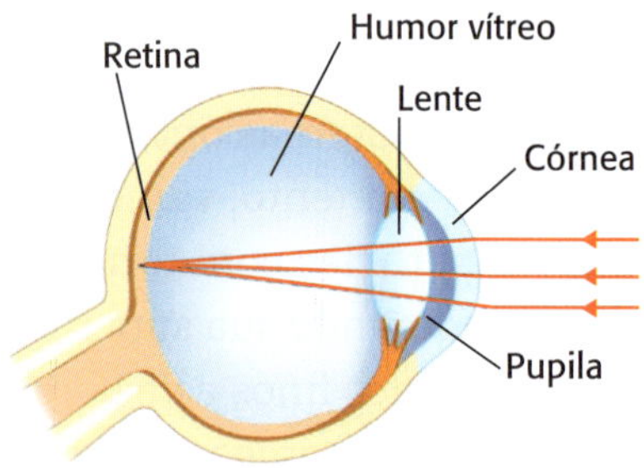

Representação esquemática do olho humano. Cores fantasia. Elementos fora de escala de tamanho e de proporção.

A óptica pode nos auxiliar a compreender o funcionamento da visão humana.

A luz refletida ou emitida por um objeto atravessa a córnea, entra pela pupila, atravessa a lente e converge para a retina, onde se forma a imagem. Estímulos luminosos geram impulsos elétricos que se propagam até o cérebro, onde os impulsos são decodificados na área da visão e só então vemos os objetos.

Muitas pessoas têm problemas de visão porque a forma do bulbo do olho compromete seu desempenho. Felizmente, a maioria desses problemas pode ser corrigida com o uso de lentes. Problemas da visão muito comuns são a miopia, a hipermetropia, o astigmatismo e a presbiopia.

Na **miopia**, o bulbo do olho é mais alongado do que o normal. A imagem converge antes da retina e a pessoa enxerga objetos distantes sem nitidez, mas enxerga bem objetos próximos. A correção é feita por lentes divergentes, que fazem a convergência dos raios luminosos na retina.

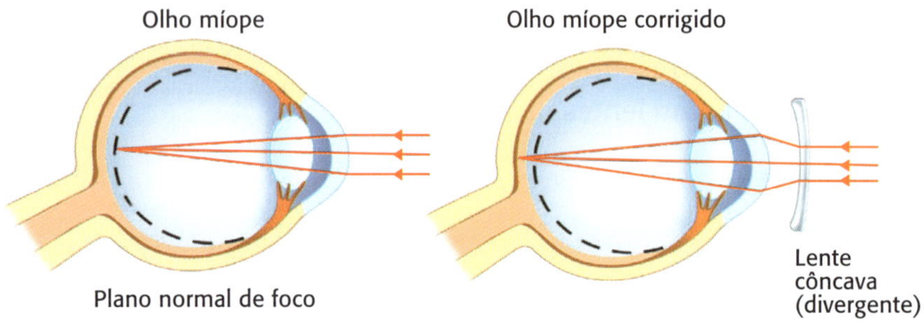

Representação esquemática de olho míope e de correção com lente côncava. Cores fantasia. Elementos fora de escala de tamanho e de proporção.

Na **hipermetropia**, o bulbo do olho é mais achatado do que o normal. A imagem se forma depois da retina e a pessoa tem dificuldade para visualizar objetos próximos, mas consegue boa nitidez para objetos distantes. A correção é feita com o uso de lentes convergentes.

ILUSTRAÇÕES: LUIS MOURA

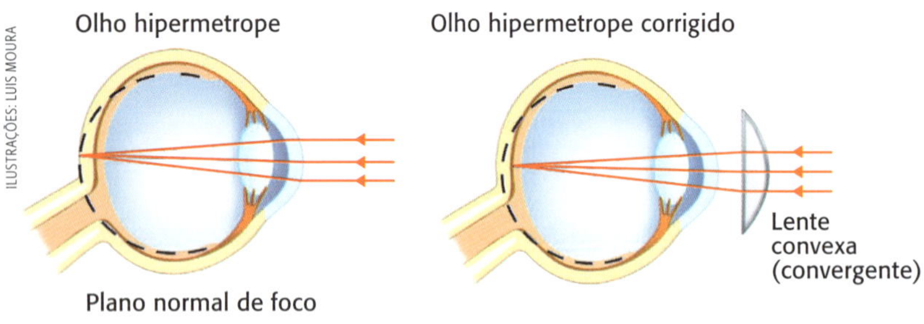

Representação esquemática de olho hipermetrope e de correção com lente convexa. Cores fantasia. Elementos fora de escala de tamanho e de proporção.

Fonte: TORTORA, G.J.; GRABOWSKI, S.R. *Corpo humano*: fundamentos de anatomia e fisiologia. Porto Alegre: Artmed, 2008.

O **astigmatismo** é causado pela curvatura ovalada da córnea, em vez de esférica. O principal sintoma dessa anomalia é a visão distorcida da imagem dos objetos, tanto próximos quanto distantes. A correção é feita com lentes que fazem a luz se concentrar em um único plano.

A **presbiopia**, ou vista cansada, é um problema que pode surgir com o passar dos anos, à medida que a lente natural do olho perde sua elasticidade. O uso de lente bifocal, ou seja, para perto e para longe, corrige o problema.

Percepção das cores

O **daltonismo** é a deficiência na visão de cores causada por problema nos cones, células da retina que permitem a percepção das cores.

A maioria dos daltônicos não consegue distinguir alguns tons de cores, e uma minoria apresenta o distúrbio em um grau mais severo: enxerga somente em preto e branco (monocromatismo).

FABIO COLOMBINI

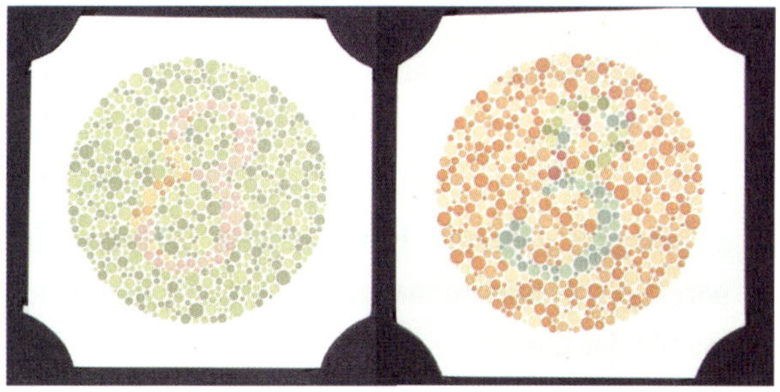

Testes de visão de cores. Pessoas com visão normal enxergam os números 8 e 3. Pessoas com deficiência no vermelho não enxergam o número 8 e as com deficiência no verde não enxergam o número 3.

Instrumentos ópticos

Na tentativa de aprimorar ainda mais o mecanismo da visão, o ser humano desenvolveu instrumentos capazes de torná-lo apto a enxergar além do que seus olhos permitiam.

SHEILA TERRY/SPL/LATINSTOCK

Há mais de 400 anos, Galileu Galilei apontou para o céu uma luneta com duas lentes convergentes e, a partir dela, surgiram os instrumentos de observação astronômica.

PETER STEFFEN/DPA/CORBIS/LATINSTOCK

A lupa é uma lente convergente que forma uma imagem direita e ampliada dos objetos.

THINKSTOCK/GETTY IMAGES

Os binóculos são lentes esféricas que aproximam as imagens; são utilizados em atividades como observação de pássaros, por exemplo.

THINKSTOCK/GETTY IMAGES

Os microscópios são dispositivos ópticos que usam lentes para visualizar corpos de pequenas dimensões, como as células.

FIQUE DE OLHO

As lentes de contato para correção de defeitos da visão podem ser a porta de entrada para infecções ou causar ferimentos no olho pelo mau uso.

- Em grupo, pesquisem quais as principais regras de higiene e os cuidados básicos para quem usa lentes de contato.

SAIBA MAIS

Ilusões: ver para não crer

“ Imagens dançam, piscam, mudam de lugar. Figuras parecem menores ou maiores do que são. Bem-vindo ao mundo das ilusões de óptica!

[...] Algumas vezes, nossos olhos veem coisas que não existem. Olhando a figura quadrada abaixo, você juraria estar vendo pontos cinzentos entre os quadrados. Você acabou de ter uma ilusão de óptica. Agora, tente fixar a vista em um desses pontinhos. É, sumiu.

Ilusões de óptica acontecem a todo momento. Agora mesmo, quando você está lendo [...], tem a ilusão de que uma foto impressa é tridimensional. Se você a olhasse por uma lente, veria milhares de pontos coloridos.

Uma ilusão de óptica é um erro de avaliação do cérebro. Nossa cabeça usa uma série de regras para interpretar as luzes projetadas na retina como imagens tridimensionais. Quando duas regras entram em conflito, o cérebro é obrigado a optar por uma delas. Mas a outra regra, que continua existindo, contesta essa escolha como absurda.

Por isso, somos capazes de perceber quando estamos sendo vítimas de uma ilusão de óptica. 'O cérebro reconhece uma falsa percepção quando vê uma imagem ambígua pela frente', disse [...] o físico americano Al Seckel, do Instituto de Tecnologia da Universidade da Califórnia. [...] ”

Cláudio Angelo. *Ilusões*: ver para não crer. Disponível em: <http://super.abril.com.br/saude/ilusoes-ver-nao-crer-442964.shtml>. Acesso em: 24 mar. 2015.

Ambíguo: que tem ou pode ter diferentes sentidos.

MAURO TAKESHI

Representação de ilusão de óptica. Os pontos cinzentos que você pensa estar vendo nos cruzamentos das linhas brancas são uma projeção do cérebro que sente a necessidade de preencher as junções.

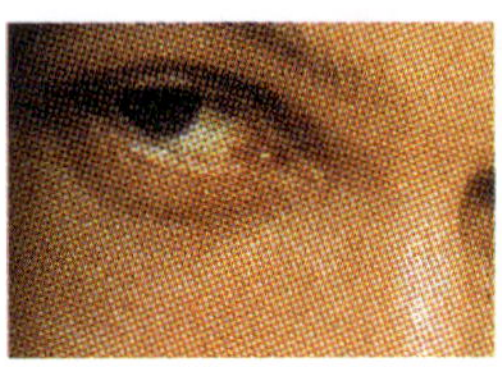

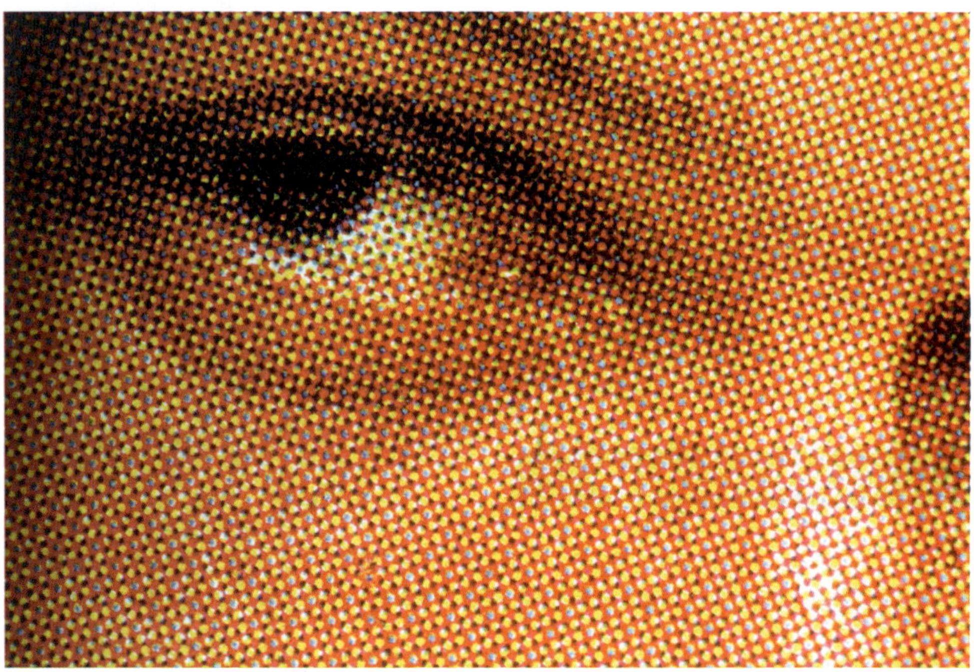

SCIENCE PICTURES LIMITED/SPL/LATINSTOCK

Ampliação de imagem impressa que mostra o processo de impressão em quatro cores. Cada trecho da imagem é formado por uma combinação de pontos vermelhos, azuis, pretos e amarelos, no entanto temos a sensação de um todo colorido.

Olhando para a gravura *Queda d'água*, do artista plástico holandês M. C. Escher (1898-1972), não se sabe de onde vem a água.

Para pensar

1. Na sua opinião, a visão humana é produto dos olhos ou do cérebro?
2. Existem imagens que são impossíveis, embora pareçam possíveis. Observe a imagem de Escher. Por que ela é fisicamente impossível?

teia do saber

1. As sondas espaciais orbitam ao redor da Terra e seus instrumentos registram partículas em alta velocidade emitidas pelo Sol. Suponha que em uma dessas explosões as partículas sejam ejetadas à velocidade da luz. Quanto tempo após a explosão a sonda detectará as partículas? Explique.

2. Nem todas as radiações solares são percebidas pelos nossos olhos. Dê exemplos de radiações solares que não vemos.

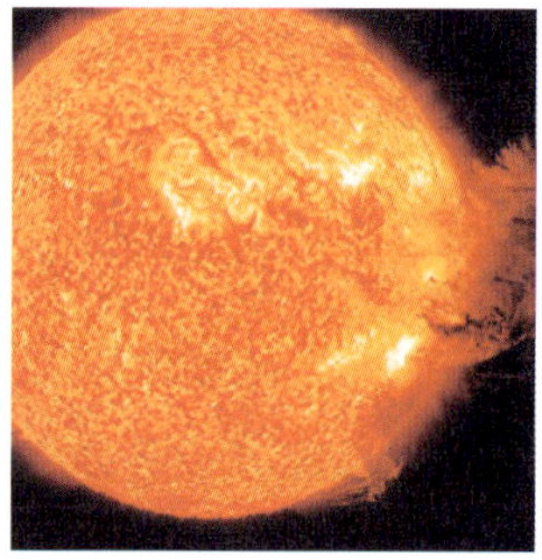

NASA/SDO

Explosão solar captada pela Nasa, em junho de 2011.

3. Luiz entrou em uma sala iluminada com luz amarela. Na parede, estava a bandeira do Brasil e ele estranhou as cores da bandeira, pois não estavam iguais às originais.
Em uma folha à parte, desenhe e pinte a bandeira do Brasil com as cores observadas por Luiz.

THINKSTOCK/GETTY IMAGES

4. Classifique os meios de propagação abaixo em transparentes, translúcidos ou opacos, explicando as diferenças entre eles em relação à passagem da luz.

a. parede de tijolos

b. vidro

c. água da piscina

THINKSTOCK/GETTY IMAGES

Parede de tijolos.

DAVID CHURCHILL/ARCAID/CORBIS/LATINSTOCK

Parede de vidro.

THINKSTOCK/GETTY IMAGES

Menina nadando em piscina.

5. Que tipo de reflexão permite enxergar os objetos no ambiente que nos rodeia: difusa ou regular? Explique.

6. O que significa dizer que a imagem de um espelho plano é virtual?

7. Quais são as principais características das imagens fornecidas pelos espelhos planos?

8. Certo espelho esférico forneceu uma imagem reduzida e virtual de um objeto colocado próximo a ele. O que se pode dizer sobre a forma desse espelho?

9. Observe a fotografia ao lado. Como está escrita a palavra "ambulância"? Por que ela está escrita assim?

FABIO COLOMBINI

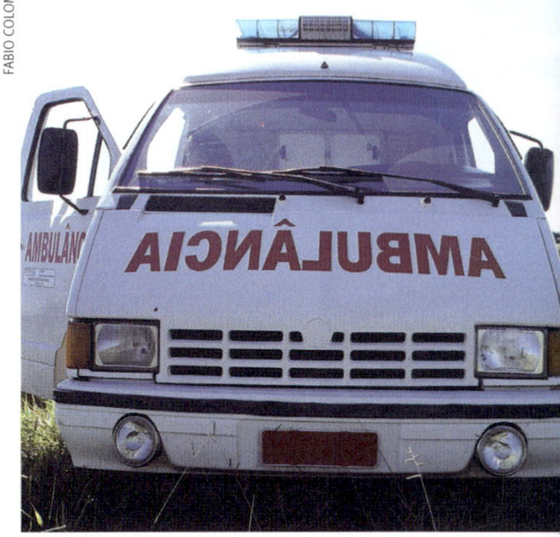

Ambulância usada para socorrer pessoas.

10. Um cabeleireiro está a 0,50 m de seu cliente, que está a 0,80 m de um espelho plano. No caderno, calcule a distância entre o cabeleireiro e a imagem virtual de seu cliente.

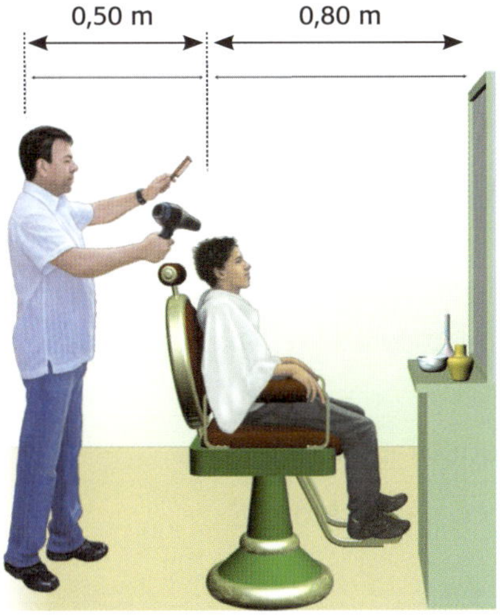

PAULO CESAR PEREIRA

Representação esquemática de um salão de cabeleireiro. Cores fantasia. Elementos fora de escala de tamanho e de proporção.

11. O esquema ao lado representa a reflexão de um raio luminoso. Calcule no caderno o valor de ***x***.

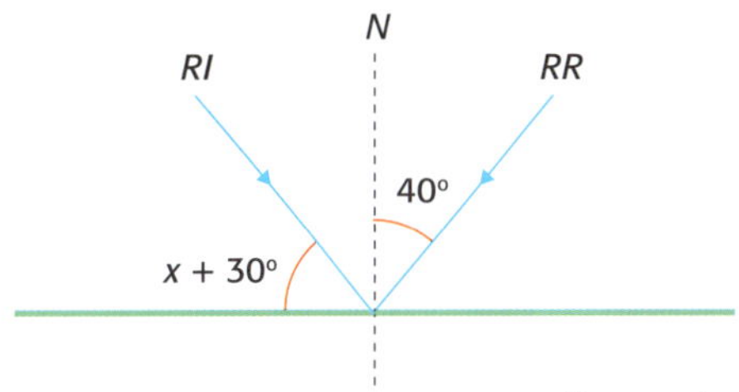

Representação esquemática da reflexão de um raio luminoso.

12. Quando observamos uma estrela no céu noturno, estamos vendo a luz emitida por ela após viajar por, em alguns casos, milhares de anos-luz de distância. No entanto, as estrelas não estão na posição onde nós as observamos. No caderno, explique essa afirmação.

13. Os dentistas usam um pequeno espelho esférico para verificar a ocorrência de problemas nos dentes de seus pacientes. Esse espelho é côncavo ou convexo? Justifique.

THINKSTOCK/GETTY IMAGES

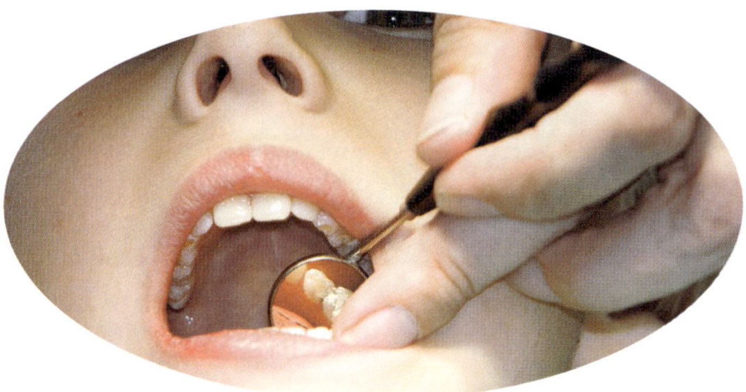

Dentista observando os dentes de paciente por meio de um espelho esférico.

THINKSTOCK/GETTY IMAGES

O diamante lapidado sofre refração, o que provoca um desvio na direção de propagação da luz.

14. Um diamante lapidado apresenta brilho intenso causado pela refração da luz que o ilumina. A luz propaga-se no diamante com velocidade aproximada de 124 000 km/s. Com base nessa informação, calcule no caderno o índice de refração do diamante.

15. Um raio de luz incidiu em um espelho plano, formando um ângulo de 20° com a normal. Determine o ângulo de reflexão.

16. Observe as ilustrações. Elas mostram a reflexão da luz em objetos de diferentes cores.

a. Na primeira figura, explique qual a cor do objeto utilizando o conceito de reflexão.

b. Se o objeto é branco, que cor ele está refletindo?

c. Quando um objeto é preto, ele reflete luz de que cor?

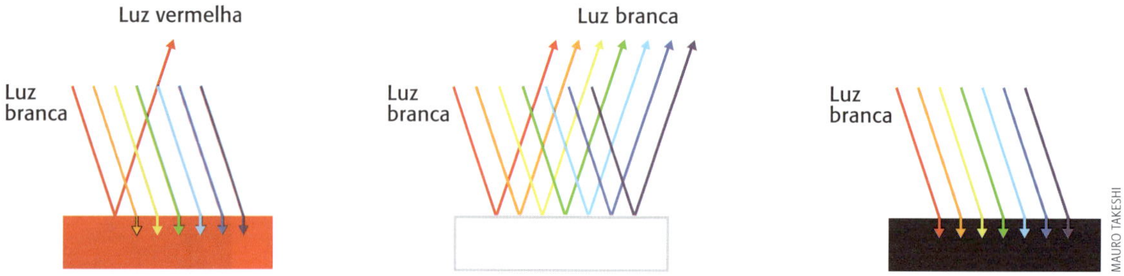

Representação esquemática da reflexão da luz em objetos de diferentes cores. Cores fantasia. Elementos fora de escala de tamanho e de proporção.

17. Observe a ilustração e responda às questões no caderno.

a. Em que posição a ave está vendo o peixe: **A** ou **B**?

b. Qual é a posição real do peixe?

c. Que fenômeno óptico está representado na figura?

Representação esquemática de uma garça observando os peixes dentro da água. Cores fantasia. Elementos fora de escala de tamanho e de proporção.

18. O que ocorrerá com um raio de luz se ele passar por dois meios com o mesmo índice de refração?

19. É muito comum presenciarmos um hipermetrope afastando um livro de perto dos olhos para conseguir lê-lo sem seus óculos. Justifique esse comportamento.

20. É muito frequente o uso de óculos para leitura entre pessoas que já passaram dos 40 anos, mesmo aquelas que antes não apresentavam problemas de visão. Por que isso ocorre?

21. O que é daltonismo?

22. Analise os esquemas a seguir com seus colegas de grupo. Troquem ideias e escolham qual esquema representa corretamente onde se forma a imagem no bulbo do olho de uma pessoa que tem miopia. Justifiquem a resposta.

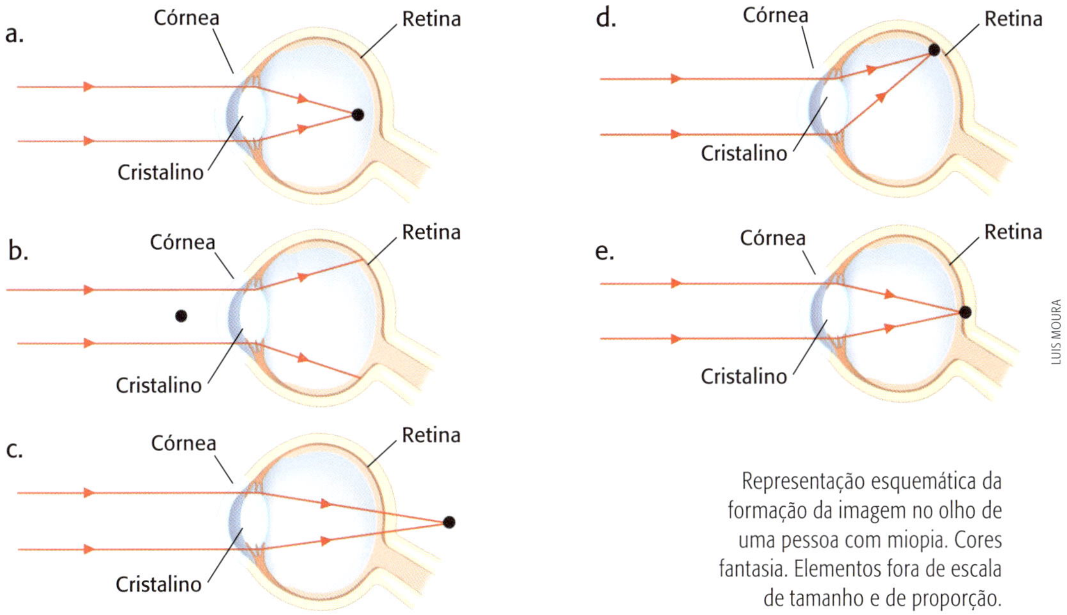

Representação esquemática da formação da imagem no olho de uma pessoa com miopia. Cores fantasia. Elementos fora de escala de tamanho e de proporção.

23. Observe o quadro com o índice de refração e responda às questões.

Índice de refração de algumas substâncias	
Substância	**Índice de refração (n)**
Água no estado líquido	1,330
Água no estado sólido	1,310
Álcool	1,360
Ar	1,004

a. Qual substância tem o maior índice de refração?

b. Por que o índice de refração da água no estado sólido e no estado líquido é diferente, já que é a mesma substância?

Encerrando a unidade

1. Escreva um resumo sobre cada assunto que você estudou:

- **O que são ondas**
- **Radiações eletromagnéticas**
- **Luz e suas propriedades**
- **Óptica geométrica**
- **Óptica da visão**

2. Refaça os desenhos que esquematizam a reflexão luminosa e o funcionamento das lentes.

EM AÇÃO

Os jovens abusam do volume do tocador

O fone mais prejudicial para os tímpanos é o que se encaixa dentro da orelha.

"Os jovens abusam do volume [...]. O que fazer para proteger os tímpanos?

O volume máximo de um [...] tocador digital [...] pode chegar a 120 decibéis. Parece pouco para quem vive nas barulhentas cidades brasileiras, mas não é. Os 120 decibéis equivalem a uma sirene de polícia ou a uma britadeira próxima à orelha. No Brasil, a lei proíbe ruído maior que 85 decibéis no ambiente de trabalho. Mas quem protege os ouvidos de 100 milhões de jovens que no mundo todo usam tocadores digitais? Os órgãos de saúde alertam para o risco de estarmos preparando uma geração de semissurdos antes dos 30 anos. De acordo com um comitê científico da União Europeia, o som de 89 decibéis, cinco horas por semana, causa danos irreversíveis em cinco anos. Segundo o órgão, o número de pessoas com tímpanos lesados poderá chegar a 13 milhões em 2015, só na Europa.

Os tocadores ainda não indicam o volume em decibéis, mas a Associação Americana de Fala, Linguagem e Audição recomenda não ultrapassar um quarto da capacidade do tocador. Depois de analisar 30 aparelhos populares, a associação constatou que todos os modelos conseguem reproduzir música acima dos três dígitos. E que o volume médio da maioria já ultrapassa o limite recomendado pelas agências de saúde. Mas, se o botão vai tão além, como convencer os jovens a abaixar o volume? As pessoas não acreditam. 'Os adolescentes precisam levar isso a sério e reduzir o volume enquanto é tempo', afirma o otorrino Ektor Onishi, da Sociedade Brasileira de Otologia.

Otoscópio é um aparelho que o otorrinolaringologista usa para examinar a orelha externa e média. Este aparelho não permite examinar a orelha interna.

Tímpano: nomenclatura em desuso utilizada para se referir à membrana timpânica.

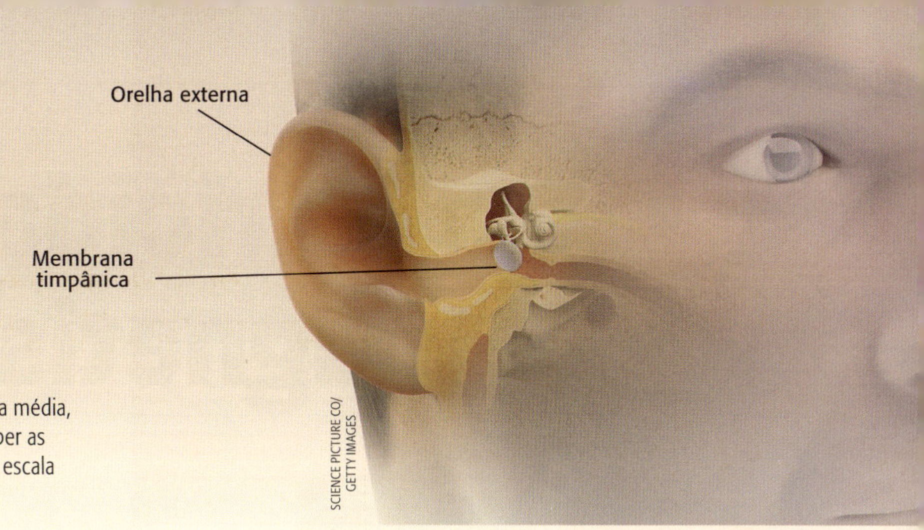

Orelha externa capta os sons e os conduz à orelha média, no fim da qual está o tímpano, que vibra ao receber as ondas sonoras. Cores fantasia. Elementos fora de escala de tamanho e de proporção.

A 'doença do [mp3]', como vem sendo chamada, atinge os Estados Unidos, a China, o México e, mais recentemente, chegou ao Brasil. A percepção de que algo está errado com os ouvidos dos jovens já aparece nos consultórios médicos. A fonoaudióloga Ieda Russo, presidente da Sociedade Internacional de Audiologia, afirma que a exposição dos adolescentes a sons cada vez mais intensos está levando a uma redução precoce na sensibilidade auditiva. Ela diz que o barulho do vento nas folhas, de cerca de 10 decibéis, já passa despercebido por eles.

De acordo com Ieda, boa parte desses meninos só consegue detectar sons com mais de 15 decibéis. 'Não é algo esperado para alguém com 15 anos. Nem era tão comum há algumas décadas, embora ainda esteja dentro da normalidade.'

O comportamento dos jovens justifica a preocupação. É muito comum ver adolescentes com o aparelho plugado no ouvido o dia inteiro. O volume às vezes é tão alto que dá para ouvir o som a mais de 1 metro de distância. E nem sempre se trata de uma forma de compensar os ruídos da cidade. A fonoaudióloga Tanit Sanches recebe em seu consultório jovens que dizem gostar da sensação de ter o corpo vibrando por causa do som no último volume. 'Eles dizem que só assim a experiência de ouvir música está completa', diz.

A estudante Beatriz Lan Franchi, de 11 anos, ouve música eletrônica enquanto faz lição. Ela já dormiu a noite inteira com o aparelho na orelha, ouvindo música *pop* americana. Ela usa fones internos, aqueles que se encaixam dentro da orelha e são os mais perigosos, segundo especialistas. As células ciliares do tímpano podem ser destruídas com o som alto e repetitivo.

O problema é tão sério que já mobiliza os fabricantes de tocadores. Eles anunciaram a atualização de um programa gratuito para criar um limite para o volume. Também podem travá-lo com senha, de modo que as crianças não possam alterá-lo. A empresa foi condenada a indenizar um usuário que teve perda da audição por exagerar no volume. Na época, não havia nenhum tipo de recomendação oficial. No Brasil, um projeto de lei estadual tenta proibir a venda de tocadores que atinjam mais de 90 decibéis. Em votação na Câmara dos Deputados de São Paulo, ele obriga os fabricantes a alertar na embalagem sobre os riscos da exposição prolongada a volumes acima de 85 decibéis. ”

Luciana Vicária. A era dos surdos digitais. Revista Época. Rio de Janeiro: Globo, abr., 2009.Disponível em: <http://revistaepoca.globo.com/Revista/Epoca/0,,EMI67215-15201,00.html>. Acesso em: 24 mar. 2015.

Para explorar

1. Façam uma pesquisa na turma: quantas pessoas ouvem música com fones de ouvido pelo menos uma vez por dia? Como elas classificam a intensidade do som que escutam: alta, média ou baixa?

2. Algum colega da classe já sentiu dor de cabeça após ouvir música com fones ou teve sintomas de deficiência auditiva, mesmo que leves?

3. Com a turma, elaborem uma campanha para alertar as pessoas sobre os perigos de utilizar fones de ouvido com som muito intenso, por longos períodos. Façam cartazes, folhetos, material para ser distribuído por *e-mail* ou para ser colocado no *blog* da classe. Pensem em formas de chamar a atenção do público-alvo da campanha.

UNIDADE

8 Eletricidade e magnetismo

Se assistirmos a um filme que retrata o passado ou lermos um livro escrito há muito tempo, teremos uma pequena ideia das dificuldades de viver sem energia elétrica. As pessoas precisavam usar lampiões, velas e lamparinas para iluminar as casas e as ruas. Equipamentos que hoje fazem parte do nosso dia a dia, como televisão, geladeira e computador, não haviam sido inventados. O domínio da eletricidade e do magnetismo trouxe enorme progresso à humanidade.

Até o começo do século XX, a energia elétrica não era amplamente distribuída. Hoje, grande parte da humanidade tem acesso a ela para iluminar o ambiente e fazer funcionar aparelhos e máquinas.

O magnetismo também faz parte do cotidiano de muitas pessoas, mas ele é mais conhecido pela atração exercida por ímãs, e sua relação com a energia elétrica é pouco compreendida pela maioria das pessoas.

Nesta unidade, você vai saber mais sobre:

- Como os objetos se eletrizam
- O que é eletricidade dinâmica
- Como ocorre a geração de energia elétrica
- Como funcionam os ímãs e os eletroímãs

TROCANDO IDEIAS

1. Observe a imagem. Cite aspectos positivos e negativos de se ter uma região tão iluminada à noite.
2. A cidade em que você mora é bem iluminada durante a noite? De sua casa você consegue ver as estrelas no céu? Por que você acha que isso acontece?
3. Cite duas outras finalidades para a energia elétrica, além da iluminação.
4. Você sabe de que tipo de usina vem a energia elétrica que abastece a maioria das regiões brasileiras?
5. Que outros tipos de usinas geradoras de eletricidade existem no Brasil?

FERNANDO BUENO/PULSAR IMAGENS

Anoitecer na cidade de Porto Alegre (RS), em 2013. A poluição luminosa, principalmente nas grandes cidades, dificulta a visualização das estrelas e chega até a interferir nos hábitos noturnos de algumas espécies de animais.

15 Eletrostática e eletrodinâmica

Observe a fotografia. Ela mostra uma jovem tocando uma esfera, parte de um equipamento conhecido como gerador Van de Graaff. Esse gerador é composto de equipamentos que, por atrito, acumulam cargas elétricas negativas na esfera, que é oca.

Quando a jovem toca a esfera, as cargas elétricas correm pelo seu corpo. Os fios do cabelo ficam carregados de cargas elétricas negativas, que se repelem e, por isso, eles se separam e ficam arrepiados.

Esse gerador foi inventado em 1931 pelo físico Robert Jemison Van de Graaff (1901-1967) para estudar a eletricidade estática, que está presente em muitas situações do dia a dia.

PAULO GUERETA/FUTURA PRESS

Menina ficou com os cabelos arrepiados quando tocou a esfera do gerador Van de Graaff. Museu Catavento Cultural e Educacional, na cidade de São Paulo (SP), em 2011.

BATE-PAPO

1. Em um dia seco, você já sentiu a eletricidade estática em seu corpo ao tirar uma blusa de lã, por exemplo? Como é gerada essa eletricidade?
2. Você conhece as especificações técnicas de aparelhos elétricos, como voltagem, corrente elétrica, resistência? O que você sabe sobre esses termos?

Pista 2

A eletricidade chegou ao Brasil em 1879. Hoje, a maioria dos brasileiros tem energia elétrica em casa. No entanto, estima-se que cerca de 700 mil famílias ainda vivem sem energia elétrica na zona rural, você sabia? Você imagina a sua vida sem eletricidade? E se fosse na sua casa? O que mais lhe incomodaria com a falta de energia?

ELETROSTÁTICA

Eletrostática é a área de estudo da eletricidade que estuda os fenômenos relacionados às cargas elétricas estáticas, ou seja, as propriedades e comportamento das cargas quando em repouso. Os fenômenos elétricos estão relacionados aos elétrons dos átomos, que são formados por núcleo e eletrosfera.

No núcleo dos átomos estão os **nêutrons** (carga elétrica nula) e os **prótons** (carga elétrica positiva). Na eletrosfera estão os **elétrons** (carga elétrica negativa).

Entre cargas elétricas de mesmo sinal há repulsão elétrica. Entre cargas de sinais contrários ocorre atração elétrica. Observe o esquema abaixo.

SELAVI CONTEÚDO CRIATIVO

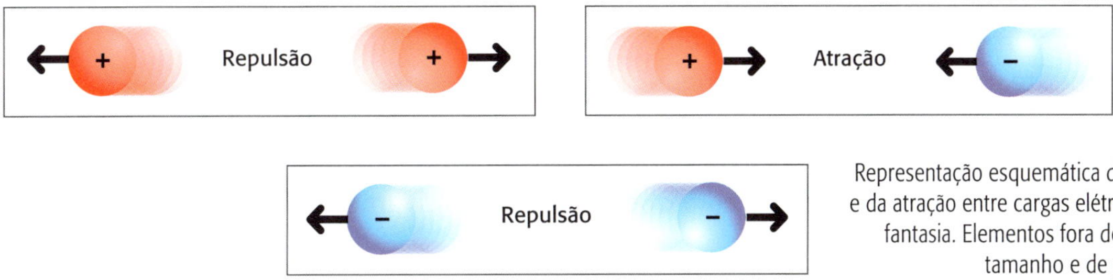

Representação esquemática da repulsão e da atração entre cargas elétricas. Cores fantasia. Elementos fora de escala de tamanho e de proporção.

A intensidade das forças de atração ou de repulsão depende da quantidade de carga de cada corpo e da distância entre eles. Quanto maior a carga elétrica, maior a força. Quanto maior a distância, menor a força.

Condutores, isolantes, semicondutores e supercondutores

Os chuveiros elétricos podem ser perigosos e provocar choques elétricos se não estiverem bem instalados e com um aterramento adequado. Mesmo que a instalação esteja correta, recomenda-se tomar banho sobre um tapete de borracha. Isso ocorre porque a borracha não permite que os elétrons fluam livremente, sendo, portanto, um **material isolante**. Outros materiais, como os metais que compõem o chuveiro, são ótimos **condutores** de energia elétrica.

Alguns materiais apresentam características intermediárias: são condutores em temperaturas ambiente ou elevadas e isolantes em baixas temperaturas. São os **semicondutores**, e seus exemplos mais famosos são o silício (base da indústria de microprocessadores) e o germânio. Temos ainda os **supercondutores**, que, em baixas temperaturas, não oferecem resistência à passagem de corrente elétrica.

FIQUE DE OLHO

A supercondutividade ocorre em certos materiais a baixas temperaturas (abaixo de −100 °C). Ligas como essa permitem a passagem de elétrons sem oferecer nenhuma resistência. Os supercondutores têm aplicações nos transportes, na Medicina e em outros campos, e fazem parte de uma tecnologia ainda em estudo, que irá revolucionar muitas áreas no futuro.

- Pesquise em livros ou na internet a aplicação dos materiais supercondutores. Compartilhe com seus colegas o que você encontrou.

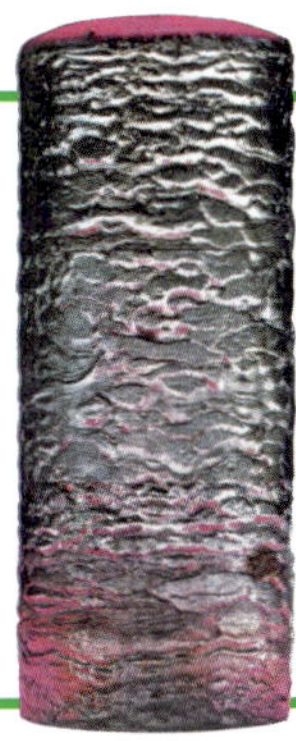

KLAUS GULDBRANDSEN/SPL/LATINSTOCK

Barra de metal feita de nióbio e tântalo, uma liga metálica com características supercondutoras.

Processos de eletrização

A maioria dos objetos que nos cercam, quando colocados uns perto dos outros, não apresentam atração ou repulsão elétrica. Isso não significa que eles não possuam cargas elétricas. Como são formados por átomos, eles possuem prótons (positivos) e elétrons (negativos), mas em quantidades iguais. Assim, a quantidade de cargas negativas é equilibrada pela quantidade de cargas positivas. Dizemos que corpos nessas condições estão **eletricamente neutros**.

Um objeto **eletricamente carregado** tem desequilíbrio entre suas cargas positivas e negativas. Ele está positivamente carregado quando a quantidade de seus prótons é maior do que a quantidade de seus elétrons, e está negativamente carregado quando há menos prótons que elétrons.

Para eletrizar um objeto neutro (ou corpo neutro), precisamos alterar sua quantidade de elétrons. Para que fique negativamente carregado, é necessário que ele receba elétrons. Para que ele fique positivamente carregado, é necessário perder elétrons.

É possível eletrizar um corpo de três maneiras diferentes: por **atrito**, por **contato** e por **indução**.

Eletrização por atrito

Alguns materiais sofrem eletrização quando são atritados um contra o outro. Nesse caso, um dos objetos perde elétrons e fica positivamente carregado, enquanto o outro recebe elétrons e fica negativamente carregado. Podemos, por exemplo, eletrizar uma régua de plástico atritando-a com uma flanela.

Para saber qual material perde elétrons e qual recebe, podemos consultar a **série triboelétrica**, uma lista de materiais de acordo com a eletrização de uns em relação aos outros. Observe um exemplo de série triboelétrica:

Maior tendência para adquirir **carga positiva**

acrílico – vidro – cabelo – lã – seda – papel – algodão – metais – balão de borracha – plástico – teflon

Maior tendência para adquirir **carga negativa**

Fonte de pesquisa: UFMG. *Sala de demonstrações de física*. Disponível em: <http://demonstracoes.fisica.ufmg.br/demo/229/5A10.15-Efeito-triboeletrico>. Acesso em: 6 abr. 2015.

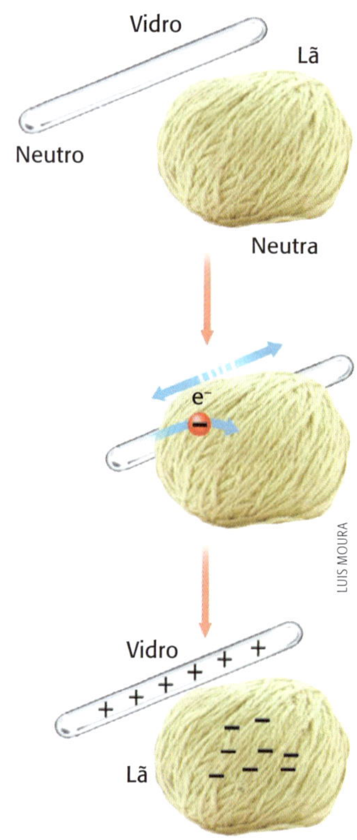

Representação esquemática da eletrização do vidro e da lã. Cores fantasia. Elementos fora de escala de tamanho e de proporção.

Em uma série triboelétrica, os elementos que estão à esquerda tendem a perder elétrons para os elementos que estão à direita. Portanto, quanto mais à esquerda na série está um elemento, maior é sua tendência para perder elétrons e ficar positivamente carregado. Assim, se esfregarmos um pedaço de lã e um pedaço de seda um contra o outro, a lã perderá elétrons para a seda e a lã ficará positivamente carregada, enquanto a seda ficará carregada negativamente.

Eletrização por contato

Quando colocamos em contato um corpo eletrizado e outro neutro, há migração de elétrons de um para o outro até que seja atingido um equilíbrio, denominado **equilíbrio eletrostático**. Por exemplo, um corpo A, positivamente carregado, e um corpo B, neutro, são encostados, e os elétrons migram do corpo B para o A. Após a separação, os dois corpos apresentam carga positiva e se repelem.

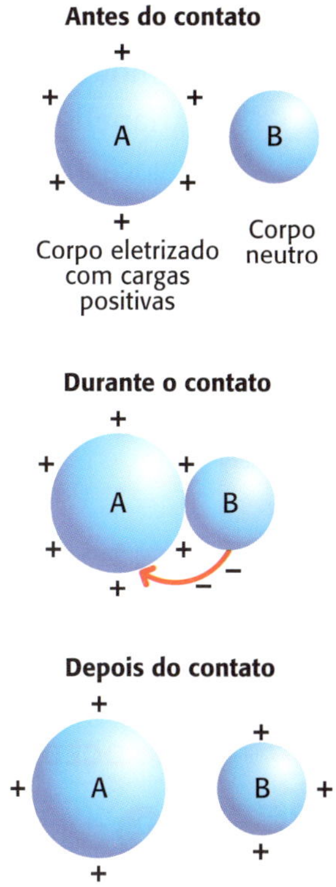

Representação esquemática da eletrização por contato. Cores fantasia. Elementos fora de escala de tamanho e de proporção.

Eletrização por indução

Nesse processo não há contato entre os corpos. Quando aproximamos um corpo eletricamente carregado (que será chamado **indutor**) de um condutor neutro (que será chamado **induzido**), provocamos uma **separação de cargas** nesse último, que fica com cargas negativas em uma extremidade e cargas positivas na extremidade oposta. Os objetos então se atraem, devido à presença de cargas opostas nas extremidades dos dois corpos. A separação de cargas no corpo induzido só ocorre durante o tempo em que o corpo indutor estiver próximo do corpo neutro. Apesar da separação de cargas, o corpo induzido permanece neutro como um todo.

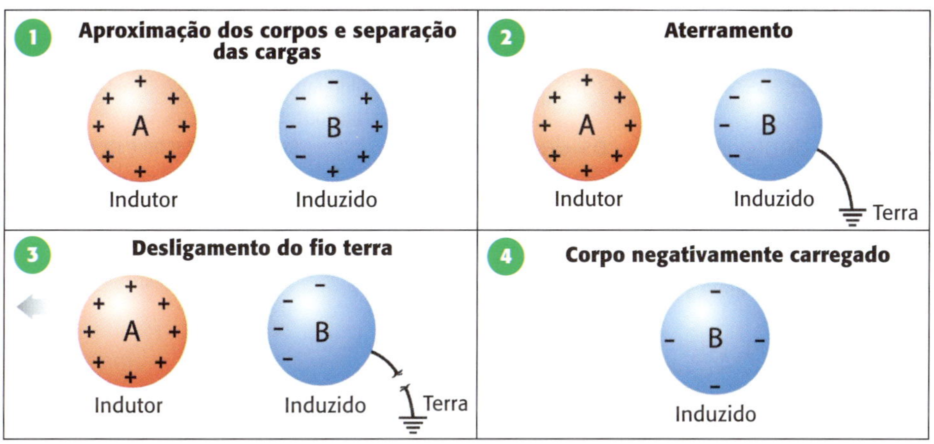

Representação esquemática da eletrização por indução. Cores fantasia. Elementos fora de escala de tamanho e de proporção.

Após a separação de cargas provocada pelo indutor, é feito o **aterramento** do corpo induzido. Ou seja, é ligado a ele um fio condutor, chamado fio terra, em um ponto oposto à posição do indutor, assim os elétrons da terra subirão pelo fio atraídos pelas cargas positivas.

Assim que ocorre a eletrização do corpo induzido, desligamos o aterramento e afastamos o corpo indutor. O induzido ficará negativamente carregado, e os elétrons em excesso (que subiram pelo fio) se redistribuirão pela superfície do condutor.

Ao aproximarmos um corpo eletrizado de um corpo isolante, também ocorre uma reorganização das cargas no isolante. Isso acontece, por exemplo, quando aproximamos o pente eletrizado de pedacinhos de papel.

Fio terra: fio condutor ligado a uma fonte eletricamente neutra, capaz de fornecer ou absorver parte da carga elétrica.

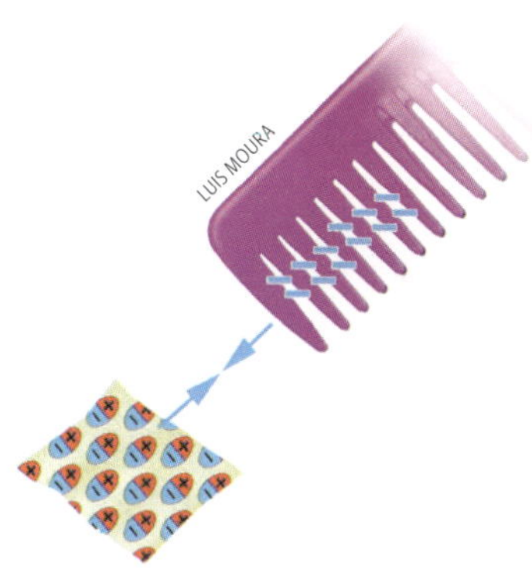

Representação esquemática de um corpo eletrizado (pente) e de um corpo isolante (papel). Os elétrons livres do papel reorganizam-se, de modo que a região do papel mais próxima do pente fica com maior concentração de cargas opostas à do pente. Assim, ocorre a atração eletrostática entre o pente e os pedacinhos de papel. Cores fantasia. Elementos fora de escala de tamanho e de proporção.

EXPERIMENTE FAZER

Demonstrações de eletrostática com atrito

Para Pensar

O que acontece quando você aproxima um pente de plástico de um monte de pedacinhos de papel picado? O que será que aconteceria se você atritasse esse pente com uma flanela e o aproximasse dos pedacinhos de papel novamente? E o que aconteceria se você aproximasse um canudo atritado em flanela de um filete de água? Vamos testar? Antes, anote suas suposições no caderno.

Materiais

- pente de plástico
- flanela
- papéis picados
- canudo de plástico
- flanela
- torneira com água corrente

Representação esquemática de pente, que foi esfregado (atritado) com uma flanela, próximo a papéis picados. Cores fantasia. Elementos fora de escala de tamanho e de proporção.

Procedimentos

1. Esfregue o pente diversas vezes na flanela.
2. Depois, aproxime o pente dos pedaços de papel picado e observe o que ocorre.
3. Agora, esfregue a flanela no canudo com bastante intensidade por dois minutos.
4. Abra um pouco a torneira, para formar um filete de água.
5. Aproxime o canudo do filete de água. Observe o que ocorre.

Representação esquemática de canudo, que sofreu atrito com uma flanela, próximo a um filete de água. Cores fantasia. Elementos fora de escala de tamanho e de proporção.

Resultados e discussão

1. O que aconteceu com os papéis com a aproximação do pente, antes e após ser esfregado na flanela?
2. Por que você acha que isso aconteceu?
3. O que ocorreu com o filete de água? Por que isso ocorreu?

Conclusão

De acordo com os resultados dos experimentos acima, o que você pode concluir sobre como podemos eletrizar objetos de plástico?

SAIBA MAIS

Como se formam raios e trovões?

“O atrito de pequenas gotas de água, condensadas em nuvens, arranca elétrons de umas transferindo-os para outras. As nuvens formadas podem, então, conter enormes quantidades de cargas elétricas.

Quando as gotas acumulam uma quantidade de carga muito grande, de tal forma que as forças envolvidas não mais conseguem mantê-las, pode ocorrer a movimentação de elétrons. Como resultado, têm-se [...] faíscas, que conhecemos como raios.

Esses raios possuem uma quantidade enorme de energia. Parte dessa energia pode se transformar em calor, fazendo com que o ar ao redor dos raios se 'inflame', produzindo um clarão, denominado relâmpago.

A expansão do ar aquecido pela energia do raio provoca um ruído, denominado trovão.”

Como se formam raios e trovões. Disponível em: <http://fisica.cdcc.sc.usp.br/Perguntas/Eletromagnetismo/PR_Eletro-001.html>. Acesso em: 24 mar. 2015.

Acidentes causados por raios

“[...] Embora não haja estatísticas disponíveis para o Brasil, centenas de pessoas a cada ano são atingidas por raios. Muitas morrem, outras sofrem traumatismos e queimaduras. A maioria das vítimas são atingidas ao ar livre, embaixo de árvores ou na água. No Brasil, há inúmeros relatos de vítimas de raios, atingidas enquanto jogavam futebol ou estavam na praia durante uma tempestade de verão.

Num destes casos (janeiro de 1994) dez pessoas foram feridas por um raio enquanto se abrigavam sob duas barracas de praia em Ipanema. Todas sofreram queimaduras de primeiro grau e foram jogadas para longe; uma barraca foi despedaçada e sua dona ficou com as roupas rasgadas. As vítimas tiveram que ser carregadas para o Hospital Miguel Couto, onde se recuperaram e foram liberadas. [...]”

Raios. Disponível em: <http://www0.rio.rj.gov.br/defesacivil/raios.htm>. Acesso em: 24 mar. 2015.

GARY HINCKS/SPL/LATINSTOCK

Representação artística mostrando descargas elétricas de uma nuvem para outra e das nuvens para o chão. As nuvens ficam eletrizadas pelo atrito entre as gotas de água e o gelo. Cores fantasia. Elementos fora de escala de tamanho e de proporção.

Para pensar

1. Diferencie raio, relâmpago e trovão.
2. Escreva em seu caderno o que se deve fazer para evitar um acidente com um raio. Compare sua lista com a de seus colegas de grupo.

ELETRODINÂMICA

Eletrodinâmica é a área da Física que estuda as cargas elétricas em movimento, o que inclui o estudo da corrente elétrica.

Corrente elétrica

Em um metal, os elétrons normalmente se movem de maneira desordenada, mas podem ser forçados a se mover em uma mesma direção e em um mesmo sentido. Quando isso ocorre, dizemos que há uma **corrente elétrica**, ou seja, um movimento ordenado de cargas elétricas (elétrons) através de um condutor.

Quando associamos alguns elementos, como fios condutores, pilhas e lâmpadas, temos um **circuito elétrico**, que pode estar aberto ou fechado. No **circuito aberto**, não há passagem de corrente. No **circuito fechado**, há passagem de corrente elétrica, pois não há trechos onde o fluxo de elétrons é interrompido.

Observe como é um circuito elétrico feito com uma pilha, uma lâmpada incandescente e dois fios. A lâmpada faz parte do circuito elétrico, pois a corrente elétrica passa por dentro dela, acendendo-a, e continua seu caminho, passando por dentro da pilha novamente.

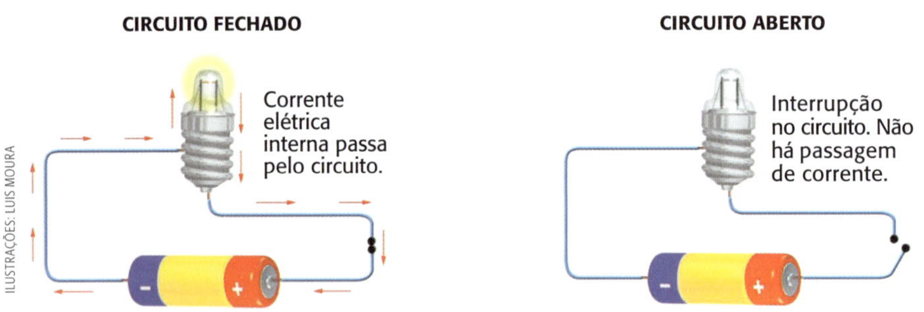

Representação esquemática de circuito fechado e aberto. Cores fantasia. Elementos fora de escala de tamanho e de proporção.

Na lâmpada incandescente, a corrente elétrica passa pelo filamento, feito de metal (tungstênio). Ele se aquece tanto que se torna incandescente (em brasa), havendo, então, emissão de luz. Quando o filamento se rompe, o circuito é interrompido. Se esse filamento se romper, dizemos que a lâmpada "queimou" e precisa ser trocada. A comercialização de lâmpadas incandescentes comuns, para uso doméstico, foi interrompida, pois sua eficiência energética é muito baixa. A partir de 2017, elas devem ser substituídas por lâmpadas fluorescentes, de LED, ou halógenas (esta última possui funcionamento similar à incandescente) que fornecem mais brilho e consomem menos energia elétrica.

Representação esquemática da estrutura interna de lâmpada incandescente. Cores fantasia. Elementos fora de escala de tamanho e de proporção.

EXPERIMENTE FAZER

Conduz ou não conduz

Para Pensar

Alguns materiais são bons condutores de eletricidade, isto é, permitem que uma corrente elétrica se estabeleça em um circuito fechado. Outros materiais, ao contrário, são bons isolantes, ou seja, dificultam o estabelecimento de corrente elétrica.

Quais materiais você acha que, se introduzidos no circuito, continuarão a fazer a lâmpada acender? E que materiais você acha que vão fazer a lâmpada apagar? Anote no seu caderno.

Objetivo

- Testar a condutibilidade de alguns materiais.

Materiais

- 2 pilhas de 1,5 V
- borracha, lápis, papel, chave, moeda, tampa de plástico
- lâmpada de lanterna de 1,5 V
- pedaço de fio elétrico
- fita-crepe

Procedimentos

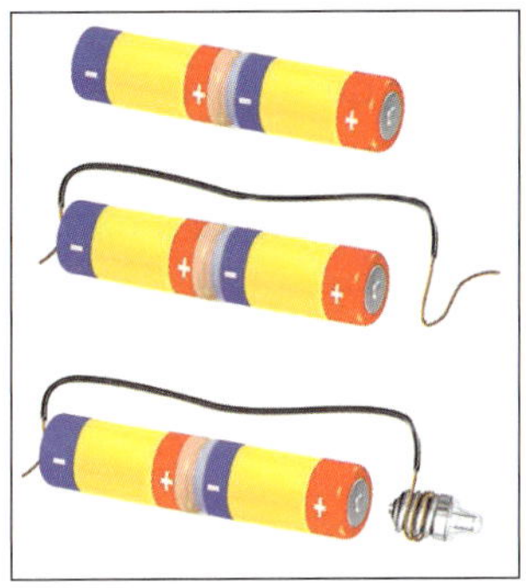
ILUSTRAÇÕES: LUIS MOURA

Representação esquemática da montagem do experimento. Cores fantasia. Elementos fora de escala de tamanho e de proporção.

1. Peça a um adulto que desencape as duas pontas do fio elétrico.
2. Para ter uma luz mais intensa, use duas pilhas. Una o lado positivo de uma pilha ao lado negativo da outra com uma fita-crepe.
3. Com a fita-crepe prenda uma ponta do fio no lado negativo da pilha. Enrole a outra extremidade do fio na rosca da lâmpada de lanterna.
4. Encoste a parte inferior da lâmpada no lado positivo da pilha. Anote no caderno o que aconteceu.
5. Coloque os objetos um de cada vez, entre a lâmpada e a pilha, como mostra a ilustração. As lâmpadas das figuras estão ilustradas apagadas, porque é você quem vai testar quais materiais permitem a passagem da eletricidade e quais não permitem. Mas, antes disso, escreva suas suposições sobre a condutibilidade desses materiais.

BONS E MAUS CONDUTORES DE ELETRICIDADE

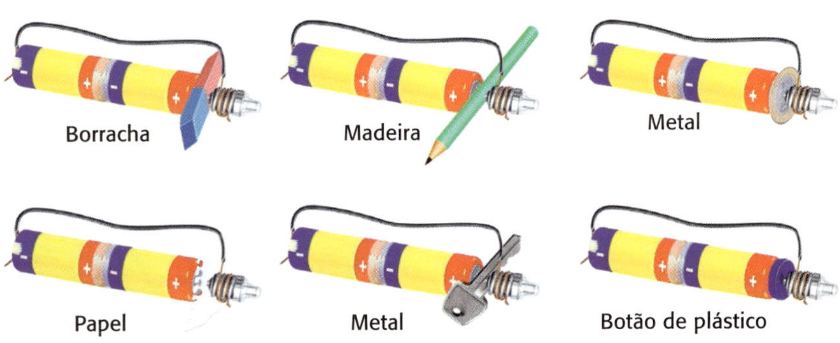

Representação esquemática dos bons e maus condutores de eletricidade. Cores fantasia. Elementos fora de escala de tamanho e de proporção.

Resultados

- Quais materiais são bons condutores de eletricidade e quais são isolantes elétricos?

Quantidade de carga e de corrente elétrica

Embora a massa do próton seja quase duas mil vezes a massa do elétron, as duas partículas têm a mesma quantidade de **carga elétrica fundamental** (e), que vale $1{,}6 \cdot 10^{-19}$ C, em que C é o **coulomb**, unidade do Sistema Internacional de Unidades (SI) para a quantidade de carga elétrica.

Para determinar a quantidade de carga elétrica (Q) excedente em um corpo, temos a expressão:

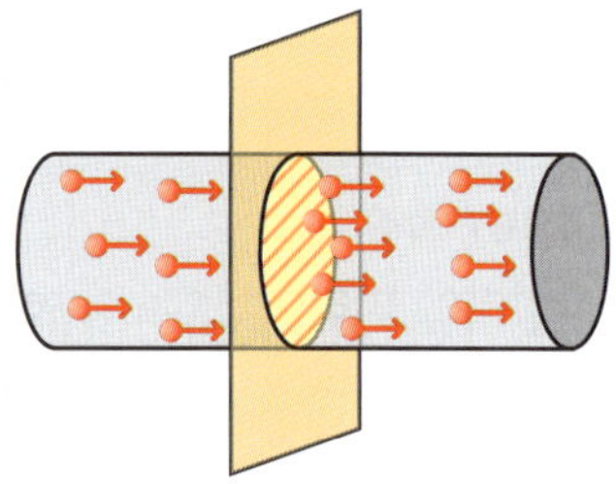

SELAVI CONTEÚDO CRIATIVO

Representação esquemática do fluxo de elétrons formando corrente elétrica. Cores fantasia. Elementos fora de escala de tamanho e de proporção.

$$Q = e \cdot n$$

Em que e é a carga elétrica fundamental e n é o número de partículas excedentes (prótons ou elétrons) envolvidas. O sinal de Q será positivo se houver excesso de prótons, ou negativo, se o excesso for de elétrons.

A intensidade da **corrente elétrica** (i) é determinada pela quantidade de carga que passa por uma seção do condutor em certo intervalo de tempo. Sua unidade é o **ampere** (A), sendo 1 A equivalente a 1 C de carga passando pelo condutor no intervalo de tempo de 1 segundo.

A intensidade da corrente elétrica pode ser calculada dividindo-se a quantidade de carga que atravessou o condutor pelo tempo gasto nessa travessia. Para isso tem-se a expressão:

$$i = \frac{Q}{t}$$

Na qual Q é a quantidade de carga, em coulombs, e t é o tempo, em segundos, necessário para que essa carga atravesse uma seção do condutor.

A corrente elétrica pode ser medida por um equipamento chamado **amperímetro**.

Diferença de potencial elétrico

DWIMAGES/ALAMY/DIOMEDIA

Multímetro, aparelho que funciona como amperímetro (para medir corrente elétrica) e também como voltímetro (para medir diferença de potencial).

Ocorre uma corrente elétrica entre dois pontos se houver uma diferença de potencial elétrico entre eles. Só haverá corrente elétrica entre os dois pontos considerados se o potencial elétrico for diferente.

Chamamos essa diferença de potencial (U) de **ddp**, ou **tensão elétrica**, e sua unidade de medida é o **volt** (V).

Nas casas brasileiras, as tomadas fornecem uma tensão de 110 V, 127 V ou 220 V. É essencial conhecer a tensão antes de ligar um equipamento para não danificá-lo. Ao ligar um aparelho de 110 V em uma tomada de 220 V, alguns de seus componentes queimam, pois receberam o dobro da tensão elétrica que podem suportar. Se um aparelho de 220 V for ligado em uma tomada 127 V, o equipamento não vai funcionar, pois irá receber baixa voltagem.

O equipamento que faz a leitura da tensão elétrica é o **voltímetro**.

Resistência elétrica

Cada substância apresenta uma resistência característica à passagem da corrente chamada **resistividade**.

A **resistência elétrica** (R) de um objeto depende também do seu comprimento e de sua espessura, ou seja, da área atravessada pela corrente. Dessa forma, quanto mais longo for o objeto, maior será a resistência que ele oferece à passagem da corrente elétrica. Quanto mais fino, maior será a resistência também.

A unidade de medida da resistência elétrica é o **ohm** (Ω).

Os condutores, como o cobre, apresentam baixa resistividade, ou seja, conduzem bem a corrente elétrica. Por isso, os fios e cabos elétricos são geralmente feitos desse material. Já o material que envolve esses fios possui alta resistividade, ou seja, é isolante.

Potência elétrica

Os aparelhos elétricos geralmente transformam energia elétrica em outras formas de energia. Nesse caso, a grandeza que mede a rapidez em que essa tranformação ocorre é a **potência elétrica** (P). No Sistema Internacional de Unidades, a potência elétrica é medida em **watt** (W).

O ferro elétrico é um exemplo de eletrodoméstico que transforma energia elétrica em energia térmica. Se ele esquentar demais, pode queimar a roupa.

A primeira lei de Ohm

Vimos até agora três grandezas físicas relacionadas ao movimento dos elétrons em um condutor:

- **corrente elétrica**, cujo símbolo é i e a unidade de medida é o ampere (A);
- **diferença de potencial**, cujo símbolo é U e a unidade de medida é o volt (V);
- **resistência elétrica**, cujo símbolo é R e a unidade de medida é o ohm (Ω).

O cientista alemão George Simon Ohm (1787-1854) descobriu uma relação entre a intensidade de corrente elétrica, a resistência e a diferença de potencial elétrico entre dois pontos de um condutor:

$$U = R \cdot i$$

Essa expressão é conhecida como a primeira lei de Ohm.

NÃO DEIXE DE LER

- **Sol e energia no terceiro milênio,** Ronaldo Mourão. Editora Scipione, 2000.
- **Eletricidade: história e aplicações,** Nicolau G. Ferraro. Editora Moderna, 1996.

GERADORES DE ENERGIA ELÉTRICA

Para obter energia elétrica, é preciso um gerador que crie uma **diferença de potencial** elétrico entre dois pontos de um circuito, de modo que as cargas elétricas se desloquem de um ponto a outro do circuito elétrico. Há **geradores químicos** (pilha e bateria) e **geradores mecânicos** (dínamos e geradores de usinas).

THINKSTOCK/GETTY IMAGES

As pilhas comerciais comuns, qualquer que seja seu tamanho, fornecem 1,5 V de diferença de potencial elétrico. A pilha alcalina tem hidróxido de sódio (NaOH) e a comum tem cloreto de amônio (NH_4Cl).

Geradores químicos

As pilhas e as baterias produzem energia elétrica com base em reações químicas. Por isso, quando os reagentes químicos que participam da reação que gera a energia se esgotam, dizemos que a pilha ou a bateria descarregou. Nos veículos automotores, o que chamamos de bateria é, na verdade, um acumulador, pois não gera energia, apenas a acumula.

Geradores mecânicos

Os geradores elétricos mecânicos transformam energia cinética mecânica em energia elétrica. A energia cinética que aciona esses geradores provém de diversas fontes.

O Brasil possui usinas termelétricas e nucleares, mas, por causa da existência de muitos rios, a maioria das usinas de energia elétrica é movida pelo movimento da água (usina hidrelétrica). Na Europa, como não há muitos rios caudalosos, são mais comuns as usinas termelétrica e nucleares.

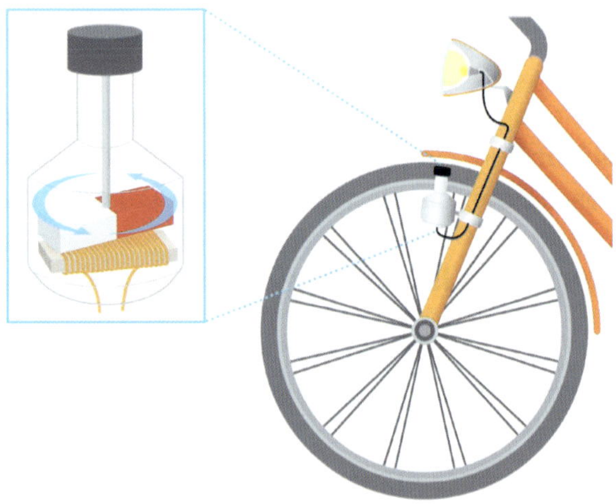

R2 EDITORIAL

Representação esquemática do gerador do tipo dínamo instalado na roda de uma bicicleta. Quando ela se move, o dínamo converte parte da energia cinética de rotação em energia elétrica e a envia para o farol da bicicleta.

FABIO COLOMBINI

Geradores da usina hidrelétrica de Itaipu. O eixo está ligado à turbina, que gira pela energia cinética da água que passa por suas pás.

ISMAR INGBER/TYBA

Vista externa da usina hidrelétrica de Itaipu, Foz do Iguaçu (PR), em 2014.

Usinas geradoras de energia elétrica

As usinas geradoras de energia elétrica têm o mesmo princípio de funcionamento: as turbinas acionam os geradores. O que varia em cada uma é a energia usada como ponto de partida, indicada na segunda coluna da tabela a seguir.

NÃO DEIXE DE ACESSAR

- **Você pode conhecer o funcionamento da Usina Hidrelétrica de Itaipu visitando o *site*:**
  www.itaipu.gov.br
  Acesso em: 24 mar. 2015.

USINAS GERADORAS DE ENERGIA ELÉTRICA

LUIS MOURA

<table>
<tr><th>Tipo de usina</th><th>Energia para girar as turbinas</th><th>Acionamento do gerador e transformação em energia elétrica</th></tr>
<tr><td>
Hidrelétrica</td><td>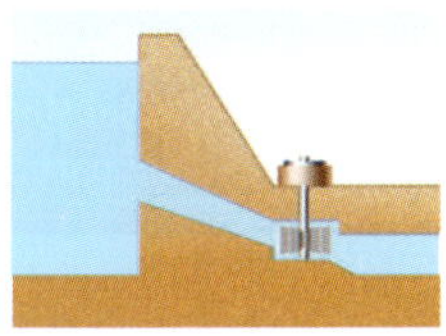
Energia potencial gravitacional e cinética da água.
A água cai por uma tubulação e gira as pás da turbina.</td><td rowspan="4">
O eixo da turbina movimenta a roda do gerador que transforma energia cinética em energia elétrica.</td></tr>
<tr><td>
Termelétrica</td><td>
Energia química oriunda da queima do carvão, óleo diesel, madeira.
A água é aquecida pelo calor da queima do combustível e evapora.
O vapor gira as pás da turbina.</td></tr>
<tr><td>
Nuclear</td><td>
Energia nuclear das substâncias radioativas.
A água é aquecida pelo calor gerado por reações nucleares e evapora.</td></tr>
<tr><td>
Eólica</td><td>
Energia cinética do vento.
O vento faz girar as hélices da turbina.</td></tr>
</table>

Representação esquemática das usinas geradoras de energia elétrica. Cores fantasia. Elementos fora de escala de tamanho e de proporção.

A HISTÓRIA DA ENERGIA ELÉTRICA

SHEILA TERRY/SPL/LATINSTOCK

A palavra grega para "âmbar" é *elektron*, a partir da qual surgiu o termo eletricidade. O âmbar é a resina fossilizada de plantas.

Tales de Mileto (624 a.C.-546 a.C.), filósofo grego. Ao esfregar pedaços de âmbar na pele de carneiro, notou que o âmbar atraía pequenas partículas.

THINKSTOCK/GETTY IMAGES

William Gilbert (1544-1603), físico inglês. Em 1600, descobriu que outras substâncias além do âmbar atraíam partículas.

BETTMANN/CORBIS/LATINSTOCK

O francês Coulomb (1736-1806) descobriu que a força entre duas cargas é proporcional à intensidade das cargas e inversamente proporcional ao quadrado da distância que as separa.

SHEILA TERRY/SPL/LATINSTOCK

Alessandro Volta (1745-1827) foi o idealizador da primeira pilha que produziu energia elétrica. A pilha continha placas de diferentes metais, com pedaços de papelão e tecido entre elas.

SHEILA TERRY/SPL/LATINSTOCK

Thomas Alva Edison (1874-1931), um dos maiores inventores de todos os tempos, desenvolveu muitos equipamentos elétricos, entre eles a lâmpada elétrica. Graças ao domínio dessas técnicas, hoje possuímos equipamentos complexos, como microcomputadores e robôs, com as mais diferentes aplicações. Na ilustração ele aparece com o fonógrafo, o "avô" dos aparelhos de som.

Otto von Guericke (1602-1686), físico alemão. Construiu o primeiro gerador de eletricidade estática.

SHEILA TERRY/SPL/LATINSTOCK

SHEILA TERRY/SPL/LATINSTOCK

Stephen Grey (1670-1736) sugeriu a existência de correntes elétricas. Foi o primeiro a conduzir eletricidade de um ponto a outro, como mostra essa ilustração em que ele estica um fio de seda para conduzir eletricidade.

SPL/LATINSTOCK

Gravura mostrando Benjamin Franklin (1706-1790) e seu filho William realizando o famoso experimento sobre os raios em 1752. Eles realizaram um perigosíssimo experimento ao empinar uma pipa durante uma tempestade tendo um metal na armação da pipa. Com isso, Franklin mostrou a natureza elétrica dos relâmpagos, produzindo o primeiro para-raios.

Jean-Antoine Nollet (1700-1770) com a máquina de fricção que inventou para pesquisar eletricidade estática.

SHEILA TERRY/SPL/LATINSTOCK

A partir da descoberta da energia elétrica, muitos inventores entraram em ação para inventar novas tecnologias e aplicações para essa novidade da ciência. E as invenções ligadas à eletricidade não pararam mais.

SHEILA TERRY/SPL/LATINSTOCK

Máquina de costura, 1900.

SHEILA TERRY/SPL/LATINSTOCK

Trem elétrico, 1900.

SHEILA TERRY/SPL/LATINSTOCK

Telégrafo, 1900.

FIQUE DE OLHO

1. A partir de que época a energia elétrica passou a ser utilizada para fazer equipamentos funcionar?

2. Qual a relação entre as palavras âmbar, eletricidade e a palavra grega *elektron*?

3. Converse com seus colegas de grupo e escolham um aparelho elétrico que vocês acham importante. Escrevam os argumentos para explicar aos colegas de classe porque esse aparelho elétrico, escolhido entre tantos, é tão importante. Pesquise o funcionamento deste aparelho.

teia do saber

1. A sequência de ilustrações a seguir representa um experimento. Vamos interpretar os acontecimentos representados em cada situação.

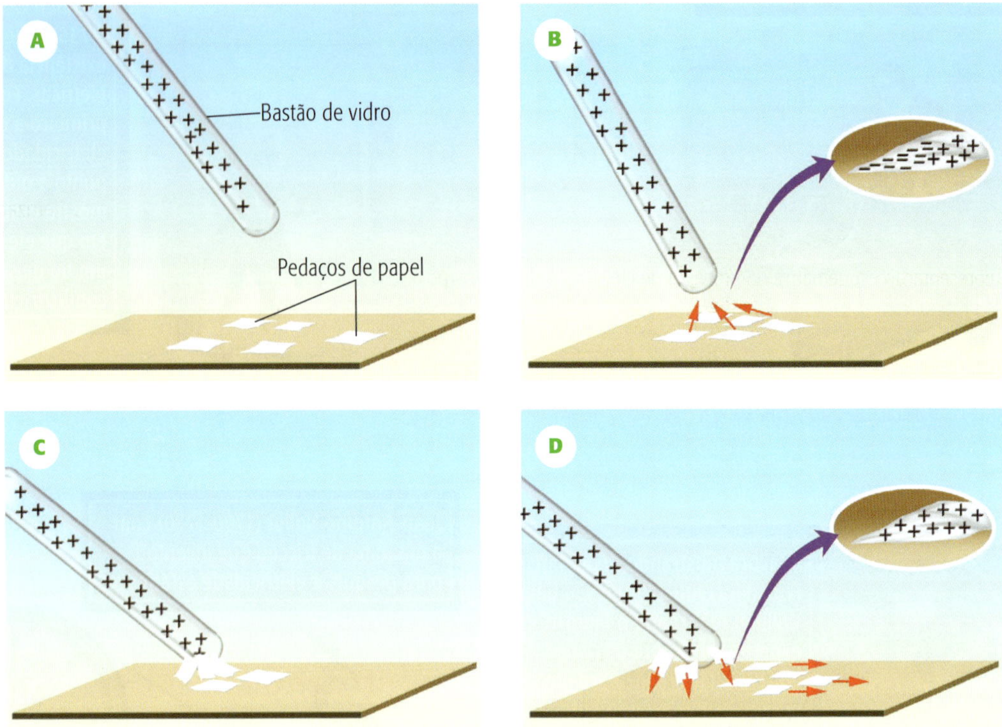

LUIS MOURA

Representação esquemática de experimento com bastão de vidro e pedaços de papel picado. Cores fantasia. Elementos fora de escala de tamanho e de proporção.

a. Na situação A, como o bastão ficou eletrizado com cargas positivas?

b. Na situação B, o que aconteceu com as cargas elétricas nos pedaços de papel?

c. Na situação C, por que os papéis foram atraídos pelo bastão de vidro?

d. Por que os papéis foram repelidos logo em seguida?

2. Que tipo de eletrização o personagem Garfield está utilizando na tirinha? Explique o que está ocorrendo.

História em quadrinhos criada pelo cartunista Jim Davis.

3. Leia o texto a seguir e, depois, responda à questão no caderno.

> Os chuveiros elétricos estão entre os principais vilões do consumo de energia elétrica.
> Além de consumirem demais, eles também podem se transformar em um grande perigo se forem incorretamente instalados.

- Explique por que não podemos ligar um chuveiro usando um fio muito fino.

4. Observe a sequência de ilustrações. Ela representa o processo de eletrização de dois corpos neutros.

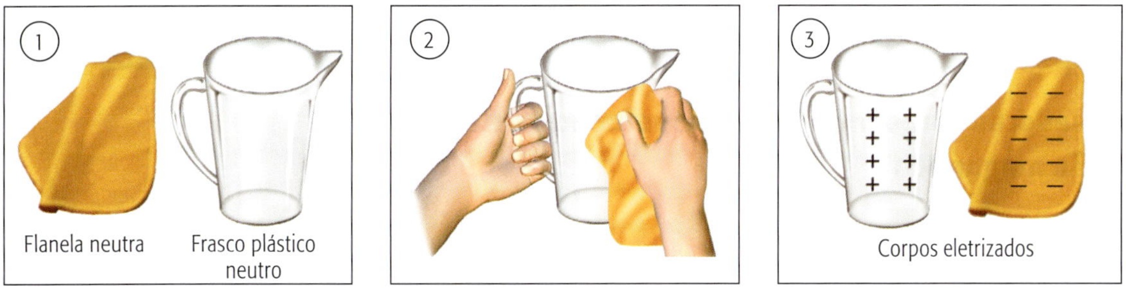

ILUSTRAÇÕES: LUIS MOURA

Representação esquemática do processo de eletrização de dois corpos neutros. Cores fantasia. Elementos fora de escala de tamanho e de proporção.

- Escreva que tipo de eletrização a ilustração pretende representar e justifique sua resposta.

5. Qual a função do fio terra na eletrização por indução?

6. Observe o circuito elétrico ao lado e responda, justificando:

a. Se fecharmos apenas o interruptor 1, a lâmpada acende?

b. Se fecharmos apenas o interruptor 2, a lâmpada acende?

c. E se fecharmos os dois interruptores?

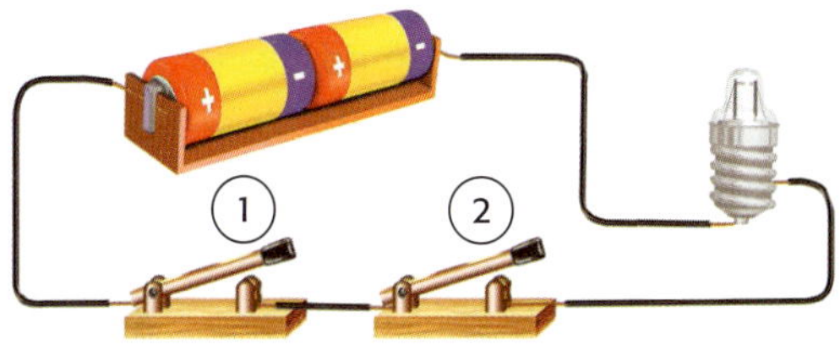

Representação esquemática de circuito elétrico. Cores fantasia. Elementos fora de escala de tamanho e de proporção.

7. Duas cargas elétricas, representadas por Q_1 e Q_2, atraem-se quando colocadas próximas uma da outra.

a. O que se pode afirmar sobre os sinais de Q_1 e de Q_2?

b. A carga Q_1 é repelida por uma terceira carga, Q_3, positiva. Qual é o sinal de Q_2?

8. Observe a ilustração. Ela mostra um circuito com dois fios, uma lâmpada e uma pilha. Depois, responda às questões.

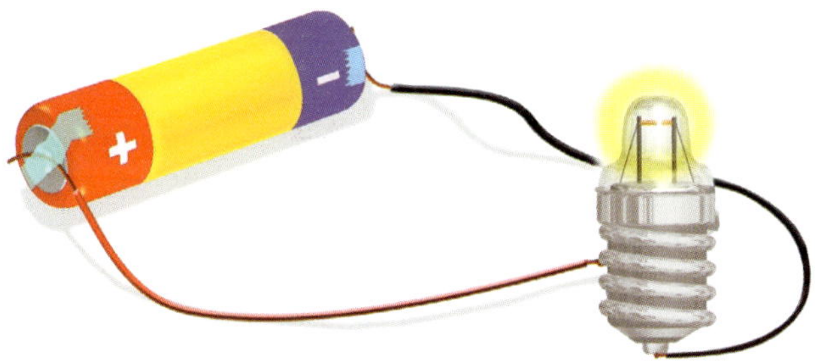

Representação esquemática de um circuito elétrico fechado. Cores fantasia. Elementos fora de escala de tamanho e de proporção.

a. O que acontece se desenroscarmos a lâmpada do soquete? Por quê?

b. O que acontece se soltarmos um dos fios do soquete? Por quê?

c. Em seu caderno faça um esquema desse circuito indicando o local onde você colocaria um interruptor.

9. Resolva os problemas apresentados a seguir.

a. Uma bateria de 9 V foi ligada a uma pequena lâmpada. Com um amperímetro, mediu-se a corrente elétrica que percorreu o circuito: $i = 0{,}03$ A. Calcule a resistência elétrica da lâmpada.

b. Calcule a corrente elétrica que percorre um circuito sabendo que ele foi atravessado por 12 coulombs em 2 minutos.

16 Magnetismo

Pesquisadores apresentam no Rio operação de trem de levitação magnética

LABORATÓRIO DE APLICAÇÕES DE SUPERCONDUTORES/UNIVERSIDADE FEDERAL DO RIO DE JANEIRO

Na fotografia, trem de levitação magnética desenvolvido pela Coppe/UFRJ, sob a coordenação do professor Richard Stephan.

A Praia de Copacabana, no Rio de Janeiro, [foi cenário] de uma demonstração de levitação para veículos sobre trilhos, em um projeto que poderá ser utilizado para o transporte urbano. Segundo Roberto Nicolski, pró-reitor de Extensão da Universidade Estadual da Zona Oeste, no bairro de Campo Grande, e diretor da Sociedade Brasileira Pró-Inovação Tecnológica (Protec), a aplicação é mais barata que a de outros sistemas de trens rápidos.

Nicolski, professor aposentado da Universidade Federal do Rio de Janeiro (UFRJ), onde iniciou o projeto na década de 1970, explica que o objetivo da pesquisa foi construir um veículo apropriado para uso urbano, que não emitisse gás carbônico, não produzisse ruído e que pudesse virar em uma esquina. "O veículo levita sobre uma pista de ímãs, que gera um campo magnético e repele as cerâmicas supercondutoras que estão no veículo", disse o pesquisador.

Em lugar de rodas, o veículo tem sapatas com cerâmicas supercondutoras resfriadas com nitrogênio líquido, considerado por ele extremamente barato. "Esse nitrogênio está a uma temperatura de menos de 196 graus [Celsius]. Nessa temperatura, a cerâmica adquire uma propriedade extraordinária. Ela repele um campo magnético que se queira aplicar nela", explicou o professor.

[...] Para os testes, segundo o professor, a universidade montou uma pista de ímãs de 200 metros de extensão para que os especialistas nacionais e estrangeiros possam verificar o funcionamento do trem. [...]

Quem participou [...] da demonstração, gostou do que viu. "Pode ser uma alternativa muito boa para a cidade. Estou torcendo para que dê certo", disse o fotógrafo Rob Curvelo. [...]

Cristina Indio do Brasil. Agência Brasil de Notícias. Disponível em: <http://agenciabrasil.ebc.com.br/geral/noticia/2014-09/sistema-de-funcionamento-de-trens-por-levitacao-chama-atencao-em-copacabana>. Acesso em 1 abr. 2015.

BATE-PAPO

1. Descreva para seus colegas como você acha que funcionará o trem de levitação magnética.
2. Você acha importante buscar formas alternativas de transporte público?
3. O que é um ímã?

MAGNETISMO

O magnetismo é o ramo da Física relacionado ao estudo das forças de atração e repulsão entre corpos. Os ímãs são os materiais que têm a propriedade de repelir ou atrair alguns tipos de materiais.

SINCLAIR STAMMERS/SPL/LATINSTOCK

Magnetita, mineral formado por óxido de ferro.

Ímãs naturais e artificiais

A palavra magnetismo tem origem em uma região da Grécia, a Magnésia, onde há grande quantidade do mineral magnetita (Fe_3O_4), que é um **ímã natural** formado por óxido de ferro. A magnetita tem propriedades magnéticas intensas e atrai materiais como ferro, cobalto e níquel, chamados **ferromagnéticos**.

Os materiais ferromagnéticos adquirem propriedades magnéticas se forem atritados por um ímã e se tornam **ímãs artificiais**. Alguns materiais se imantam com facilidade.

Há outro tipo de ímã artificial: o **eletroímã**, que é obtido ao se enrolar um fio em um corpo de ferro, fazendo passar por ele uma corrente elétrica.

CLIVE STREETER/GETTY IMAGES

No eletroímã, a corrente elétrica passa por um fio e cria um campo magnético.

Polos dos ímãs

As regiões de extremidade dos ímãs são chamadas **polos magnéticos**. Todo ímã apresenta dois polos magnéticos: norte (N) e sul (S). Nessas regiões os efeitos magnéticos são mais intensos. Os polos iguais se repelem e os polos diferentes se atraem.

ATRAÇÃO E REPULSÃO ENTRE ÍMÃS

Representação esquemática da atração e repulsão entre ímas. Cores fantasia. Elementos fora de escala de tamanho e de proporção.

Se quebrarmos um ímã ao meio, teremos dois ímãs, cada um com dois polos. Assim, por mais que se quebre um ímã, dele sempre resultarão novos ímãs, com dois polos cada um.

DIVISÃO DE UM ÍMÃ

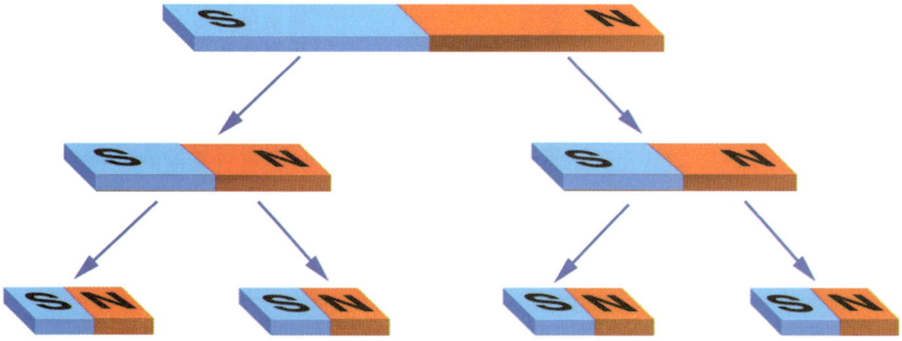

ILUSTRAÇÕES: LUIS MOURA

Representação esquemática da divisão de um ímã formando novos ímãs. Cores fantasia. Elementos fora de escala de tamanho e de proporção.

Materiais ferromagnéticos

Os ímãs só atraem os materiais ferromagnéticos, como ferro, níquel, cobalto. Outros metais, como cobre e alumínio, não são atraídos. Os átomos dos materiais ferromagnéticos são como pequenos ímãs. Quando esses materiais não estão magnetizados, os polos dos pequenos ímãs dos átomos estão orientados ao acaso, de forma que seus efeitos se cancelam.

Entretanto, ao passar um ímã sobre o material, ou colocar um ímã próximo a ele, os polos dos átomos se alinham, e o material fica imantado. Esse alinhamento dos átomos pode ou não permanecer após o afastamento do ímã que induziu a imantação.

Nos materiais que não têm propriedades eletromagnéticas, como a madeira ou o plástico, não é possível fazer a orientação dos polos dos átomos.

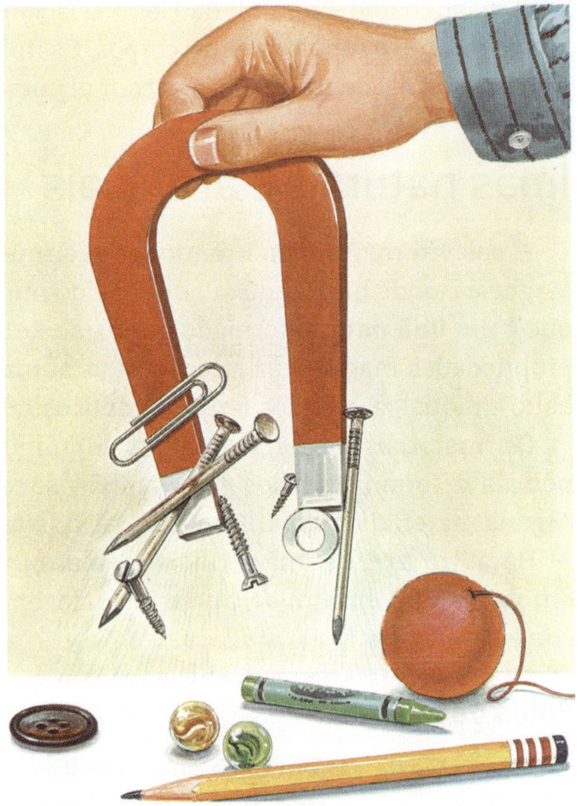

BLUE LANTERN STUDIO/LAUGHING E/BLUE LANTERN STUDIO/CORBIS

Representação artística de ímã atraindo objetos metálicos. Dentre os objetos que estavam sobre a mesa, apenas os que são de materiais ferromagnéticos foram atraídos pelo ímã. Os demais não se moveram. Cores fantasia. Elementos fora de escala de tamanho e de proporção.

IMANTAÇÃO DE UM MATERIAL FERROMAGNÉTICO

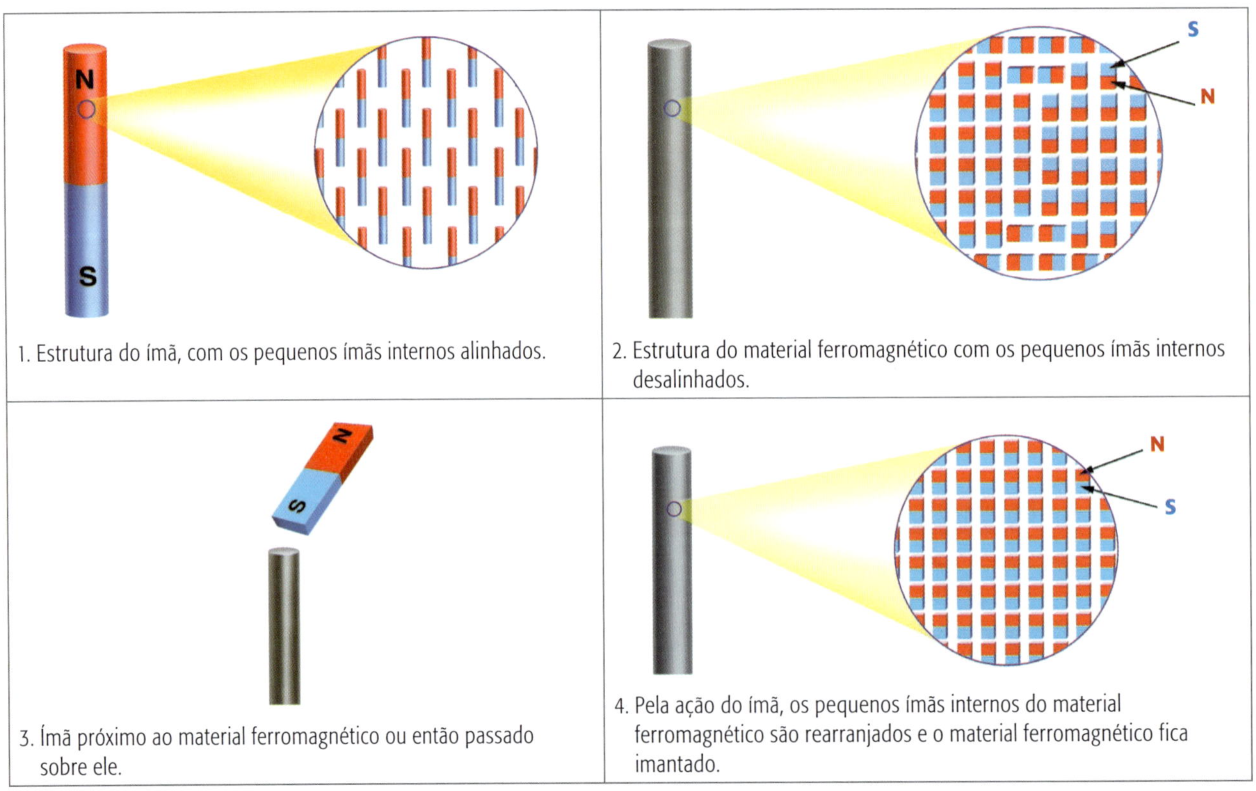

LUIS MOURA

Representação esquemática da imantação de um material ferromagnético. Elementos fora de escala de tamanho e de proporção.

SAIBA MAIS

Aplicações do magnetismo

"O que motores elétricos, discos rígidos de computador, televisores, carros [...] e cartões de crédito têm em comum? Resposta: materiais magnéticos. Presentes em inúmeros utensílios da vida moderna – o famoso "ímã de geladeira" talvez seja o caso mais emblemático –, esses materiais, por sua importância e complexidade, fazem com que as pesquisas sobre magnetismo sejam intensas na atualidade, com grandes avanços nas últimas duas décadas.

[...]

Os fenômenos magnéticos foram, talvez, os primeiros a despertar a curiosidade da humanidade sobre o interior da matéria. Os mais antigos relatos de experiências com a "força misteriosa" da magnetita (Fe_3O_4), o ímã natural, são atribuídos aos gregos e datam de 800 a.C. A primeira utilização prática do magnetismo foi a bússola, inventada pelos chineses na dinastia Han, em 200 d.C., e baseada na propriedade que uma agulha magnetizada tem de se orientar na direção do campo magnético terrestre. [...]

[...]

O século passado testemunhou um avanço impressionante no entendimento do fenômeno do magnetismo, e, consequentemente, suas aplicações se multiplicaram e foram substancialmente aprimoradas. [...]

Nas aplicações tradicionais, como em motores, geradores e transformadores, os materiais magnéticos são utilizados em três categorias principais: como ímãs permanentes – que têm a propriedade de criar um campo magnético constante – e como materiais magnéticos doces (ou permeáveis), que são magnetizados e desmagnetizados com facilidade e produzem um campo magnético muito maior ao que seria criado apenas por uma corrente enrolada na forma de espira.

Sobre a terceira grande categoria de aplicação, a chamada gravação magnética, vale a pena se estender um pouco mais, pois ela adquiriu grande importância nas últimas décadas. Essa aplicação é baseada na propriedade que o cabeçote de gravação tem de gerar um campo magnético em resposta a uma corrente elétrica. Com esse campo, é possível alterar o estado de magnetização de um meio magnético próximo, o que possibilita armazenar nele a informação contida no sinal elétrico.

A recuperação (ou a leitura) da informação gravada é realizada pelo processo inverso, denominado indução. Ou seja, a mídia magnetizada e em movimento sobre o cabeçote de leitura induz nele uma corrente elétrica. [...]

A gravação magnética é essencial para o funcionamento de gravadores de som e de vídeo, bem como de inúmeros equipamentos acionados por cartões magnéticos, como os caixas eletrônicos de banco."

Marcelo Knobel. Disponível em: <http://cienciahoje.uol.com.br/revista-ch/revista-ch-2005/215/aplicacoes-do-magnetismo>. Acesso em: 24 mar. 2015.

Emblemático: representativo; simbólico.

Para pensar

1. Qual característica dos ímãs permanentes é utilizada na produção de motores e geradores?
2. Como funciona a gravação magnética? A que tipo de ímã se assemelha o cabeçote de gravação?

Pista 3

Atualmente, são usados CDs, DVDs e *pen drives* para armazenar arquivos digitais de áudio ou dados. Esses dispositivos têm seu funcionamento baseado em gravação magnética. Mas você sabe que dispositivos eram usados há alguns anos atrás? Faça uma pesquisa, converse com os familiares mais velhos e pergunte sobre o funcionamento de fitas cassete, LPs e disquetes. Quais as vantagens e desvantagens que eles ofereciam, se compararmos com os atuais?

CAMPO MAGNÉTICO

Os ímãs agem a distância. Essa distância é determinada pelo alcance do campo magnético que o ímã forma ao seu redor. As regiões próximas ao ímã têm campo magnético mais intenso do que as regiões distantes.

O campo magnético de um ímã não é visível, mas é possível visualizar seus efeitos espalhando limalha (pequenos pedaços) de ferro ao redor dele. A limalha de ferro, então, dispõe-se ao longo das linhas do campo magnético, evidenciando-as.

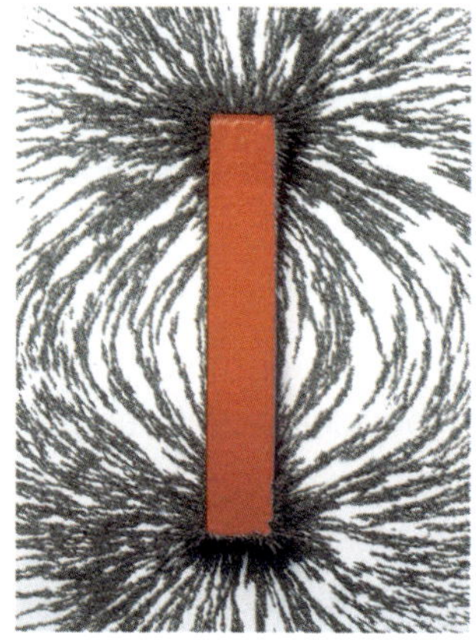

CORDELIA MOLLOY/SPL/LATINSTOCK

Campo magnético ao redor de um ímã com forma de barra.

Campo magnético da Terra

O planeta Terra tem um campo magnético ao seu redor. Supõe-se que ele seja formado por movimentos de materiais metálicos no centro da Terra.

O eixo magnético (M) do campo magnético da Terra não coincide com o eixo de rotação da Terra (R). Por essa razão, o polo magnético (P_M) e o polo geográfico (P_G) não coincidem: são um pouco afastados um do outro. A agulha da bússola se alinha ao eixo magnético da Terra e aponta o polo magnético, e não o polo geográfico. Os navegadores devem saber fazer a correção da bússola para saber onde está o norte geográfico.

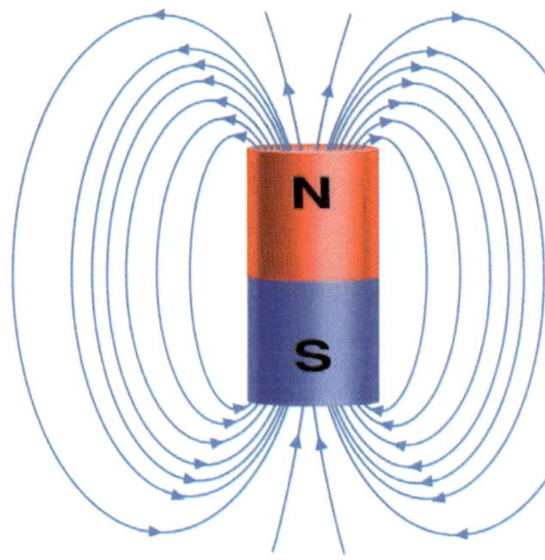

LUIS MOURA

Representação esquemática das linhas do campo magnético de um ímã. Elas saem do polo norte e se dirigem ao polo sul. Cores fantasia. Elementos fora de escala de tamanho e de proporção.

REPRESENTAÇÃO DO CAMPO MAGNÉTICO DA TERRA

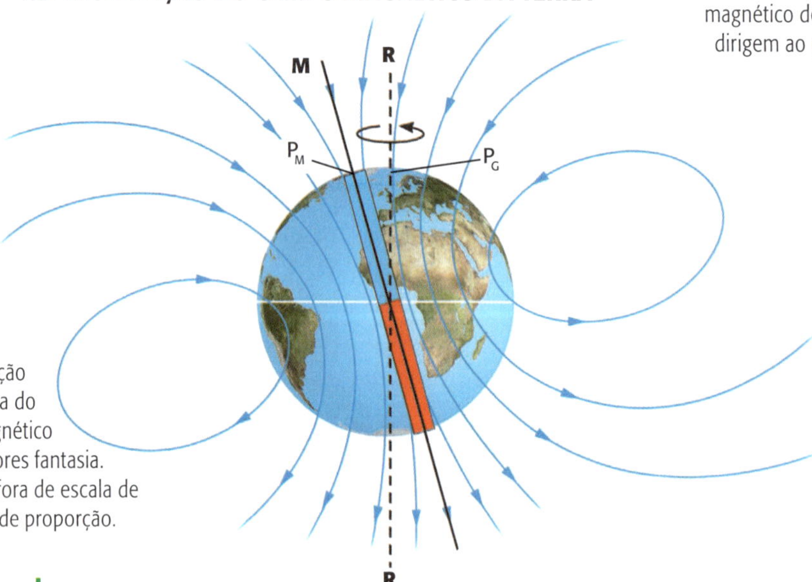

LUIS MOURA

Representação esquemática do campo magnético da Terra. Cores fantasia. Elementos fora de escala de tamanho e de proporção.

Bússola

A bússola é originária da China, de onde se tem registros de seu uso já em 1040. Foi introduzida na Europa no século XIII e adotada pelos navegadores; seu papel foi importante durante as grandes navegações.

Esse intrumento possui uma agulha imantada presa ao centro da bússola. Essa agulha, então, pode girar livremente, voltando uma ponta para a direção do norte magnético e a outra extremidade automaticamente apontando o sul magnético.

Mostrador da bússola tendo no centro a Rosa dos Ventos com os pontos cardeais Norte, Sul, Leste e Oeste. O Leste é indicado pela letra E (de *East*, em inglês) e o Oeste pela letra W (de *West*, em inglês). A agulha aponta sempre para o Norte.

CRISTINA PEDRAZZINI/SPL/LATINSTOCK

Eletroímã

Se enrolarmos um fio de cobre fino ao redor de um prego e fizermos passar por ele uma corrente elétrica, o prego vai adquirir as propriedades de um ímã. Quando interrompemos o circuito, o prego perde sua propriedade magnética. A esse ímã criado pela passagem da corrente elétrica se dá o nome de **eletroímã**.

ELETROÍMÃ COM CIRCUITO ABERTO

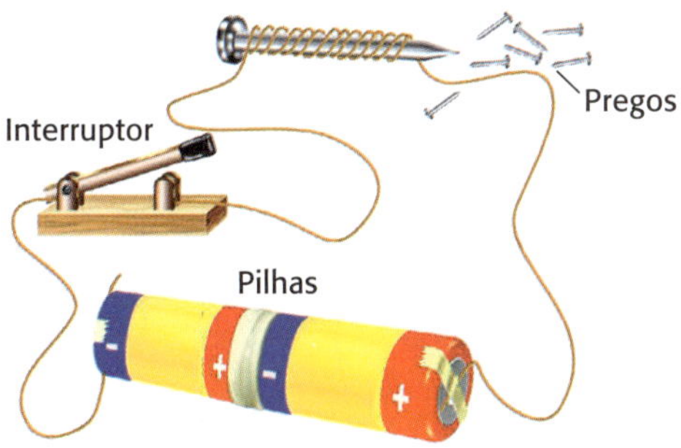

Prego grande não imantado.

ELETROÍMÃ COM CIRCUITO FECHADO

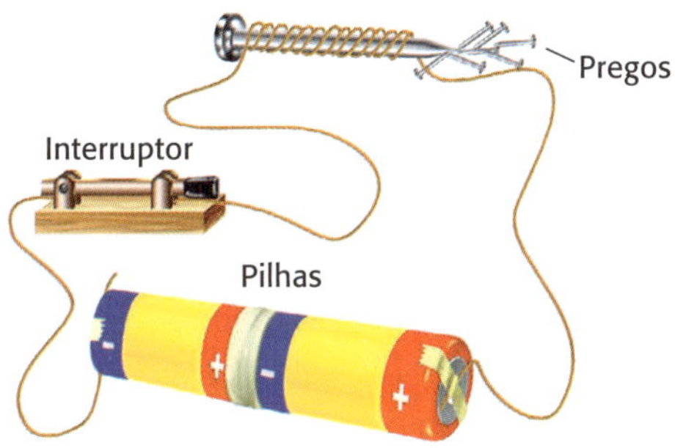

Prego grande imantado atrai pregos pequenos.

Representação esquemática de eletroímãs com circuito aberto e fechado. Cores fantasia. Elementos fora de escala de tamanho e de proporção.

Os eletroímãs são feitos de um material ferromagnético envolvido por cabos elétricos. A vantagem dos eletroímãs é que seu campo magnético pode ser controlado, de acordo com a corrente elétrica que passa pelo fio. Eles têm aplicações práticas em alto-falantes, microfones, televisores, gravadores, aparelhos médicos de ressonância magnética, entre outros equipamentos. Geralmente não percebemos sua presença porque fazem parte da estrutura interna desses aparelhos.

Gerador e motor elétrico

Quando um ímã se aproxima ou se afasta de um fio enrolado (bobina), há produção de corrente elétrica no fio, mesmo não havendo nenhuma bateria ligada a ele. A corrente, que é indicada no aparelho (**A**, amperímetro), só é produzida durante o movimento do ímã, cessando quando o movimento para. Esse fenômeno é conhecido como **indução magnética**. O mesmo efeito ocorre se a bobina se mover perto do ímã.

A energia cinética de movimento do ímã é convertida em energia elétrica. Assim, os geradores são dispositivos que convertem alguns tipos de energia em energia elétrica, por efeito de indução magnética.

Na turbina de uma usina hidrelétrica, por exemplo, a energia mecânica da queda-d'água faz girar espiras condutoras próximo a um ímã, produzindo uma corrente elétrica.

Os motores elétricos convertem a energia elétrica em energia mecânica e produzem um movimento de rotação na espira, que pode ser aproveitado, por exemplo, para girar as pás de um ventilador ou de um liquidificador.

FUNCIONAMENTO DE GERADOR ELÉTRICO

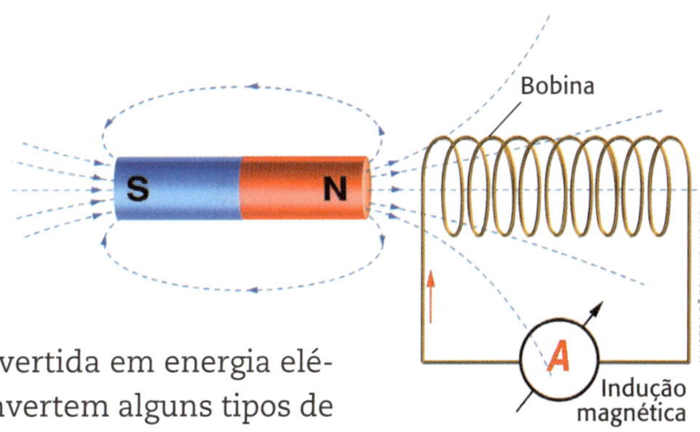

ILUSTRAÇÕES: LUIS MOURA

Representação esquemática de gerador elétrico. Cores fantasia. Elementos fora de escala de tamanho e de proporção.

1. As imagens representam a estrutura interna de uma agulha antes e depois de ela ser magnetizada por um ímã. Explique o que as setas vermelhas representam.

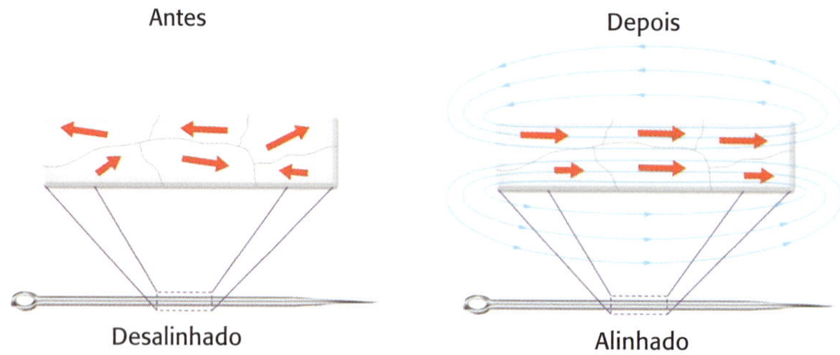

Representação esquemática da estrutura interna de uma agulha antes e depois de ser magnetizada. Cores fantasia. Elementos fora de escala de tamanho e de proporção.

2. Algumas usinas de reciclagem de lixo usam ímãs posicionados sobre esteiras rolantes de maneira a recolher materiais metálicos. Esse sistema consegue recolher latinhas de alumínio? Explique.

3. A figura ao lado mostra o campo magnético da Terra. O ímã desenhado sobre a Terra representa os polos magnéticos da Terra. De cada lado da figura da Terra representamos duas bússolas.
   a. As bússolas apontam para o polo magnético da Terra ou para o polo geográfico norte?
   b. Por que o polo norte da bússola é atraído pelo polo magnético sul da Terra?

CAMPO MAGNÉTICO DA TERRA

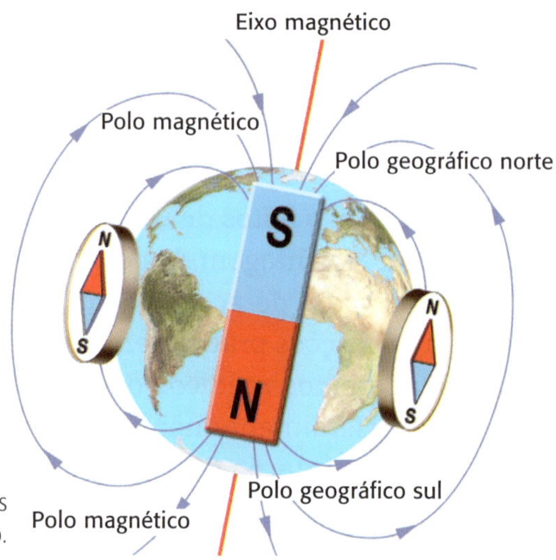

Representação esquemática do campo magnético da Terra. Cores fantasia. Elementos fora de escala de tamanho e de proporção.

4. Observe as linhas de campo evidenciadas por limalha de ferro de um ímã em forma de ferradura.
O que a posição das limalhas de ferro entre os polos norte e sul indicam?

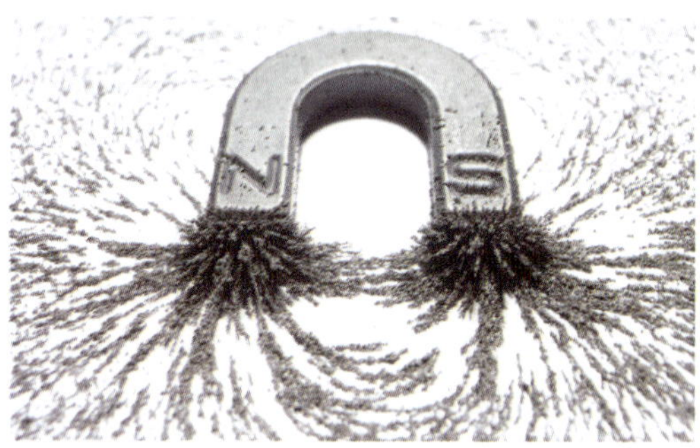

CORDELIA MOLLOY/SPL/LATINSTOCK

Limalhas de ferro desenham o campo magnético de um ímã em forma de ferradura.

5. Observe as figuras a seguir, que mostram o campo magnético de um ímã e as posições da agulha de uma bússola ao longo de um campo magnético. Para qual polo é atraída a ponta Norte da bússola? Justifique sua resposta.

ILUSTRAÇÕES: LUIS MOURA

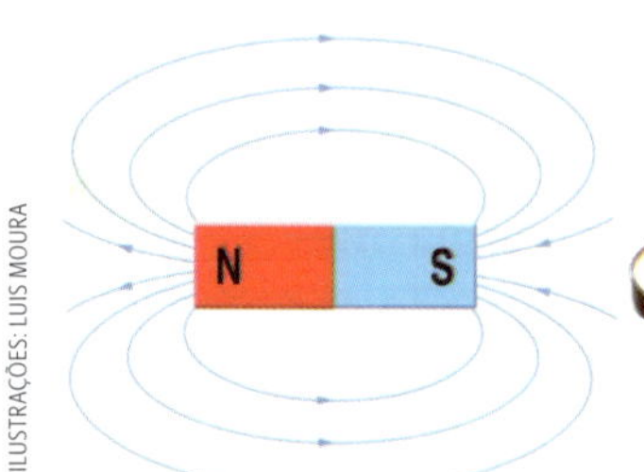

Representação esquemática do campo magnético de um ímã e as posições da agulha de uma bússola ao longo do campo magnético. Cores fantasia. Elementos fora de escala de tamanho e de proporção.

6. Observe a fotografia ao lado e leia o texto.

Eletroímã usado para levantar materiais ferromagnéticos, como ferro e aço, no pátio de uma usina de reciclagem. As propriedades desses materiais tornam fácil separá-los de outros materiais descartados. A reciclagem desse material é importante porque pode ser feita indefinidamente e representa economia das reservas da Terra.

a. Explique o que é um eletroímã.

b. Por que ele atrai somente metais ferromagnéticos?

PAUL RAPSON/SPL/LATINSTOCK

Eletroímã em um depósito de sucata.

7. Observe as fotografias a seguir. Elas mostram limalhas de ferro orientadas segundo o campo magnético de dois ímãs. Cada ímã tem um polo norte e um polo sul. Polos iguais se repelem e polos diferentes se atraem. Baseando-se nessa informação e na disposição das limalhas, qual fotografia mostra a repulsão entre os ímãs e qual mostra a atração entre os ímãs?

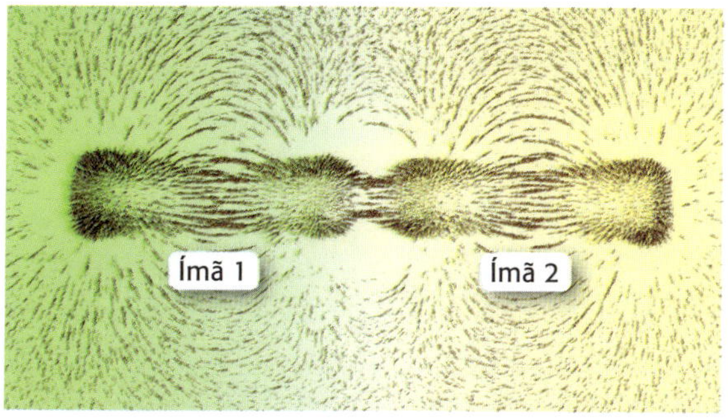

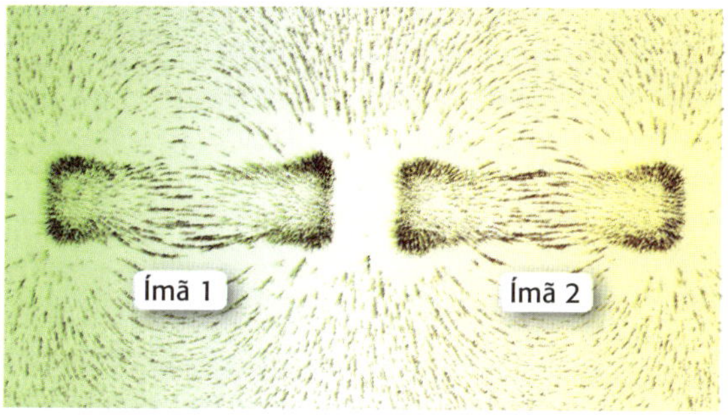

MARTYN F. CHILLMAID/SPL/LATINSTOCK

Limalhas de ferro próximas de ímã em duas situações distintas.

Desfecho

Nas unidades 7 e 8, podemos encontrar pistas que nos levaram ao seguinte desfecho: Com o passar do tempo, as necessidades do homem se ampliaram e, com isso, a Ciência tem sido capaz de oferecer melhores alternativas à sociedade. O advento da energia elétrica, as cores nas fotografias, a qualidade no som dos arquivos em MP3, a alta capacidade de armazenamento de dados em um simples *pen drive*, são ótimos exemplos do quanto é possível utilizar a tecnologia para melhorar a qualidade de vida.

Encerrando a unidade

Nesta unidade, você conheceu princípios da eletrostática, da eletrodinâmica e do magnetismo.

Esses princípios são utilizados em diferentes processos e produtos pelos seres humanos.

Elabore um texto descrevendo a importância para a humanidade da aplicação da eletrostática, da eletrodinâmica e do magnetismo em processos e equipamentos do dia a dia.

Raios nas tempestades de verão

É no começo do ano, sobretudo em janeiro e fevereiro, que ocorrem tempestades frequentemente acompanhadas de raios e trovões. [...] Embora comuns, esses fenômenos atmosféricos despertam medo e apreensão na humanidade há milênios.

Ao longo da história, muitos povos associaram suas divindades às tempestades, pois, em razão de sua intensidade e por serem incontroláveis, podiam causar destruição. [...] Até os super-heróis das histórias em quadrinhos, como Thor (baseado no deus do trovão da mitologia nórdica), estão associados ao poder das tempestades.

Os fenômenos que mais chamam a atenção nas tempestades são os relâmpagos, raios e trovões. Os relâmpagos são os processos de descarga elétrica na atmosfera; os raios são designados coloquialmente como o caminho luminoso da descarga atmosférica quando esta atinge o solo; já os trovões são os efeitos sonoros da descarga elétrica atmosférica decorrente da expansão abrupta do ar aquecido pela descarga.

[...]

Mitos e verdades

Há muitos mitos em relação a como se proteger de raios, como, por exemplo, cobrir espelhos, não pegar em facas e garfos, entre outros objetos metálicos. O mito do espelho pode estar relacionado com o fato de ele refletir os clarões causados pelos raios e também porque antigamente ele costumava ficar em grandes estruturas metálicas. Objetos de metal no interior de casas não têm como atrair raios.

Mas, de fato, se houver uma tempestade com raios, alguns cuidados são importantes, como evitar a rua e outros ambientes abertos. Os melhores abrigos são automóveis (desde que não sejam conversíveis) ou ônibus.

Carros ou ônibus nos protegem de raios não só por ter pneus, que ajudam a nos isolar eletricamente do chão, mas também porque, caso haja uma descarga elétrica, o raio ficará na superfície metálica, não conseguindo penetrar no interior do veículo.

Devemos também evitar ficar próximos ou debaixo de árvores ou em terrenos descampados. Nessas situações, ficamos muito vulneráveis se ocorrer uma descarga elétrica. Se estivermos em casa, devemos evitar o uso de telefone com fio ou celular ligado à rede elétrica, bem como tocar em equipamentos elétricos, pois um raio pode cair na rede elétrica e transmitir uma corrente muito intensa. Também não é prudente ficar próximo de estruturas metálicas.

Os fenômenos naturais acontecem, e, quase sempre, seus efeitos não podem ser evitados. O que podemos fazer é conhecê-los melhor, para nos proteger e prevenir de suas consequências. Afinal, compreender a natureza é o que nos torna mais integrados a ela.

Adilson de Oliveira. Disponível em: < http://cienciahoje.uol.com.br/colunas/fisica-sem-misterio/raios-nas-tempestades-de-verao/?searchterm=para%20raio>. Acesso em: 5 maio 2015.

Para explorar

1 De acordo com o texto, como os acidentes com raios podem ser evitados?

2 De que forma o conhecimento dos fenômenos físicos pode ajudar no nosso cotidiano?

3 Faça uma pesquisa sobre Thor, deus da mitologia nórdica. Descreva em linhas gerais as suas características.

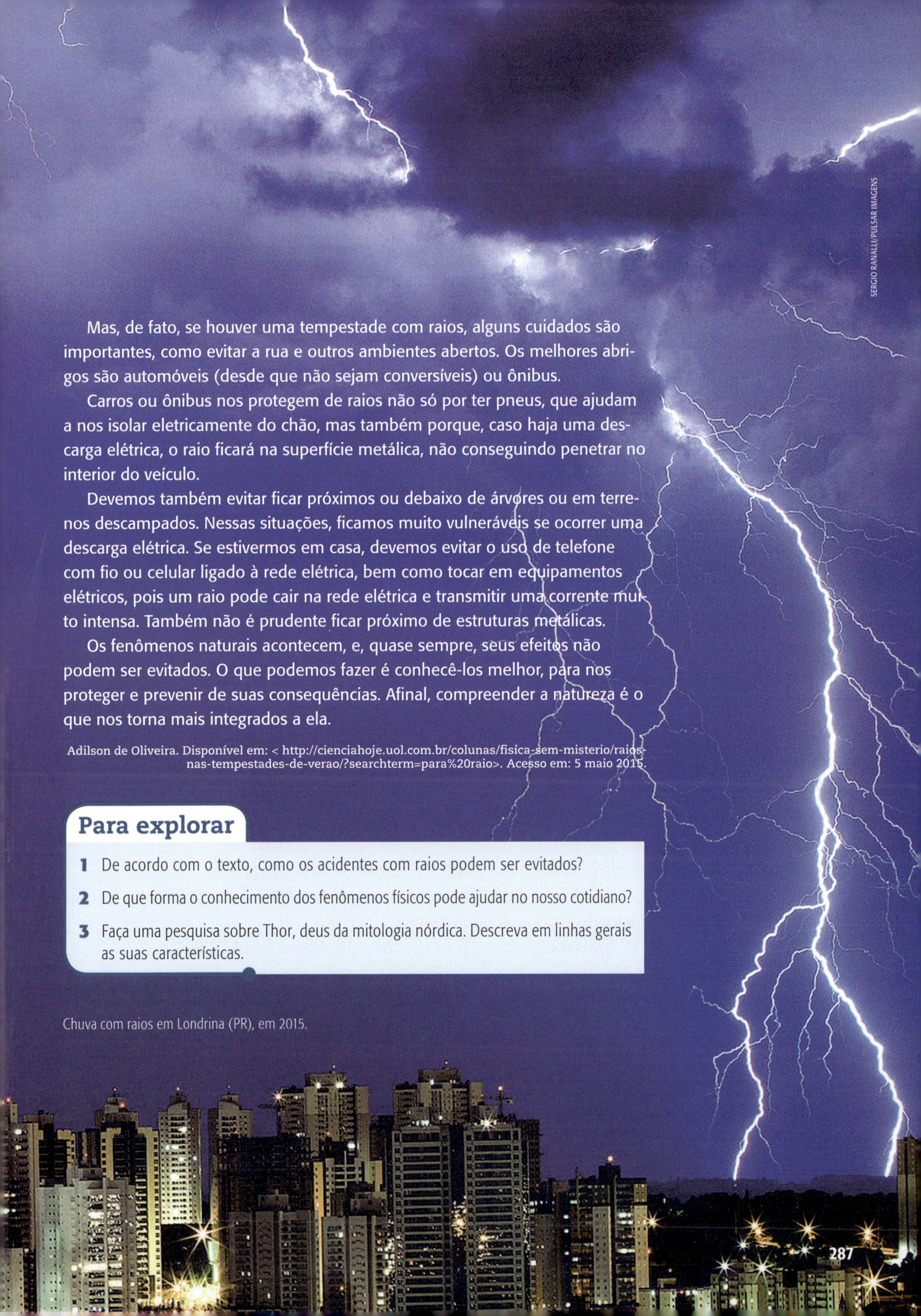

Chuva com raios em Londrina (PR), em 2015.

SERGIO RANALLI/PULSAR IMAGENS

BIBLIOGRAFIA

ANBROGI, A. *Química para o magistério*. São Paulo: Harbra, 1995.

ASSIS, A. K. T. *Arquimedes, o centro da gravidade e a lei da alavanca*. São Paulo: Livraria da Física, 2011.

BACHELARD, G. *A formação do espírito científico*. Rio de Janeiro: Contraponto, 2002.

BIZZO, N. *Ciências*: fácil ou difícil? São Paulo: Biruta, 2010.

BORUCHOVITCH, E. (org.). *A motivação do aluno*. Petrópolis: Vozes, 2001.

BRAGA, M. et al. *Galileu e o nascimento da ciência moderna*. São Paulo: Atual, 2008.

CHERMAN, A.; MENDONÇA, B. R. *Por que as coisas caem?* Rio de Janeiro: Jorge Zahar, 2010.

CAMPOS, A. et al. *Física experimental básica*. Belo Horizonte: Editora da UFMG, 2007.

CANIATO, R. *As linguagens da Física*. São Paulo: Ática, 1990.

CARVALHO, A. M. P. *Ciências no Ensino Fundamental*: o conhecimento físico. São Paulo: Scipione, 1998.

COHEN, B.; WESTFALL, R. S. *Newton*: textos, antecedentes, comentários. Rio de Janeiro: Contraponto, 2002.

CUNHA CAMPOS, M. C.; NIGRO, R. G. *Didática de Ciências*: o ensino-aprendizagem como investigação. São Paulo: FTD, 1999.

HALLIDAY, D.; RESNICK, R.; WALKER, J. *Fundamentos de Física*. v. 1, 2, 3 e 4. Rio de Janeiro, LTC, 2007.

ESPIRIDIÃO, I.; NÓBREGA, O. *Os metais e o homem*. São Paulo: Ática, 2001.

ESPÓSITO, B. *Química em casa*. São Paulo: Atual, 2003.

FERRARO, N. G. *Os movimentos:* pequena abordagem sobre mecânica. São Paulo: Moderna, 2003.

FIGUEIREDO, A. *Faces da energia*. São Paulo: FTD, 2000.

GADOTTI, M. *História das ideias pedagógicas*. São Paulo: Ática, 1993 (série Educação).

GORE, A. *Uma verdade inconveniente*: o que você precisa saber (e fazer) sobre o aquecimento global. São Paulo: Manole, 2006.

IBGE. *Atlas geográfico escolar*. Rio de Janeiro: IBGE, 2012.

KOTZ, J.; TREICHEL, P. *Química geral e reações químicas*. São Paulo: Pioneira Thomson Learning, 2006.

MACHADO, N. J. *Cidadania e educação*. São Paulo: Escrituras, 1997.

MONTANARI, V. *Viagem ao interior da matéria*. São Paulo: Atual, 2011.

NUTHALL, G.; SNOOK, I. Modelos contemporâneos de ensino. In: TRAVERS. *Second handbook of research on teaching*. Chicago: Rard McNally (Cadernos de Didática, n. 5).

HEWITT, P. G.; SUCHOCKI, J. A; HEWITT, L. A. *Conceptual physical Science* – explorations. Second Edition. San Francisco: Pearson Addison-Wesley, 2010.

PERRENOUD, P. *10 novas competências para ensinar*. Porto Alegre: Artmed, 2000.

POSKITT, K. *Isaac Newton e sua maçã*. São Paulo: Companhia das Letras, 2001.

ROBSON, P. *O elemento misterioso*: uma história sobre Marie Curie. São Paulo: Moderna, 2003.

RUSSOMANO, T. *A gravidade*: esta grande escultora. Porto Alegre: Editora da PUC - RS, 2009.

STRATHERN, P. *Newton e a gravidade em 90 minutos*. Rio de Janeiro: Jorge Zahar, 1998.

TEIXEIRA, W. et al. *Decifrando a Terra*. São Paulo: Nacional, 2009.

VALADARES, E. E. *Física mais que divertida*. Belo Horizonte: UFMG, 2000.

WALKER, J. *O grande circo da Física*. Lisboa: Gradiva, 1990.

WEISSMANN, H. (org.). *Didática das Ciências Naturais*: contribuições e reflexões. Porto Alegre: Artes Médicas Sul, 1998.

Jornadas.cie

Caderno de Atividades 9

Ciências

Organizadora:
Editora Saraiva
Obra coletiva organizada e produzida pela Editora Saraiva

Editora responsável:
Isabel Rebelo Roque
Bacharel em Medicina Veterinária pela Faculdade de Medicina Veterinária e Zootecnia da Universidade de São Paulo. Editora.

Elaboração das atividades: Andrezza Cacione
Edição: Daniela Muramatsu
Anderson Tamakoshi
Fabíola Bovo Mendonça (Coord.)

Editora Saraiva

APRESENTAÇÃO

Caro(a) estudante,

Você já experimentou a sensação de encontrar tantas informações sobre um assunto que mal consegue relacioná-las ou selecionar as mais relevantes?

Estamos em constante contato com as mais diversas informações e pontos de vista, e tudo isso nos chega por diferentes meios – conversas com familiares e amigos, aulas, redes sociais na internet, programas de televisão ou rádio, filmes, jornais, revistas, livros etc.

Já se sabe, entretanto, que a facilidade de acessar as informações que nos interessam não é suficiente para nos tornar sujeitos ativos e autônomos na construção dos saberes que queremos.

Para possibilitar que você construa – individualmente ou em grupo – aprendizagens significativas, elaboramos este *Caderno de Atividades*. Aqui apresentamos um conjunto de atividades relacionadas aos conteúdos estudados nas suas aulas de Ciências. Essas atividades têm como principal objetivo ajudar você a desenvolver suas habilidades e competências para que possa atuar com liberdade e segurança na sociedade do conhecimento em que vivemos.

Seu *Caderno de Atividades* está dividido em unidades, acompanhando a organização do Livro do Estudante. Em cada unidade, você encontra as seções: *Reveja a jornada*, que propõe atividades de revisão e avaliação dos principais conteúdos conceituais da unidade; *Outro olhar*, que retoma uma seção do livro e sugere diferentes formas de ver ou diferentes dimensões de abordagem do conteúdo ou objeto de estudo da seção, e *Leitura do mundo*, que propõe uma atividade reflexiva acerca de temas presentes na sua vida de estudante e cidadão, como convívio social, sustentabilidade, tecnologia e cultura de povos tradicionais. Nessas três seções, você encontrará práticas de leitura e de interpretação de textos e imagens, pesquisas, debates, vídeos, reflexão crítica e expressão escrita, entre outros desafios. Caso tenha dúvidas, poderá contar com a mediação do(a) professor(a) para solucioná-las e esclarecê-las.

As práticas propostas neste *Caderno de Atividades*, somadas às do seu livro ***Jornadas Ciências***, vão ajudar você a construir seu próprio conhecimento sobre Ciência e a avaliar criticamente as consequências da aplicação do conhecimento científico na sociedade em que vive, ampliando sua compreensão sobre processos, fenômenos e conceitos biológicos.

Convidamos você a fazer conosco mais esta jornada!

Os editores

SUMÁRIO

UNIDADE 1

Propriedade da matéria

Reveja a jornada

1. Elabore um texto usando os termos do quadro.

Massa	Volume	Matéria	Espaço	Lápis	Propriedades	Transformações	Emoções

____

____

____

2. Leia o texto a seguir e responda às questões.

> "Imagine uma fibra natural que é simultaneamente mais forte que o aço, mais flexível que o *nylon*, extremamente leve e, ainda por cima, biodegradável e biocompatível com o organismo humano. Há décadas os cientistas sabem onde encontrar esse material 'mágico': nos fios de seda das teias de aranha. E há décadas eles tentam – com técnicas cada vez mais sofisticadas – reproduzir em laboratório o que esses animais fazem há centenas de milhões de anos na natureza. [...]"
>
> Herton Escobar. Seda de aranha, sem trocadilho. *O Estado de S. Paulo*. Disponível em: <http://www.ciencia.estadao.com.br/blogs/herton-escobar/seda-de-aranha-sem-trocadilho/>. Acesso em: fev. 2016.

a) Quais características fazem com que os fios de seda das teias de aranha sejam interessantes para os cientistas?

____

____

b) Um material com essas características seria adequado em que tipo de atividade?

____

____

____

____

3. Leia o texto a seguir e responda às questões.

"Em 2009 a geleira Chacaltaya desapareceu de vez da paisagem boliviana. Havia tempos que ela vinha encolhendo porque a quantidade de neve que ali se acumulava a cada ano não era mais suficiente para mantê-la. Mas não se esperava que sumisse de vez tão cedo, seis anos antes do que os pesquisadores haviam calculado. Situada a cerca de 30 quilômetros ao norte de La Paz, a capital da Bolívia, Chacaltaya era uma geleira pequena, mas internacionalmente conhecida por abrigar a pista de esqui mais alta do mundo, a 5.300 metros acima do nível do mar, e por ser o local onde o físico brasileiro César Lattes realizou em fins dos anos 1940 parte dos experimentos que levaram à descoberta do méson-pi, uma partícula subatômica. Seu fim antecipado deixou os bolivianos sem ter onde esquiar e virou notícia mundo afora por um motivo bem mais importante: o que aconteceu com ela também vem ocorrendo com muitas das geleiras dos Andes e de outras regiões do planeta. Na opinião de especialistas, a retração das geleiras andinas pode sinalizar o destino de boa parte do gelo tropical caso a temperatura da atmosfera continue subindo no ritmo das últimas décadas: virar água. [...]

Nas geleiras da porção oriental dos Andes nascem riachos que, à medida que se encaminham para leste, ganham volume e originam importantes rios da bacia amazônica, como o Madeira e o Solimões. É dos Andes que vem parte dos sedimentos que fertilizam esses rios e são carregados até o Atlântico. Ninguém sabe o que pode acontecer com esses rios e com os ecossistemas que os integram se as geleiras andinas e o aporte de sedimentos diminuírem muito nas próximas décadas. 'Precisamos mudar o conceito que há no Brasil de que esse gelo não vai afetar o país', diz [o glaciologista Jefferson Cardia Simões, diretor do Centro de Pesquisas Científicas e Polar da UFRGS]. "Toda a porção oeste da Amazônia está muito perto dessa massa de gelo."

Ricardo Zorzetto. Degelo nos Andes. *Revista Pesquisa Fapesp*. Disponível em: <http://www.revistapesquisa.fapesp.br/wp-content/uploads/2013/04/044-047_Pesquisa_206.pdf?477407>. Acesso em: fev. 2016.

SEB001/SHUTTERSTOCK

Paisagem com a geleira Chacaltaya ao fundo.

a) O desaparecimento da geleira de Chacaltaya ocorreu por meio ou influência de que processos?

____

____

____

b) O derretimento de geleiras de pequeno porte como a de Chacaltaya deve ser visto com preocupação? Justifique.

____

____

____

4. O carbono pode ser encontrado no solo, no interior do planeta, nos oceanos e na atmosfera. Ele circula por diferentes ambientes sempre desempenhando papel fundamental. Analise o ciclo a seguir, identifique as afirmações incorretas e reescreva-as de modo que fiquem corretas.

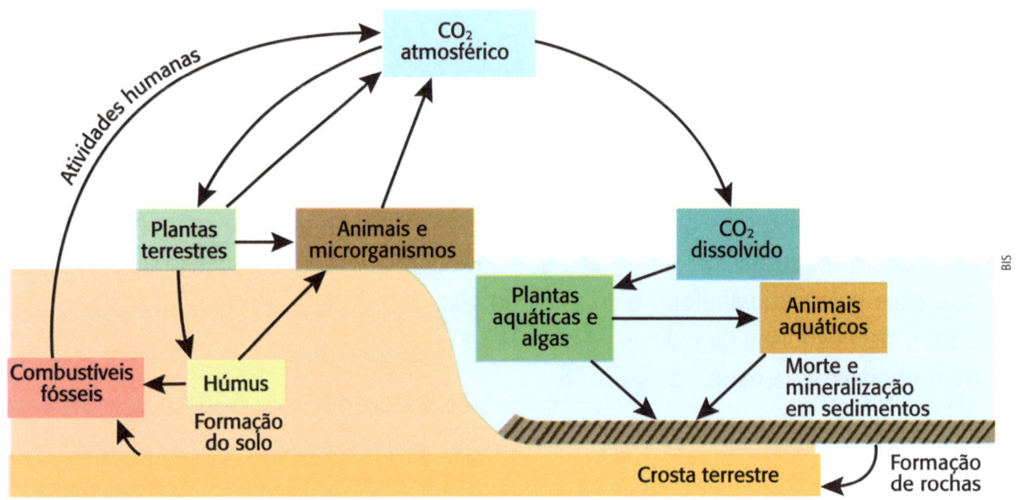

a) O carbono pode ser encontrado apenas na composição de materiais sólidos.

____

____

____

b) A quantidade total de carbono existente no planeta aumenta com as atividades humanas.

____

____

____

c) Os combustíveis fósseis apresentam carbono em sua constituição.

____

____

5. Livro, caderno, panfleto, calendário e tantos outros itens de uso diário utilizam como base o mesmo material: o papel. Para sua produção são necessárias dezenas de árvores e produtos químicos, que causam impacto ao meio ambiente. Uma forma de reduzir este impacto é reciclar o papel, e isso pode ser feito de forma artesanal. Acompanhe o passo a passo ilustrado a seguir e responda às questões.

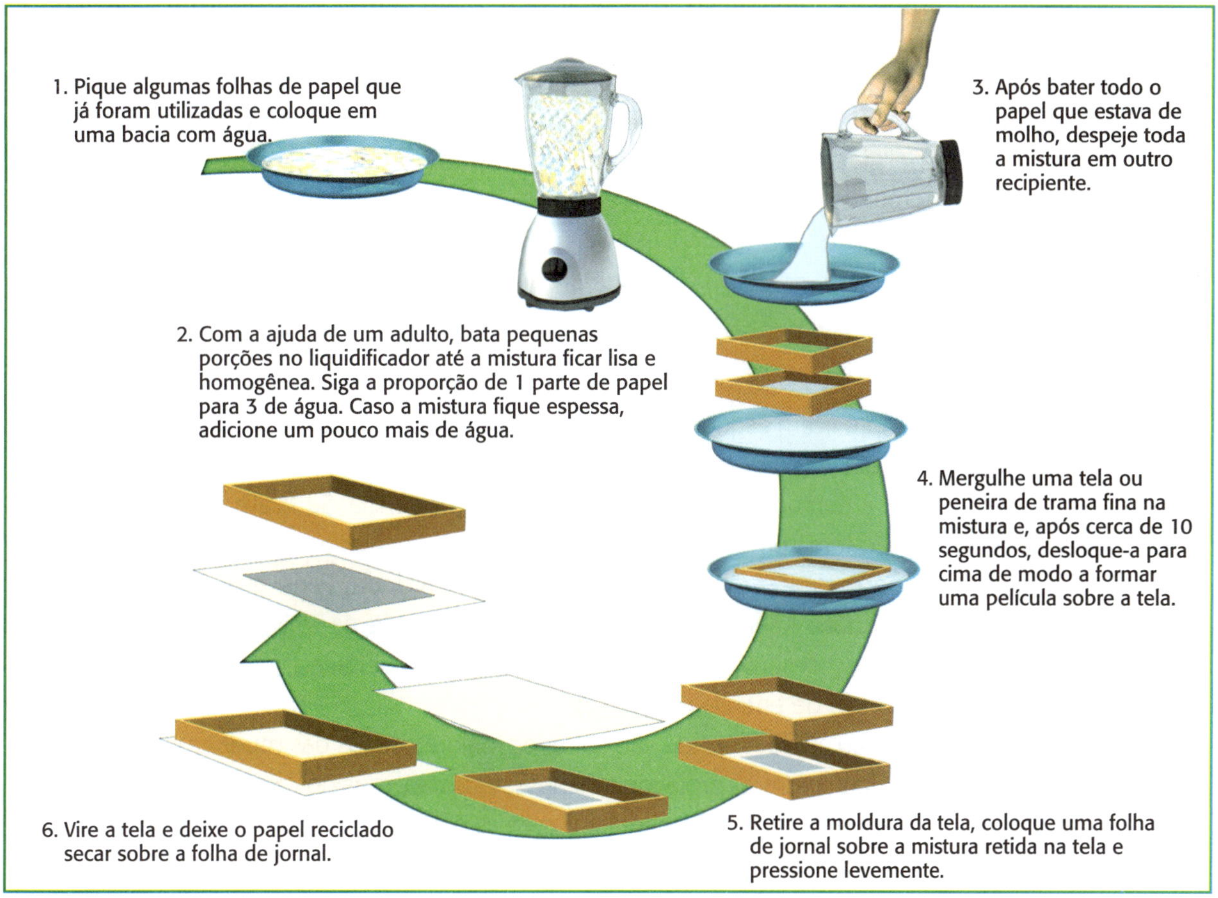

a) Pode-se afirmar que o papel passou por uma transformação, mesmo que o produto final seja também papel?

____

____

b) Pequise outro processo de reciclagem que produza materiais que podem ser usados na confecção de outros objetos. Os materiais pesquisados apresentam quais propriedades que o fazem interessantes para a reciclagem?

____

____

____

____

____

____

____

Outro olhar

No *infográfico* "Materiais de construção" (páginas 26 e 27 do Livro do Estudante), você conheceu diferentes materiais que são utilizados na construção de uma casa, de acordo com a característica e a função que apresentam. As cidades são os locais onde a demanda por esses materiais é intensa, já que a concentração de pessoas e, consequentemente, de casas é alta. É na cidade também onde a demanda por energia, água e outros recursos também é grande. Leia o texto a seguir sobre a importância da participação das cidades no enfrentamento dos problemas ambientais e depois responda às questões.

"'As cidades sempre ficam esquecidas nas negociações, no entanto, são as principais fontes de gases de efeito estufa. A maior parte da população no Brasil vive nas cidades, e com o tempo tende a se agravar a demanda por energia, transporte, residência. Se falamos em reduzir as emissões de gases, não tem como não tratar como elas podem contribuir.'

O recado, às vésperas da 21ª Conferência do Clima da ONU, em Paris, que começa no dia 30, é da engenheira Suzana Kahn. Coordenadora do Fundo Verde da Universidade Federal do Rio – polo de projetos de desenvolvimento sustentável, para melhorar a mobilidade urbana e tornar mais eficiente o uso de energia e água [...].

Suzana afirma que são as cidades que vão sofrer os maiores danos das mudanças climáticas. 'Daí a importância de elas serem as protagonistas nessa questão, mas no caso da INDC nacional (o conjunto de metas que os países apresentaram com as contribuições que podem adotar para reduzir emissões) isso ainda não tem acontecido. Ela coloca metas de emissão de carbono nos anos 2025 e 2030, mas não define quais serão os instrumentos econômicos e políticos que as viabilizarão. A estratégia adotada deve contemplar a parceria com as cidades. A população delas é mais sensível à questão, está mais próxima das medidas de prefeitos e tendem a responder melhor à política local do que as de âmbito nacional. Mas algumas políticas, no caso no Brasil, estão centralizadas no poder federal, como é o caso dos combustíveis, da geração de energia elétrica', diz.

Para a engenheira, se há intenção de aumentar a participação de renováveis na matriz energética, 'que sejam dados instrumentos para as cidades participarem da geração de energia'. Ela acredita que vale incentivar a população para que tenha telhados solares, por exemplo. 'Isso diminui a pressão sobre a rede, por novas termoelétricas. Toda forma de geração de energia centralizada que temos no país está longe do centro consumidor, há uma enorme perda de distribuição. A produção local não tem custo das linhas de transmissão nem as perdas desse processo. Como o sistema nacional de energia é interligado, tendo uma fonte renovável no meu telhado, eu deixo de pegar energia da rede. Quando não tem sol, volto a usá-la, mas se tenho excedente de produção, posso injetar na rede. A meta de eficiência energética pode ser facilmente atingida se as edificações começarem a se ajustar a padrões eficientes de iluminação e refrigeração. Os prédios poderão ser obrigados a usar telhados brancos ou com vegetação, aumentando a refletividade da cidade. Pode se dar incentivo para que frotas municipais de veículos usem eletricidade', diz.

Questionada sobre alguma estimativa de com quanto ações de mitigação nas cidades brasileiras contribuam em termos de redução nas emissões brasileiras, Suzana afirma que, 'num cenário otimista, com ações nas áreas de consumo de energia, mobilidade e resíduos, é possível que as cidades brasileiras deixem de emitir até 1 bilhão de toneladas de CO_2 equivalente em 2050'.

Sobre como poderia ser esse incentivo para a geração, a engenheira acredita que o IPTU é um instrumento municipal poderoso. 'Mas a regulação também', diz. Como é a cidade que fornece o 'habite-se', poderia estabelecer um código de obras que contemplasse medidas de baixa emissão. Materiais mais sustentáveis, arquitetura adequada, prioridade absoluta para transporte público e não motorizado, além do controle do uso do solo e exigência de manutenção de áreas verdes por parte de grandes condomínios.' ”

Combate a mudanças climáticas deve envolver cidades, diz Suzana Kahn. Uol Notícias. Disponível em: <http://www.noticias.uol.com.br/ultimas-noticias/agencia-estado/2015/11/23/combate-a-mudancas-climaticas-deve-envolver-cidades-diz-suzana-kahn.htm>. Acesso em: mar. 2016.

1. Por que as cidades são os principais contribuintes para o agravamento de problemas ambientais, como a emissão dos gases do efeito estufa, e, ao mesmo tempo, são os locais que vão sofrer os maiores danos decorrentes desses problemas?

____

____

____

____

____

2. Por que a "produção local" de energia foi apontada por Suzana Kahn como uma das soluções que podem ser adotadas nas cidades? Você conhece outros exemplos em que esse conceito também pode ser aplicado? Se sim, dê exemplos.

____

____

____

____

____

3. Em relação à construção de casas, o que é proposto para causar menos impacto ao ambiente? Escolha uma das sugestões e explique de que maneira ela contribui para isso.

____

____

____

____

Leitura do mundo

Atualmente, muitas pessoas estão considerando o impacto ambiental na escolha dos materiais para a construção de uma casa. Já imaginou utilizar materiais que você costuma descartar no lixo para construir uma parede? O texto a seguir mostra que com informação, criatividade e determinação é possível contribuir para a preservação do ambiente e ainda economizar dinheiro. Façam duplas, leiam e texto e depois façam o que se pede.

“Um pedreiro de Extrema (MG) resolveu unir criatividade, economia e preservação ambiental na construção da casa própria e usou mais de 10 mil garrafas pet na estrutura do imóvel. O resultado é uma casa arejada, resistente e ecologicamente correta. Usando materiais doados e reutilizando outros, o custo do imóvel ficou em menos de R$ 15 mil. Especialistas acreditam que o projeto, seguro e sustentável, é uma boa solução para a preservação do meio ambiente.

Ao olharmos o imóvel de longe, a estrutura aparenta ser uma casa convencional, mas ao nos aproximarmos, no lugar de tijolos o que se vê são círculos coloridos das garrafas que geralmente usamos para armazenar refrigerantes. O pedreiro Ed Mauro Aparecido Morbidelli conta que teve a ajuda do pai para investir no projeto. 'Noventa por cento das garrafas foi meu pai que pegou nas coletas seletivas, passava antes do caminhão e pegava as garrafas, e amigos que iam guardando nas casas.'

O pedreiro garante que as paredes são tão firmes quanto as feitas com tijolos e que a casa resiste às ações do tempo. 'Isso aqui é um tijolo, quase 8 kg cada garrafa cheia', explica.

Além das garrafas cheias de terra, ele usou cimento e areia. Com a ajuda de amigos, Morbidelli construiu a casa em um terreno na zona rural da cidade. Foram dois anos de obras e para completar ainda falta o acabamento, que ele vai executando aos poucos. O pedreiro nunca tinha feito nada assim e conseguiu aprender sobre a técnica na internet.

Dentro da casa a temperatura é agradável. Os cômodos recebem claridade pelas garrafas plásticas colocadas no telhado. A decoração revela outro talento do pedreiro, de reaproveitar peças que seriam descartadas. Com cacos de azulejo, ele montou mosaicos no banheiro, e com madeiras que iriam para o lixo, fez uma cadeira. A pia da cozinha tem adornos com fundos de garrafa de vidro e até batentes e janelas foram reformados, o que deixou a construção da casa ainda mais barata. 'Ficou cerca de uns R$ 12 mil a casa, mas reaproveitando janela, porta, tudo de demolição que foi doado', calcula.

Quando Morbidelli começou a construir com garrafas pet, surgiram outras ideias para que a casa fosse ecologicamente correta. A caixa d'água, por exemplo, é toda abastecida com água de chuva e três caixas recebem água direto da calha. O portão da casa e o arrimo na base são feitos de pneus. Ele ainda plantou no terreno 72 mudas de árvores nativas e frutíferas.

Agora, Morbidelli espera que o projeto dele possa ajudar outras pessoas. 'Tem tanta gente que às vezes tem um pedaço de terreno, mas não tem dinheiro pra construir e está pagando aluguel, então você pode fazer algo com baixo custo e que fica bom, que dá pra você morar e tem a preservação [do meio ambiente]. Então [é juntar] o útil ao agradável.'

[...].”

Pedreiro faz casa “ecologicamente correta” com garradas PET em MG. G1. Disponível em: <http://www.g1.globo.com/mg/sul-de-minas/noticia/2014/12/pedreiro-faz-casa-ecologicamente-correta-com-garrafas-pet-em-mg.html>. Acesso em: mar. 2016.

Agora é a vez de vocês elaborarem um projeto para uma casa sustentável! Primeiro determinem o local onde ficará a casa (na cidade, no campo, na praia etc.) e então determinem e descrevam as características do local (como é o clima, se chove muito, se é ensolarado, se a temperatura costuma ser alta ou baixa, se venta muito; como é o solo, se é seco e quebradiço ou úmido e lamacento etc). Considerando essas informações, façam uma lista de "materiais sustentáveis" que poderiam ser utilizados na construção. Montem uma tabela com o nome do material, sua característica, onde será utilizado na casa e a justificativa de ter sido escolhido. Vocês devem pensar tanto na estrutura da moradia como nos móveis e na decoração. Por fim, apresentem o projeto para os seus colegas.

UNIDADE 2

Substâncias e átomos

Reveja a jornada

1. Com base no que aprendeu sobre substâncias e misturas e nas informações citadas no texto a seguir, responda à questão.

> “[...] O Ministério da Saúde distribui gratuitamente nos postos do país e nas unidades da rede Farmácia Popular o soro de reposição oral, que concentra 3,5 gramas de sal e 20 gramas de açúcar por litro de água. Atualmente, o soro caseiro só é recomendado em casos de emergência, pois os pais costumam superdosar esse preparo. [...]”
>
> Soro caseiro contra a desidratação só é recomendado em caso de emergência. G1. Disponível em: <http://www.g1.globo.com/bemestar/noticia/2011/03/soro-caseiro-contra-desidratacao-so-e-recomendado-em-caso-de-emergencia.html>. Acesso em: mar. 2016.

- O soro caseiro é uma substância composta ou uma mistura? Justifique.

____

____

____

____

2. O gráfico a seguir apresenta o comportamento de uma amostra quando submetida a diferentes temperaturas ao longo do tempo. Analise o gráfico e assinale a alternativa correta.

a) A amostra é formada por uma substância pura, uma vez que ela passa por mudança de estado físico quando há mudança de temperatura.

b) A amostra apresenta ponto de ebulição.

c) O gráfico não apresenta informações sobre mudanças de estado físico da amostra.

d) A passagem do estado sólido para o líquido ocorre em temperatura constante.

e) Se a amostra for de uma mistura, ela provavelmente apresentará um gráfico igual ao de uma substância pura.

Variação dos estados físicos do material de acordo com o aumento de temperatura

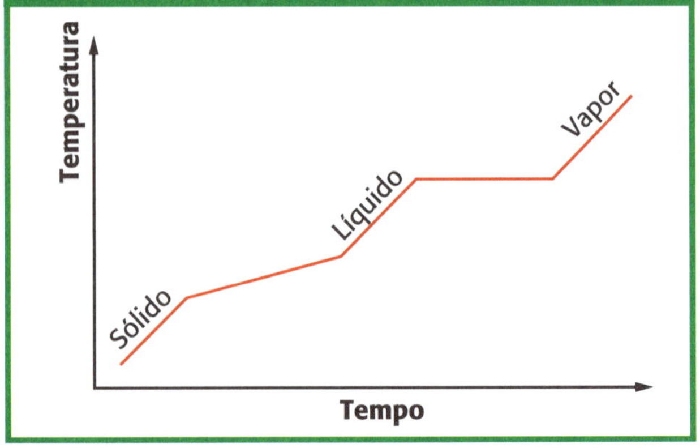

LUIZ FERNANDO RUBIO

3. Leia o texto a seguir e depois responda às questões.

“A obtenção do sal

Ao longo de toda a história o homem coletou ou produziu sal. Os três principais métodos de produzi-lo – evaporação da água do mar, fervura da água salgada de fontes e mineração de sal-gema – foram utilizados na Antiguidade e continuam em uso atualmente. A evaporação da água do mar pelo sol era (e continua sendo) o método mais comum de produção em regiões litorâneas tropicais. O processo é lento, mas barato. Originalmente, jogava-se água do mar sobre carvões em brasa e raspava-se o sal quando o fogo se extinguia. [...]

Embora a água do mar seja constituída em 3,5% de sais dissolvidos, somente cerca de dois terços deles são cloreto de sódio; o resto é uma mistura de cloreto de magnésio ($MgCl_2$) e cloreto de cálcio ($CaCl_2$). Como esses dois cloretos são mais solúveis e menos abundantes que o cloreto de sódio, o NaCl cristaliza-se primeiro a partir da solução e torna-se, portanto, possível remover a maior parte do $MgCl_2$ e do $CaCl_2$ escoando-os na água residual. Sempre resta, porém, o suficiente dessas impurezas para dar ao sal um gosto mais forte. Tanto o cloreto de magnésio quanto o de cálcio são deliquescentes, o que significa que absorvem água do ar, e quando isso acontece, o sal que contém esses cloretos adicionais forma grumos e é difícil de polvilhar.

A evaporação da água do mar é mais eficiente em climas quentes e secos, mas nascentes de água salgada , fontes subterrâneas de soluções altamente concentradas de sal – às vezes dez vezes mais que a água do mar – forneciam também sal abundante em qualquer clima, desde que houvesse madeira para fazer o fogo necessário para evaporar a água das soluções por ebulição. A demanda de madeira para a produção de sal contribuiu para desflorestar parte da Europa. O sal das fontes salgadas, não contaminado por cloreto de magnésio e cálcio, que reduzem a eficácia da preservação dos alimentos, era mais desejável que o sal marinho, mas também mais caro.[...]”

Penny Le Couteur; Jay Burreson; *Os botões de Napoleão*: as 17 moléculas que mudaram a história. Tradução de Maria Luiza X. de A. Borges. Rio de Janeiro: Zahar, 2006.

a) O produto obtido após a evaporação da água pode ser classificado como uma substância pura? Por quê?

____

____

b) Para obter cloreto de sódio em qualquer região onde exista uma fonte de água salgada sem precisar depender do clima, utilizou-se a madeira para fazer fogo e evaporar a água da solução. É correto afirmar que nesse processo a solução obrigatoriamente apresentará um ponto de ebulição? Por quê?

____

____

____

4. Leia o texto a seguir e depois responda às questões.

“Eles não se misturam. Mas se separam

Nas três últimas décadas, foram registrados, no Brasil, cinco graves acidentes em plataformas de petróleo. Na maioria das vezes, essas ocorrências se deveram a explosões, que culminaram em vazamentos de grandes volumes de óleo em alto-mar.

Danos dessa natureza poderão ser amenizados graças a um filtro que separa água e petróleo com eficácia de 99%, desenvolvido por pesquisadores do Departamento de Química do Icex [Instituto de Ciências Exatas da UFMG]. Atualmente, quando há esse tipo de acidente, a água misturada com o óleo precisa ser transportada para terra para só então receber o tratamento que separa as duas substâncias, configurando um processo demorado e de alto custo. Com o filtro, essa separação poderá ser feita em alto-mar, de forma mais rápida e com economia de custos. [...] O filtro desenvolvido pelos pesquisadores é um dispositivo hidrofóbico – que repele a água. [...]

O protótipo ainda vai passar por testes de vazão de água e durabilidade. [O coordenador do projeto, professor Jadson Belchior] destaca a versatilidade da tecnologia empregada no dispositivo, que pode ser construído em várias escalas e usado em diversos ambientes. 'Além do filtro acoplado a navios que separam petróleo da água em alto-mar, essa tecnologia pode ser usada em escala domiciliar, para separar óleo de cozinha e água. Essa adaptação para residências seria muito útil porque hoje as pessoas fazem um descarte incorreto do óleo de cozinha, despejando-o na pia e poluindo toda a cadeia de distribuição de água da cidade', afirma Belchior. Ele acrescenta que as empresas de abastecimento de água também poderão ser beneficiadas pela tecnologia, assim como as oficinas mecânicas, que precisam separar água de óleo diesel. [...]”

Laura Macieira. Eles não se misturam. Mas se separam. *Boletim da Universidade Federal de Minas Gerais*. Disponível em: <https://www.ufmg.br/boletim/bol1896/4.shtml>. Acesso em: mar. 2016.

a) De que maneira o título do texto está relacionado com o filtro desenvolvido pelos pesquisadores?

____

____

____

____

____

b) O filtro desenvolvido é hidrofóbico. O que isso significa? Como ele deve funcionar?

____

____

____

5. Dentro de um recipiente encontra-se sal, serragem e areia misturados. Proponha uma forma de separar os três componentes, sabendo que você encontra-se em um laboratório de química com acesso a aparelhos de separação de mistura, recipientes e água.

COPRID/SHUTTERSTOCK

Serragem.

DEYAN GEORGIEV/SHUTTERSTOCK

Sal.

VITALY KOROVIN/SHUTTERSTOCK

Areia.

6. Leia o texto a seguir e responda à questão.

> “[...] Com a eclosão da Primeira Guerra Mundial, em 1914, Marie Curie percebeu que os raios X seriam muito importantes para o tratamento de ferimentos de balas e fraturas. Para conseguir organizar um serviço de radiografia móvel, Marie visitou laboratórios parisienses e pessoas ricas para pedir apoio financeiro e equipamentos. Ela treinou técnicos para operar as máquinas e, ao final da guerra, havia instalado duzentas estações de raios X nas zonas de combate da região da França e Bélgica, tendo atendido a mais de um milhão de soldados! Porém, Marie jamais obteve, em vida, o reconhecimento do governo francês pelo seu trabalho durante a guerra.[...]”
>
> Irene Cavaliere. Os raios X na I Guerra Mundial. Invivo Fiocruz. Disponível em: <http://www.invivo.fiocruz.br/cgi/cgilua.exe/sys/start.htm?infoid=1160&sid=7>. Acesso em: mar. 2016.

- Como o exame de raios X ajudou a salvar vidas na Primeira Guerra Mundial?

Outro olhar

Em *Experimente fazer* "Construindo um modelo" (página 69 do Livro do Estudante), vocês viram que algumas áreas da ciência usam simulações computacionais para realizar pesquisas em que um modelo matemático é capaz de reproduzir o fenômeno que se deseja estudar. Leia os textos a seguir, analise o gráfico e depois responda às questões.

"Modelagem múltiplas escalas: um desafio para futuros esforços em modelagem

O clima é um exemplo muito evidente de um fenômeno multiescala na natureza. Uma hipótese plausível para a melhoria da qualidade dos cenários climáticos futuros, sob o aumento da concentração de gases de efeito estufa, é que esses modelos devam ter melhor desempenho na previsão de clima sazonal e tempo. Por trás desta hipótese está a noção de interação entre escalas, isto é, que as escalas de tempo e espaço menores tenham influência na evolução das escalas mais longas no tempo e espaço. A chamada 'previsão sem emendas' ('*seamless prediction*') constitui a tendência na modelagem climática atual. [...]"

3º Relatório de Atividades do Instituto Nacional de Ciência e Tecnologia para Mudanças Climáticas. Instituto Nacional de Ciência e Tecnologia para Mudanças Climáticas. Disponível em: <http://www.ccst.inpe.br/wp-content/uploads/relatorio/Relatorio_INCT_2011_2013_V0808.pdf>. Acesso em: mar. 2016.

"Campanha científica para entender impacto das queimadas nas chuvas da Amazônia coleta 16 terabytes de dados em mais de 150 horas de voo

Durante o mês de setembro, período de transição da estação seca para a chuvosa na Amazônia, dois aviões de pesquisa, um dos Estados Unidos e outro da Alemanha, realizaram voos diários para medidas da poluição urbana e de queimadas e de nuvens na região. As atividades fizeram parte de uma campanha científica internacional, da qual participa o Instituto Nacional de Pesquisas Espaciais (INPE).

Com o suporte de instrumentos em solo, os sobrevoos tiveram como objetivo avaliar o impacto da poluição no ciclo de vida de nuvens, na formação de nuvens de tempestades, no balanço da radiação e no clima da região amazônica. No total, foram coletados durante a campanha cerca de 16 terabytes de dados.

[...] Segundo Luiz Augusto Machado, um dos coordenadores da campanha pela parte brasileira, os resultados científicos desta campanha irão auxiliar no médio prazo a melhoria da previsão de tempo, a previsão imediata e a modelagem climática da Amazônia. [...]"

Campanha científica para entender impacto das queimadas nas chuvas da Amazônia coleta 16 terabytes de dados em mais de 150 horas de voo. Instituto Nacional de Pesquisas Espaciais. Disponível em: <http://www.inpe.br/noticias/noticia.php?Cod_Noticia=3748>. Acesso em: mar. 2016

BIS

Gráfico da concentração de gás carbônico (CO_2) e metano (CH_4) nos últimos 800 mil anos

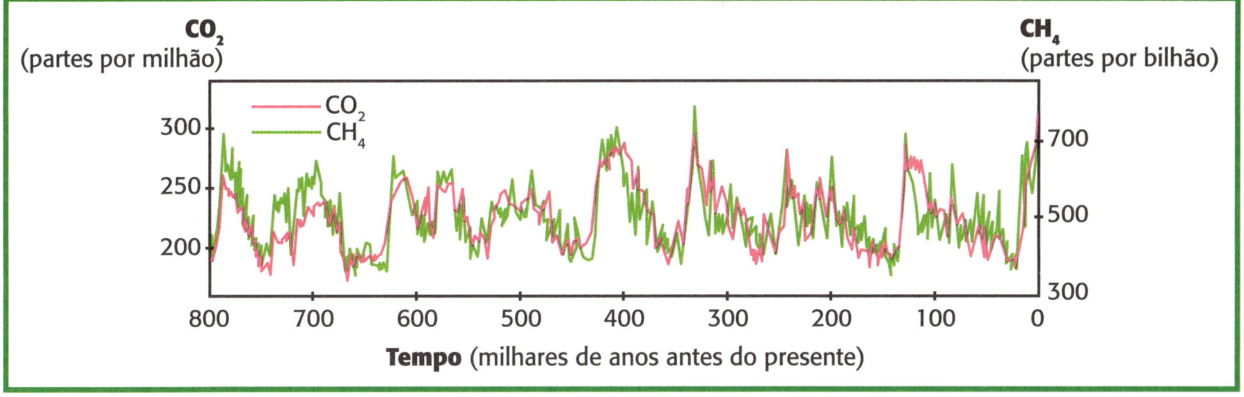

Fonte: Carlos A. Nobre; Julia Reid; Ana Paula Soares Veiga. *Fundamentos científicos das mudanças climáticas*. Disponível em: <http://www.inpe.br/noticias/arquivos/pdf/fundamentos_cientificos_mc_web.pdf>. Acesso em: mar. 2016.

1. Os dois textos apresentam informações sobre as ferramentas desenvolvidas para melhorar os modelos envolvidos na previsão de fenômenos climáticos. Que ferramentas são essas?

2. As simulações computacionais são particularmente muito usadas no estudo dos fenômenos climáticos. Por que você acha que isso ocorre? Na sua opinião, elas conseguem prever exatamente como o fenômeno irá se comportar? Justifique.

3. Considerando a escala de tempo, de que maneira as simulações computacionais apresentadas nos textos diferem das usadas no gráfico? Qual a utilidade de se fazer simulações iguais às apresentadas no gráfico?

Leitura do mundo

É inegável que as descobertas nas mais variadas áreas da ciência resultaram em inúmeros benefícios para o ser humano. Não é à toa que, em países desenvolvidos, ser cientista ou pesquisador é visto como uma profissão de respeito, que geralmente goza de boas condições de trabalho, porque sabe-se da importância do avanço científico para o desenvolvimento de inúmeras áreas estratégicas do país. No entanto, desde o momento em que os primeiros experimentos são realizados, questões éticas acompanham o trabalho e o rumo das decisões de cientistas, já que muitas de suas descobertas têm desbobramentos diretos e impactam fortemente as sociedades. Leia os textos a seguir sobre esse assunto e depois, com um colega, responda às questões.

“Em julho de 1945, em Alamogordo, no Novo México, todos os cientistas do Projeto Manhattan, reunidos para assistir ao teste inicial de uma explosão atômica, receberam ordens dos militares para ficar de costas ao impacto. Apenas um homem desobedeceu ao comando e, orgulhoso, encarou de frente o terrível cogumelo, disposto a não perder um átomo do potencial de destruição da nova arma. Era Edward Teller, húngaro naturalizado norte-americano e um dos primeiros físicos a ser chamados pelo governo dos Estados Unidos para participar da construção da bomba A. 'Nunca me interessei em ver fotos dos impactos em Hiroshima e Nagasaki. O meu trabalho era construir a bomba', fazer a ciência progredir. O que se fez com as minhas descobertas não me diz respeito', disse Teller [...]. Aos 94 anos, Teller é diretor honorário do Lawrence Livermore Laboratory, na Califórnia.

Talvez por apenas ter se interessado em ver a bomba funcionando em condições de laboratório e não desejar conhecer seus resultados práticos é que o físico achou pouco o que ele e seus colegas [...] conseguiram em 1945 e, anos mais tarde, foi o pai único de 'Mike', a bomba de hidrogênio ou bomba termonuclear, de 10,4 megatons, mil vezes mais potente que a lançada sobre o Japão em fins da Segunda Guerra. No mesmo tom 'corajoso' com que encarou o cogumelo, ao saber do sucesso da 'Super bomba', em novembro de 1952, em Eniwetok (no Pacífico), Teller declarou, orgulhoso: 'Nasceu e é um menino'. Nada mais natural, então, que o cientista continue, ainda hoje, a defender sua criação [...].

[...]”

A crítica da razão pura. *Revista Fapesp*. Disponível em: <http://www.revistapesquisa.fapesp.br/wp-content/uploads/2002/09/84a88-79-pesquisa-bomba.pdf>. Acesso em: mar. 2016.

“A ciência precisa de liberdade para progredir. É difícil imaginar que ideias possam fluir em uma realidade cheia de obstáculos morais e censuras legislativas. A ciência, aqui, não difere de cultura em geral: é difícil também imaginar que a produtividade cultural possa sobreviver apenas clandestinamente, se bem que esse foi e é o caso em ditaduras militares ou religiosas. A censura e a rigidez moral castram a criatividade, mas não conseguem destruí-la.

Por outro lado, se a ciência serve à sociedade, ela deve prestar contas ao cidadão. Afinal, ao menos em pesquisa mais básica, quem paga a conta são os governos, a partir da coleta de impostos. E, como quem paga os impostos é o cidadão, a produtividade científica é financiada, em grande parte, pela sociedade.

Claro, existe também a pesquisa financiada diretamente pela indústria, com fins lucrativos. Ou a pesquisa financiada pelo governo com fins militares. Com o desenvolvimento acelerado da tecnologia nos últimos 20 anos, essas linhas divisórias têm se tornado cada vez mais invisíveis. Um físico desenvolvendo um novo tipo de liga metálica pode estar interessado em suas propriedades a baixíssimas temperaturas (a ciência básica, pois baixas temperaturas não são viáveis comercialmente), ou na sua utilização na construção civil (a ciência aplicada), ou na sua utilização em mísseis intercontinentais (a ciência bélica). A liga metálica é a mesma, mas ela pode servir a propósitos completamente distintos.

Aqui surge um dilema para o cientista: até que ponto sua obrigação profissional deve interferir em sua atividade criativa? Será que o físico trabalhando em uma universidade, sabendo que sua nova liga metálica pode ser usada em mísseis, deve divulgar seus resultados?

[...] ”

Marcelo Gleiser. Reflexões dominicais sobre ética e ciência. *Folha de S. Paulo*. Disponível em: <http://www1.folha.uol.com.br/fsp/ciencia/fe2503200103.htm>. Acesso em: mar. 2016.

1. Por que, na opinião do autor do primeiro texto, "por apenas ter se interessado em ver a bomba funcionando em condições de laboratório e não desejar conhecer seus resultados práticos é que o físico [Edward Teller] [...] foi pai único da bomba 'Mike'"?

____

____

____

____

____

____

2. Quais as semelhanças e as diferenças entre os diferentes "tipos de ciência" apresentados no segundo texto? De que maneira eles estão relacionados?

____

____

____

____

____

____

____

UNIDADE 3

Átomos e ligações químicas

Reveja a jornada

1. Leia um trecho da notícia a seguir e responda às questões.

> **"Tabela periódica ganha quatro novos elementos, todos superpesados**
>
> A União Internacional de Química Pura e Aplicada (Iupac, na sigla em inglês) e a União Internacional de Física Pura e Aplicada (Iupap) reconheceram a produção de quatro novos elementos químicos, que agora passam a fazer parte oficialmente da tabela periódica. Provisoriamente batizados de ununtrium (Uut), ununpentium (Uup), ununseptium (Uus) e ununoctium (Uuo), eles têm como número atômico, isto é, a quantidade de prótons em seu núcleo, 113, 115, 117 e 118, respectivamente, e completam as lacunas que restavam na sétima linha da tabela.
>
> Criados em laboratório por meio da fusão de átomos de outros elementos, com a ajuda de poderosos aceleradores de partículas , os novos integrantes da tabela periódica não são encontrados na natureza e têm 'vidas' extremamente curtas, sofrendo decaimentos radioativos em milésimos de segundo. Diante disso, não existem aplicações práticas possíveis para eles, e é muito difícil saber até quais seriam suas propriedades químicas. Sua produção, no entanto, abre caminho para a síntese de outros elementos superpesados que os cientistas esperam que sejam mais estáveis, aportando numa teórica 'ilha de estabilidade'. Desta forma, os novos átomos possibilitariam usos em campos tão variados como a medicina, a química de novos materiais, a geração de energia e a computação. [...]"
>
> Cesar Baima. Tabela periódica ganha quatro novos elementos, todos superpesados. *O Globo*. Disponível em: <http://www.oglobo.globo.com/sociedade/ciencia/tabela-periodica-ganha-quatro-novos-elementos-todos-superpesados-18404524>. Acesso em: mar. 2016.

a) Por que, segundo o tituto da notícia, todos os novos elementos são considerados "superpesados"? Que trecho do texto confirma esta característica?

____

____

b) O que significa dizer que os elementos Uut, Uup, Uus e Uuo não têm aplicações práticas, já que sofrem decaimentos radioativos em milésimos de segundo?

____

____

Leia os textos a seguir e responda às questões 2, 3 e 4.

"Os íons metálicos são necessários para muitas das funções vitais do organismo humano. A ausência de alguns deles pode ocasionar sérias doenças, tais como: anemia, por deficiência de ferro; retardamento do crescimento de crianças, por falta de zinco; e má formação óssea em crianças, por falta de cálcio. Alguns metais e semi-metais, por sua vez, quando presentes no organismo humano, podem causar intoxicações. São exemplos clássicos: o arsênio, o chumbo, o cádmio e o mercúrio. [...]"

Antônio Carlos Massabni. *Os metais e a saúde humana*. Instituto de Química – Araraquara UNESP. Disponível em: <http://www.crq4.org.br/quimica_viva__os_metais_e_a_saude_humana>. Acesso em: mar. 2016.

"[...]

O mercúrio penetra no organismo humano e se deposita nos tecidos, causando lesões graves, principalmente nos rins, fígado, aparelho digestivo e sistema nervoso central.

A exposição aguda, por inalação de vapores de mercúrio, pode acarretar em fraqueza, fadiga, anorexia, perda de peso e perturbações gastrointestinais. [...]

Existem duas maneiras de o mercúrio chegar até o homem: ocupacional e ambiental. A primeira é mais conhecida e está ligada ao ambiente de trabalho, como mineração e indústrias, geralmente associada aos garimpos de ouro ou às fábricas de cloro-soda e de lâmpadas fluorescentes. Trata-se de uma contaminação pelas vias respiratórias, que atinge o pulmão e o trato-respiratório, podendo ser identificada e quantificada pela dosimetria do mercúrio na urina.

A contaminação ambiental, por sua vez, é provocada pela dieta alimentar, comumente pela ingestão de peixes de água doce ou salgada, e afeta diretamente a corrente sanguínea, provocando problemas no sistema nervoso central. Sua comprovação é feita facilmente pela determinação do mercúrio no cabelo ou no sangue. [...]

Cerca de 3 mil toneladas de mercúrio utilizadas nos garimpos de ouro da Amazônia, ao longo dos últimos 20 anos, vêm [...] contaminando as populações ribeirinhas, através da ingestão de peixes."

Indicador	Consumo diário de mercúrio (µg/kg do indivíduo)	Teores de mercúrio em cabelo (µg/g)
Dose de referência (EPA/OMS)	0,3	4
Máximo permitido (FAO/OMS)	0,5	7
Desenvolvimento anormal de crianças	0,7 – 1,5	10 – 20
Ribeirinhos da Amazônia	1,4	19,1

EPA = Agência para Proteção do Meio Ambiente – EUA
FAO = Organização para Alimento e Agricultura – Nações Unidas

Jurandir Rodrigues de Souza e Antonio Carneiro Barbosa. Contaminação por mercúrio e o caso da Amazônia. *Química Nova na Escola*. Disponível em: <http://www.qnesc.sbq.org.br/online/qnesc12/v12a01.pdf>. Acesso em: mar. 2016.

2. Os metais e semimetais devem ser vistos como elementos perigosos para os seres humanos?

____

____

____

3. Qual é a maneira predominante de contaminação por mercúrio nas populações ribeirinhas da Amazônia? Segundo a tabela, a quantidade de mercúrio encontrada nessa população é considerada aceitável?

____

____

____

____

____

4. É possível que uma pessoa do sul ou sudeste do país seja contaminada pelo mercúrio utilizado nos garimpos da Amazônia? Justifique.

____

____

____

5. Leia o texto a seguir e responda às questões.

> “[...] O cálcio é um metal de baixa dureza, prateado, que reage facilmente com o oxigênio do ar e com a água. Na natureza ele nunca foi achado isolado, como metal, sendo encontrado principalmente como constituinte de rochas, como calcáreos, como o mármore ($CaCO_3$), gipso ($CaSO_4 \cdot 2H_2O$) e fluorita (CaF_2). A apatita, um fluorfosfato de cálcio, é um outro minério de cálcio bastante comum. Ocorre também em dentes, nas cascas de ovos, em pérolas e nas conchas de muitos animais marinhos.
>
> [...]
>
> O cálcio é um elemento essencial para todos os seres vivos, sendo o elemento metálico mais abundante no corpo humano. Ele é vital para o crescimento e manutenção dos ossos e dos dentes e ajuda na coagulação do sangue e na contração muscular. A vitamina D tem um importante papel na absorção do cálcio. Uma dieta diária que inclua vegetais verdes, leites e seus derivados, peixe e um pouco de sol já garante o suprimento de cálcio que o ser humano necessita para as suas atividades normais. Com uma dieta pobre em cálcio, o organismo recorre aos ossos para suprir a sua necessidade metabólica e com isto desenvolve a osteoporose. [...]”
>
> Eduardo Motta Alves Peixoto. Cálcio. *Química Nova na Escola*. Disponível em: <http://www.qnesc.sbq.org.br/online/qnesc20/v20a12.pdf>. Acesso em: mar. 2016.

a) O cálcio pertence a que grupo de elementos: metais, ametais ou gases nobres?

____

b) Que características do grupo de elementos ao qual o cálcio pertence você consegue identificar no texto? Justifique sua resposta com trechos do texto.

____

____

____

____

c) A produção de vitamina D no nosso organismo é ativada principalmente pela luz solar. Devido a pouca exposição ao sol e ao uso de protetor solar, hoje muitas pessoas apresentam baixa concentração de vitamina D no organismo. O que isso pode provocar na saúde das pessoas?

____

____

____

6. Ao analisar as características do potássio, identificamos que se trata de um metal mole, de brilho metálico prateado e de baixa densidade. É adequado escolher esse elemento para a produção de fios para a transmissão de energia elétrica? Por quê?

____

____

____

____

7. Com o auxílio da tabela periódica da página 87 do Livro do estudante, indique se as sentenças são verdadeiras ou falsas.

a) (   ) Na CNTP, o lítio é encontrado no estado sólido.

b) (   ) O zircônio está localizado no 4º período da família 5.

c) (   ) O número atômico do neônio é 20,2 e sua massa atômica é 10.

d) (   ) O elemento astato (Z = 85) pode ser tanto encontrado na natureza como produzido em laboratório.

e) (   ) O radônio (Z = 86) é um elemento radioativo.

8. Assinale a alternativa correta.

a) O enxofre, por ser um metal, liga-se a outros elementos por ligação metálica.

b) O ponto de fusão dos compostos iônicos costuma ser mais alto que dos compostos covalentes, uma vez que as ligações covalentes são mais fracas.

c) A fórmula eletrônica de Lewis é utilizada para representar as ligações metálicas.

d) Os compostos iônicos são gasosos a temperatura ambiente.

Outro olhar

Na seção *Experimente fazer* "Cristal de cloreto de sódio" (página 108 do Livro do Estudante), você conheceu uma forma simples de obter um cristal. No texto a seguir, aprofundamos o assunto e apresentamos como ocorre a formação de um cristal de quartzo na natureza.

"Eles são resultado de um processo geológico que pode levar milhares de anos. Tudo começa quando o magma das regiões profundas da Terra encontra, através de fendas e fissuras, um caminho para chegar mais perto da superfície. Afastado do calor do centro do planeta, o magma começa a se resfriar, dando origem às rochas. Algumas vezes também são formadas cavidades com a água que penetra no subsolo a partir da superfície — e é nessas cavidades que aparecem os cristais, pois o líquido represado por elas é rico em minerais dissolvidos das rochas. 'O quartzo é um desses minerais mais comuns. Ele está presente nos três tipos de rocha que existem no planeta, as sedimentares, as ígneas e as metamórficas. Quando aparecem em soluções aquosas nas cavidades das rochas, as moléculas de quartzo podem se agrupar na forma de cristais', diz o geólogo Darcy Pedro Svisero, da USP. Submetida a temperaturas de até centenas de graus Celsius, a água com quartzo dissolvido começa a evaporar.

Nessa etapa, os cristais surgem em torno de um minúsculo núcleo, chamado de germe, sobre o qual as moléculas de quartzo vão se juntando, fazendo a estrutura ganhar volume. É algo parecido ao que ocorre na formação de uma pérola, que cresce camada após camada a partir de um único grão de areia. Quando toda a solução evapora, os cristais aparecem nas bordas dos depósitos subterrâneos. A geometria peculiar [...] é determinada pela forma como seus átomos se ligam entre si. Entre os vários tipos de cristais de quartzo, os incolores, chamados de cristais de rocha, são os mais comuns e têm pouco valor comercial. Já as ametistas, de tom violeta, são usadas como pedras semipreciosas e transformadas em objetos de arte ou joias. Além de sua beleza, os cristais de quartzo são bastante úteis em vários setores industriais. Graças à capacidade que seus átomos têm de vibrar em intervalos bem definidos, são usados para controlar a frequência de rádios, televisores e relógios."

Como se formam os cristais de quartzo? *Mundo estranho*. Disponível em: <http://www.mundoestranho.abril.com.br/materia/como-se-formam-os-cristais-de-quartzo>. Acesso em: mar. 2016.

FOTOGRAFIAS: ALBERT RUSS/SHUTTERSTOCK

Cristal incolor de quartzo (à esquerda) e cristal de tom violeta de quartzo (à direita).

1. De que maneira a dinâmica do interior da Terra influencia na formação de um cristal de quartzo?

2. Relembre a atividade de obtenção do cristal que você fez na seção *Experimente fazer* e compare-a com o processo de formação do cristal de quartzo. Que semelhança você observa entre eles?

3. Todos os cristais apresentam uma célula unitária que se repete de forma regular ao longo do material. Dessa maneira, como é possível um cristal de quartzo apresentar propriedades diferentes de um cristal, por exemplo, de cloreto de sódio que você produziu?

Leitura do mundo

O documentário "Enterrados vivos: Mineiros no Chile" narra um impressionante acidente na mina San José no Chile que aprisionou 33 trabalhadores a 700 metros de profundidade por 69 dias em 2010. Façam uma pesquisa a respeito do acidente e, se possível, assistam ao filme e, em seguida, respondam às questões.

NATIONAL GEOGRAPHIC

Assista

Enterrados vivos: Mineiros no Chile. National Geographic. 2010

1. Em que região do Chile encontrava-se a mina que desabou? Qual a importância da mineração para essa região e quais os principais minérios se extraem de lá?

____

____

____

2. O que colaborou para a sobrevivência dos 33 mineiros durante os 69 dias?

____

____

____

____

3. Escreva um pequeno texto sobre a relação entre o acidente envolvendo os mineiros chilenos e as condições de trabalho impostas aos trabalhadores braçais em todo o mundo.

____

____

____

____

____

UNIDADE 4

Reações e funções químicas

Reveja a jornada

1. Leia o texto a seguir e responda às questões.

> "[...]
>
> [O sal] era particularmente importante para a produção de um outro composto de sódio, o carbonato de sódio (NA_2CO_3), conhecido como soda calcinada ou água sanitária. O carbonato de sódio – usado na fabricação do sabão e necessário em grandes quantidades à medida que a demanda de sabão crescia – vinha sobretudo de depósitos naturais, muitas vezes incrustrações em torno de lagos alcalinos que estavam secando ou de resíduos da queima de algas laminariáceas e outras algas marinhas. Como a soda calcinada dessas fontes era impura, e a produção limitada, a possibilidade de produzir carbonato de sódio a partir da abundante oferta de cloreto de sódio atraiu a atenção dos químicos. [...] Em 1791, na França, Nicolas Leblac desenvolveu um processo para a fabricação de carbonato de sódio a partir do sal, ácido sulfúrico, carvão e calcário. O início da Revolução Francesa adiou a implementação do processo de Leblanc, e foi na Inglaterra que a manufatura lucrativa de soda calcinada começou.
>
> No princípio da década de 1860, na Bélgica, os irmãos Ernest e Alfred Solvay desenvolveram um método mais aperfeiçoado para converter cloreto de sódio em carbonato de sódio, usando calcário ($CaCO_3$) e gás amoníaco (NH_3). Os passos fundamentais eram a formação de um precipitado de bicarbonato de sódio ($NaHCO_3$) a partir de uma solução concentrada de água salgada infundida com gás de amoníaco e dióxido de carbono (de calcário):
>
> $$NaCl_{(aq)} + NH_3 + CO_{2(g)} + H_2O_{(l)} \rightarrow NaHCO_{3(s)} + NH_4Cl_{(aq)}$$
>
> Cloreto de sódio | Amônia | Dióxido de carbono | Água | Bicarbonato de sódio | Cloreto de amônia
>
> e, em seguida, a produção de carbonato de sódio pelo aquecimento de bicarbonato de sódio
>
> $$NaHCO_{3(S)} \rightarrow Na_2CO_{3(s)} + CO_{2(g)}$$
>
> Bicarbonato de sódio | Carbonato de sódio | Dióxido de carbono
>
> [...]"

LE COUTEUR,P.; BURRESON, J. *Os botões de Napoleão*: as 17 moléculas que mudaram a história. Tradução de Maria Luiza X. de A. Borges. Rio de Janeiro: Zahar, 2006.

a) As equações químicas apresentadas no texto estão balanceadas? Justifique.

____

____

b) Quais eram os reagentes utilizados para a produção de carbonato de sódio?

____

____

____

c) De que maneira o processo de produção de carbonato de sódio foi influenciado pela situação político-econômica da época?

____

____

____

____

2. No início de 2016, o Porto de Santos, principal porto brasileiro, localizado nos municípios de Santos e Guarujá, enfrentou um vazamento de produto químico que teve sérias consequências. Leia um trecho da reportagem sobre o acidente e responda às questões.

> “[...]
> Entenda o que aconteceu:
> • Choveu forte na região do Porto de Santos.
> • Alguma estrutura nos contêineres do pátio de armazenamento provavelmente cedeu.
> • A água da chuva entrou em contato com uma carga de um produto à base de cloro (ácido dicloroisocianúrico de sódio).
> • Da reação química, surgiram focos de incêndio e a nuvem tóxica.
> • A fumaça causa irritações de pele e de olhos e, caso seja inalada, também nos pulmões.
> [...] Segundo Flavio Zambrone, médico toxicologista e professor aposentado da Unicamp, 'esse produto é extremamente tóxico'. Ele produz irritações de pele e de olhos e, caso seja inalado, causa irritação também nos pulmões.
> 'É um produto à base de cloro. Ele é estável, mas tem alto teor de cloro, que se dissolve na água. Por isso, outro problema será a questão ambiental que virá depois'. Segundo o professor, o produto é usado na maioria das vezes em desinfecção de água, mas em grandes quantidades passa a ser tóxico.[...]”
>
> Guilherme Lucio da Rocha. Motoristas relatam pânico e abandono após vazamento de gás em Guarujá. G1. Disponível em: <http://www.g1.globo.com/sp/santos-regiao/noticia/2016/01/motoristas-relatam-panico-e-abandono-apos-vazamento-de-gas-em-guaruja.html>. Acesso em: mar. 2016.

a) Cite alguns elementos que constituem as substâncias envolvidas na reação.

____

____

____

b) Um dos produtos formados estava em qual estado físico?

c) Por que o acidente também envolve uma questão ambiental?

3. Leia o texto e responda às questões a seguir.

> “[...]
>
> O fogo, ou melhor, a combustão, é na verdade uma reação química [...] com grande liberação de energia. [...] Como em qualquer outra reação química, o fogo só existe na presença dos respectivos reagentes, que neste caso são o combustível (matérias inflamáveis) e o comburente (que é normalmente o oxigênio do ar). E, como em muitas outras reações químicas, o fogo só ocorre se os reagentes estiverem a uma temperatura elevada. Deste modo, o fogo deflagra quando um material combustível é aquecido até a sua temperatura de ignição na presença de um comburente.
>
> Após iniciada a reação de combustão, esta gera o calor necessário para aquecer mais material combustível e o incêndio alastra. No entanto, basta remover um destes componentes essenciais – combustível, comburente ou fonte de calor – e a reação química de combustão cessa.
>
> [...]”
>
> *A química do fogo*. A Química das coisas. Disponível em: <http://www.aquimicadascoisas.org>. Acesso em: mar. 2016.

a) Quais são os componentes essenciais para que ocorra uma combustão?

b) Qual o papel da energia no processo de combustão?

c) Observe a imagem ao lado e, com base nas informações do texto, explique por que é difícil controlar um incêndio em uma floresta.

____

____

____

____

____

ZEBRA0209/SHUTTERSTOCK

Incêndio em floresta na Rússia.

4. Leia o texto a seguir sobre a vitamina C e a Era dos Descobrimentos e responda às questões.

MORPHART CREATION/SHUTTERSTOCK

Ilustração de holandeses mortos em decorrência do escorbuto, publicada em *Le Tour du Monde, Travel Journal* (1865).

“A Era dos Descobrimentos foi movida pelo comércio de moléculas contidas nas especiarias, mas foi a falta de uma molécula, bastante diferente, que quase a encerrou. Mais de 90% da tripulação de Magalhães não sobreviveram à sua circum-navegação de 1519-1522 – em grande parte por causa do escorbuto, uma doença devastadora causada por uma deficiência da molécula do ácido ascórbico, a vitamina C.

Exaustão e fraqueza, inchaço dos braços e pernas, amolecimento das gengivas, equimoses, hemorragias nasais e bucais, hálito fétido, diarreia, dores musculares, perda dos dentes, afecções do pulmão e do fígado – a lista de sintomas do escorbuto é longa e horrível. [...]

Nos séculos XIV e XV, quando o desenvolvimento de jogos de velas mais eficientes e de navios bem equipados tornou possíveis as viagens mais longas, o escorbuto passou a ser comum no mar. [...] as longas viagens oceânicas em grandes navios a vela introduziram não só a Era dos Descobrimentos mas também de alimentos em conserva.

[...] A comida usual do marinheiro era carne de vaca ou de porco salgada e uma espécie de bolacha – feita de água, farinha e sem sal, assada até ficar dura como pedra – usada como substituto do pão. Essas bolachas tinham a preciosa característica de ser relativamente imunes ao mofo. Seu grau de dureza era tal que elas se mantinham consumíveis por décadas; em contrapartida, era extremamente difícil mordê-las, em especial para quem tinha as gengivas inflamadas pelo início do escorbuto.[...]

No início de uma viagem, embarcavam-se mantimentos: manteiga, queijo, vinagre, pão, ervilhas secas, cerveja e rum. Em pouco tempo, a manteiga estava rançosa, o pão embolorado, as ervilhas secas infestadas de brocas, o queijo duro e a cerveja azeda. [...]”

Penny Le Couteur; Jay Burreson. *Os botões de Napoleão*: as 17 moléculas que mudaram a história. Tradução de Maria Luiza X. de A. Borges. Rio de Janeiro: Zahar, 2006.

a) Segundo o texto, a vitamina C é um composto essencial ao organismo humano? Por quê?

b) A vitamina C pode ser classificada em qual função química? Que outro composto de função química diferente é citado no texto?

c) Levante hipótese para explicar por que os mantimentos embarcados nos navios estragavam ao longo das viagens.

d) Por que a Era dos Descobrimentos também foi considerada a "Era dos Alimentos em Conserva"?

5. Leia as afirmações a seguir e indique se são verdadeiras (V) ou falsas (F).

a) ( ) Em uma reação química, os átomos trocam prótons e elétrons, o que resulta na formação de novas substâncias.

b) ( ) A fórmula NH_3 representa uma molécula formada por 3 átomos de hidrogênio e um átomo de nitrôgenio.

c) ( ) Uma reação química pode ser classificada como reversível quando toda a quantidade de reagente transforma-se em produto.

d) ( ) Ao realizar uma reação química em um sistema fechado, a massa total dos produtos formados é igual à massa total dos reagentes.

Outro olhar

Na seção *Experimente fazer* "Indicador de repolho roxo" (página 133 do Livro do Estudante), você aprendeu a respeito de um indicador químico para medir o pH. Agora, leia o texto a seguir que discute o conceito de indicador e o uso das plantas como indicadoras naturais da condição do solo e, depois, responda às questões.

"Para que serve um indicador?

Como a própria palavra já diz, um indicador está mostrando alguma coisa. Podemos aprender a ler na natureza o que ela está querendo nos mostrar. E ela dá várias pistas pra gente. É só querer enxergar. [...]

As plantas podem e devem ser vistas como um recurso natural barato e amplamente disponível para os agricultores. Tanto aquelas que são semeadas pelos agricultores quanto as que nascem espontaneamente. É necessário entendermos o papel que a vegetação 'espontânea' desempenha em nosso solo, para que deixemos de enxergar um inço ou erva daninha e passemos a considerar como um recurso, que está à nossa disposição. [...]. Cada planta, ou conjunto de plantas, além de nos informar o estágio de maturidade em que este ambiente se encontra (por isto plantas indicadoras), prepara as condições para que este processo tenha continuidade, permitindo o surgimento de outras espécies que trarão suas contribuições a esta 'caminhada'. [...]"

Nome popular	Nome científico	O que indicam
Azedinha	*Oxalis oxyptera*	Solo argiloso, pH baixo, falta de cálcio e/ou molibdênio.
Beldoegra	*Portulaca oleracea*	Solo bem estruturado, com umidade e matéria orgânica.
Mamona	*Ricinus communis*	Solo arejado, deficiente em potássio.
Tiririca	*Cyperus rotundus*	Solos ácidos, adensados, mal drenados, possível deficiência de magnésio.

Adaptado de Ana Primavesi. In: *Agricultura Sustentável*, Nobel; São Paulo -1992.
Laércio Ramos Meirelles e Luis Carlos Diel Rupp (orgs.). *Agricultura Ecológica* – Princípios básicos. Ministério do Desenvolvimento Agrário. Disponível em: <http://www.centroecologico.org.br/Agricultura_Ecologica/Cartilha_Agricultura_Ecologica.pdf>. Acesso em: abr. 2016.

1. Por que, segundo os autores, a vegetação "espontânea" deve ser vista como um recurso à disposição do agricultor?

____

____

2. Se você fosse um agricultor e quisesse saber o pH do solo, que planta(s) da tabela você usaria como indicadora(s)?

____

Leitura do mundo

Desde a década de 1950, o processo tradicional de produção agrícola em diversos países, incluindo o Brasil, sofreu importantes mudanças com a inserção de novas tecnologias e ferramentas. Essas tecnologias envolveram, em sua maioria, o uso extensivo de agrotóxicos com o objetivo de reduzir as perdas por pragas e doenças e, assim, aumentar a produtividade. No entanto, nas últimas décadas, o uso dos agrotóxicos tem sido questionado por muitos órgãos de saúde e entidades da sociedade civil por conta de evidências que relacionam a ingestão desses defensivos agrícolas ao desenvolvimento de doenças genéticas e do câncer. Leia os textos a seguir e responda às questões.

"[...]

O comportamento do agrotóxico no ambiente é bastante complexo. Quando utilizado um agrotóxico, independente do modo de aplicação, possui grande potencial de atingir o solo e as águas, principalmente devido aos ventos e à água das chuvas, que promovem a deriva, a lavagem das folhas tratadas, a lixiviação e a erosão. Além disso, qualquer que seja o caminho do agrotóxico no meio ambiente, invariavelmente o homem é seu potencial receptor.

A complexidade da avaliação do comportamento de um agrotóxico, depois de aplicado, deve-se à necessidade de se considerar a influência dos agentes que atuam provocando seu deslocamento físico e sua transformação química e biológica. As substâncias sofrem processos físicos, ou químicos ou biológicos, os quais podem modificar as suas propriedades e influenciar no seu comportamento, inclusive com a formação de subprodutos com propriedades absolutamente distintas do produto inicial e cujos danos à saúde ou ao meio ambiente também são diferenciados.

Agrotóxicos no Brasil:

Os agrotóxicos são considerados extremamente relevantes no modelo de desenvolvimento da agricultura no país. O Brasil é o maior consumidor de produtos agrotóxicos no mundo. Em decorrência da significativa importância, tanto em relação à sua toxicidade quanto à escala de uso no Brasil, os agrotóxicos possuem uma ampla cobertura legal no Brasil, com um grande número de normas legais. [...]"

Agrotóxicos. Ministério do Meio Ambiente. Disponível em: <http://www.mma.gov.br/seguranca-quimica/agrotoxicos>. Acesso em: mar. 2016.

"Uma lista extensa de agrotóxicos utilizados na agricultura brasileira é proibida na União Europeia (UE) e nos Estados Unidos. Além disso, o Brasil é, desde 2008, o maior consumidor de pesticidas do mundo, o que levou o jornal francês *Le Monde* a chamar, em tom irônico, os pesticidas de o 'tempero preferido' dos brasileiros.

São permitidos para uso nas lavouras brasileiras 434 ingredientes ativos de agrotóxicos. Entre os 50 mais utilizados, 22 são proibidos em países europeus. Entraves políticos e jurídicos são os principais fatores para que substâncias perigosas continuem a ser empregadas nas plantações do Brasil.

[...]

'Observa-se, porém, uma grande deficiência do Estado em controlar o uso de agrotóxicos, além de uma grande dificuldade em retirar os produtos do mercado depois que eles ganham o registro', afirma Marcia Sarpa de Campos Mello, toxicologista do Instituto Nacional do Câncer (Inca).

'Isso acontece porque o registro de agrotóxicos não tem validade, é tido como *ad eternum*, explica a especialista. No Brasil, o registro de um pesticida é válido por tempo indeterminado – uma reavaliação pode ocorrer quando há alterações de riscos à saúde ou quando o ingrediente é banido em outros países, por exemplo.

[...]"

Deutsche Welle. Brasil ainda usa agrotóxicos já proibidos em outros países. *Carta Capital*. Disponível em: <http://www.cartacapital.com.br/sustentabilidade/brasil-ainda-usa-agrotoxicos-ja-proibidos-em-outros-paises-9823.html>. Acesso em: mar. 2016.

1. No primeiro texto afirma-se que é complexo avaliar o comportamento do agrotóxico na natureza devido, entre outros fatores, às transformações químicas pelas quais o agrotóxico passa. O que significa isso? Justifique sua resposta utilizando trecho(s) do texto.

____

____

____

____

____

2. Que fatores o autor do segundo texto apresenta para explicar o uso intensivo de agrotóxicos no Brasil?

____

____

____

____

3. Recentemente uma empresa israelense criou um aparelho do tamanho de uma caixa de fósforos que permite ao usuário escanear qualquer coisa, como objetos, alimentos, medicamentos e obter instantaneamente informações sobre sua composição química. Com base no que você leu sobre os agrotóxicos, de que modo esse aparelho poderia ser útil?

____

____

____

____

____

____

UNIDADE 5

Movimento e forças

Reveja a jornada

1. Com o auxílio de um aplicativo instalado no celular, uma ciclista viu que ao final de um treino ela percorreu 42 km e que sua velocidade máxima foi de 42 km/h. Podemos afirmar que ela pedalou durante uma hora?

____

____

____

2. No dia 21 de dezembro de 2015, na Flórida, uma empresa estadunidense comemorou ao conseguir, pela primeira vez, que o primeiro estágio de um foguete voltasse ao solo após liberar o restante do foguete para o espaço. O primeiro estágio costuma cair no mar, mas, neste caso, ele realizou um retorno controlado e aterrissou no solo. Analise o esquema a seguir e responda às questões.

LUIS MOURA

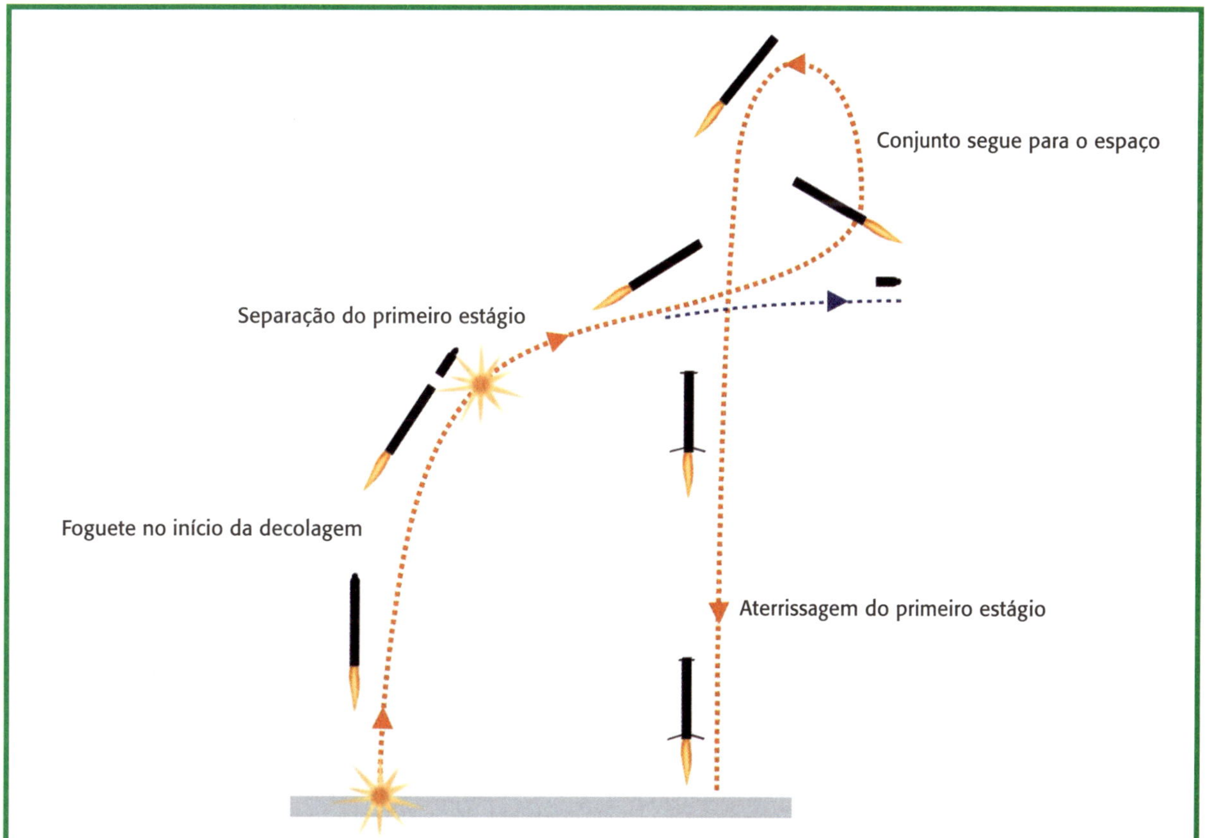

Trajetória do foguete desde a decolagem até a aterrissagem.

a) A trajetória do primeiro estágio foi sempre retilínea? Justifique.

____

____

b) O foguete passou por etapas de aceleração e de desaceleração? Explique.

____

____

____

____

____

c) Com base no esquema, pode-se afirmar que a distância percorrida pelo primeiro estágio foi nula? E o deslocamento? Justifique.

____

____

____

____

d) Na sua opinião, por que a empresa comemorou ao conseguir que o primeiro estágio retornasse?

____

____

____

3. Leia o texto a seguir e responda à questão.

> “ [...] Para entendermos o uso de mantas térmicas nos pneus de Fórmula 1, precisamos perceber a importância da temperatura no desempenho do pneu, pois esta afeta a capacidade que ele tem de suportar as tensões de cisalhamento, isto é, esforços longitudinais ou laterais ao movimento do pneu em relação à pista. Para baixas temperaturas, o desempenho do pneu será menor já que não resiste às tensões de cisalhamento originando esfarelamento [...], isto é, a liberação de pequenos pedaços da borracha do pneu, semelhante ao que ocorre quando atritamos uma borracha escolar a um papel. Por analogia, é possível observar que se a borracha escolar for mais mole ou estiver a uma temperatura mais elevada, liberará uma quantidade menor desses pedaços ou farelos de borracha, assim como o pneu quando está na temperatura adequada. Portanto, o uso de mantas ou cobertores térmicos nas corridas automobilísticas propicia um pré-aquecimento dos pneus, para que eles atinjam mais rapidamente a temperatura ideal de uso, evitando um desgaste desnecessário por esfarelamento. [...] ”
>
> Raphael Brum Werlang. A Física dos pneumáticos. *Caderno Brasileiro de Ensino de Física*. Disponível em: <http://www.if.ufrgs.br/~lang/Textos/Pneus.pdf>. Acesso em: mar. 2016.

- Se a temperatura é um fator que influencia no desempenho de um pneu, por que as mantas térmicas não são utilizadas em carros de passeio?

4. Em 1996, aconteceu a primeira edição dos *Jogos dos Povos Indígenas*, organizado pelo Comitê Intertribal Indígena com apoio do Ministério dos Esportes. Nessa primeira edição, participaram mais de 24 etnias com um total aproximado de 600 participantes. Conhecido pelo mote "O importante não é competir, e sim, celebrar", esse evento foi além de uma competição esportiva e mostrou-se como uma oportunidade de integrar diferentes povos indígenas e de propagar tradições, identidade cultural, ritos, crenças, filosofias e tradições. Estima-se que hoje existam, em território brasileiro, aproximadamente, 230 etnias indígenas e 180 línguas.

Dentre as modalidades que participaram dos jogos está o cabo de força. Nessa prova cada delegação pode inscrever, no máximo, uma equipe feminina e uma masculina, composta cada uma por 10 atletas e 2 reservas. Vence a equipe que conseguir trazer a fita que se encontrava no meio da corda para dentro de seu campo, portanto detentora de participantes com maior força.

a) No texto acima foi mencionado que a equipe que venceria o cabo de força seria aquela que tivesse participantes com maior força. Essa afirmação está correta?

b) Na sua opinião, por que a frase "O importante não é competir, e sim, celebrar" foi escolhida como mote dos *Jogos dos Povos Indígenas*?

5. O freio ABS é um sistema de segurança que impede o bloqueio total das rodas durante uma freada brusca, evitando a derrapagem, e consequentemente, a perda do controle do veículo. Esse sistema identifica a tendência do bloqueio da roda e reduz a pressão de frenagem sobre ela evitando seu travamento.

a) Qual força está diretamente relacionada à frenagem do veículo?

b) Explique o que acontece nas duas situações ilustradas ao lado.

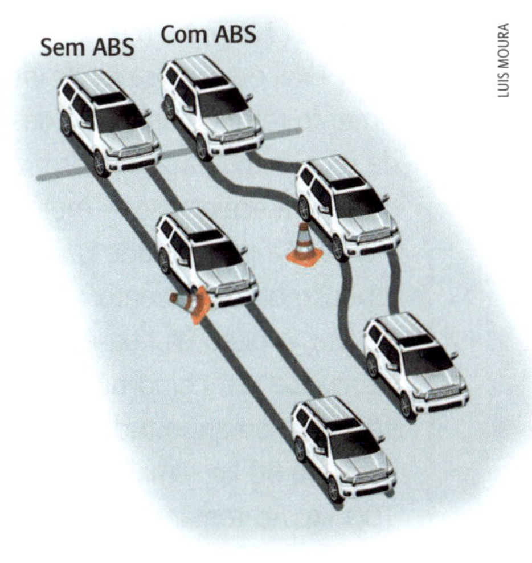

LUIS MOURA

Fonte: Observatório Nacional de Segurança Viária. Disponível em: <http://www.old.onsv.org.br/ver/acompanhamento-legislacao-abs-e-airbag>. Acesso em: fev. 2016.

Outro olhar

Na *Infográfico* "Microgravidade e seus efeitos" (páginas 180 e 181 do Livro do Estudante), conhecemos alguns efeitos da microgravidade aos quais os astronautas estão submetidos. Por enfrentar um ambiente com condições totalmente diferentes das da Terra, eles precisam passar por rigorosos e exaustivos treinamentos para conseguir realizar suas missões no espaço. Agora, vamos ler um texto que aborda algumas curiosidades sobre a última missão tripulada à Lua. Leia o texto e responda às questões.

"O programa de TV a cabo, da Globo News, *Espaço Aberto – Ciência e Tecnologia* exibiu, no dia 08 de agosto de 2011, uma entrevista com o ex-astronauta Eugene Cernan, o qual, entre outras missões, comandou, em dezembro de 1972, a última missão tripulada à Lua, a Apollo 17. Ficou conhecido como *o último homem na Lua*, pois foi o último a entrar no módulo lunar ao final da missão.

Os entrevistadores foram três meninos e uma menina e a entrevista durou pouco mais de 20 minutos. A missão Apollo 17 foi a última a levar astronautas à superfície da Lua. A missão durou 3 dias na Lua, e ocorreu em dezembro de 1972, há quase 40 anos. [...]

Um dos meninos entrevistadores, Daniel Turela Rodrigues (14 anos), fez a seguinte pergunta: '*— Como foi o momento em que o Sr. caiu na Lua, levou um tombo?*'

Eugene Cernan comentou que o peso de qualquer coisa na Lua é 1/6 do peso na Terra, e isto facilitava os saltos na sua superfície. Então, a maneira mais eficiente de se movimentar era dando pulinhos, como coelhos. Por outro lado, quando havia a necessidade de se parar, ou de se fazer uma curva, a dificuldade era grande e muitas vezes eles sofriam pequenas quedas.

Os tombos na Lua colocam em evidência três leis importantíssimas da mecânica newtoniana: lei da gravitação universal, 1ª e 2ª leis do movimento. A lei da gravitação universal explica por que o peso na superfície da Lua é igual a um sexto do peso na superfície da Terra. Com o auxílio desta lei, podemos expressar matematicamente esta afirmação escrevendo:

$$\frac{M_{Lua}}{R^2_{Lua}} = \frac{1}{6}\frac{M_{Terra}}{R^2_{Terra}}$$

onde os Ms representam as massas ($7{,}349 \times 10^{22}$ kg e $5{,}9736 \times 10^{24}$ kg) e os Rs representam os raios (1.737,4 km e 6.378,1 km) da Lua e da Terra, respectivamente.

A 1ª lei é a famosa *lei da inércia*, e ela diz que todo corpo permanece em repouso ou em movimento retilíneo uniforme desde que não hajam forças atuando sobre ele. Para mudar o estado de movimento, a 2ª lei nos diz que é necessário uma força *proporcional* à mudança desejada — ou seja, à aceleração — multiplicada pela *massa* do corpo, que é uma medida de sua inércia. A inércia é a propriedade que todos os corpos têm de resistir a uma mudança em seu estado de repouso ou movimento.

Ora, o peso na Lua é 1/6 do peso na Terra mas a massa não muda! Em outras palavras, a inércia de um corpo não muda. E note que Eugene Cernan usava um equipamento de quase 100 kg! Somando tudo, ele '*carregava*' uma inércia de quase 180 kg! A sua própria massa — cerca de 80 kg — mais a massa de seu macacão e equipamento, que como foi dito era de quase 100 kg. Ao tentar parar ou fazer uma pequena curva ele precisava de ter força muscular para parar 180 kg, ou para fazer com que 180 kg de massa realizassem uma pequena curva! Acrescente-se a isto o fato de que a sua velocidade muitas vezes era grande e, portanto, a aceleração deveria ser grande também. A força necessária é igual a *massa vezes aceleração*, como vimos.

Qual é a melhor estratégia para não se cair? A massa não pode ser mudada, logo devemos mudar a aceleração. Eugene Cernan e seu companheiro deveriam parar *lentamente*, e fazer curvas de *baixa velocidade* (lembrar que as coisas ficam ainda mais complicadas numa curva, pois a aceleração é proporcional ao *quadrado* da velocidade).

O astronauta chamou também a atenção para o centro de gravidade alto, em relação ao chão, do conjunto astronauta, vestimenta e equipamento. Especialmente nas curvas, isto aumenta consideravelmente a instabilidade, provocando quedas. E podemos adicionar: as muitas irregularidades do terreno e a pouca flexibilidade da vestimenta e equipamento do astronauta. Todos estes fatores, mais o jogo implacável entre peso e massa (inércia), discutido [...], foram os causadores das inúmeras quedas na Lua. [...] ”

Domingos S. L. Soares. *Quedas na Lua: "Um pequeno tombo para o homem..."*. Disponível em: <http://www.fisica.ufmg.br/~dsoares/apolo-17/apolo-17.htm>. Acesso em: mar. 2016.

ROOK76/SHUTTERSTOCK

Selo comemorativo com os tripulantes da missão Apollo 17. Eugene Cernan é o astronauta sentado.

1. Explique a diferença entre os conceitos de massa e peso. Agora suponha que você pese um objeto em uma balança aqui na Terra e o valor seja de 50 kg. Qual seria o peso desse mesmo objeto se estivesse na Lua? Justifique.

2. De acordo com o texto, é necessário mais ou menos força para empurrar um objeto na Lua?

3. Liste alguns exemplos de situações do dia a dia que mostram a existência da lei da inércia.

4. Faça uma pesquisa e explique por que, de acordo com o texto, o centro de gravidade alto, como no caso dos astronautas, provoca um aumento da instabilidade.

Leitura do mundo

Em 2014, o *airbag* e os freios ABS passaram a ser itens obrigatórios em todos os carros fabricados no Brasil. Essa medida teve o objetivo de reduzir o número de mortes e sequelas por acidentes com automóveis.

Acesse o *site* <http://old.onsv.org.br/ver/-672> e assista ao vídeo elaborado pelo Observatório Nacional de Segurança Viária. Analise o trecho da reportagem e responda às questões.

OBSERVATÓRIO NACIONAL DE SEGURANÇA VIÁRIA

Assista

Programa Observar - *Airbag*:
Observatório Nacional de Segurança Viária
2015

Disponível em: <http://old.onsv.org.br/ver/-672>. Acesso em: abr. 2016.

"O que fazer quando o *airbag* estoura?

[...]

Um dos mitos que circulam entre os usuários é de que, caso a pessoa bata muito forte no volante [...], o equipamento entrará em funcionamento. 'O *airbag* não estoura com colisões leves. Bater no volante com as mãos não interfere em nada no equipamento. O sistema é acionado devido à desaceleração rápida do veículo seguido por colisão frontal – em caso de *airbags* que ficam alojados no volante e no painel', afirmou o técnico de automóveis [...], Anderson Souza Barros.

Quando há uma desaceleração brusca do veículo, os sensores de velocidade enviam sinais elétricos para o gerador de gás do *airbag* – responsável por inflar a bolsa. As reações químicas geram nitrogênio suficiente para encher as almofadas em apenas 30 milésimos de segundos, ou seja, mais rápido do que um piscar de olhos. [...]"

Aline Marinho. O que fazer quando o airbag estoura? *Jornal do trem & Folha do ônibus*. Disponível em: <http://www.jornaldotrem.com.br/o-que-fazer-quando-o-airbag-estoura/>. Acesso em: mar. 2016.

1. O que são *airbags*?

____

____

____

____

2. Por que *airbags* e freios ABS são classificados em diferentes categorias de dispositivos de segurança? Os cintos de segurança são classificados em qual categoria?

3. Assinale abaixo quais dispositivos são acionados em cada tipo de intensidade de colisão frontal e depois responda à questão.

	Cinto de segurança	Pré-tensionador	*Airbag*
Leve			
Média			
Alta			

- De que forma você pode relacionar o acionamento dos dispositivos nas diferentes intensidades às leis de Newton?

4. Por que os *airbags* devem inflar e desinflar rapidamente? E por que eles não podem ser reutilizados, caso sejam acionados?

UNIDADE 6

Trabalho, energia e calor

Reveja a jornada

1. Leia o texto a seguir e responda às questões.

“O mundo da água

[...] O uso de rodas hidráulicas remonta às antigas civilizações da Mesopotâmia; as inscrições babilônicas e sumérias fazem referência a elas, mas não esclarecem como eram usadas. Na China, eram empregadas pela dinastia Han desde o século 3 a.C., para alimentar foles e mover martelos nas forjas. Porém, na época de gregos e romanos, a água já fora canalizada para mover moinhos em escalas gigantescas. Em Barbegal, perto de Arles, no sul da França, ainda podemos ver as ruínas do que já foi chamado de "maior concentração conhecida de energia mecânica do mundo antigo". Ali foi construído um aqueduto para transportar água das montanhas Alpilles até a cidade romana de Arles. Pelo caminho, o líquido passava por dois conjuntos de enormes rodas hidráulicas, 16 ao todo, que impulsionavam igual número de moinhos instalados na encosta. A água era canalizada montanha abaixo, e o fluxo de uma roda alimentava a seguinte. [...]”

Michael Mosley e John Lynch. *Uma história da ciência*. Tradução de Ivan Weisz Kuck. Rio de Janeiro: Zahar, 2011.

NINETAILS/SHUTTERSTOCK

Roda-d'água em Hama, Síria. Neste caso, o fluxo de água passa sob a roda e a movimenta.

Uma roda hidráulica, também conhecida como roda-d'água, consiste de uma roda de madeira que apresenta pás ou lâminas em sua volta, como se fossem prateleiras. Quando a água passa por essas pás, a roda movimenta-se e esse movimento pode ser utilizado para a realização de atividades como a moagem de cereais.

a) Qual é a função das pás ao redor da roda?

b) Como você justificaria a denominação de "maior concentração conhecida de energia mecânica do mundo antigo" mencionada no texto?

2. Leia o texto e responda à questão.

> "[...] O tempo do trabalho estava mudando no começo do século XIX; era agora regulado por relógios ou pelo tempo do trabalho nas máquinas. As máquinas de costura espalharam-se ao longo das décadas, transformando completamente o trabalho de fazer roupas. Não à toa, os alfaiates se revoltaram: a maneira antiga de se costurar estava morrendo e era preciso se adaptar a um novo tempo e possuir novas habilidades, a habilidade de se adaptar às máquinas. Ainda que grande parte do trabalho de se confeccionar um vestido fosse feito dentro de casas ou ateliês pequenos (contrário da produção fabril que demandava grandes espaços para grandes máquinas), as máquinas de costura e as encomendas tinham um tempo diferente do tradicional trabalho de costuras. As máquinas demandavam muitas horas, com jornadas exaustivas. [...]"
>
> Joana Monteleone. *A história das máquinas de costura*: um anúncio brasileiro vende uma máquina de costura americana. Disponível em: <http://www.cihe.fflch.usp.br/sites/cihe.fflch.usp.br/files/Joana%20Monteleone_0.pdf>. Acesso em: mar. 2016.

- O termo **trabalho** utilizado neste texto apresenta quais significados? Algum deles concorda com o conceito de trabalho para a Física?

3. Leia o texto a seguir e responda às questões.

> “[...] Em situações envolvendo perseguição e captura de presas, a energia química intramuscular do predador se transforma em energia cinética necessária à perseguição, sendo o acúmulo de oxigênio um fator determinante para o sucesso da caçada. Para reduzir o custo do deslocamento, os mamíferos marinhos desenvolveram uma ampla variedade de comportamentos natatórios, como controlar a velocidade do deslocamento, aproveitar o deslocamento da onda (por exemplo, saltando sob as mesmas), aproveitar o deslocamento de embarcações e nadar em cardumes. Para um deslocamento para grandes profundidades, alguns desses mamíferos se impulsionam para baixo e deslizam sem movimento à medida que afundam. [...]”
>
> Débora Coimbra, Anderson Luis do Valle, Franciele C. C. Melo e Alexandre Marletta. *A física determinando como o golfinho pesca*. Disponível em: <http://www.sbfisica.org.br/fne/Vol8/Num1/v08n01a07.pdf>. Acesso em: mar. 2016.

a) De onde vem a energia química intramuscular do predador? Por que ela é transformada em energia cinética?

b) Do ponto de vista do custo energético, o que os comportamentos natatórios dos mamíferos marinhos em perseguição possibilitam?

4. Um estudante fez um esquema na aula sobre calor e temperatura, apresentado a seguir. Analise o esquema e responda às questões.

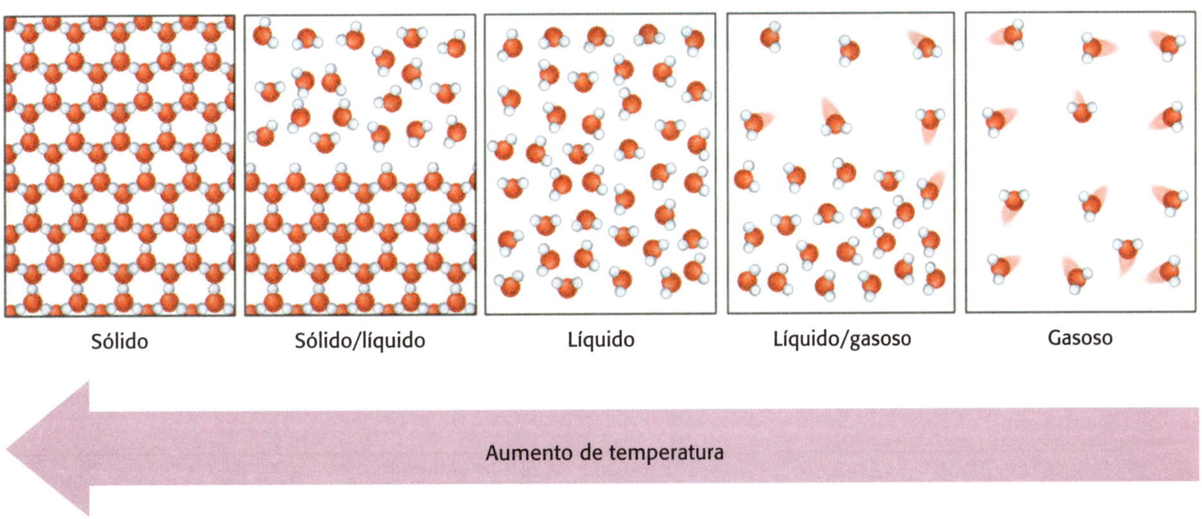

LUIS MOURA

a) O que ele quis representar nos quadros?

b) Existe um problema no esquema que ele fez. Qual é?

c) Com base no esquema, use os conceitos de "temperatura" e "calor" para escrever um pequeno texto.

5. O banho-maria é uma técnica que consiste em aquecer de forma lenta e uniforme um alimento ou qualquer outro corpo, submergindo-o em água quase fervente.

FOODPICTURES/SHUTTERSTOCK

Ovos cozinhando em banho-maria.

- Explique como é possível cozinhar um alimento em banho-maria já que apenas a panela encontra-se em contato com o fogo.

Outro olhar

Na seção *Saiba mais* "Energia solar" (páginas 194 e 195 do Livro do Estudante), você conheceu algumas características e usos de uma fonte de energia renovável promissora, que pode ser utilizada sem causar danos ao meio ambiente. Além da energia solar, existem várias outras fontes de energia renováveis que são excelente alternativa às energias comumente usadas, como o petróleo e o gás, que poluem tanto o meio ambiente. Vamos conhecer um pouco mais sobre a energia gerada por biomassa. Leia os textos a seguir e responda às questões.

"[...]

A biomassa é a massa total de organismos vivos numa determinada área. Esta massa é uma importante reserva de energia, pois é constituída essencialmente por hidratos de carbono [ou carboidratos]. A biomassa é utilizada na produção de energia a partir de processos como a combustão de material orgânico produzido e acumulado num ecossistema. Podemos distinguir algumas fontes de energia com potencial energético considerável: a madeira (e seus resíduos), os resíduos agrícolas, os resíduos municipais sólidos, os resíduos dos animais, os resíduos da produção alimentar, as plantas aquáticas e as algas. Embora ainda muito restrito, o uso de biomassa para a geração de eletricidade tem sido objeto de vários estudos e aplicações, tanto em países desenvolvidos como em países em desenvolvimento. Entre outras razões, estão à busca de fontes mais competitivas de geração e a necessidade de redução das emissões de dióxido de carbono. [...] Os principais entraves ao maior uso da biomassa na geração de energia elétrica são a baixa eficiência termodinâmica das plantas e os custos relativamente altos de produção e transporte. Incluindo aspectos socioambientais, criação de monoculturas, perda de biodiversidade, uso intensivo de defensivos agrícolas, etc. Esses entraves tendem a ser contornados, a médios e longos prazos, pelo desenvolvimento, aplicação e aprimoramento de novas e eficientes tecnologias de conversão energética da biomassa [...]. Além de ambientalmente mais favorável o aproveitamento energético e racional da biomassa tende a promover o desenvolvimento de regiões menos favorecidas, por meio da criação de empregos."

[...]"

Renato Soares de Aguilar, Lidiane Cristovam de Souza Oliveira e Grazielle Louise Ferreira Arcanjo. *Energia renovável*: os ganhos e os impactos sociais, ambientais e econômicos nas indústrias brasileiras. XXXII Encontro Nacional de Engenharia de Produção. Disponível em: <http://www.abepro.org.br/biblioteca/enegep2012_TN_STP_167_970_19670.pdf>. Acesso em: mar. 2016.

"Trazido para o Brasil com a função de alimentar o gado, o capim-elefante – uma gramínea que se adaptou bem aos nossos solos e clima – floresce em um novo campo: a produção de energia. Já usada por algumas empresas no Brasil para esse fim, a espécie agora é alvo de estudos no Instituto de Pesquisas Tecnológicas de São Paulo (IPT) e na Empresa Brasileira de Pesquisa Agropecuária (Embrapa) para obtenção de variedades mais produtivas, resistentes e adaptadas às diferentes regiões brasileiras.

Planta perene e com alta taxa de produtividade, a espécie se desenvolve melhor em regiões quentes e com chuvas mais abundantes. 'A primeira colheita do capim-elefante pode ser feita por volta de seis meses após o plantio, menos tempo que outras espécies utilizadas na produção de biomassa', afirma Vicente Mazzarella, engenheiro do IPT, que estuda há mais de vinte anos os usos e características do capim-elefante. 'A cana-de-açúcar, por exemplo, tem seu primeiro corte feito um ano e meio após o plantio; já o eucalipto tem ciclo de sete anos'.

Por ser muito produtivo, o capim-elefante necessita de áreas menores para plantio, o que possibilita que seja cultivado mais perto dos locais de seu destino final, gerando assim economia no transporte. Outro benefício é que a espécie pode ser plantada em solos pobres em nutrientes. 'Além disso, ela é capaz de recuperar, com o tempo, solos degradados', comenta Mazzarella.

[...]

De acordo com pesquisadores envolvidos no empreendimento, características como elevada relação carbono/nitrogênio, poder calorífico elevado e maior eficiência na fixação biológica de nitrogênio atmosférico devem ser desenvolvidas para otimizar o uso energético do capim.

A Embrapa Gado de Leite realiza, desde 1991, pesquisas em melhoramento genético do capim-elefante para uso forrageiro. Com o objetivo de desenvolver novas variedades especificamente para produção de energia, estabelece-se uma nova linha de pesquisa. O produto final é diferente: para alimentar o gado, o desejável é uma biomassa rica em proteína que tenha, portanto, baixa relação carbono/nitrogênio; para aproveitar o material como combustível, o que se busca é justamente o contrário.

'No Brasil e no mundo, há necessidade de ampliar a oferta de energia disponível para atender o consumo doméstico, indústrias, transportes, agropecuária e outras atividades econômicas. Do capim-elefante pode vir ao menos parte dessa energia complementar necessária, evitando a ampliação do uso de petróleo e derivados', aposta [a engenheira Marcia Mitiko] Onoyama. ”

Everton Lopes. Capim energético. *Ciência Hoje*. Disponível em: <http://www.cienciahoje.uol.com.br/noticias/2015/06/capim-energetico>. Acesso em: fev. 2016.

1. Que tipo de energia é aproveitada na biomassa? Que informação do(s) texto(s) você usou para responder à pergunta?

2. É correto afirmar que o uso da biomassa como fonte de energia renovável não causa impactos ao meio ambiente? Por quê?

3. Que características do capim-elefante o tornam interessante para ser usado como biomassa?

4. Para alimentar o gado, o desejável é ter uma variedade de capim-elefante que apresente baixa relação carbono/nitrogênio. Por que, para aproveitar o material como combustível, o que se busca é justamente o contrário?

Leitura do mundo

Leia a reportagem e assista ao documentário indicado abaixo para responder às questões.

MARIA FARINHA FILMES

Assista

Muito além do peso

Maria Farinha Filmes

Direção: Estela Renner

Brasil, 2012

Disponível em: <http://www.muitoalemdopeso.com.br/>. Acesso em: abr. 2016.

> “[...] Em 2010, a Organização Mundial da Saúde recomendou a redução da exposição das crianças à propaganda de alimentos, sobretudo aqueles com alta quantidade de açúcar, sal e gordura. Em 2012, a Organização Pan-Americana da Saúde aprofundou-se no tema e também apresentou recomendações de ações concretas por parte dos governos para reduzir a exposição das crianças à publicidade de alimentos. Para especialistas, a auto-regulamentação do setor não tem funcionado. [...]
>
> No Brasil, apesar da proibição da publicidade abusiva (direcionada à criança) prevista no Código de Defesa do Consumidor (CDC) desde 1990, a falta de regulamentação específica para alimentos prejudica a efetivação da lei. Em 2010, a movimentação internacional em torno do tema motivou a elaboração da primeira regulação sobre publicidade de alimentos em geral, por parte da Anvisa (Agência Nacional de Vigilância Sanitária). A regulação, no entanto, foi suspensa logo após sua publicação, devido à pressão de diversas associações da indústria de alimentos. [...]”

Ana Paula Bortoletto. Publicidade de alimentos e obesidade infantil: uma reflexão necessária. Revista *Época*. Disponível em: <http://www.epoca.globo.com/vida/noticia/2015/03/publicidade-de-alimentos-e-obesidade-infantil-buma-reflexao-necessariab.html>. Acesso em: mar. 2016.

1. A caloria, unidade de medida de energia muito utilizada na hora de escolher um alimento, é vista por muitos como vilã. Você concorda com essa visão? Justifique.

____

____

____

2. O documentário relaciona o consumo exagerado de produtos industrializados por crianças com a cultura do consumismo. De que maneira a propaganda estaria relacionada a isso?

____

____

UNIDADE 7

Ondas, som e luz

Reveja a jornada

1. Terremotos produzem ondas mecânicas com diferentes características que se propagam tanto no interior do planeta como em sua superfície. As ondas sísmicas do tipo **P** são as mais rápidas, sendo as primeiras a serem identificadas por um sismógrafo. Já as ondas do tipo **S** apresentam uma velocidade um pouco menor e, assim como a **P**, propagam-se pelo interior da Terra. Já as ondas de superfície, como o próprio nome diz, propagam-se pela superfície do planeta, apresentam uma velocidade menor que das ondas **S** e costumam causar maior destruição.

Os gráficos a seguir apresentam as características das ondas **P** e **S** geradas por um tremor que foi identificado por um sismógrafo nas direções vertical, norte-sul e leste-oeste.

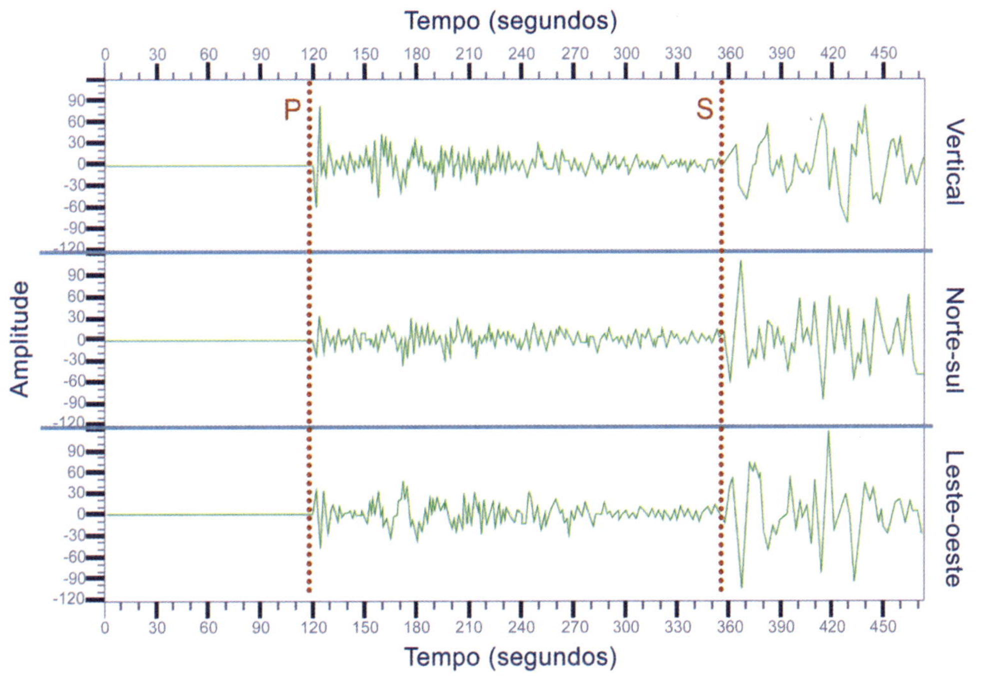

Sismograma do terremoto de magnitude 7,2 ocorrido em agosto de 2011 na fronteira Brasil-Peru, registrado por um sismógrafo na Nicarágua.

Fonte: Antonio Carlos F. Santos e Carlos Eduardo Aguiar. *Ondas e Terremotos*. Universidade Federal do Rio de Janeiro. Disponível em: < http://www.if.ufrj.br/~carlos/artigos/SciAm2012_ondas_terremotos.pdf>. Acesso em: abr. 2016.

- A partir do sismograma, descreva as ondas **P** e **S** quanto à frequência e à amplitude.

____

____

____

2. A imagem a seguir apresenta um comparativo entre alguns terremotos e eventos naturais e artificiais. Analise-a e indique se as afirmações a seguir são verdadeiras (**V**) ou falsas (**F**).

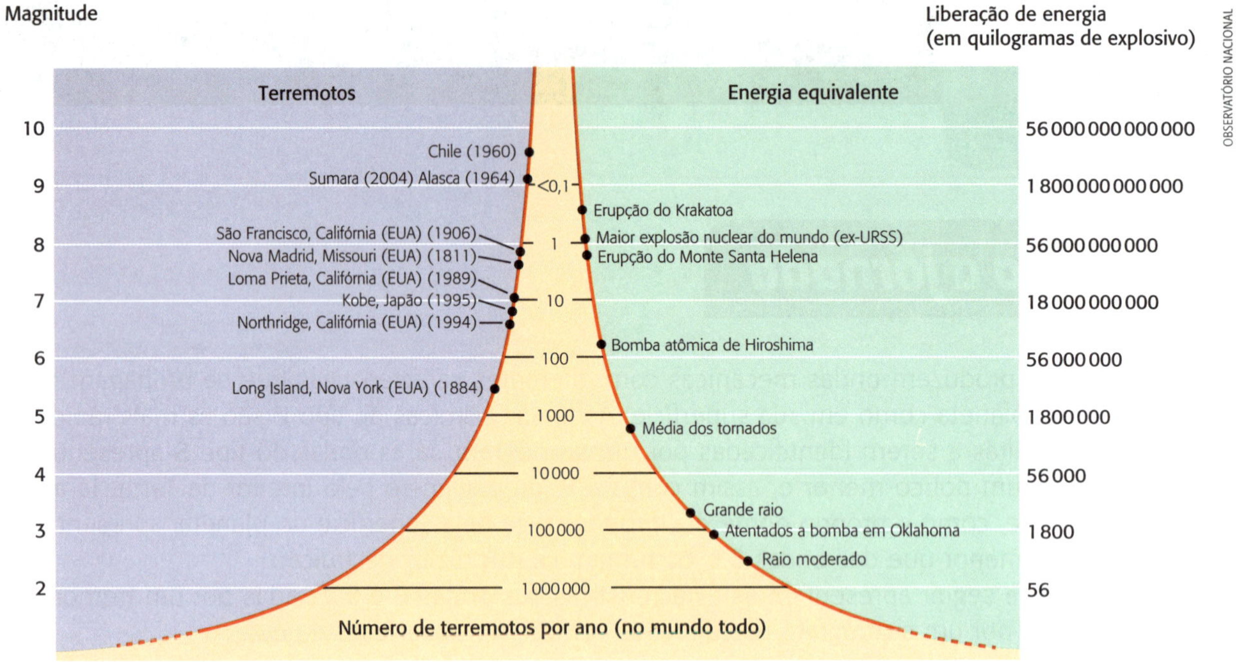

Fonte: Observatório Nacional. Disponível em: <http://www.on.br/conteudo/informe/terremoto.html>. Acesso em: mar. 2016.

a) ( ) A ocorrência de terremotos aumenta linearmente com a magnitude do fenômeno.

b) ( ) O terremoto que atingiu o Chile em 1960 liberou mais energia que a bomba atômica de Hiroshima.

c) ( ) O terremoto de Kobe, no Japão, em 1995, apresentou uma magnitude maior que o que ocorreu em Long Island, EUA, em 1884.

d) ( ) O ser humano provocou eventos que liberaram energia equivalente a terremotos de magnitude 8.

3. Leia o texto a seguir e responda às questões.

> “[...] a técnica de ultrassonografia aproveita a reflexão do som produzida pelas estruturas e órgãos do corpo. Os ecos captados são transformados em imagens por meio de computação gráfica.
>
> Os aparelhos de ultrassom utilizam frequências variadas, de 2 até 14 MHz (milhões de hertz). Quanto maior a frequência, melhor a qualidade e precisão das imagens das estruturas superficiais obtidas. Conforme a densidade dos tecidos e sua composição, as ondas ultrassônicas vão refletir de modo diferente, sofrendo atenuações. Isso se manifesta na imagem com diferentes tons de cinza observados.
>
> Assim como as ondas sonoras podem se transformar em imagens, que são emissões de luz (ondas eletromagnéticas), o contrário também pode ocorrer. Um rádio, por exemplo, capta ondas eletromagnéticas emitidas pela estação em dada frequência e as transforma em ondas sonoras, que podemos ouvir. [...]”
>
> Adilson de Oliveira. Percepções sonoras. *Ciência Hoje*. Disponível em: <http://www.cienciahoje.uol.com.br/colunas/fisica-sem-misterio/percepcoes-sonoras>. Acesso em: mar. 2016.

a) Qual a diferença entre a onda de rádio e a onda sonora?

b) Que fenômeno ondulatório a ultrassonografia utiliza para obter imagens internas do corpo humano?

c) Por que não captamos o som das ondas dos aparelhos de ultrassom?

4. Em dezembro de 2015, Adriano Souza, o Mineirinho consagrou-se campeão mundial de surfe em Pipeline, no Havaí. Com uma campanha impecável e vencendo baterias dramáticas, Mineirinho superou o australiano Mick Fanning na final e ergueu a taça de campeão, que pela segunda vez veio para o Brasil. Às vésperas de Mineirinho se tornar campeão, os dois adversários estavam muito próximos na pontuação e Mineirinho disse que "quem pegasse a melhor onda seria campeão".

a) As ondas do mar são os "meios de trabalho" dos surfistas. Desenhe abaixo as principais características que permitem diferenciar uma das outras.

b) Com base na caracterização das ondas para Física, o que você pode dizer sobre o depoimento de Mineirinho?

5. Leia o texto a seguir e responda à questão.

> “[...] A energia elétrica, que nos trouxe vários benefícios e confortos desde quando começamos a desfrutá-la no século passado, provoca hoje, em muitas cidades brasileiras, uma poluição luminosa onde a luz não só é desperdiçada como também muitas vezes deixa de cumprir seu objetivo. A poluição luminosa é originada a partir da luz mal direcionada que ilumina acima ou aos lados, ao invés de iluminar somente as áreas pretendidas, normalmente abaixo do ponto de luz. [...]”
>
> Adriana Oliveira Bernardes. Poluição luminosa. *Física na Escola*. Disponível em: <http://www.sbfisica.org.br/fne/Vol12/Num1/poluicao.pdf>. Acesso em: mar. 2016.

- Ilustre três situações em que a fonte luminosa ilumina acima, aos lados e a área desejada.

6. Leia o texto e responda à questão.

> “[...] À primeira vista todas as estrelas nos parecem pontos cintilantes esbranquiçados, mas sob olhar mais atento, longe das luzes artificiais, podemos identificar também tons azulados, avermelhados ou amarelados. A cor de uma estrela está relacionada à temperatura da sua camada mais externa, a fotosfera (temperatura superficial), que captamos a olho nu ou através de telescópios e binóculos. Através do estudo da luz que chega das estrelas, os astrônomos podem entender melhor sua formação e evolução, bem como das estruturas maiores formadas por elas, como aglomerados estelares e galáxias. A cor de uma estrela, então, nos dá informações sobre suas propriedades físicas. [...]”
>
> Guilherme F. Marranghello. Utilizando a câmera fotográfica digital como ferramenta para distinguir as cores das estrelas. *Física na Escola*. Disponível em: <http://www.sbfisica.org.br/fne/Vol12/Num1/cores-estrelas.pdf>. Acesso em: mar. 2016.

- A poluição luminosa pode ser considerada um fator adverso à obtenção de informações sobre o Universo?

Outro olhar

Na seção *Em ação* "Os jovens abusam do volume do tocador" (páginas 258 e 259 do Livro do Estudante), vimos como o hábito de ouvir som alto pode prejudicar a saúde. O uso dos dispositivos eletrônicos, como celulares, *tablets* e *smartphones*, está disseminado pela população e tem mudado de forma drástica o comportamento das pessoas. Muitas das consequências advindas dessa mudança têm tido reflexos maléficos sobre a saúde das pessoas, como mostra o texto a seguir. Leia-o e responda às questões.

“[...]

Nos bancos das praças, dentro dos ônibus, caminhando pelas ruas e até na solidão de quartos escuros, as pessoas digitam usando freneticamente os polegares na tela dos *smartphones*. Quando estão com o celular em mãos, os usuários se isolam do mundo, plugados em fones de ouvido e com a visão focada nas pequenas telas iluminadas. Porém, o mesmo aparelho útil para telefonar, interagir nas redes sociais, ouvir música, assistir a vídeos, pagar contas, fotografar, filmar e mais uma infinidade de tarefas pode provocar uma série de prejuízos à saúde, se usado excessivamente. Os danos vão desde problemas de visão até inflamação nos tendões da mão, passando por lesões no aparelho auditivo e dores no pescoço e na coluna. Não é difícil imaginar a dimensão do problema, quando se considera que, no Brasil, o número de telefones móveis já ultrapassa o de habitantes.

O médico ortopedista Pedro José Pires Neto, eleito para ser o próximo presidente da Sociedade Brasileira de Cirurgia de Mão (SBCM), alerta que o principal vilão é o WhatsApp. “As pessoas usam o polegar com mais intensidade para digitar e ocorre a sobrecarga nessa articulação”, explica. A revista médica The Lancet batizou essa síndrome da pós-modernidade de “whatsappinite”, uma inflamação nos tendões causada pelo uso excessivo dos aparelhos de comunicação. Segundo a revista, que traz o relato do primeiro caso da doença, trata-se de uma tendinite ou inflamação nos tendões ocasionada por movimentos repetitivos.

[...]

Onipresente

[...] Há dois anos, a auxiliar administrativa Tatiane Caldeira, de 28 anos, trocou seu aparelho simples para um *smartphone*. “Eu o uso mais como um computador do que como telefone, principalmente para acessar as redes sociais”, explica ela, ao interromper um diálogo no WhatsApp.

Tatiane também usa o aparelho para ouvir música enquanto está no transporte coletivo. E corre um risco sem perceber. “Quem está no ônibus escutando música precisa aumentar o volume para superar o barulho do ambiente, e, quando isso ocorre, aumenta a possibilidade de danos ao sistema auditivo”, alerta o presidente da Sociedade Mineira de Otorrinolaringologia, Cheng T. Ping.

Ele explica que o que provoca dano auditivo é a intensidade do som, associada ao tempo que a pessoa passa com o fone na orelha durante o dia. “Se usa ocasionalmente, não há problema, mas, se escuta em um volume alto por oito horas ao dia, pode causar danos”, detalha. A escolha do tipo de fone (intracanal e de concha) pode ajudar a diminuir possíveis danos. Segundo o médico, o fone de concha tende a ser menos lesivo. “Nos aparelhos novos, há um alerta para a faixa de volume que pode danificar a audição”, destaca.

O fone de ouvido também pode provocar males mais graves: "Quando a pessoa está com o fone, tende a prestar menos atenção ao ambiente, o que favorece acidentes", destaca Ping. Outro risco apontado pelo médico é o uso durante corridas ou caminhadas. "Quem corre com o fone na orelha precisa aumentar o volume, por causa do barulho da respiração, das passadas e do ruído dos carros. Além de poder afetar a audição, o usuário fica mais exposto a acidentes", reforça o especialista.

De olho

O médico inglês David Allamby fez um levantamento e constatou que o número de jovens com miopia subiu 35% no Reino Unido desde o lançamento dos primeiros *smartphones*, em 1997. Outro problema apontado pelo médico é que a miopia – antes estabilizada por volta dos 21 anos – está sendo desenvolvida por pessoas mais velhas. Uma das causas, segundo Allamby, é que as pessoas seguram os aparelhos muito próximo dos olhos, entre 18 e 30 centímetros de distância, inferior à de um livro (40 cm). O médico batizou a doença como *screensightedness* (miopia de tela) e prevê que em 20 anos até metade das pessoas com mais de 30 anos terão desenvolvido o distúrbio.

O diretor de Oftalmologia da Associação Médica de Minas Gerais, Luiz Carlos Molinari, diz que a pesquisa faz muito sentido. "O uso do *smartphone*, junto dos *tablets*, aumenta a miopia axial", reforça Molinari. O médico recomenda que os pais estimulem as crianças a brincar fora de casa, longe dos aparelhos eletrônicos. Outra dica de Molinari é piscar mais. "Computador, *smartphone* e *tablet* aumentam a evaporação da lágrima. O ideal é que a pessoa passe a piscar mais, para lubrificar a córnea. Ao piscar, a lágrima se renova", ensina o oftalmologista. ”

Daniel Camargos. Smartifonite é a doença dos superconectados. *Saúde Plena*. Disponível em: <http://www.sites.uai.com.br/app/noticia/saudeplena/noticias/2015/06/16/noticia_saudeplena,153774/smartphonite-e-a-doenca-dos-superconectados.shtml>. Acesso em: mar. 2016.

1. Que problemas são associados ao uso dos dispositivos eletrônicos?

2. O médico Cheng T. Ping explica que a intensidade do som, associada ao tempo que a pessoa passa com o fone na orelha durante o dia, é a principal causa do dano auditivo. Com base no que você aprendeu sobre as características do som, explique por que a intensidade está relacionada diretamente ao dano auditivo.

3. A "miopia de tela" é um outro problema associado ao uso dos aparelhos eletrônicos. O que ela provoca na anatomia do bulbo do olho? Como uma pessoa com esse problema pode corrigir a visão?

Leitura do mundo

Vimos que os terremotos são causados por ondas mecânicas de abalos sísmicos. Terremotos de magnitude alta apresentam grande amplitude; portanto, propagam muita energia e têm alto poder de destruição. Nos países em que existe alta incidência de terremotos, sismógrafos e outros sistemas de detecção estão constantemente monitorando as atividades sísmicas para proteger a população. Além disso, é comum que nesses lugares, desde pequenas, as pessoas recebam orientações de como proceder em caso de terremoto, o que diminui muito os casos de óbito. Recentemente, com o desenvolvimento de aplicativos para celulares, os terremotos ganharam um aplicativo para sua detecção. Leia o texto a seguir e responda às questões.

> “Um grupo de cientistas americanos e italianos está desenvolvendo um sistema para prever e detectar terremotos por meio de aplicativo de celular. O software "My Quake" (Meu Terremoto, em inglês) foi idealizado em 2008 na Universidade da Califórnia em Berkeley, em parceria com a Universidade de Nápoles Federico II, e vem sendo aprimorado desde então. [...]
>
> Segundo o especialista, hoje o programa – que usa dados de GPS e algoritmos – consegue detectar em tempo real tremores de magnitude 5 ou maior em um raio de 10 km. O próximo passo será aumentar a sensibilidade do dispositivo para identificar abalos sísmicos de magnitude 3 em um raio de até 100 km.
>
> [...]”
>
> Luna D'Alama. Cientistas desenvolvem aplicativo para medir terremotos por celular. G1. Disponível em: <http://www.g1.globo.com/ciencia-e-saude/noticia/2013/11/cientistas-desenvolvem-aplicativo-para-medir-terremotos-por-celular.html>. Acesso em: mar. 2016.

1. Que benefícios o uso de aplicativos como o citado na reportagem traz para a população? E quais os malefícios?

____

____

____

____

2. Em 2011, a costa leste do Japão foi atingida por um *tsunami* provocado por um abalo sísmico de magnitude 8,9. Mais de 13 mil pessoas morreram, cerca de 16 mil ficaram desaparecidas e milhões de pessoas ficaram sem energia elétrica e água. Na sua opinião, como explicar o fato de um desastre natural dessa magnitude não ter sido detectado a tempo?

____

____

____

____

UNIDADE

8 Eletricidade e magnetismo

Reveja a jornada

1. Leia o texto e responda às questões.

> “[...] Batizado de 'MagneticStorms', o programa pode ser baixado gratuitamente [...] e opera em português do Brasil e de Portugal, além de em inglês, espanhol, italiano e francês.
>
> [...] 'O aplicativo processa os dados sobre explosões solares e emissões de partículas pelo Sol, fornecidos por satélites geoestacionários internacionais, e os apresenta de uma maneira mais compreensível tanto para os pesquisadores como para o público interessado em atividade solar e nas implicações dela no campo magnético terrestre', disse [o professor Eder Cassola Molina, do Instituto de Astronomia, Geofísica e Ciências Atmosféricas (IAG) da Universidade de São Paulo (USP), que desenvolveu o aplicativo].
>
> De acordo com o pesquisador, em razão dos processos nucleares que ocorrem no Sol, o corpo celeste emite milhões de partículas carregadas com carga positiva (prótons) ou negativa (elétrons) por segundo, constantemente. [...]
>
> 'Como essas partículas solares demoram cerca de 100 horas para chegar à Terra, a velocidades de 400 a 800 quilômetros por segundo, ao observar um eventual fluxo anormal delas por meio do aplicativo, o usuário pode estimar com antecedência de alguns dias uma eventual perturbação no campo magnético terrestre', disse Molina. [...]
>
> Além de ajudar a reduzir os danos e prejuízos econômicos que podem ser causados pela emissão de partículas solares, de acordo com Molina, o monitoramento da atividade solar pelo aplicativo também pode ser útil para a realização de levantamentos geofísicos que envolvem magnetometria (medições de magnetismo) por pesquisadores da área.
>
> Em dias magneticamente perturbados, por exemplo, é sabido que não devem ser realizadas coletas desses dados para prospecção geofísica, pois essas informações serão afetadas pela atividade solar anômala. [...]”
>
> Elton Alisson. Aplicativo facilita monitoramento e análise da atividade solar. *Agência Fapesp*. Disponível em: <http://www.agencia.fapesp.br/aplicativo_facilita_monitoramento_e_analise_da_atividade_solar/16781/>. Acesso em: mar. 2016.

a) O que se pode afirmar sobre as partículas emitidas pelo Sol?

____

____

b) Que prejuízos as partículas emitidas pelo Sol podem causar?

c) Qual o problema de realizar medições referentes ao magnetismo terrestre em períodos de alta emissão de partículas pelo Sol?

2. Leia as afirmações a seguir e assinale a alternativa correta.

a) Na eletrização por contato ocorre a transferência de prótons do corpo carregado positivamente para o corpo neutro.

b) Na eletrização por indução ocorre um rápido contato entre os corpos e nessa interação acontece a indução.

c) Uma corrente elétrica pode ser definida como um fluxo ordenado de partículas carregadas.

d) Em um circuito aberto, os elétrons percorrem o circuito de forma ordenada e sem resistência.

e) A intensidade das forças de atração e repulsão depende apenas da quantidade de cargas de cada corpo.

3. Sempre que uma corrente elétrica passa por um condutor, ocorre seu aquecimento. Esse fenômeno é denominado efeito Joule. Cite uma situação em que esse efeito é útil e outra em que ele é visto como um problema.

4. Leia o texto e responda às questões a seguir.

“A desfibrilação é a aplicação de uma corrente elétrica em um paciente, através de um desfibrilador, um equipamento eletrônico cuja função é a reversão das arritmias cardíacas pela aplicação de um pulso de corrente elétrica de grande amplitude num curto período de tempo. Ao atravessar o coração, esta corrente força uma contração simultânea das fibras cardíacas, possibilitando o restabelecimento de um ritmo normal.

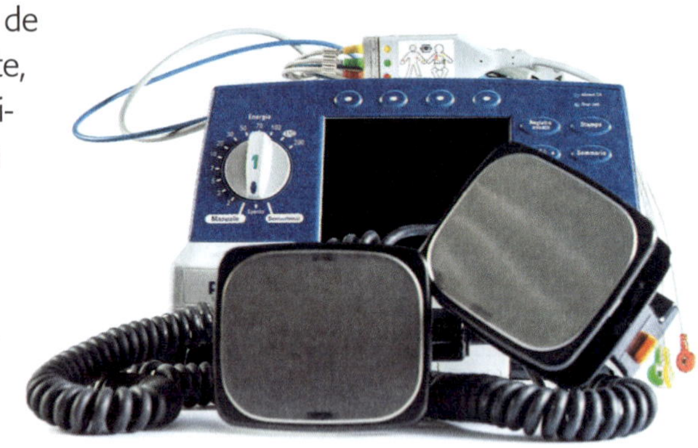

Desfibrilador externo.

O desfibrilador é constituído de duas pás, ligadas através de cabos, a um equipamento que transforma a energia elétrica em choques elétricos. A intensidade dos choques é regulável e pode chegar até 360 joules. As duas pás é que descarregam os choques na parede anterior do tórax. [...]”

Carlos Fornazier *et al. Abordagem de Vigilância Sanitária de Produtos para Saúde Comercializados no Brasil:* desfibrilador externo. Disponível em: <http://www.anvisa.gov.br/boletim_tecno/boletim_tecno_fev2011/PDF/matriz_desfibri_que_temos04fev2011.pdf>. Acesso em: mar. 2016.

a) Os choques elétricos normalmente são perigosos para as pessoas. Por que no caso do desfibrilador isso não acontece?

b) O choque elétrico ocorre quando há a passagem de corrente elétrica através do corpo. Nesse caso, o corpo funciona como um:

I) indutor.

II) induzido.

III) isolante.

IV) condutor.

V) semicondutor.

5. Leia o texto a seguir e responda à questão.

"A datação de artefatos é uma das principais ferramentas dos arqueólogos para entender como eram os costumes de povos antigos. Uma das principais técnicas usadas para isso é medir a concentração de carbono 14 do objeto que se quer datar [...].

Agora, arqueólogos brasileiros estão começando a usar um outro método, pouco adotado em nosso país até então: a chamada datação arqueomagnética. Essa técnica determina a idade de um objeto a partir das variações do campo magnético da Terra registradas em materiais arqueológicos feitos de argila, como tijolos, telhas e cerâmicas.

A nova técnica vem sendo testada pelo geofísico Gelvam Hartmann, estudante de doutorado na Universidade de São Paulo (USP), para datar objetos encontrados em cidades históricas do Nordeste e do Sudeste e produzidos desde o descobrimento do país, em 1500. [...]

Hartmann explica que esses materiais foram submetidos a altas temperaturas no momento de sua confecção e, quando esfriaram, conservaram em seus minerais magnéticos os registros do campo magnético da Terra daquela época. [...]"

Bruna Ventura. Registros magnéticos do passado. *Ciência Hoje*. Disponível em: <http://www.cienciahoje.uol.com.br/noticias/2010/10/registros-magneticos-do-passado>. Acesso em: mar. 2016.

a) Faça um desenho que represente a relação entre os seguintes elementos: eixo magnético do campo magnético da Terra (M), eixo de rotação da Terra (R), polo magnético (P_M) e polo geográfico (P_G).

b) O campo magnético terrestre muda ao longo dos anos? Justifique com informações do texto.

Outro olhar

No *Saiba mais* "Aplicações do magnetismo" (página 281 do Livro do Estudante), você conheceu a importância do magnetismo para a realização de diversas atividades. Sabemos que movimentos de materiais metálicos no centro do planeta Terra criam um campo magnético ao seu redor. Agora vamos refletir um pouco mais sobre esse assunto.

O campo magnético em um ponto da superfície terrestre depende do campo gerado pelo núcleo do planeta, do campo induzido na crosta e no manto e do campo gerado externamente pelo Sol.

O campo gerado pelo núcleo do planeta contribui com aproximadamente 90% do campo magnético total. O campo gerado pela crosta e manto resulta das rochas magnéticas existentes na superfície. Já o campo externo está relacionado ao vento solar, que são as partículas emitidas pelo Sol que atingem o planeta e interagem com o campo gravitacional já existente.

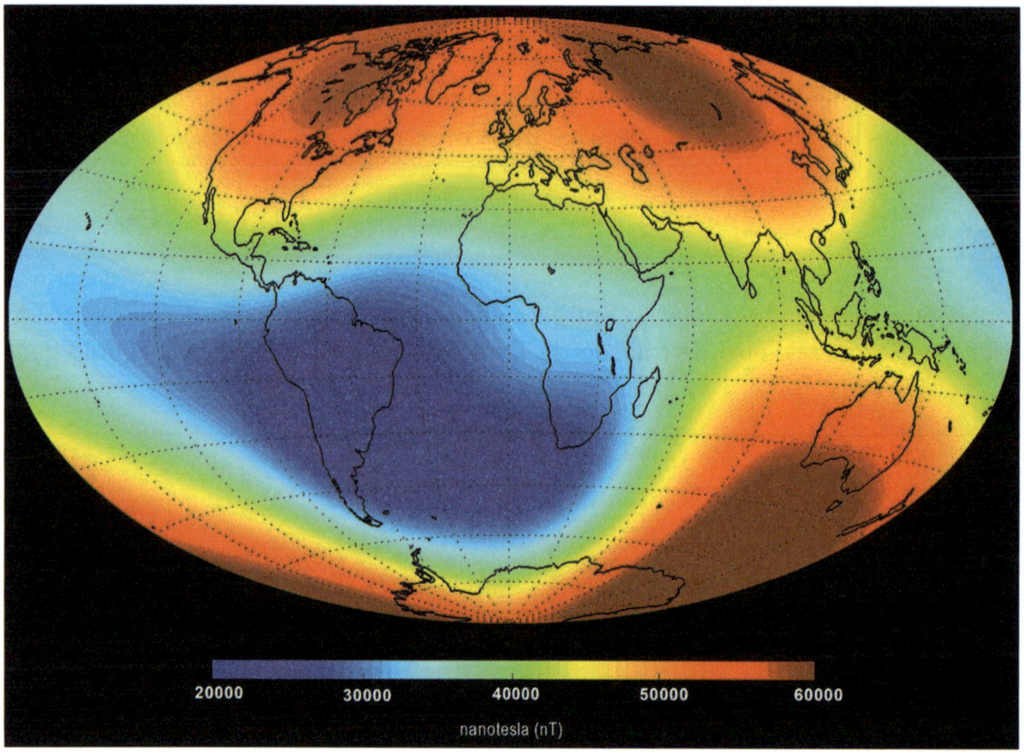

ESA/DTU SPACE

Representação do campo magnético na Terra. As áreas vermelhas representam as regiões onde a intensidade do campo magnético é maior, e as áreas azuis onde é menor. O campo magnético varia ao longo de toda a extensão do planeta.

Após analisar essas informações, responda à questão.

- Observe a imagem ao lado, de um campo magnético formado por limalhas de ferro ao redor de um ímã, e a compare com a foto do campo magnético da Terra. Que semelhanças e diferenças você observa entre elas?

___

___

___

___

___

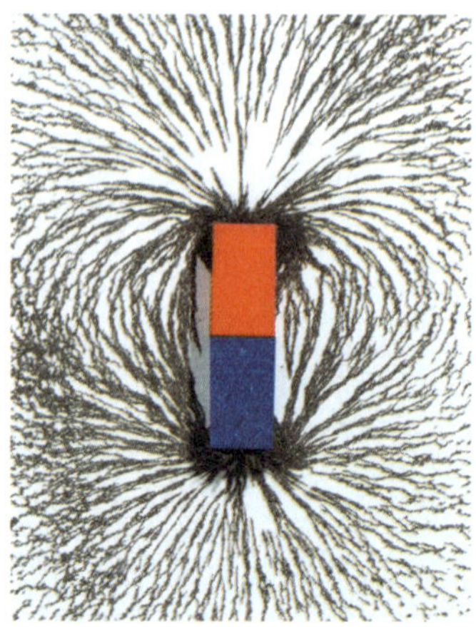

YON MARSH/ALAMY/LATINSTOCK

Fotografia de limalhas de ferro ao redor de um ímã.

Leitura do mundo

Você consegue imaginar sua vida sem energia elétrica? Quando estamos em casa e o fornecimento de energia cessa, temos uma pequena noção do quanto dependemos dela para realizar nossas atividades diárias. Imagine agora a dependência das indústrias por energia elétrica. Quantas máquinas, aparelhos e processos não dependem dessa fonte de energia? Leia o texto a seguir e depois responda às questões.

> "De acordo com a Resenha Mensal, elaborada pela Empresa de Pesquisa Energética (EPE), divulgada nesta quarta-feira, o consumo de eletricidade na rede fechou o ano de 2015 com 464.724 GWh, 2,1% menor que o registrado em 2014.
>
> São Paulo continuou sendo o estado com maior consumo entre os estados, 130.816 GWh em 2015, 28,1% de participação na demanda nacional.
>
> Em função de sua indústria mais robusta e diversificada, o estado paulista foi muito afetado pela conjuntura econômica adversa que dominou 2015, representada pela queda na produção industrial (dados do IBGE) e, por conseguinte, no maior recuo absoluto da demanda de eletricidade em relação a 2014 entre os estados.
>
> O estado do Maranhão registrou o maior tombo percentual no consumo no ano passado, de 19,1%, muito em função dos desligamentos e recuos na produção de suas plantas industriais eletrointensivas do ramo metalúrgico.
>
> Em contrapartida, o maior avanço absoluto no consumo de eletricidade se deu no Pará, de 659 GWh. Na classe industrial, a maior contribuição foi da indústria extrativa voltada para a exportação. [...]"
>
> *Consumo de eletricidade recuou 2,1% em 2015 aos 464724 GWh*. Setor energético. Disponível em: <http://www.setorenergetico.com.br/destaques/consumo-de-eletricidade-em-2015-recuou-21-em-464-724-gwh/13494/>. Acesso em: mar. 2016.

1. A letra **G** da sigla GWh é uma unidade que denota um número muito grande: 10^9 ou 1 000 000 000, e a letra **h** significa hora. O que significa a letra **W**? O que a unidade GWh significifica?

___

___

___

2. Quais foram as razões que levaram à queda no consumo de energia de 2014 para 2015? São razões positivas?

___

___

___

___

3. Muitas sociedades vivem sem o abastecimento de energia elétrica. Reflita sobre a pergunta inicial desta seção: "Você consegue imaginar sua vida sem energia elétrica?".

a) Com base em seus conhecimentos, elabore um texto que descreva como seria a sua vida e a das pessoas com quem convive sem energia elétrica, desde o momento em que acorda até o momento em que está dormindo. Descreva o que você faria, o que deixaria de fazer e as alternativas à falta de energia elétrica.

b) Discuta e reflita com os colegas sobre as diferentes alternativas encontradas para viver sem energia elétrica. Agora responda: As medidas apontadas por você e os colegas seriam aplicáveis no cotidiano? Você já realiza algumas dessas medidas pensando em economizar energia?